一步到位！

Python
程式設計

一步到位！
Python
程式設計

一步到位！Python 程式設計

第四版

感謝您購買旗標書,
記得到旗標網站
www.flag.com.tw
更多的加值內容等著您…

<請下載 QR Code App 來掃描>

1. FB 粉絲團：旗標知識講堂
2. 建議您訂閱「旗標電子報」：精選書摘、實用電腦知識搶鮮讀; 第一手新書資訊、優惠情報自動報到。
3. 「更正下載」專區：提供書籍的補充資料下載服務, 以及最新的勘誤資訊。
4. 「旗標購物網」專區：您不用出門就可選購旗標書!

買書也可以擁有售後服務，您不用道聽塗說，可以直接和我們連絡喔！

我們所提供的售後服務範圍僅限於書籍本身或內容表達不清楚的地方，至於軟硬體的問題，請直接連絡廠商。

● 如您對本書內容有不明瞭或建議改進之處，請連上旗標網站,點選首頁的 讀者服務 ,然後再按右側 讀者留言版 ,依格式留言，我們得到您的資料後，將由專家為您解答。註明書名（或書號）及頁次的讀者，我們將優先為您解答。

學生團體　訂購專線：(02)2396-3257 轉 362
　　　　　傳真專線：(02)2321-2545

經銷商　服務專線：(02)2396-3257 轉 331
　　　　將派專人拜訪
　　　　傳真專線：(02)2321-2545

國家圖書館出版品預行編目資料

一步到位！Python 程式設計 - 最強入門教科書 第四版/
陳惠貞作. -- 臺北市：旗標科技股份有限公司, 2024.05
面；　公分

ISBN 978-986-312-795-6(平裝)

1.CST: Python(電腦程式語言)

312.32P97　　113007377

作　　者／陳惠貞

發 行 所／旗標科技股份有限公司

台北市杭州南路一段15-1號19樓

電　　話／(02)2396-3257(代表號)

傳　　真／(02)2321-2545

劃撥帳號／1332727-9

帳　　戶／旗標科技股份有限公司

監　　督／陳彥發

執行企劃／陳彥發

執行編輯／黃馨儀

美術編輯／林美麗

封面設計／陳憶萱、葉昀錡

校　　對／黃馨儀、陳彥發

新台幣售價：630 元

西元 2024 年 5 月 四版

行政院新聞局核准登記-局版台業字第 4512 號

ISBN 978-986-312-795-6

關於本書

ABOUT

首先來談談目前有這麼多種程式語言，例如 Java、C++、C、JavaScript、C#、R、GO、HTML、CSS 等，為何要選擇 Python 呢？

Python（唸做 /'paɪθən/）是一個高階的通用型程式語言，廣泛應用至大數據分析、人工智慧、機器學習、深度學習、自然語言處理、物聯網、雲端平台、科學計算、網路程式開發、網路爬蟲、遊戲開發、財務金融、統計分析等領域。以擊敗圍棋世界冠軍的人工智慧系統 AlphaGo 為例，它所使用的正是知名的 Python 機器學習套件 TensorFlow。

Python 的應用廣泛，同時具有容易學習、可讀性高、可攜性高、免費且開源、功能強大、豐富的第三方套件、活躍的社群、完整的線上文件等優點。事實上，Python 不僅是美國頂尖大學最常使用的入門程式語言，在 IEEE Spectrum (https://spectrum.ieee.org/) 公布的熱門程式語言中，Python 更是高居第一名，贏過了 Java、C++、C、JavaScript、C# 等主流的程式語言。

接著來談談為何要在一本 Python 書籍中介紹 ChatGPT 吧！在 **ChatGPT** 橫空出世後，有不少人驚覺「寫程式」即將被 AI 工具取代，沒錯，AI 工具確實能夠寫程式，但這並不表示您就不用學程式設計，而是程式設計師必須要進化為 AI 工具的程式審查員或教 AI 學習的老師。

換句話說，您必須具備程式設計能力，才能有效率地跟 AI 工具溝通，讓它寫出您需要的程式碼，也才有辦法閱讀或審查 AI 工具所生成的程式碼，確保程式碼是正確的、有效率的、經過完整測試的，而想要練就扎實的程式功力，您所需要的正是一本好書。

我們把如何使用 ChatGPT 撰寫 Python 程式的相關內容放在最後一章，目的是希望您以學會 Python 程式設計為主，而使用 ChatGPT 為輔，與其將 ChatGPT 的操作技巧分散到各個章節，倒不如集中在一個章節，比較能夠有系統地學習，也不會干擾到老師上課的節奏。

本書特點

首先，在第 1 章中，我們會介紹兩個常見的開發環境，其一是 **Anaconda**，這是一個功能強大的整合開發環境，包含 Python 常用的資料分析、科學計算、視覺化、機器學習等套件；其二是 **Google Colab**，這是一個在雲端運行的開發環境，由 Google 提供虛擬機器，支援 Python 程式與資料科學、機器學習等套件，只要透過瀏覽器就可以撰寫及執行 Python 程式，無須安裝任何軟體，想要使用 PC、平板電腦或手機開發程式都可以隨意自如。

接著，在第 2 ~ 10 章中，我們會以範例為導向，循序漸進地解說 Python 的基礎語法，包括型別、變數與運算子、數值與字串處理、流程控制、函式、list、tuple、set 與 dict、檔案存取、例外處理、物件導向、繼承、多型、模組與套件等。

繼續，在第 11 ~ 17 章中，我們會介紹一些實用的 Python 套件，包括：

- **pillow**：圖片處理，例如轉成黑白或灰階、旋轉、加字、濾鏡等。
- **qrcode**：產生 QR code 圖片。
- **NumPy**：陣列與資料運算，例如矩陣運算、傅立葉變換、線性代數等。
- **matplotlib**：視覺化工具，可以用來繪製曲線圖、長條圖、直方圖、圓形圖、散佈圖、立體圖、頻譜圖、極座標圖、數學函式圖等圖表。
- **SciPy**：科學計算，例如最佳化與求解、稀疏矩陣、線性代數、插值、特殊函式、統計函式、積分、傅立葉變換、訊號處理、圖像處理等。
- **pandas**：進階的資料處理與分析。
- **scikit-learn**：機器學習，例如線性迴歸、邏輯迴歸、K- 近鄰演算法、決策樹、隨機森林等。
- **Requests**、**Beautiful Soup**：網路爬蟲，其中 Requests 套件用來抓取網頁資料，而 Beautiful Soup 套件用來解析 HTML 或 XML 文件。

最後，在第 18 章中，我們會介紹如何使用 ChatGPT 輔助寫碼，例如查詢語法與技術建議、撰寫與優化 Python 程式、除錯、解讀程式、加上註解、與其它程式語言互相轉換等，然後 step by step 示範如何引導 ChatGPT 寫出統一發票兌獎程式。**這些技巧並不限定於 ChatGPT，您也可以靈活運用在 Copilot、Colab AI 等 AI 助手。**

此外，本書提供大量的範例，讓讀者透過自己動手撰寫程式的過程真正學會 Python，同時亦提供豐富的隨堂練習與學習評量，讓自學者進行反覆練習，或讓用書教師檢測學生的學習效果。

本書範例程式

本書範例程式是依照章節順序存放，您可以運用這些範例程式開發自己的程式，但請勿販售或散布。

https://www.flag.com.tw/bk/st/F4719

請讀者連到以上網址，依照網頁指示輸入通關密語即可下載取得本書範例程式。

教學資源

本書提供用書教師相關的教學資源，包含教學投影片與學習評量解答。

排版慣例

本書在條列程式碼、關鍵字及語法時，遵循下列的排版慣例：

斜體字表示使用者自行輸入的敘述、運算式或名稱，例如 def *functionName()*: 的 *functionName* 表示使用者自行輸入的函式名稱。

中括號 [] 表示可以省略不寫，例如 round(*x* [, *precision*]) 表示 round() 函式的第二個參數 *precision* 為選擇性參數，可以指定，也可以省略不寫，表示採取預設值。

垂直線 | 用來隔開替代選項，例如 return | return *value* 表示 return 敘述後面可以不加上傳回值，也可以加上傳回值。

目 錄

CONTENTS

Part1 基礎篇

1 CHAPTER 開始撰寫 Python 程式

2 CHAPTER 型別、變數與運算子

3 CHAPTER

數值與字串處理

4 CHAPTER

流程控制

函式

list、tuple、set 與 dict

- **實例演練：**模擬大樂透電腦選號、自然對數的底數 e、矩陣運算、集合運算、統計單字出現次數、中英對照、循序搜尋、反轉字串

7 CHAPTER

檔案存取

例外處理

物件導向

10 CHAPTER

模組與套件

Part2 實戰篇

圖片處理與 QR 碼 － pillow、qrcode

- **實例演練**：圖片特效濾鏡、產生 QR code

陣列與資料運算 － NumPy

13 CHAPTER 繪製圖表 – matplotlib

14 CHAPTER 科學計算 － SciPy

15 CHAPTER 資料分析 － pandas

18
CHAPTER

AI 輔助寫碼 － ChatGPT

- **實例演練**：上網抓取中獎號碼進行兌獎、插入排序

開始撰寫 Python 程式

1-1 認識 Python

Python（唸做 /ˈpaɪθən/）是一個高階的通用型程式語言，廣泛應用至大數據分析、人工智慧、機器學習、深度學習、自然語言處理、物聯網、雲端平台、科學計算、網路程式開發、網路爬蟲，遊戲開發、財務金融、統計分析等領域。以擊敗圍棋世界冠軍的人工智慧系統 AlphaGo 為例，它所使用的正是知名的 Python 機器學習套件 TensorFlow。

事實上，Python 不僅是美國頂尖大學最常使用的入門程式語言，在 IEEE Spectrum (https://spectrum.ieee.org/) 公布的熱門程式語言中，Python 更是高居第一名，贏過了 Java、C++、C、JavaScript、C# 等主流的程式語言。

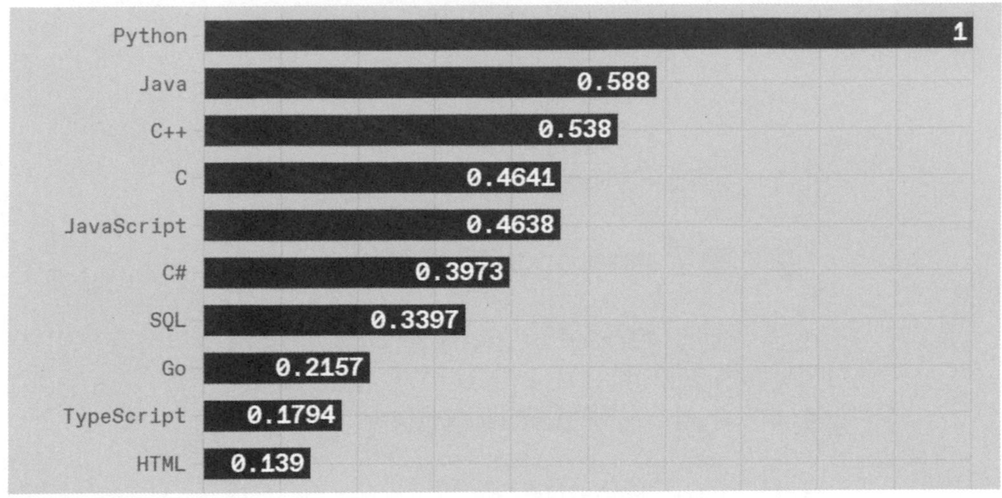

Python 的起源

Python 是由荷蘭程式設計師 Guido van Rossum（吉多范羅蘇姆）於 1990 年代初期所發展，最初的想法是傳承 ABC 程式語言，Guido 認為 ABC 相當優美與強大，適合非專業的程式設計人員，而 ABC 沒有獲得廣泛使用的原因在於非開放，於是 Guido 採取開放策略研發 Python。

Python 的命名源自 Guido 是英國電視喜劇 Monty Python's Flying Circus (蒙提・派森的飛行馬戲團) 的粉絲，而 Python 的英文原意為「蟒蛇」，所以 Python 的標誌是蟒蛇圖騰。

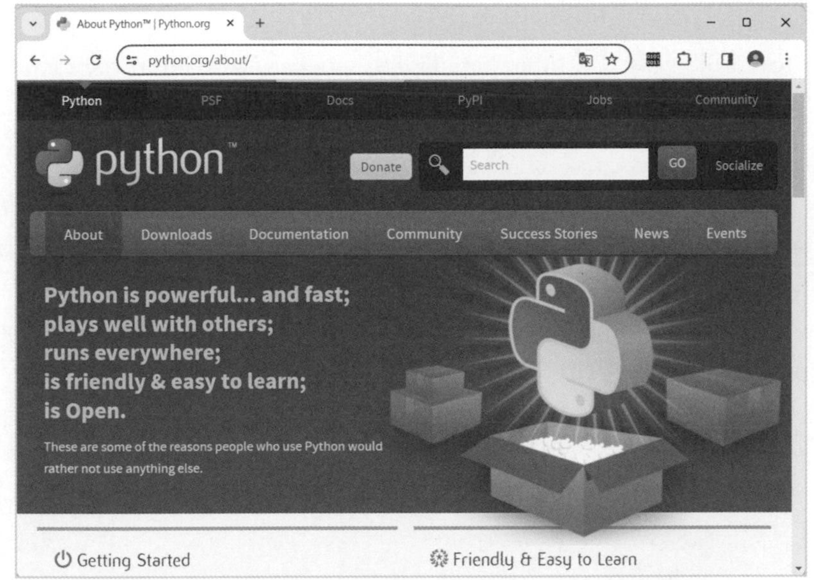

Python 官方網站 (https://www.python.org/) 與蟒蛇標誌

Python 的特點

Python 官方網站開宗明義地指出，**「Python 的功能強大、執行快速；與其它程式語言合作無間；到處可以執行；友善且容易學習；開放」**，我們可以從下列幾個特點來做說明：

❖ 易學易用

Python 秉持著優美 (beautiful)、明確 (explicit)、簡單 (simple) 的設計哲學，其格言是「應該有一個--和最好只有一個顯而易見的方式去完成一件事」，因此，研發者在設計 Python 時若遇到多種選擇，將會選擇明確、沒有 (或最少) 歧義的語法，這讓 Python 比其它程式語言更容易學習，程式的可讀性高且容易維護，適合初學者訓練程式設計邏輯。

❖ 免費且開源

Python 屬於開放原始碼軟體，可以免費且自由地使用、修改與散布。

❖ 直譯式語言

Python 屬於直譯式（interpreted）語言，直譯器（interpreter）會逐行讀取並執行程式碼，無須事先將程式碼編譯成機器碼或中介碼。

❖ 可攜性高

使用 Python 撰寫的程式可以在不經修改或少幅度修改的情況下移植到其它作業系統平台，具有高度的可攜性。

❖ 與其它程式語言合作無間

原先使用 C、C++、Fortran、Java、MATLAB、R 等語言撰寫的程式可以容易地整合在 Python 程式，也正因此緣故，使得 Python 在資料處理與科學計算領域備受重視。

❖ 強大且豐富的函式庫

Python 內建強大的函式庫，同時還有豐富的第三方套件，可以完成許多高階任務，開發大型軟體，諸如 Google、Facebook、yahoo!、NASA 等機構都在內部的專案或網路服務大量使用 Python。

Python 的版本

目前 Python 是由 **Python 軟體基金會**管理，該非營利組織負責開發 Python 的核心發行版本。Python 的版本同時存在著 Python 2 和 Python 3，**Python 3 無法向下相容於 Python 2**，換句話說，使用 Python 3 撰寫的程式無法在 Python 2 執行，而使用 Python 2 撰寫的程式亦無法在 Python 3 執行。不過，Python 有提供轉換工具可以將 Python 2 程式無縫轉移到 Python 3，至於本書範例程式則是使用 Python 3 撰寫，因為 Python 2 已經停止更新與維護。

1-2 使用 Anaconda 開發環境

在開始撰寫 Python 程式之前，我們要先建立開發環境。Python 官方網站有提供直譯器與 IDLE 整合開發環境，但功能較陽春，因此，本書將使用功能較完整的 Anaconda，這個整合開發環境具有下列特點：

- 開放原始碼，可以免費使用。
- 支援 Windows、macOS、Linux 平台。
- 可以自由切換 Python 3.x 與 Python 2.x。
- 包含 Python 常用的資料分析、科學計算、視覺化、機器學習等套件。
- 內建 Spyder 編輯器與 Jupyter Notebook 網頁式程式開發環境。

1-2-1 安裝 Anaconda

您可以依照如下步驟安裝 Anaconda：

1. 連線到 Anaconda 下載網站 (https://www.anaconda.com/download)，然後根據作業系統的種類點取對應的圖示，下載 Anaconda 安裝程式。

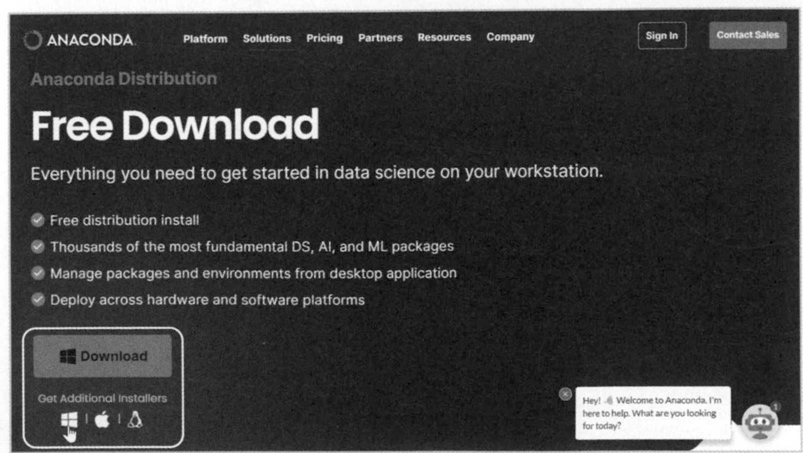

2. 利用檔案總管找到步驟 1. 下載的 Anaconda 安裝程式（此例為 Anaconda3-2024.02-1-Windows-x86_64.exe），然後按兩下加以執行。

3. 出現安裝程式歡迎畫面，請按 [Next]。

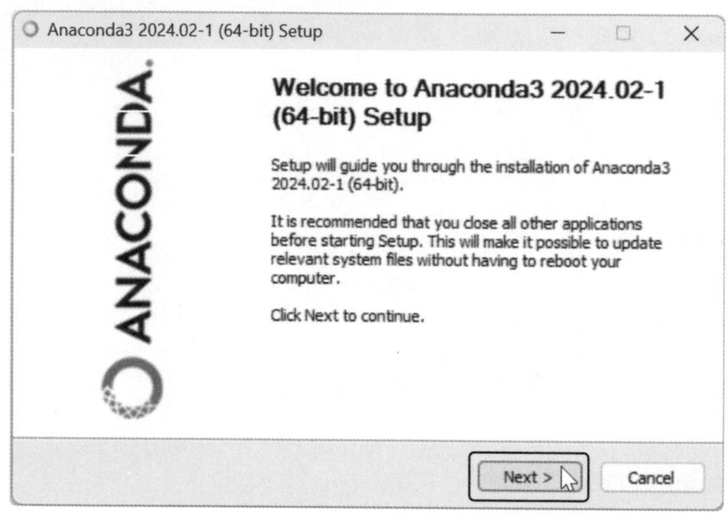

4. 出現授權合約畫面，請按 [I Agree]（我同意）。

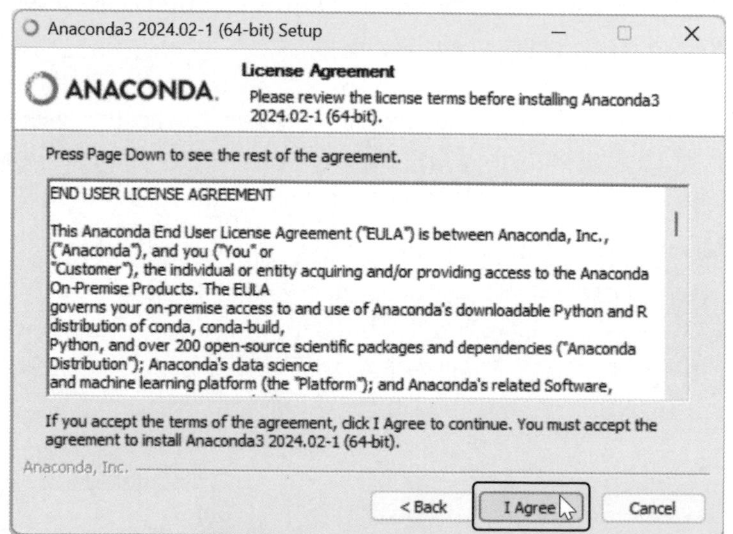

5. 出現畫面詢問安裝類型，請核取 [Just Me]，然後按 [Next]。

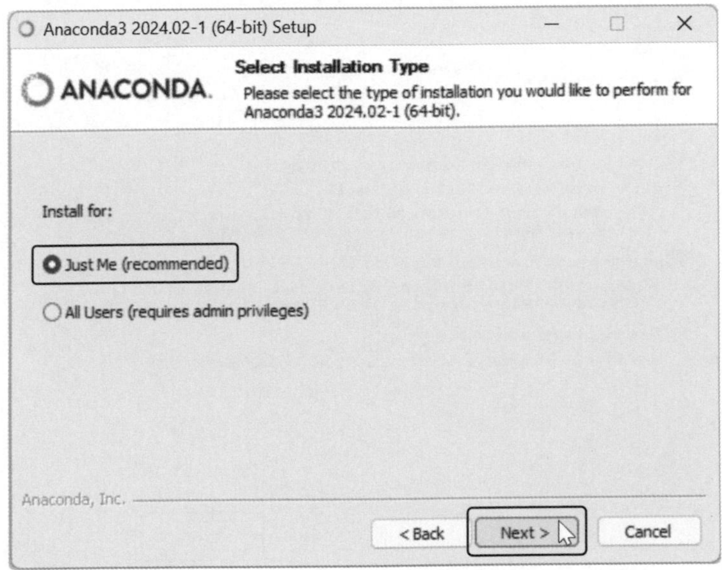

6. 出現畫面詢問安裝路徑，請按 [Next] 使用預設的路徑。

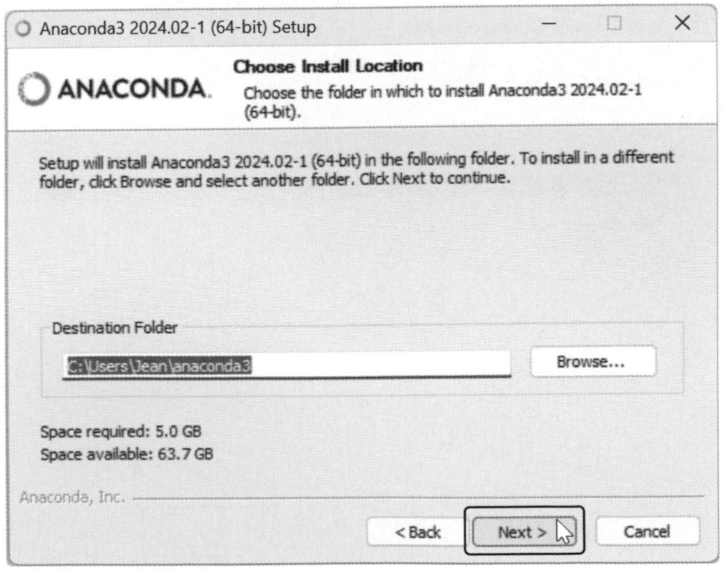

7. 出現畫面詢問安裝選項，請按 [Install]。

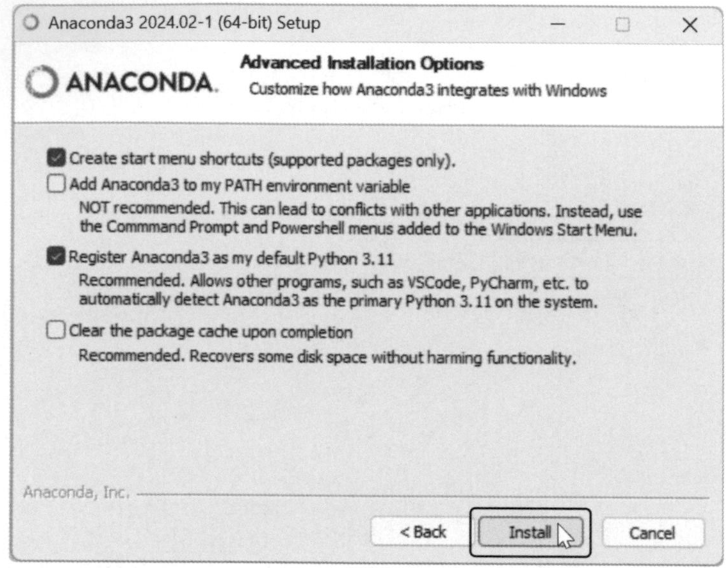

8. 開始進行安裝，請稍候！安裝完畢請按 [Next]。

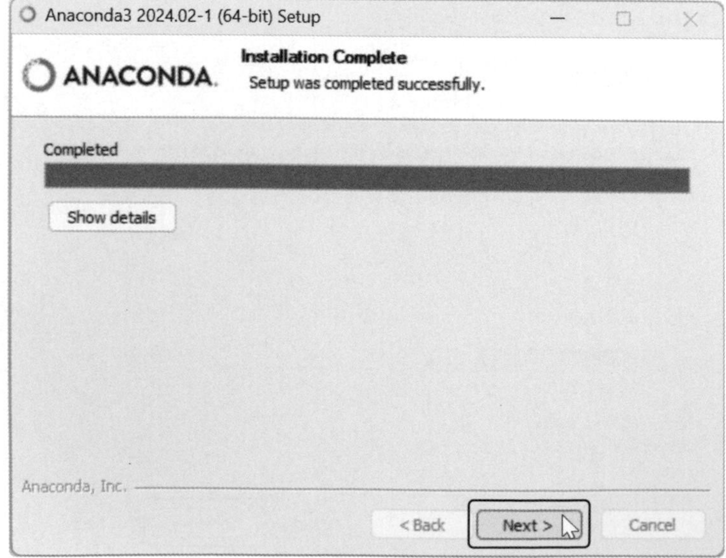

9. 出現畫面說明可以透過 Jupyter Notebook 在雲端享有 Anaconda 功能，請按 [Next]。

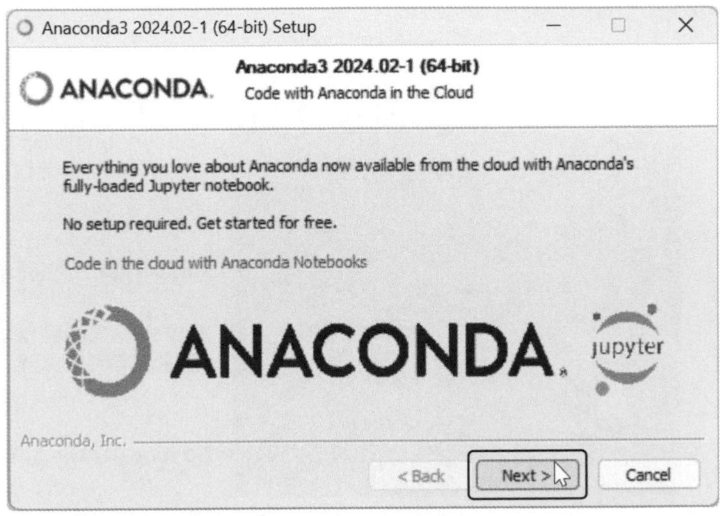

10. 安裝完畢，請按 [Finish]，若不要啟動 Anaconda Navigator，可以取消畫面上的選項。

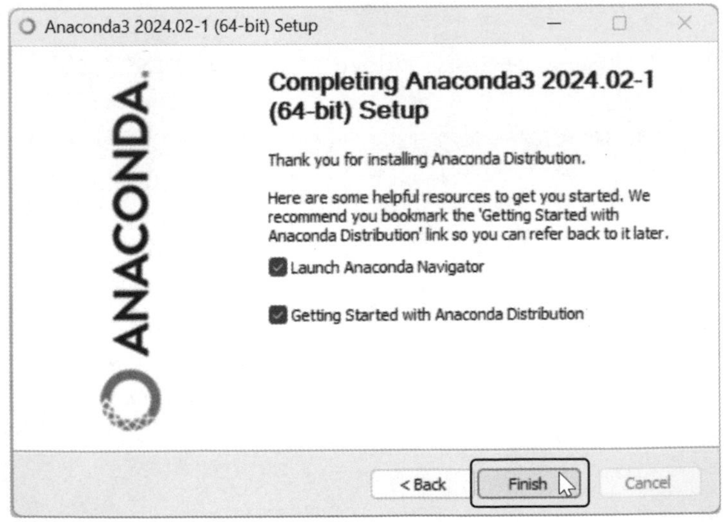

1-2-2 使用 Anaconda Prompt

在 Anaconda 安裝完畢後，**[開始]** 功能表會新增一個 [Anaconda3] 資料夾，裡面有數個選項，如下圖。

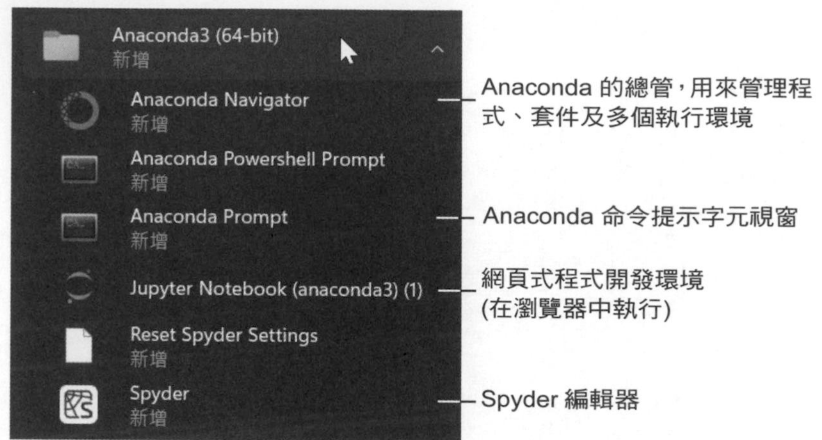

請按 **[開始] \ [Anaconda3] \ [Anaconda Prompt]**，啟動 Anaconda Prompt 視窗，畫面類似命令提示字元視窗，不同的是提示符號為 (base) C:\Users\ *使用者名稱*>，我們可以在此管理套件，例如輸入 conda list，然後按 [Enter] 鍵，就會顯示已經安裝的套件，本書所要介紹的 pillow、requests、beautifulsoup、numpy、matplotlib、scipy、pandas、scikit-learn 等套件均包含在內。

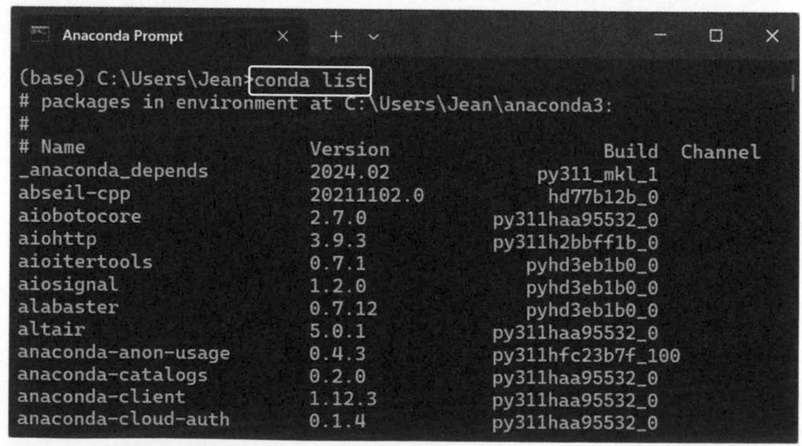

安裝、更新、移除套件

若要安裝尚未安裝的套件，可以在 Anaconda Prompt 視窗輸入如下指令：

```
conda install 套件名稱
```

若要更新已經安裝的套件，可以在 Anaconda Prompt 視窗輸入如下指令：

```
conda update 套件名稱
```

若要移除已經安裝的套件，可以在 Anaconda Prompt 視窗輸入如下指令：

```
conda uninstall 套件名稱
```

例如下面的指令分別可以用來安裝、更新、移除 numpy 套件：

```
(base) C:\Users\Jean>conda install numpy
(base) C:\Users\Jean>conda update numpy
(base) C:\Users\Jean>conda uninstall numpy
```

執行 Python 程式檔案

若要執行 Python 程式檔案，可以在 Anaconda Prompt 視窗輸入如下指令：

```
python 程式檔案名稱
```

例如下面的指令可以用來執行範例程式 F:\hello.py，執行結果如下圖：

```
(base) C:\Users\Jean>python F:\hello.py
```

Anaconda Prompt
(base) C:\Users\Jean>python F:\hello.py
Hello, World!
(base) C:\Users\Jean>

1-2-3 使用 Spyder

Anaconda 內建 Spyder 編輯器，這是一個開放原始碼、跨平台的 Python 整合開發環境。請按 [開始] \ [Anaconda3] \ [Spyder]，啟動 Spyder。

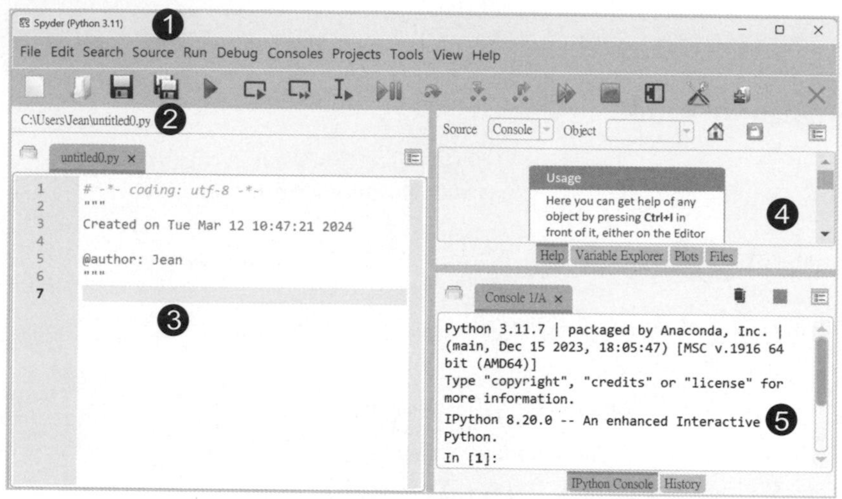

❶ **Python 的版本**：此處安裝的版本為 Python 3.11。

❷ **檔案路徑**：預設的檔案路徑為 C:\Users*使用者名稱\檔名*.py，若要儲存為其它檔案，可以選取 [File] \ [Save as…]，然後在 [Save file] 對話方塊中指定路徑與檔名；若要建立新的檔案，可以選取 [File] \ [New file…]；若要開啟已經儲存的檔案，可以選取 [File] \ [Open...]，然後在 [Open file] 對話方塊中選擇檔案。

❸ **程式編輯區**：這個區域可以用來輸入、儲存並執行 Python 程式。

❹ **說明、變數總管、繪圖、檔案總管**：這個區域可以用來查看說明、管理變數、檢視繪圖及管理檔案。

❺ **IPython 窗格**：這個區域是 IPython 互動模式，可以用來顯示程式編輯區的執行結果，也可以用來輸入並執行 Python 程式，本書一些簡單的範例程式就是在 IPython 窗格做測試的。

程式編輯區

程式編輯區可以用來輸入、儲存並執行 Python 程式，其操作步驟如下：

1. 點取 (New file) 按鈕開新檔案，程式編輯區會自動出現 6 行程式碼，其中第 1 行是註解，說明編碼方式為 utf-8，而第 2 ~ 6 行是一個多行字串，說明建立時間與作者，請在最後面輸入 print("Hello, World!")。

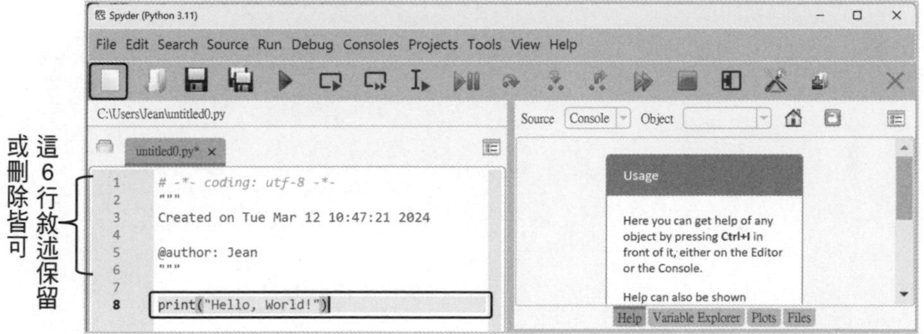

2. 點取 (Save file) 按鈕，然後依照下圖操作，將程式儲存為 hello.py，注意副檔名為 .py。

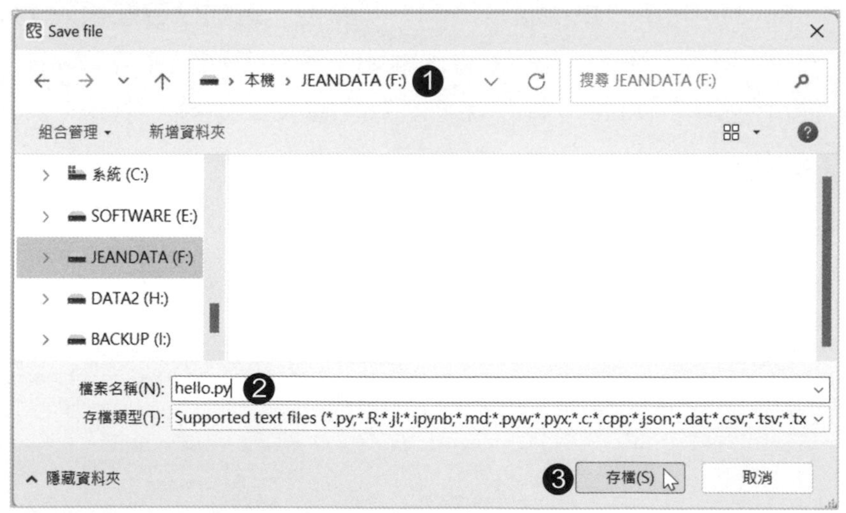

❶選擇存檔路徑，例如 F:\ ❷輸入檔案名稱，例如 hello.py ❸按 [存檔]

3. 點取 ▶ (Run file) 按鈕執行檔案，這個敘述會呼叫 print() 函式印出「Hello, World!」，執行結果就顯示在 IPython 窗格。

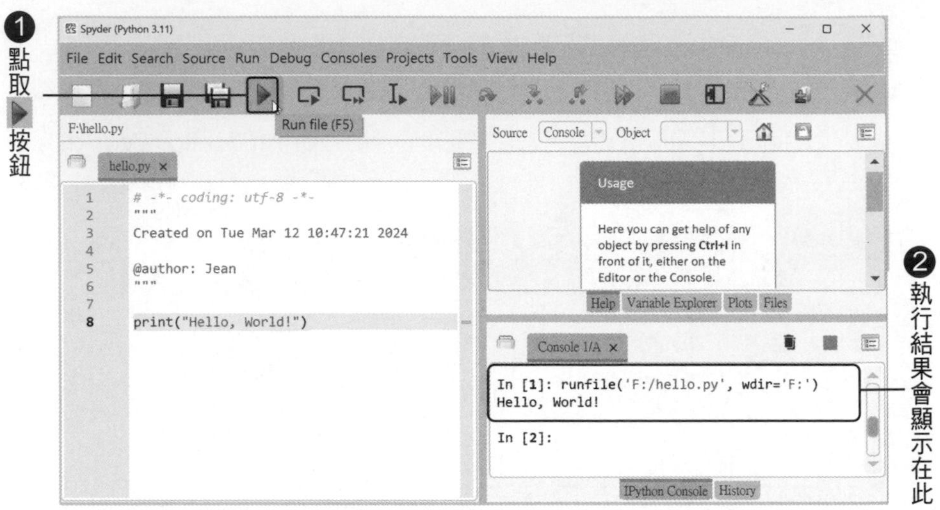

4. 選取 [File] \ [Close] 關閉檔案，下次若要開啟已經儲存的檔案，可以選取 [File] \ [Open...]，然後在 [Open file] 對話方塊中選擇檔案。

提醒您，Spyder 除了會根據語法標示不同顏色，還提供**智慧輸入**功能，例如輸入 p，然後按 [Tab] 鍵，就會出現如下圖的名稱，此時只要按上下鍵選取名稱，然後按 [Enter] 鍵，就可以完成輸入。

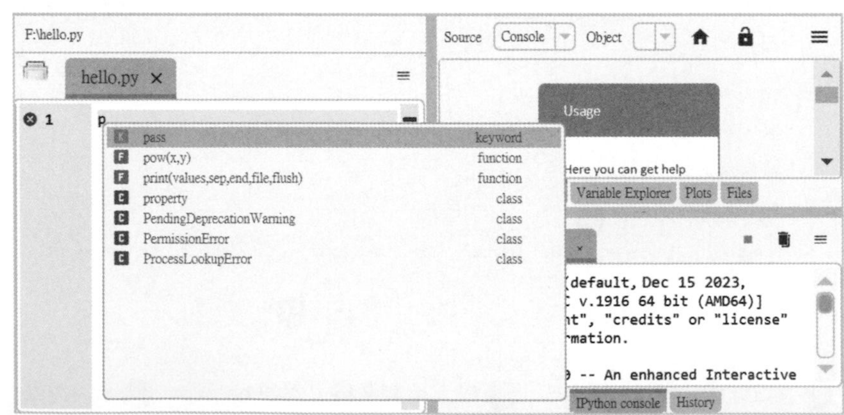

IPython 窗格

IPython 是一個互動式 Python 開發環境，不僅能夠讓使用者在**互動模式** (interactive mode) 執行 Python 程式，還提供顏色標示、歷史記錄、智慧輸入、自動完成、說明、偵錯等功能。

IPython 窗格的內容如下圖，裡面有一個 In [1]:，這是提示符號，1 為編號，表示 IPython 已經準備好要接受 Python 程式，請輸入 print("Hello, World!")，然後按 [Enter] 鍵，就會立刻執行該敘述並出現執行結果。

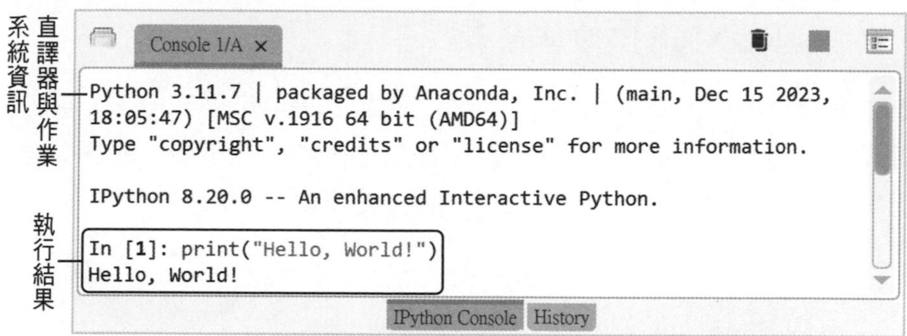

我們可以再輸入一些敘述看看，+、-、*、/ 是**運算子** (operator)，用來進行加、減、乘、除等數學運算，相當簡單直覺，就像計算機一樣：

```
In [2]: 5 + 2
Out[2]: 7

In [3]: 5 - 2
Out[3]: 3

In [4]: 5 * 2
Out[4]: 10

In [5]: 5 / 2
Out[5]: 2.5
```

除了輸入 Python 程式，IPython 還有一些實用的功能，例如：

❖ **輸入重複的敘述**：若要執行之前輸入過的敘述，可以按上下鍵找到敘述，然後按 [Enter] 鍵。

❖ **執行程式檔案**：若要執行已經撰寫好的 Python 程式檔案，可以輸入 run *程式檔案名稱*，然後按 [Enter] 鍵，例如 run F:\hello.py。

❖ **結束 IPython**：若要結束 IPython，可以輸入 quit，然後按 [Enter] 鍵。

❖ **查看歷史記錄**：若要查看之前輸入過的敘述，可以點取 [History] 標籤，或輸入 history，然後按 [Enter] 鍵。

❖ **查看說明**：若要查看某個指令、函式或變數的說明，可以輸入名稱和問號 (?)，然後按 [Enter] 鍵，例如輸入 print?，然後按 [Enter] 鍵，就會出現如下圖的說明。

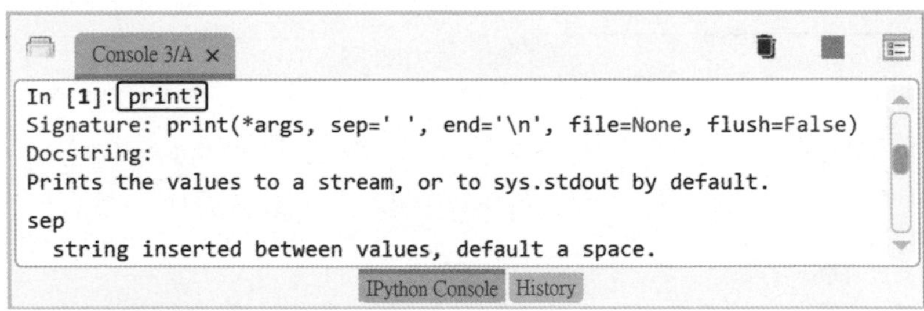

❖ **智慧輸入**：若要顯示包含某些文字的名稱，可以輸入部分文字，然後按 [Tab] 鍵，例如輸入 p，然後按 [Tab] 鍵，就會出現如下圖的名稱。

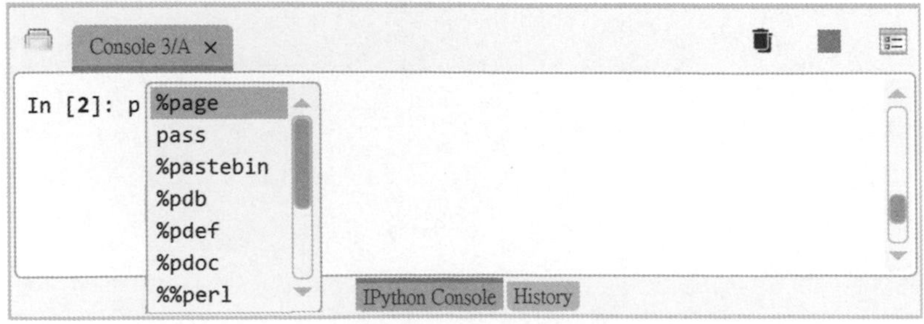

說明窗格

我們可以在說明窗格中查看物件的說明，例如下圖是點取 [Help] 標籤切換到說明窗格，然後在 [Object] 欄位輸入 print，就會顯示 print() 函式的說明；或者，我們也可以在程式編輯區中將插入點移到要查看說明的物件，例如 print，然後按 [Ctrl] + [I] 鍵，一樣會顯示 print() 函式的說明。

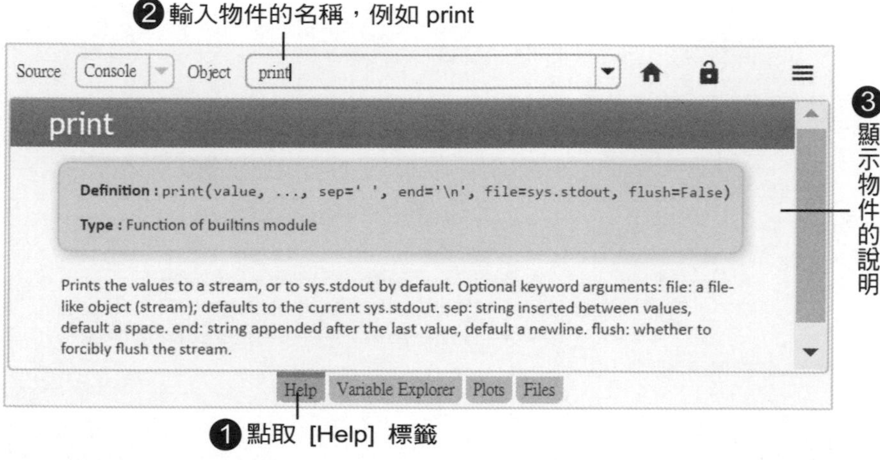

變數總管窗格

我們可以在變數總管窗格中檢視已經建立的變數，例如下圖是點取 [Variable Explorer] 標籤切換到變數總管窗格，然後執行程式，就會顯示程式所建立的變數 a。

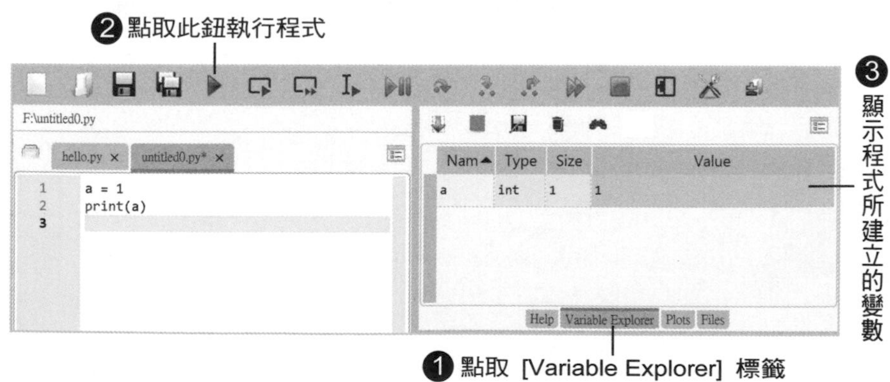

繪圖窗格

我們可以在繪圖窗格中檢視繪圖結果，例如下圖是點取 [plots] 標籤，切換到繪圖窗格檢視程式繪製的圖表，若要同時顯示在 IPython 窗格，可以在選項功能表中取消 [Mute Inline Plotting]。

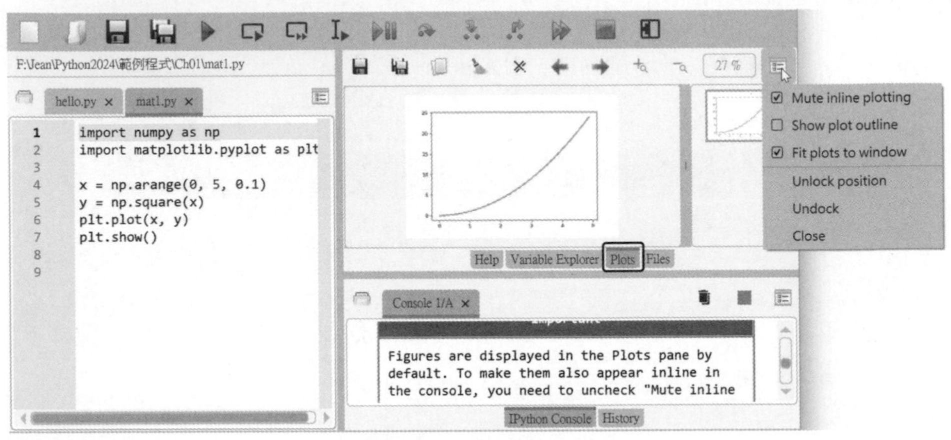

檔案總管窗格

我們可以在檔案總管窗格中管理檔案，例如下圖是點取 [Files] 標籤切換到檔案總管窗格，然後在檔案按一下滑鼠右鍵，就可以開新檔案、開新資料夾、複製、搬移、刪除、重新命名或執行檔案。

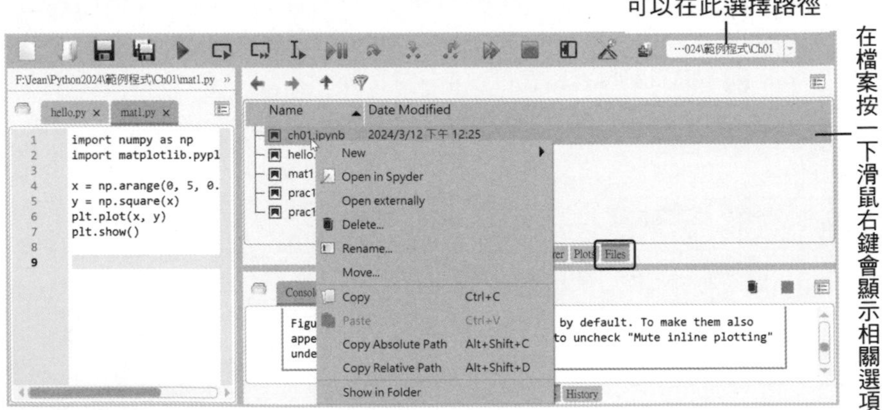

隨堂練習

(1) **[圓柱體積]** 撰寫一個 Python 程式印出半徑為 10、高度為 5 的圓柱體積。

(2) **[圓柱表面積]** 撰寫一個 Python 程式印出半徑為 10、高度為 5 的圓柱表面積。

【提示】

(1) 圓柱體積公式：$V = \pi r^2 \times h$

(2) 圓柱表面積公式：$A = \pi r^2 \times 2 + 2\pi r \times h$

【解答】

(1) print("圓柱體積為", 3.14 * 10 * 10 * 5)

(2) print("圓柱表面積為", 3.14 * 10 * 10 * 2 + 2 * 3.14 * 10 * 5)

執行結果如下圖，有關 print() 函式和 *、+ 等運算子會在第 2 章做介紹。

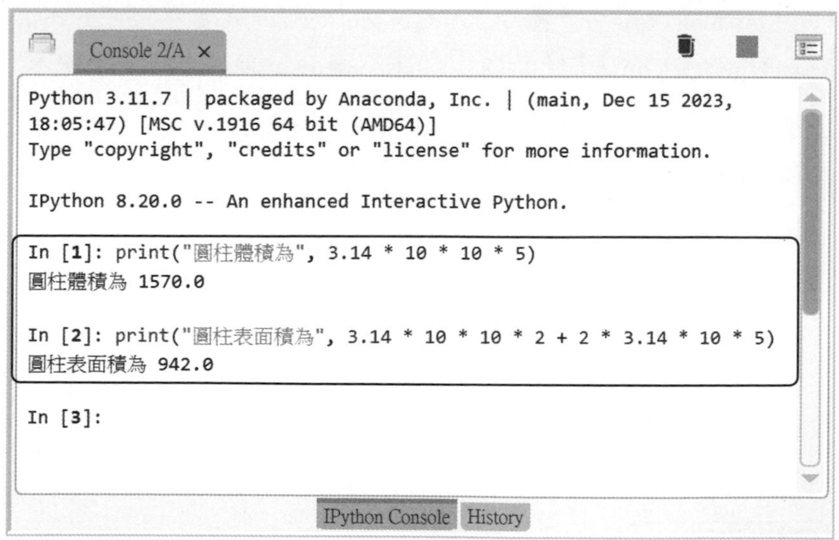

Console 2/A
Python 3.11.7 | packaged by Anaconda, Inc. | (main, Dec 15 2023, 18:05:47) [MSC v.1916 64 bit (AMD64)]
Type "copyright", "credits" or "license" for more information.
IPython 8.20.0 -- An enhanced Interactive Python.
In [1]: print("圓柱體積為", 3.14 * 10 * 10 * 5)
圓柱體積為 1570.0
In [2]: print("圓柱表面積為", 3.14 * 10 * 10 * 2 + 2 * 3.14 * 10 * 5)
圓柱表面積為 942.0
In [3]:
IPython Console
History

1-3 使用 Google Colab 雲端開發環境

若您沒有安裝 Python 開發環境，但想要直接開始撰寫程式，那麼可以改用 Google Colab (Colaboratory)，這是一個在雲端運行的開發環境，由 Google 提供虛擬機器，支援 Python 程式與資料科學、機器學習等套件，只要透過瀏覽器就可以撰寫並執行 Python 程式，同時具備下列優點：

- ❖ 不必進行任何設定
- ❖ 免費使用 GPU (Graphics Processing Unit，圖形處理器)
- ❖ 輕鬆共用

Colab 用來儲存文字或程式碼的檔案格式比較特別，其副檔名為 .ipynb，也就是所謂的**筆記本** (notebook)，可以在單一文件中結合可執行的程式碼和 RTF 格式，並附帶圖片、HTML、LaTeX 等其它格式的內容。

1-3-1 新增筆記本

1. 首先，開啟瀏覽器；接著，登入 Google 帳號，然後連線到 https://colab.research.google.com/，此時會出現如下畫面，請按 **[新增筆記本]**。

2. 出現如下畫面，您可以在此編輯文字或程式碼，而您所建立 Colab 筆記本將會儲存到 Google 雲端硬碟，方便您將 Colab 筆記本與同事或朋友共用，讓他們在筆記本加上註解或進行編輯。

[檔案] 功能表的選項可以用來新增、開啟、上傳、重新命名、移動、移至垃圾桶、儲存或下載記事本，而且下載格式有 .ipynb 和 .py 兩種。

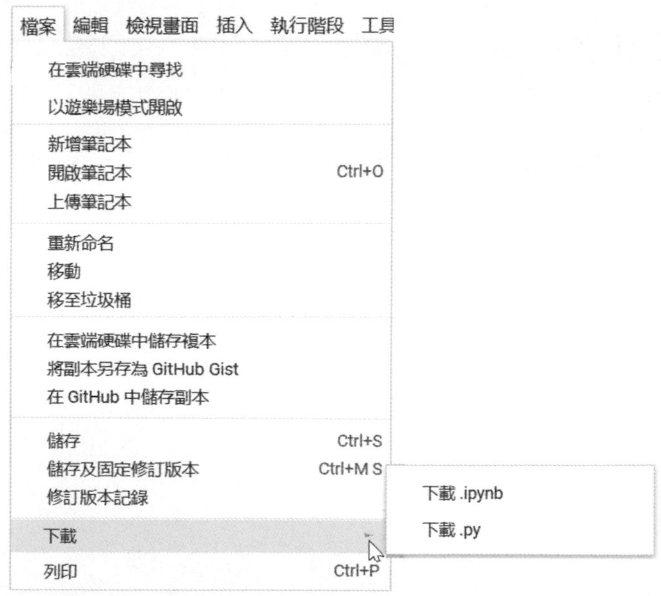

1-3-2 在儲存格輸入並執行程式

在筆記本的畫面中有 ⏵ 圖示的地方稱為**程式碼儲存格** (code cell)，我們可以在此輸入程式碼，例如 print("Hello, World!")，然後點取 ⏵ 圖示，就會在下面顯示執行結果，如下圖。

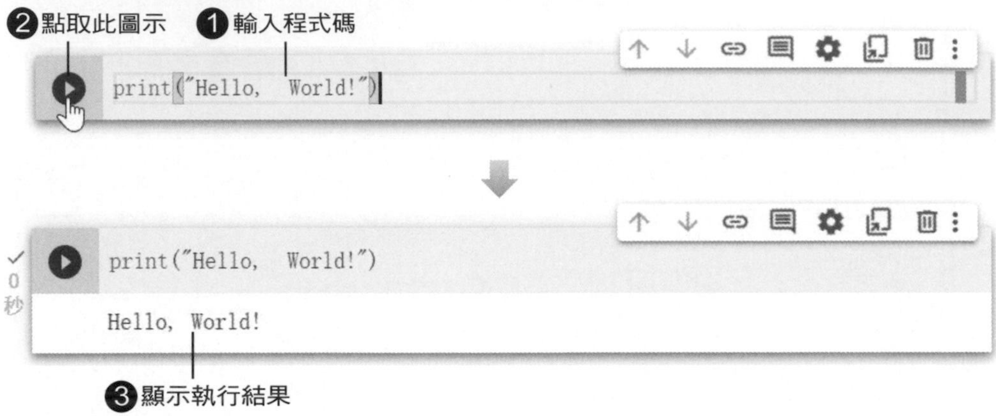
❷點取此圖示
❶輸入程式碼
print("Hello, World!")
print("Hello, World!")
0 秒
Hello, World!
❸顯示執行結果

下面是一些基本的操作技巧：

❖ 若要刪除儲存格，可以在儲存格按滑鼠右鍵，然後選取 **[刪除儲存格]**。

❖ 若要在目前的儲存格下面新增程式碼儲存格，可以選取 **[插入] \ [程式碼儲存格]**。

❖ 若要執行目前的儲存格並新增程式碼儲存格，可以按 **[Shift] + [Enter]** 鍵；若要執行所有儲存格，可以按 **[Ctrl] + [F9]** 鍵。

❖ 若要在目前的儲存格下面新增**文字儲存格** (text cell)，可以選取 **[插入] \ [文字儲存格]**，就會出現如下圖的儲存格讓您輸入文字。

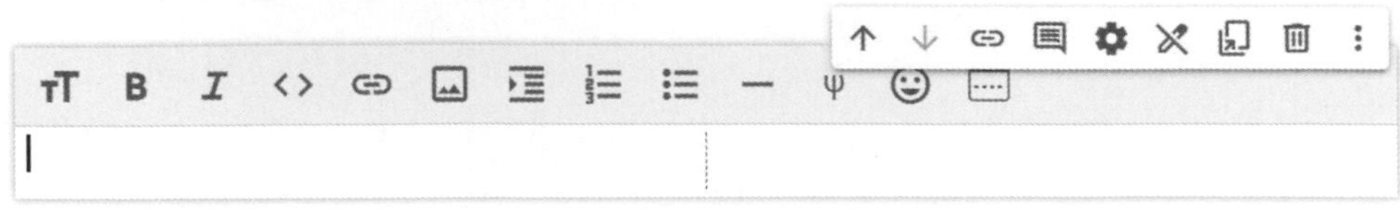

1-3-3 使用 Colab AI 生成程式碼

Colab 的生成式 AI 功能可以生成程式碼，要注意的是 Google 會蒐集相關的提示與生成的程式碼，用來改善開發 Google 產品，所以請勿在提示中加入您的機敏資料或個人資料。此外，該功能屬於實驗性技術，有時可能會生成不正確的資訊，請審慎使用並適時加以驗證。

使用 Colab AI 生成程式碼的步驟如下：

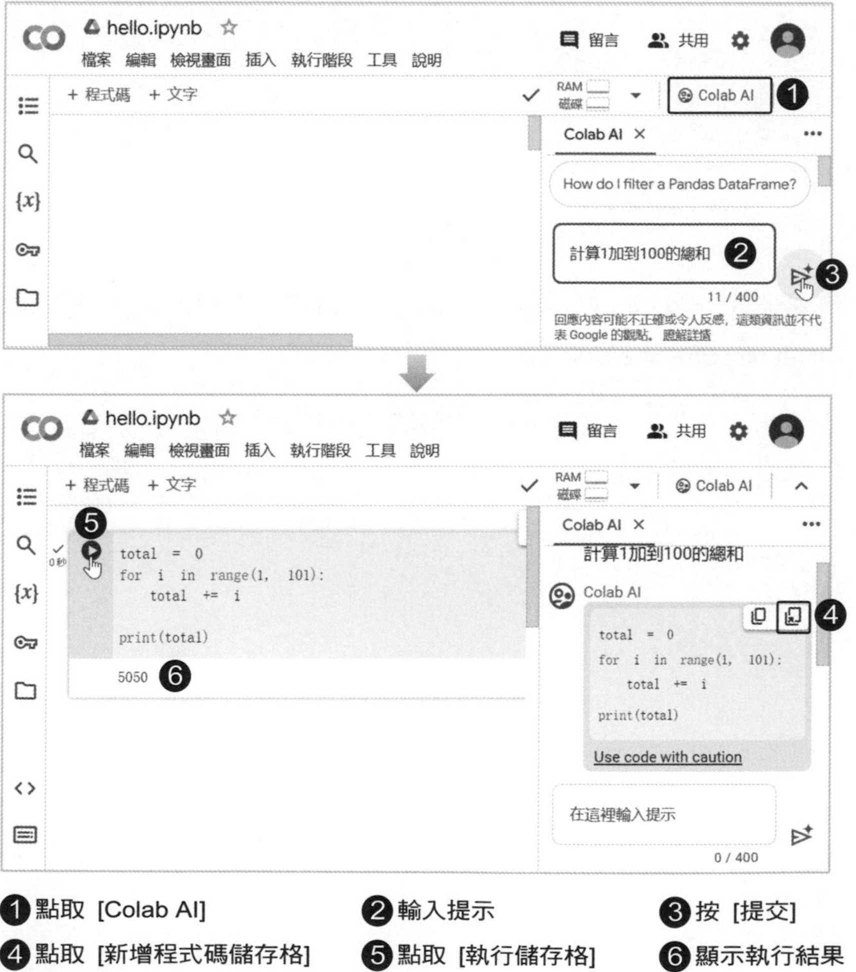

❶ 點取 [Colab AI] ❷ 輸入提示 ❸ 按 [提交]
❹ 點取 [新增程式碼儲存格] ❺ 點取 [執行儲存格] ❻ 顯示執行結果

1-3-4 重新命名、儲存、開啟與下載筆記本

❖ 筆記本預設的名稱類似 Untitled0.ipynb，若要更名，可以選取 **[檔案] \ [重新命名]**，然後輸入新的名稱，例如下圖的 hello.ipynb。

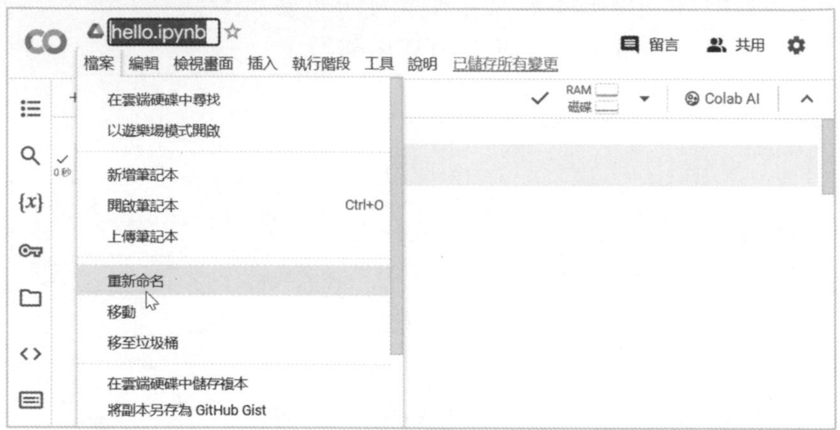

❖ 若要儲存筆記本，可以選取 **[檔案] \ [儲存]**，預設會儲存在雲端硬碟的 Colab Notebooks 資料夾。

❖ 若要開啟筆記本，可以選取 **[檔案] \ [開啟筆記本]**，然後在如下畫面中選擇要開啟的筆記本。

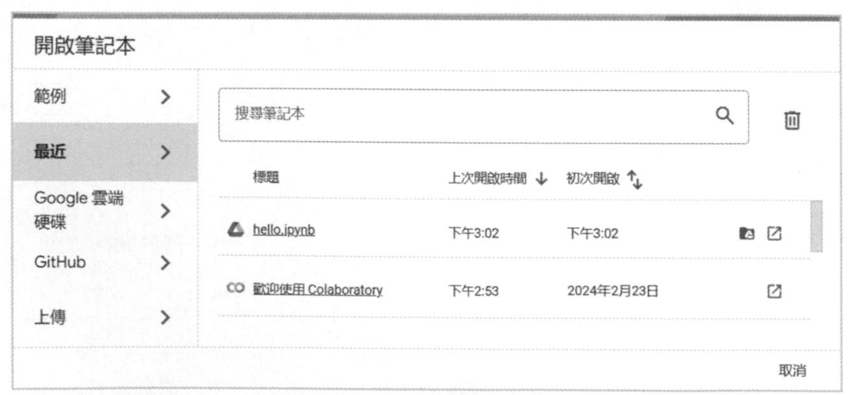

❖ 若要下載筆記本，可以選取 **[檔案] \ [下載]**，有 **[下載 .ipynb]** 和 **[下載 .py]** 兩個選項，請自行選擇需要的格式。

1-3-5　上傳筆記本

若要將現有的筆記本（例如 hello.ipynb）上傳到雲端硬碟，好在 Colab 中開啟，可以選取 **[檔案] \ [上傳筆記本]**，然後依照下圖操作。

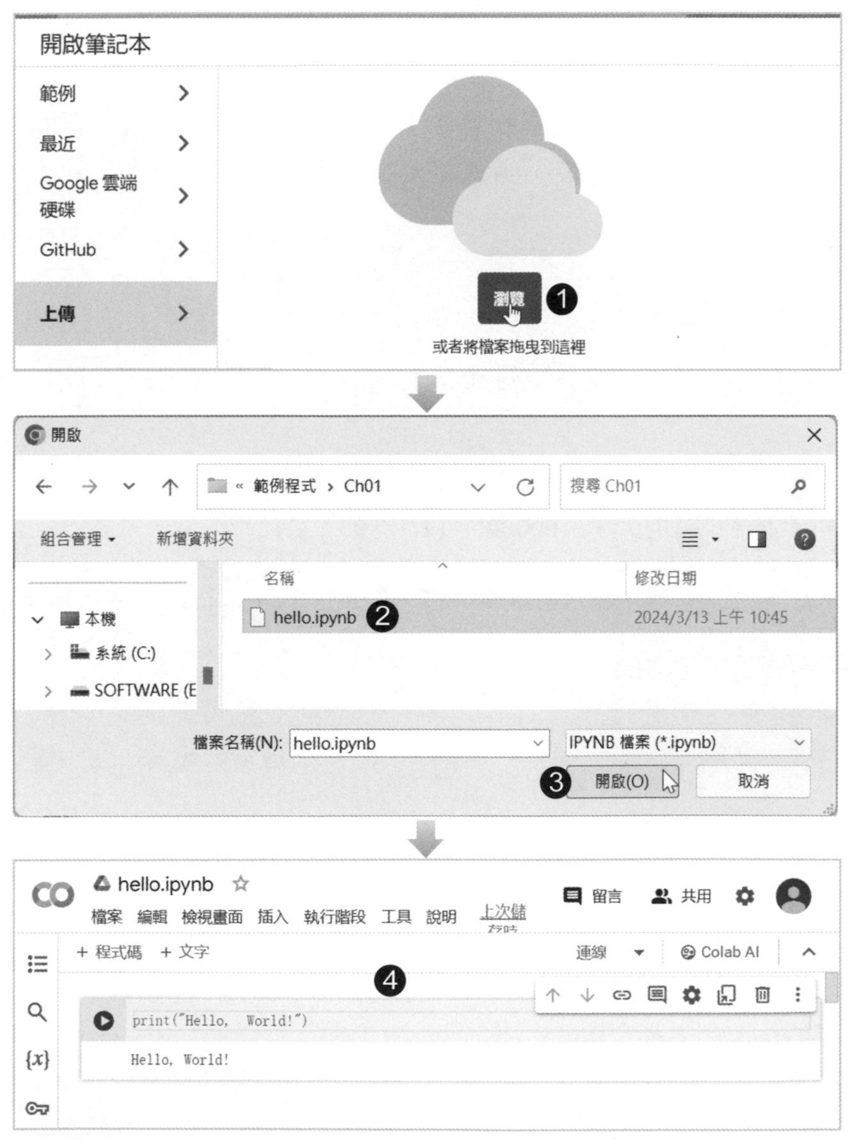

❶ 點取 [瀏覽]　❷ 選擇筆記本　❸ 按 [開啟]　❹ 成功上傳筆記本

\ 隨堂練習 /

(1) **[單利本利和]** 假設小明向朋友借款 100 萬元，約定利息的年利率為 6% 單利計算，借款期限為 3 年，請撰寫一個 Python 程式印出 3 年後小明應該還款的本利和。

(2) **[複利本利和]** 承上題，但利息由單利計算改為複利計算，請撰寫一個 Python 程式印出 3 年後小明應該還款的本利和。

【提示】

(1) 單利本利和公式：*本金* × (1 + *年利率* × *年*)

(2) 複利本利和公式：*本金* × (1 + *年利率*)^{年}

【解答】

(1) print("單利本利和為", 1000000 * (1 + 0.06 * 3))

(2) print("複利本利和為", 1000000 * (1 + 0.06) * (1 + 0.06) * (1 + 0.06))

執行結果如下圖（\Ch01\prac1-1.ipynb）。

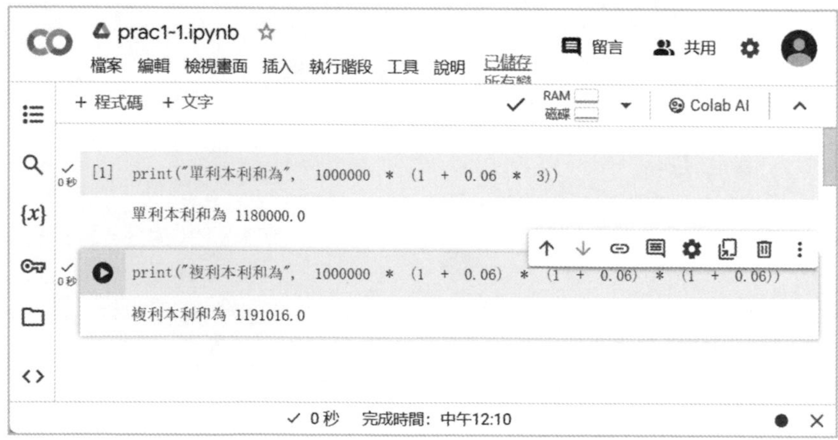

1-4 Python 程式碼撰寫風格

程式 (program) 是由一行一行的**敘述** (statement) 所組成，而敘述是由「關鍵字」、「特殊字元」或「識別字」所組成：

- ❖ **關鍵字** (keyword)：又稱為**保留字** (reserved word)，它是由 Python 所定義，包含特定的意義與用途，程式設計人員必須遵守 Python 的規定來使用關鍵字，否則會發生錯誤。舉例來說，class 是 Python 用來定義類別的關鍵字，所以不能使用 class 定義函式。
- ❖ **特殊字元** (special character)：Python 有不少特殊字元，例如函式名稱後面的小括號、標示字串的雙引號 (")、標示註解的井字符號 (#) 等。
- ❖ **識別字** (identifier)：除了關鍵字和特殊字元，程式設計人員可以自行定義新字，做為變數、函式或類別的名稱，例如 userName，這些新字就叫做識別字，識別字不一定要合乎英文文法，但要合乎 Python 命名規則，而且英文字母有大小寫之分。

原則上，敘述是程式中最小的可執行單元，而多個敘述可以構成函式 (function)、流程控制 (flow control)、類別 (class) 等較大的可執行單元。

Python 官方網站針對 Python 程式碼撰寫風格提出了 PEP 8 -- Style Guide for Python Code (https://www.python.org/dev/peps/pep-0008/)，內容涵蓋命名規則、註解、縮排、空白等的建議寫法，雖然不是硬性規定，但遵循這些風格可以提高程式的可讀性，讓程式更容易偵錯與維護。

英文字母大小寫

Python 會區分英文字母大小寫，例如 userAddress 和 UserAddress 是不同的識別字，而 print 是內建函式的名稱，Print 則不是，若將 print("Hello, World!") 寫成 Print("Hello, World!")，就會發生錯誤。

空白

❖ 建議在運算子的前後各自加上一個空白，讓程式更容易閱讀，例如：

```
i = 100
c = (a + b) * (a - b)
```

不要寫成如下：

```
i=100
c=(a+b)*(a-b)
```

❖ 建議一行一個敘述，無須加上分號或句號，不要一行多個敘述。

❖ 下列情況避免額外的空白，例如 print(x, y) 不要寫成 print (x, y)、print(x, y)、print(x , y)：

- 緊連在小括號、中括號、大括號之內不加空白
- 逗號、分號、冒號前面不加空白
- 函式呼叫的左括號前面不加空白

每行最大長度

建議每行最多 79 個字元，因為仍有些裝置受限於每行 80 個字元。若一行敘述太長想要分行，可以使用**行接續符號 ** ，以下面的敘述為例：

```
print(1 + 2 + 3 + 4 + 5 + 6 + 7 + 8 \
    + 9 + 10)
```

這兩行敘述其實就等同於如下敘述：

```
print(1 + 2 + 3 + 4 + 5 + 6 + 7 + 8 + 9 +10)
```

縮排

每個縮排層級使用 4 個空白，亦可使用 [Tab] 鍵，但不能混合空白和 [Tab] 鍵。Python 使用縮排來劃分程式的執行區塊，因此，程式不能隨意縮排。以下面的敘述為例，由於第二行縮排，將導致執行時發生 IndentationError: unexpected indent 錯誤。縮排通常出現在流程控制或函式的定義裡面，我們會在相關的章節中做說明。

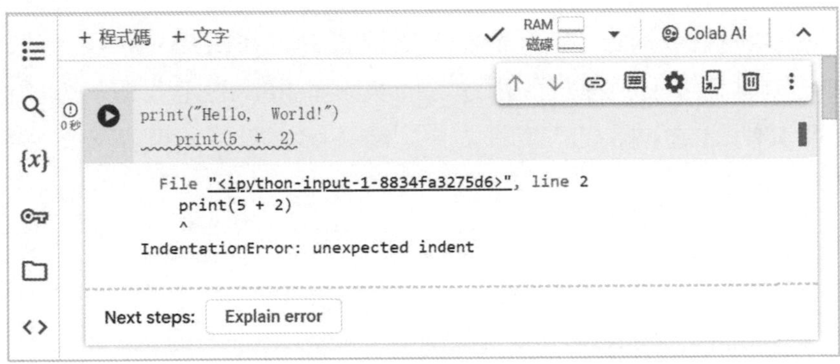

註解

註解 (comment) 可以用來記錄程式的用途與結構，Python 提供的註解符號為 #，可以自成一行，也可以放在一行敘述的最後，當直譯器遇到 # 符號時，會忽略從該 # 符號到該行結尾之間的敘述，不會加以執行，例如：

```
# 我的第一個 Python 程式
print("Hello, World!")
```

亦可寫成如下：

```
print("Hello, World!")        # 我的第一個 Python 程式
```

Python 並沒有提供多行註解符號，若要輸入多行註解，可以在每一行的前面加上 # 符號。

或者，我們可以使用多行字串代替多行註解，因為 Python 會忽略沒有指派給任何變數的字串，不會加以執行，也就是在文字的前後加上三個單引號 ''' 或三個雙引號 """，注意兩者不可混用，例如：

```
"""
我的第一個 Python 程式
它將會印出 Hello, World!
"""
```

適當的註解能夠提高程式的可讀性，讓程式更容易偵錯與維護。建議您在程式的開頭以註解說明程式的用途，而在一些重要的函式或步驟前面也以註解說明其功能或所採取的演算法，同時註解盡可能簡明扼要，掌握「過猶不及」的原則。

關鍵字一覽

下面是一些 Python 的關鍵字，另外還有一些預先定義的函式名稱、常數名稱、類別名稱等，由於這些名稱非常多，無法一一列舉，有興趣的讀者可以參考 Python 說明文件（https://www.python.org/doc/）。

False	await	else	import
pass	None	break	except
in	raise	True	class
finally	is	return	and
continue	for	lambda	try
as	def	from	nonlocal
while	assert	del	global
not	with	async	elif
if	or	yield	

1-5 程式設計錯誤

偵錯（debugging）對程式設計人員來說是必經的過程，無論是大型如 Microsoft Windows、Office、Photoshop 等商用軟體，或小型如我們所撰寫的 Python 程式都可能發生錯誤，因此，程式在推出之前都必須經過嚴密的測試與偵錯。

常見的程式設計錯誤有下列幾種類型：

❖ **語法錯誤**（syntax error）：這是在撰寫程式時最容易發生的錯誤，任何程式語言都有其專屬的語法必須加以遵循，一旦誤用語法，就會發生錯誤，例如不當的縮排、遺漏必要的符號、拼字錯誤等。

對於語法錯誤，Python 直譯器會直接顯示哪裡有錯誤，以及造成錯誤的原因，只要依照提示做修正即可。以下圖為例，第一個敘述遺漏標示字串結尾的雙引號，於是出現 SyntaxError: unterminated string literal (detected at line 1) 錯誤訊息，表示在第 1 行偵測到未終止的字串文字，而第二個敘述將 print() 函式寫成大寫開頭的 Print() 函式，於是出現 NameError: name 'Print' is not defined 錯誤訊息，表示 Print 尚未定義。

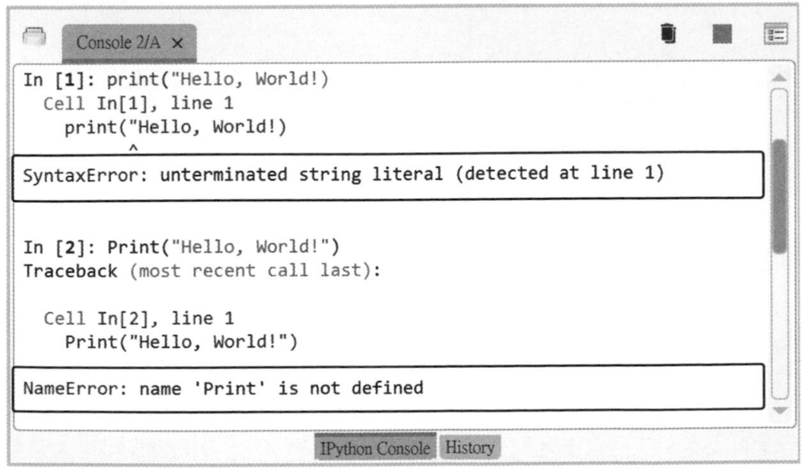

❖ **執行期間錯誤** (runtime error)：這是在程式執行期間所發生的錯誤，導致執行期間錯誤的往往不是語法問題，而是一些看起來似乎正確卻無法執行的程式碼。

以下面的敘述為例，這三行的語法其實都沒有錯誤，可是在執行第三行時會出現如下圖的 ZeroDivisionError: division by zero 錯誤訊息，表示除以零，原因就出在沒有考慮到除數不得為 0 的限制，導致程式終止執行。對於執行期間錯誤，只要根據直譯器所顯示的錯誤訊息做修正即可。

```
In [1]: X = 1              # 將變數 X 的值設定為 1
In [2]: Y = 0              # 將變數 Y 的值設定為 0
In [3]: print(X / Y)       # 印出變數 X 除以變數 Y 的結果
```

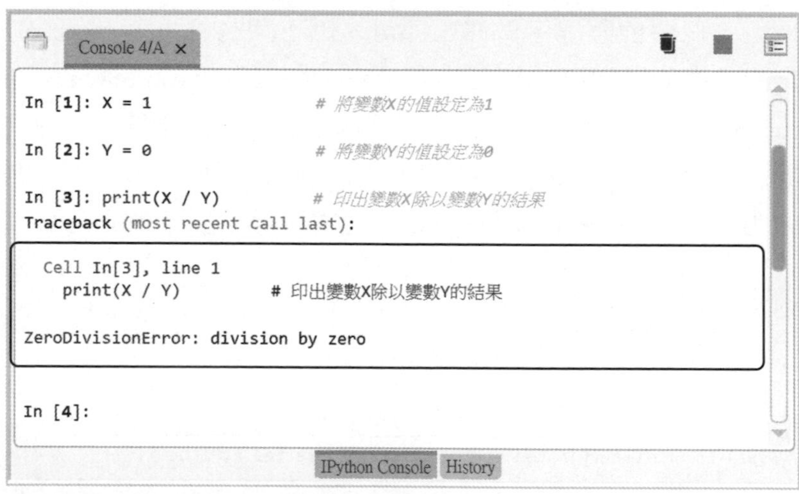

❖ **邏輯錯誤** (logic error)：這是在使用程式時所發生的錯誤，例如使用者輸入不符合要求的資料，程式卻沒有設計到如何處理這種情況，或是在撰寫迴圈時沒有充分考慮到結束條件，導致陷入無窮迴圈。邏輯錯誤是最難修正的錯誤類型，因為不容易找出導致錯誤的真正原因，但還是可以從執行結果不符合預期來判斷是否有邏輯錯誤。

\學習評量/

一、選擇題

( )1. 下列何者不是 Python 的特點？

A. 語法簡潔　B. 開放原始碼　C. 可攜性高　D. 編譯式語言

( )2. Python 程式的副檔名為何？

A. .py　B. .ipynb　C. .js　D. .html

( )3. 我們可以使用下列何者代替多行註解的功用？

A. #　B. '''　C. /*　*/　D. /

( )4. Google Colab 筆記本的副檔名為何？

A. .py　B. .ipynb　C. .js　D. .html

( )5. 下列何者為 Python 的行接續符號？

A. #　B. '''　C. /*　*/　D. /

( )6. Python 3 程式預設的編碼方式為何？

A. ASCII　B. UTF-8　C. BIG5　D. EBCDIC

( )7. 若遺漏標示字串結尾的雙引號，將會發生下列哪種錯誤？

A. 語法錯誤　B. 執行期間錯誤　C. 邏輯錯誤　D. 編譯期間錯誤

( )8. 若要在 Python 程式中計算圓面積，卻誤用圓周長公式，將會發生下列哪種錯誤？

A. 語法錯誤　B. 執行期間錯誤　C. 邏輯錯誤　D. 編譯期間錯誤

( )9. 若要在 IPython 查看輸入過的敘述，可以在提示符號輸入哪個命令？

A. print　B. help　C. run　D. history

( )10. 下列何者為 Python 的單行註解符號？

A. #　B. '''　C. /*　*/　D. /

二、練習題

1. **[連續數字總和]** 撰寫一個 Python 程式印出 1 加到 10 的結果。
2. **[計算數學算式]** 撰寫一個 Python 程式印出下列算式的結果。

$$\frac{(5+3)\times(18-2)}{(15-10)}$$

3. **[時間轉換]** 撰寫一個 Python 程式印出 1 小時又 10 分鐘總共有幾秒。
4. **[計算數學算式]** 撰寫一個 Python 程式印出下列算式的結果。

$$\frac{(2^5\times 3^5\times 4^3)\times(2^2\times 3^4)}{(2^3\times 3^2)(3^4\times 4^5)}$$

5. **[圓面積]** 撰寫一個 Python 程式印出半徑為 10 的圓面積大小 (提示：圓面積公式 $A = \pi R^2$)。
6. **[球體積]** 撰寫一個 Python 程式印出半徑為 10 的球體積大小 (提示：球體積公式 $V = \frac{4}{3}\pi R^3$)。
7. **[半衰期]** 假設有個放射性物質的半衰期為 100 天，原有的質量為 400 公克，撰寫一個 Python 程式印出該物質經過 500 天後會剩下多少公克 (註：半衰期指的是物質的濃度降低到原來的一半所消耗的時間)。
8. **[預測人口總數]** 假設全球人口從西元1980年起五十年內的成長率是固定的，已知西元 1987 年的人口總數為 50 億，而第 60 億人於西元 1999 年誕生賽拉佛耶，撰寫一個 Python 程式根據前述資料印出西元 2023 年的人口總數。
9. **[階乘和]** 撰寫一個 Python 程式印出 1! +2! + 3! + 4! + 5! 的和。
10. 下面的敘述有哪些錯誤？該如何修正？

(1) print("Hello"

(2) print("Good Lock!)

(3) Print("Happy Birthday!")

(4) print("Merry Christmas!')

型別、變數與運算子

2-1 型別

Python 將資料分成數種**型別**（type），例如 3.14 是浮點數、"Hello, World!" 是字串等，而型別決定了資料的表示方式，以及程式該如何處理資料。

Python 屬於**動態型別**（dynamically typed）程式語言，資料在使用之前無須宣告型別，同時 Python 亦屬於**強型別**（strongly typed）程式語言，只能接受有明確定義的操作。

舉例來說，print("1 + 23") 會印出 1 + 23，因為 Python 將 "1 + 23" 視為字串，而 print(1 + 23) 會印出 24，因為 Python 將 1 和 23 視為數值，1 和 23 相加會得到 24，但 print(1 + "23") 則會發生錯誤，因為 Python 將 1 和 "23" 視為數值和字串，而 Python 並沒有明確定義數值和字串相加的方式。

Python 內建許多型別，包括：

- **數值型別**（numeric type）：int、float、complex、bool。
- **文字序列型別**（text sequence type）：str。
- **二元序列型別**（binary sequence type）：bytes、bytearray、memoryview。
- **序列型別**（sequence type）：list、tuple、range。
- **集合型別**（set type）：set、frozenset。
- **對映型別**（mapping type）：dict。

在本章中，我們會簡單介紹 int (整數)、float (浮點數)、complex (複數)、bool (布林)、str (字串) 等基本型別，以及 list (串列)、tuple (序對)、set (集合)、dict (字典) 等容器型別，然後在第 3 章和第 6 章詳細說明這些型別的處理與應用。至於其它比較少用的型別，有興趣的讀者可以參考 Python 說明文件。

2-1-1 數值型別 (int、float、complex、bool)

數值其實相當直覺，諸如 1、2、3、100、-5、1.5、-2.48 等數字都是數值，Python 將數值型別進一步區分為 int (整數)、float (浮點數)、complex (複數)、bool (布林) 等四種。

int

int 型別用來表示**整數** (integer)，沒有小數部分，例如 10、-532、1000000，注意不能加上千分位符號，也就是不能使用類似 1,000,000 的寫法。

Python 的整數預設採取十進位，若要表示八進位整數，可以在整數前面加上 0o 或 0O (第一個 0 為數字，第二個 o 或 O 為英文字母)，例如 0o101 或 0O101 就相當於十進位整數 65；同理，若要表示十六進位整數，可以在整數前面加上 0x 或 0X，例如 0x41 或 0X41 就相當於十進位整數 65，我們可以讓 Python 直譯器轉換看看，如下：

```
In [1]: 0o101                    # 八進位整數 0o101 會轉換成十進位整數 65
Out[1]: 65
In [2]: 0x41                     # 十六進位整數 0x41 會轉換成十進位整數 65
Out[2]: 65
In [3]: -0x41                    # 十六進位整數 -0x41 會轉換成十進位整數 -65
Out[3]: -65
```

float

float 型別用來表示**浮點數** (float point number)，有小數部分，例如 -123.45、0.3333333333333333，精確度取決於作業系統平台。我們也可以使用科學記法，E 或 e 表示指數，例如 1.2345678E+3 和 1.2345678e+3 均表示 1.2345678×10^3，即 1234.5678，而 1.5234E-5 和 1.5234e-5 均表示 1.5234×10^{-5}，即 0.000015234。

complex

complex 型別用來表示數學的**複數**（complex number），虛數部分以 j 或 J 表示，例如 2 + 1j 或 2 + 1J。若您對複數不太熟悉，跳過這個型別亦無妨，因為一般人比較少用到複數運算。

bool

bool 型別用來表示**布林**（boolean），這是 int 型別的子型別，有 True (真) 和 False（假）兩種值（注意只有 T 和 F 大寫），當要表示的資料只有 True 或 False、對或錯、是或否等兩種選擇時，就可以使用 bool 型別。以下面的敘述為例，1 < 2 會顯示 True，表示 1 小於 2 是真的，而 1 > 2 會顯示 False，表示 1 大於 2 是假的：

```
In [1]: 1 < 2
Out[1]: True
In [2]: 1 > 2
Out[2]: False
```

備註

如欲查看目前作業系統平台中有關浮點數的資訊，可以在 Python 直譯器輸入下面的敘述，此例所得到的結果是最大/最小浮點數範圍為 1.8e+308/2.2e-308，有效位數為 15 位、指數運算的基底為 2、最大/最小指數為 1024/-1021、最大/最小 10 的指數為 308/-307：

```
In [1]: import sys              # 匯入 Python 內建的 sys（系統）模組
In [2]: sys.float_info          # 顯示浮點數的資訊
Out[2]: sys.float_info(max=1.7976931348623157e+308, max_exp=1024,
max_10_exp=308, min=2.2250738585072014e-308, min_exp=-1021,
min_10_exp=-307, dig=15, mant_dig=53, epsilon=2.220446049250313e-16,
radix=2, rounds=1)
```

注意

若數值運算的結果超過浮點數範圍，將會發生溢位 (overflow)，例如下面的敘述是計算 345.0 的 1000 次方 (** 為指數運算子)，結果會顯示類似 OverflowError: (34, 'Result too large') 的錯誤訊息，表示結果太大導致溢位：

```
In [1]: 345.0 ** 1000
Traceback (most recent call last):
  Cell In[1], line 1
    345.0 ** 1000
OverflowError: (34, 'Result too large')
```

2-1-2 字串型別 (str)

Python 使用 str 型別處理文字資料，即所謂的**字串** (string)，這是由一連串**字元** (character) 所組成、有順序的序列 (sequence)，包含文字、數字、符號等。我們可以使用下列三種語法表示字串：

- **單引號 (')**：例如 'Python 程式設計'。
- **雙引號 (")**：例如 "Python 程式設計"。
- **三個單引號 (''')、三個雙引號 (""")**：例如 '''Python 程式設計'''、"""Python 程式設計"""。這種語法允許多行字串，中間的空白亦包含在內，例如下面的敘述是印出一個多行字串。

```
In [1]: print("""星期一
   ...: 星期二
   ...: 星期三""")
星期一
星期二
星期三
```

注意

- 單引號和雙引號不要混用，以免發生超乎預期的情況，例如 'Python 程式設計"、"Python 程式設計' 會發生語法錯誤。
- Python 沒有提供字元型別，若要表示一個字元，可以使用長度為 1 的字串，例如 'P'、'y'。長度 (length) 指的是字串由幾個字元所組成，例如 "Python 程式設計" 的長度為 10。
- 空字串 (null string) 是沒有包含任何字元的字串，可以寫成 '' 或 "" (兩個單引號或兩個雙引號中間沒有任何字元)。

備註

如欲知道某個資料的型別，可以將該資料當作 type() 函式的參數，讓 Python 直譯器告訴我們，下面是一些例子：

```
In [1]: type(1000)
Out[1]: int
In [2]: type(-12.53)
Out[2]: float
In [3]: type(2 + 1j)
Out[3]: complex
In [4]: type(True)
Out[4]: bool
In [5]: type(False)
Out[5]: bool
In [6]: type("Python 程式設計")
Out[6]: str
In [7]: type('P')
Out[7]: str
In [8]: type(1.5234E-5)
Out[8]: float
```

2-1-3 list (串列)、tuple (序對)、set (集合) 與 dict (字典)

在本節中，我們要介紹一些跟數值與字串型別稍有不同的容器型別，包括 list (串列)、tuple (序對)、set (集合) 與 dict (字典)，之所以稱為**容器型別** (container type) 是因為這些型別就像容器，可以用來裝入多個不同型別的資料，當程式需要處理大量資料時，容器型別就會顯得格外實用。

list

list 型別用來表示**串列**，這是由一連串資料所組成、有順序且可改變內容 (mutable) 的序列 (sequence)。串列的前後以中括號標示，裡面的資料以逗號隔開，資料的型別可以不同，例如：

```
In [1]: [1, "Taipei", 2, "Tokyo"]      # 包含 4 個元素的串列
Out[1]: [1, 'Taipei', 2, 'Tokyo']
In [2]: [2, "Tokyo", 1, "Taipei"]      # 元素相同但順序不同，表示不同串列
Out[2]: [2, 'Tokyo', 1, 'Taipei']
```

tuple

tuple 型別用來表示**序對**，這是由一連串資料所組成、有順序且不可改變內容 (immutable) 的序列 (sequence)。序對的前後以小括號標示，裡面的資料以逗號隔開，資料的型別可以不同，例如：

```
In [1]: (1, "Taipei", 2, "Tokyo")      # 包含 4 個元素的序對
Out[1]: (1, 'Taipei', 2, 'Tokyo')
In [2]: (2, "Tokyo", 1, "Taipei")      # 元素相同但順序不同，表示不同序對
Out[2]: (2, 'Tokyo', 1, 'Taipei')
```

註：可改變內容 (mutable) 指的是在令變數參照到某個串列後，可以變更該串列的內容，而不可改變內容 (immutable) 的意義則相反，第 2-2 節會介紹變數。

set

set 型別用來表示**集合**，包含沒有順序、沒有重複且可改變內容的多個資料，概念上就像數學的集合。集合的前後以大括號標示，裡面的資料以逗號隔開，資料的型別可以不同，例如：

```
In [1]: {1, "Taipei", 2, "Tokyo"}      # 包含 4 個元素的集合
Out[1]: {1, 2, 'Taipei', 'Tokyo'}
In [2]: {2, "Tokyo", 1, "Taipei"}      # 元素相同但順序不同，仍是相同集合
Out[2]: {1, 2, 'Taipei', 'Tokyo'}
```

dict

dict 型別用來表示**字典**，包含沒有順序、沒有重複且可改變內容的多個**鍵:值對** (key: value pair)，屬於對映型別 (mapping type)，也就是以鍵 (key) 做為索引來存取字典裡面的值 (value)，所以鍵不能重複，而值沒有限制。字典的前後以大括號標示，裡面的鍵:值對以逗號隔開，例如：

```
In [1]: {"ID": "N1", "name": "小美"}    # 包含 2 個鍵:值對的字典
Out[1]: {'ID': 'N1', 'name': '小美'}
In [2]: {"name": "小美", "ID": "N1"}    # 鍵:值對相同但順序不同，仍是相同字典
Out[2]: {'name': '小美', 'ID': 'N1'}
```

我們將這些容器型別的比較歸納如下，您可以先簡略看過，知道有它們的存在就好，至於容器型別的處理與應用則留待第 6 章再做說明。

容器型別	list (串列)	tuple (序對)	set (集合)	dict (字典)
前後符號	[]	()	{}	{}
有無順序	有	有	無	無
可否改變內容	可以	不可以	可以	可以

2-2 變數

我們可以在 Python 程式中使用**變數** (variable) 參照到可改變的值，這個值儲存在記憶體，可以是數值、字串、串列、序對、集合、字典等資料。

以生活中的例子來做比喻，變數就像手機通訊錄的聯絡人，假設通訊錄裡面儲存著陳大明的電話號碼為 0920123456，表示該聯絡人的**名稱** (name) 為「陳大明」，而**值** (value) 為「0920123456」，只要透過「陳大明」這個名稱，就能存取「0920123456」這個值，若陳大明的電話號碼換成 0920888888，表示「陳大明」這個名稱改成參照到「0920888888」這個值。

2-2-1 變數的命名規則

在過去 Python 2 只支援 ASCII 編碼，所以變數的名稱只能使用英文字母、底線 (_) 和數字，但現在 Python 3 支援 Unicode 編碼，除了關鍵字、運算子或特殊符號，其它字元都可以當作變數的名稱。

變數的名稱屬於識別字的一種，其命名規則如下：

- 第一個字元可以是英文字母、底線 (_) 或中文，其它字元可以是英文字母、底線 (_)、數字或中文，英文字母有大小寫之分。不過，由於標準函式庫或第三方函式庫幾乎都是以英文來命名，考慮到與國際接軌及社群習慣，建議不要使用中文。
- 不能使用關鍵字，以及內建常數、內建函式、內建類別等的名稱。
- 建議使用有意義的英文單字和字中大寫來命名，也就是以小寫字母開頭，之後每換一個單字就以大寫開頭，例如 userPhoneNumber、studentName。
- 對於經常使用的名稱可以使用合理的縮寫，例如以 XML 代替 eXtensible Markup Language。

下面是一些合法的變數名稱：

```
_studentID
studentName
student_name
newCar1
```

至於下面則是一些不合法的變數名稱，您也不用太擔心會誤用關鍵字或內建函式的名稱，因為在多數的 Python 整合開發環境中會以特殊的顏色顯示關鍵字，稍微留意一下即可：

```
class                         # 不能使用關鍵字
customer@ID                   # 不能使用特殊符號@
7eleven                       # 不能以數字開頭
!userName                     # 不能使用特殊符號!
user    Name                  # 不能包含空白
```

2-2-2 設定變數的值

Python 屬於動態型別程式語言，**變數在使用之前無須宣告型別**。我們可以使用**指派運算子** (=)(assignment operator) 設定變數的值，其它常見的說法還有「將一個值指派給變數」、「將一個值儲存在變數」或「使用變數儲存一個值」，例如下面的敘述是將變數 userName 的值設定為 "小丸子" 字串，也就是令變數 userName 參照到記憶體裡面的 "小丸子" 字串：

```
userName = "小丸子"
```

此時，Python 會將變數 userName 視為 str 型別，若我們變更它的值，例如當 Python 碰到下面的敘述時，則會將變數 userName 視為 int 型別：

```
userName = 123
```

雖然指派運算子 (=) 與數學的等於符號 (=) 一樣，但意義不同，前者用來設定變數的值，而後者用來表示 = 左邊的運算式與 = 右邊的數值相等。

原則上，在使用指派運算子 (=) 時，變數的名稱是放在 = 的左邊，而變數的值是放在 = 的右邊，但有時變數的名稱也可能放在 = 的右邊，以下面的敘述為例，第一行敘述是將變數 X 的值設定為 1，而第二行敘述是將變數 X 的值設定為變數 X 原來的值加 1，也就是 2：

```
In [1]: X = 1
In [2]: X = X + 1
In [3]: X
Out[3]: 2
```

請注意，雖然 Python 允許變數在使用之前無須宣告型別，但仍須設定變數的值，否則會發生錯誤。以下面的敘述為例，由於我們尚未設定變數 W 的值就加以使用，導致發生 NameError (名稱錯誤)：

```
In [1]: 1 + W
Traceback (most recent call last):
  Cell In[1], line 1
    1 + W
NameError: name 'W' is not defined
```

此外，我們可以透過一個敘述設定多個變數的值，例如下面的敘述是將 X、Y、Z 等三個變數的值全部設定為 100：

```
X = Y = Z = 100
```

而下面的敘述是將 X、Y、Z 等三個變數的值分別設定為 100、3.14159、"Hello, World!"：

```
X, Y, Z = 100, 3.14159, "Hello, World!"
```

隨堂練習

在 Python 直譯器輸入下列敘述，看看結果為何？

(1)

```
In [1]: A = 1
In [2]: A = "happy"
In [3]: print(type(A))
```

(2)

```
In [1]: A, B, C = 10, 20, 40
In [2]: print((A + B + C) / 3)
```

(3)

```
In [1]: X = Y = Z = 100
In [2]: X = X + 5
In [3]: print(X, Y, Z)
```

(4)

```
In [1]: Q = Q + 2
```

【解答】

(1) <class 'str'>

(2) 23.333333333333332

(3) 105 100 100

(4) NameError: name 'Q' is not defined (名稱 Q 尚未定義)

2-3 常數

常數 (constant) 是一個有意義的名稱，它的值不會隨著程式的執行而改變，同時程式設計人員亦無法變更常數的值。

Python 內建的常數不多，常用的如下，我們不能變更這幾個關鍵字的值，否則會發生錯誤：

❖ True：bool 型別的 True (真) 值。

❖ False：bool 型別的 False (假) 值。

❖ None：表示空值，若變數的值被設定為 None，表示沒有值。

Python 並沒有提供定義常數的語法，不過，我們還是可以依照慣例使用全部大寫來替常數命名，好跟一般的變數做區分。下面是一個例子，它會印出半徑為 10 的圓面積，如下圖。

\Ch02\area1.py

```
# 將圓周率 PI 定義為常數
PI = 3.14159
# 將半徑設定為 10
radius = 10
# 印出圓面積
print(PI * radius * radius)
```

```
In [1]: runfile('C:/Users/Jean/Documents/Samples/Ch02/area1.py', wdir='C:/Users/Jean/Documents/Samples/Ch02')
314.159

In [2]:
```

使用常數的優點如下：

❖ 使用達意的名詞來替常數命名，可以提高程式的可讀性。

❖ 若程式中經常會用到常數，就不必重複輸入其值。

❖ 若需要變更常數的值 (例如將 PI 的值由 3.14159 變更為 3.14159265)，只要修改定義常數的敘述即可。

2-4 運算子

運算子 (operator) 是一種用來進行運算的符號，而**運算元** (operand) 是運算子進行運算的對象，我們將運算子與運算元所組成的敘述稱為**運算式** (expression)。運算式其實就是會產生值的敘述，例如 5 + 10 是運算式，它所產生的值為 15，其中 + 為加法運算子，而 5 和 10 為運算元。

我們可以依照功能將 Python 的運算子分為下列幾種類型：

- **算術運算子** (arithmetic operator)：+、-、*、/、//、%、**
- **移位運算子** (shifting operator)：<<、>>
- **位元運算子** (bitwise operator)：~、&、|、^
- **比較運算子** (comparison operator)：>、<、>=、<=、==、!=
- **邏輯運算子** (logical operator)：and、or、not
- **指派運算子** (assignment operator)：=、+=、-=、*=、/=、//=、%=、**=、<<=、>>=、&=、|=、^=
- **其它特殊符號**：( )、[ ]、{ }、,、:、.、;

或者，我們也可以依照運算元的個數將 Python 的運算子分為下列兩種類型：

- **單元運算子** (unary operator)：+、- 和 ~ 屬於單元運算子，只有一個運算元，此時的 +、- 不是加法和減法運算子，而是用來表示正數值和負數值，採取**前置記法** (prefix notation)，例如 +5 或 -5。
- **二元運算子** (binary operator)：+、- 和 ~ 以外的運算子屬於二元運算子，有兩個運算元，採取**中置記法** (infix notation)，例如 1.23 * 1000 或 1200 / 50。

2-4-1 算術運算子

算術運算子可以用來進行算術運算，Python 提供如下的算術運算子。

+ (加法)

+ 運算子的語法如下，表示 a 加 b：

```
a + b
```

例如：

```
In [1]: 12 + 3
Out[1]: 15
In [2]: 1.234 + 5.678
Out[2]: 6.912
```

❖ + 運算子也可以用來表示正數值，例如 +5 表示正整數 5。

❖ + 運算子也可以用來連接字串，例如 "5" + "apples" 會得到 "5apples"，但 5 + "apples" 則會發生錯誤，因為 5 是數值不是字串。

- (減法)

- 運算子的語法如下，表示 a 減 b：

```
a - b
```

例如：

```
In [1]: 12 - 3
Out[1]: 9
In [2]: 1.456 - 5.456
Out[2]: -4.0
```

- ❖ - 運算子也可以用來表示負數值，例如 -5 表示負整數 5。
- ❖ 由於 bool 型別為 int 型別的子型別，所以類似 5 + True 或 5 - False 的運算式是合法的，前者會得到 6，因為 True 會被當作整數 1，而後者會得到 5，因為 False 會被當作整數 0。

* (乘法)

* 運算子的語法如下，表示 a 乘以 b：

```
a * b
```

例如：

```
In [1]: 12 * 3
Out[1]: 36
In [2]: 10 * 0.5
Out[2]: 5.0
```

* 運算子也可以用來重複字串，例如 3 * "ABCD" 和 "ABCD" * 3 都會得到 'ABCDABCDABCD'。

/ (浮點數除法)

/ 運算子的語法如下，表示 a 除以 b，結果為 float 型別：

```
a / b
```

例如：

```
In [1]: 12 / 3
Out[1]: 4.0
In [2]: 1 / 3
Out[2]: 0.3333333333333333
```

// (整數除法)

// 運算子的語法如下，表示 a 除以 b 的商數，結果為 int 型別，小數部分直接捨去，不是四捨五入：

```
a // b
```

例如：

```
In [1]: 12 // 3
Out[1]: 4
In [2]: 8 // 3
Out[2]: 2
```

% (餘數)

% 運算子的語法如下，表示 a 除以 b 的餘數：

```
a % b
```

例如：

```
In [1]: 12 % 5
Out[1]: 2
In [2]: 12.5 % 5
Out[2]: 2.5
```

或許您會疑惑這個運算子能夠做什麼，最簡單的例子就是用來判斷一個整數是偶數還是奇數，只要計算該整數除以 2 的餘數即可，餘數為 0 表示偶數，餘數為 1 表示奇數。

另一個例子是假設有 20 顆糖果要分給 7 個小朋友，請問會剩下幾顆？答案是 20 % 7，也就是剩下 6 顆。

**** (指數)**

** 運算子的語法如下，表示 a 的 b 次方：

```
a ** b
```

例如：

```
In [1]: 9 ** 2          # 9 的 2 次方 (9 的平方)
Out[1]: 81
In [2]: 9 ** 0.5        # 9 的平方根
Out[2]: 3.0
```

2-4-2 移位運算子

移位運算子可以用來進行移位運算，Python 提供如下的移位運算子，由於這涉及二進位的位元運算，必須對二進位有一定程度的認識才能完全理解，建議初學者簡略看過就好，等有需要的時候再來研究。

❖ **<< (向左移位)**：語法如下，表示將 a 的位元向左移動 b 所指定的位數，例如 1 << 3 會得到 8，因為 1 的二進位值是 00000001，而向左移動 3 位會得到 00001000，即 8。

```
a << b
```

❖ **>> (向右移位)**：語法如下，表示將 a 的位元向右移動 b 所指定的位數，例如 8 >> 2 會得到 2，因為 8 的二進位值是 00001000，而向右移動 2 位會得到 00000010，即 2。

```
a >> b
```

事實上，a << b 就相當於 a 乘以 2 的 b 次方 ($a * 2^b$)，而 a >> b 就相當於 a 除以 2 的 b 次方 ($a / 2^b$)。

2-4-3 位元運算子

位元運算子可以用來進行位元運算，Python 提供如下的位元運算子，同樣的，這涉及二進位的位元運算，必須對二進位有一定程度的認識才能完全理解，建議初學者簡略看過就好。

❖ ~ (位元 NOT)：語法如下，表示將 a 進行位元否定，若位元為 1，就傳回 0，否則傳回 1。例如 ~10 會得到 -11，因為 10 的二進位值是 00001010，~10 的二進位值是 11110101，而 11110101 在 2 的補數表示法中是 -11，2 的補數 (2's complement) 表示法是電腦系統用來表示正負整數的一種方式。

```
~a
```

❖ & (位元 AND)：語法如下，表示將 a 和 b 進行位元結合，若兩者對應的位元均為 1，位元結合就是 1，否則是 0。例如 10 & 6 會得到 2，因為 10 的二進位值是 00001010，6 的二進位值是 00000110，而 00001010 & 00000110 會得到 00000010，即 2。

```
a & b
```

❖ | (位元 OR)：語法如下，表示將 a 和 b 進行位元分離，若兩者對應的位元均為 0，位元分離就是 0，否則是 1。例如 10 | 6 會得到 14，因為 00001010 | 00000110 會得到 00001110，即 14。

```
a | b
```

❖ ^ (位元 XOR)：語法如下，表示將 a 和 b 進行位元互斥，若兩者對應的位元一個為 1 一個為 0，位元互斥就是 1，否則是 0。例如 10 ^ 6 會得到 12，因為 00001010 ^ 00000110 會得到 00001100，即 12。

```
a ^ b
```

2-4-4 比較運算子

比較運算子可以用來比較兩個運算元的大小或相等與否，若結果為真，就傳回 True，否則傳回 False。Python 提供如下的比較運算子，我們可以根據比較的結果做不同的處理。

運算子	語法	說明
>	a > b	若 a 大於 b，就傳回 True，否則傳回 False，例如 18 + 3 > 18 會得到 True。
<	a < b	若 a 小於 b，就傳回 True，否則傳回 False，例如 18 + 3 < 18 會得到 False。
>=	a >= b	若 a 大於等於 b，就傳回 True，否則傳回 False，例如 18 + 3 >= 21 會得到 True。
<=	a <= b	若 a 小於等於 b，就傳回 True，否則傳回 False，例如 18 + 3 <= 21 會得到 True。
==	a == b	若 a 等於 b，就傳回 True，否則傳回 False，例如 21 + 5 == 18 + 8 會得到 True。
!=	a != b	若 a 不等於 b，就傳回 True，否則傳回 False，例如 21 + 5 != 18 + 8 會得到 False。

下面是一些例子，要注意的是比較運算子也可以用來比較兩個字串的大小或相等與否，第 3-2-6 節有進一步的說明：

```
In [1]: 123 == "123"        # 數值 123 不等於字串 "123"
Out[1]: False
In [2]: "ABC" == "abc"      # "ABC" 不等於 "abc"，因為大小寫不同
Out[2]: False
In [3]: True == 1           # bool 型別為 int 型別的子型別，True 會被當作 1
Out[3]: True
In [4]: False == 0          # bool 型別為 int 型別的子型別，False 會被當作 0
Out[4]: True
```

2-4-5 指派運算子

指派運算子可以用來進行指派運算，Python 提供如下的指派運算子。

運算子	語法	說明
=	a = b	將 b 指派給 a，也就是將 a 的值設定為 b 的值。
+=	a += b	相當於 a = a + b，+ 為加法運算子，也就是將 a 的值設定為 a 原來的值加 b 的值，以下依此類推。
-=	a -= b	相當於 a = a - b，- 為減法運算子。
*=	a *= b	相當於 a = a * b，* 為乘法運算子。
/=	a /= b	相當於 a = a / b，/ 為浮點數除法運算子。
//=	a //= b	相當於 a = a // b，// 為整數除法運算子。
%=	a %= b	相當於 a = a % b，% 為餘數運算子。
**=	a **= b	相當於 a = a ** b，** 為指數運算子。
<<=	a <<= b	相當於 a = a << b，<< 為向左移位運算子。
>>=	a >>= b	相當於 a = a >> b，>> 為向右移位運算子。
&=	a &= b	相當於 a = a & b，& 為位元 AND 運算子。
|=	a |= b	相當於 a = a | b，| 為位元 OR 運算子。
^=	a ^= b	相當於 a = a ^ b，^ 為位元 XOR 運算子。

下面是一些例子：

```
In [1]: a, b, c = 5, 10, 15          # 將變數 a、b、c 設定為 5、10、15
In [2]: a *= b                       # 相當於 a = a * b
In [3]: a                            # 顯示變數 a 的值
Out[3]: 50
In [4]: c %= 4                       # 相當於 c = c % 4
In [5]: c                            # 顯示變數 c 的值
Out[5]: 3
```

2-4-6 邏輯運算子

邏輯運算子可以用來進行邏輯運算，Python 提供如下的邏輯運算子。

and

and 運算子的語法如下，表示將 a 和 b 進行邏輯交集，若兩者的值均為 True，就傳回 True，否則傳回 False：

```
a and b
```

a	b	a and b
True	True	True
True	False	False
False	True	False
False	False	False

例如：

```
In [1]: 5 > 4 and 3 > 2   # 5 > 4為True，3 > 2為True，True and True會得到True
Out[1]: True
In [2]: 5 > 4 and 3 < 2   # 5 > 4為True，3 < 2為False，True and False會得到False
Out[2]: False
In [3]: 5 < 4 and 3 > 2   # 5 < 4為False，3 > 2為True，False and True會得到False
Out[3]: False
```

or

or 運算子的語法如下，表示將 a 和 b 進行邏輯聯集，若兩者的值均為 False，就傳回 False，否則傳回 True：

```
a or b
```

a	b	a or b
True	True	True
True	False	True
False	True	True
False	False	False

例如：

```
In [1]: 5 > 4 or 3 < 2    # 5 > 4為True，3 < 2為False，True or False會得到True
Out[1]: True
In [2]: 5 < 4 or 3 > 2    # 5 < 4為False，3 > 2為True，False or True會得到True
Out[2]: True
In [3]: 5 < 4 or 3 < 2    # 5 < 4為False，3 < 2為False，False or False會得到False
Out[3]: False
```

not

not 運算子的語法如下，表示將 a 進行邏輯否定，若 a 的值為 **True**，就傳回 **False**，否則傳回 **True**：

```
not a
```

a	not a
True	False
False	True

例如：

```
In [1]: not 5 > 4      # 5 > 4為True，not True會得到False
Out[1]: False
In [2]: not 5 < 4      # 5 < 4為False，not False會得到True
Out[2]: True
```

2-4-7 其它特殊符號

除了前面介紹的運算子，Python 還有一些特殊符號，如下。

符號	說明
( )	定義 tuple (序對)、函式呼叫、以小括號括住的運算式會優先計算。
[ ]	定義 list (串列) 或做為索引運算子。
{ }	定義 set (集合) 或 dict (字典)。
,	分隔變數、運算式或容器型別裡面的元素。
:	字典裡面的鍵:值對或條件式後面的符號。
.	存取物件的方法 (method) 或屬性 (attribute)。
;	分隔敘述。

下面是一些例子：

```
In [1]: name = "Jean"          # 將變數 name 的值設定為 "Jean"
In [2]: name[0]                # 顯示變數 name 的第一個字元，[] 為索引運算子
Out[2]: 'J'
In [3]: name[1]                # 顯示變數 name 的第二個字元，[] 為索引運算子
Out[3]: 'e'
In [4]: import math            # 匯入 Python 內建的 math (數學) 模組
In [5]: math.pi                # 顯示 math.pi 屬性的值 (使用小數點存取屬性)
Out[5]: 3.141592653589793
In [6]: r1 = 10; r2 = 100      # 使用分號隔開兩個敘述
In [7]: r1                     # 顯示變數 r1 的值
Out[7]: 10
In [8]: r2                     # 顯示變數 r2 的值
Out[8]: 100
```

2-4-8 運算子的優先順序

當運算式中有多個運算子時，Python 會依照如下的優先順序高者先執行，相同者則按出現順序由左到右依序執行。若要改變預設的優先順序，可以加上小括號 ()，Python 就會優先執行小括號內的運算式。

高

運算子	說明
(…)、[…]、{…}	tuple、list、set、dict
a[i]、a[i:j]、a(…)、a.b、a.b(…)	索引、函式呼叫、存取物件的方法或屬性
a ** b	指數運算
+a、-a、~a	正號、負號、位元 NOT 運算
a * b、a / b、a // b、a % b	乘法、除法、整數除法、餘數運算
a + b、a - b	加法、減法運算
a << b、a >> b	移位運算
a & b	位元 AND 運算
a ^ b	位元 XOR 運算
a | b	位元 OR 運算
>、<、>=、<=、==、!=	比較運算
not a	邏輯 NOT 運算
a and b	邏輯 AND 運算
a or b	邏輯 OR 運算

低

以 25 < 10 + 3 * 4 為例，首先執行乘法運算子，3 * 4 會得到 12，接著執行加法運算子，10 + 12 會得到 22，最後執行比較運算子，25 < 22 會得到 False。不過，若加上小括號改變優先順序，結果可能會不同，以 25 < (10 + 3) * 4 為例，首先執行小括號內的運算式，10 + 3 會得到 13，接著執行乘法運算子，13 * 4 會得到 52，最後執行比較運算子，25 < 52 會得到 True。

隨堂練習

在 Python 直譯器輸入下列敘述，看看結果為何？

(1) 2 / 3.0

(2) 12.3 * 10 % 5

(3) -1.0 / 0

(4) 123 // 5

(5) "A" == "a"

(6) (5 > 3) or (4 < 2)

(7) (5 <= 9) and (not (3 > 7))

(8) 10 * 2 == "20"

(9) "Wow" * 4

(10) ("abc" != "ABC") or (3 > 5)

(11) "8" + "Happy"

(12) 8 + "Happy"

(13) -128 >> 3

(14) 2 << 10

(15) 2 & 10

(16) 2 | 10

【解答】

(1) 0.6666666666666666

(2) 3.0

(3) ZeroDivisionError

(4) 24

(5) False

(6) True

(7) True

(8) False

(9) 'WowWowWowWow'

(10) True

(11) '8Happy'

(12) TypeError

(13) -16

(14) 2048

(15) 2

(16) 10

2-5 輸出

程式在執行完畢後經常需要將結果輸出到螢幕，我們可以使用 Python 內建的 print() 函式在螢幕上印出指定的字串，只要在 Python 直譯器輸入 print? 或 help(print)，然後按 [Enter] 鍵，就會顯示 print() 函式的語法如下：

```
print(*args, sep=' ', end='\n', file=None, flush=False)
```

❖ **args*：這個參數用來設定要印出的值，多個值的中間以逗號 (,) 隔開。

❖ *sep*：這個選擇性參數用來設定隔開兩個值的字串，可以省略不寫，預設值為 ' ' (一個空白)。

❖ *end*：這個選擇性參數用來設定印出最後一個值後所要加上的字串，可以省略不寫，預設值為 '\n' (換行)。

❖ *file*：這個選擇性參數用來設定輸出裝置，可以省略不寫，預設值為 sys.stdout (標準輸出)。

❖ *flush*：這個選擇性參數用來設定是否強制刷新輸出流，可以省略不寫，預設值為 False (否)。

例如：

```
In [1]: print("我", "是", "嵐")                     # 印出三個字串，中間以空白隔開
我 是 嵐
In [2]: print("我", "是", "嵐", sep="@")            # 印出三個字串，中間以 @ 隔開
我@是@嵐
In [3]: print("我", "是", "嵐", end="~~~")          # 印出三個字串，最後加上 ~~~
我 是 嵐~~~
In [4]: name = "嵐"                                  # 將變數 name 的值設定為 "嵐"
In [5]: print("我", "是", name)                     # 印出兩個字串和變數 name 的值
我 是 嵐
```

2-6 輸入

輸入也是程式的基本功能之一，能夠讓程式處理更多工作。我們可以使用 Python 內建的 input() 函式取得使用者輸入的資料，只要在 Python 直譯器輸入 input? 或 help(input)，然後按 [Enter] 鍵，就會顯示 input() 函式的語法如下，其中 *prompt* 為選擇性參數，用來設定提示文字，可以省略不寫，預設值為 ''(空字串)，也就是沒有提示文字：

```
input(prompt='')
```

舉例來說，我們可以在 Python 直譯器輸入下面的第一行敘述，然後按 [Enter] 鍵，此時會出現提示文字「請輸入姓名：」，於是輸入「小丸子」，然後按 [Enter] 鍵，變數 userName 就會被設定為所輸入的姓名：

```
In [1]: userName = input("請輸入姓名：")
請輸入姓名：小丸子 Enter
In [2]:
```

我們可以在 Python 直譯器輸入下面的第一行敘述，然後按 [Enter] 鍵，查看變數 userName 的值，果然被設定為所輸入的姓名：

```
In [3]: userName
Out[3]: '小丸子'
In [4]:
```

還記得第 2-3 節用來計算圓面積的 \Ch02\area1.py 嗎？在這個例子中，我們是直接在程式裡面將變數 radius 的值設定為 10，所以只能計算半徑為 10 的圓面積，相當沒有彈性。試想，若是改成由使用者輸入半徑，不就能計算不同半徑的圓面積嗎？嗯，好主意！不過，在動手改寫的同時，我們需要使用 Python 內建的 eval() 函式將 input() 函式取得的字串轉換成數值，才能進行數值運算。

下面是一些 eval() 函式的使用範例：

```
In [1]: eval("123")              # 傳回字串 "123" 轉換成數值 123 的結果
Out[1]: 123
In [2]: eval("-1.5")             # 傳回字串 "-1.5" 轉換成數值-1.5 的結果
Out[2]: -1.5
In [3]: eval("1 + 2")            # 傳回數值 3，即 1 + 2 的結果
Out[3]: 3
In [4]: eval("(1 + 2) * 5")      # 傳回數值 15，即 (1 + 2) * 5 的結果
Out[4]: 15
```

瞭解 eval() 函式的用法後，我們可以將 \Ch02\area1.py 改寫成如下。

\Ch02\area2.py

```
# 將圓周率 PI 定義為常數
PI = 3.14159
# 取得使用者輸入的圓半徑並轉換成數值
radius = eval(input("請輸入圓半徑："))
# 印出圓半徑和圓面積
print("半徑為", radius, "的圓面積為", PI * radius * radius)
```

執行結果如下圖，此例是輸入 5，所以會印出半徑為 5 的圓面積。

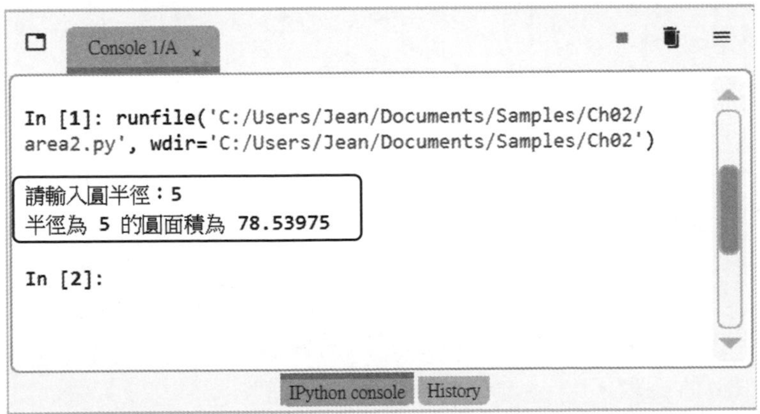

隨堂練習

[梯形面積] 撰寫一個 Python 程式，令它要求使用者輸入梯形的上底、下底與高，然後計算梯形面積並印出結果。

【解答】

\Ch02\trapezoid.py

```
top = eval(input("請輸入上底："))
bottom = eval(input("請輸入下底："))
height = eval(input("請輸入高："))

area = (top + bottom) * height / 2
print("梯形面積為", area)
```

執行結果如下圖，此例是輸入 10、20、5，所以會印出「梯形面積為 75.0」。

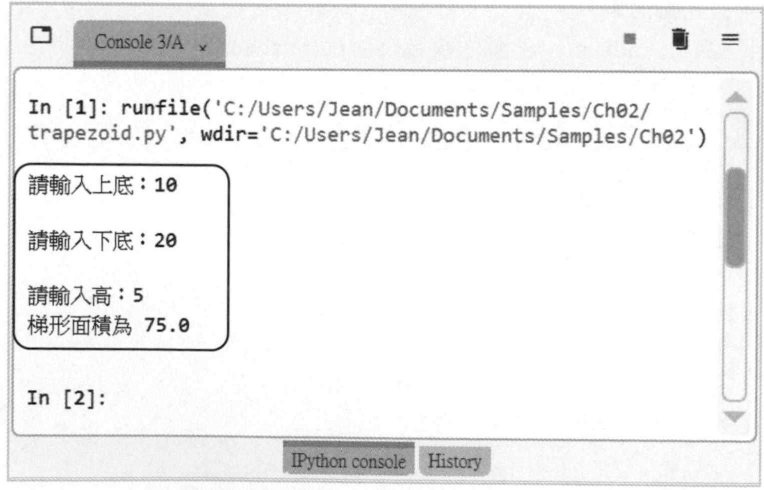

請注意，若輸入的資料無法被 eval() 函式轉換成數值，例如輸入 "hello"、"abc" 等非數值資料，將會發生錯誤並終止程式。

隨堂練習

[兩點距離] 撰寫一個 Python 程式，令它要求使用者輸入兩點的座標，然後計算兩點距離並印出結果。

【提示】

假設兩點的座標為 (x1, y1) 和 (x2, y2)，則兩點距離公式如下：

$$distance = \sqrt{(x2 - x1)^2 + (y2 - y1)^2}$$

【解答】

\Ch02\distance.py

```
x1, y1 = eval(input("請輸入第一個點的座標："))
x2, y2 = eval(input("請輸入第二個點的座標："))

distance = ((x2 - x1) ** 2 + (y2 - y1) ** 2) ** 0.5
print("兩點距離為", distance)
```

執行結果如下圖，此例是輸入 0, 0 和 1, 1，所以會印出「兩點距離為 1.4142135623730951」。

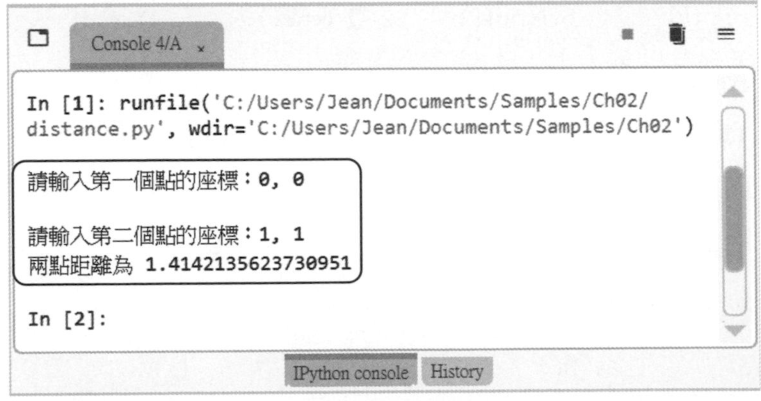

\ 學習評量 /

一、選擇題

(　)1. 下列哪種整數表示方式錯誤？

A. 67　　B. 0o103　　C. 0x43　　D.6,700

(　)2. 下列哪種字串表示方式錯誤？

A. "Happy"　　B. 'Happy'　　C. "Happy'　　D.'''Happy'''

(　)3. 下列哪種型別最適合用來表示只有是或否等兩種選擇的資料？

A. int　　B. float　　C. complex　　D.bool

(　)4. 下列哪種型別最適合用來表示浮點數？

A. int　　B. float　　C. complex　　D.bool

(　)5. 我們可以使用下列哪個運算子來設定變數的值？

A. =　　B. ==　　C. ->　　D.!=

(　)6. 下列哪個運算子可以用來連接兩個字串？

A. *　　B. %　　C. +　　D./

(　)7. 下列哪個函式可以用來將字串轉換成數值？

A. print()　　B. input()　　C. type()　　D.eval()

(　)8. 下列哪個運算式的結果為 False？

A. 13 == "13"　　B. 5 < 10　　C. not (False)　　D.(1 < 4) or (3 > 5)

(　)9. (10 < 20) and (50 > 80) 的結果為何？

A. True　　B. False

(　)10.3 ** 2 的結果為何？

A. 5　　B. 6　　C. 9　　D.8

(　)11.下列哪個符號可以用來改變預設的優先順序？

A. ( )　　B. [ ]　　C. { }　　D.` `

(　)12.下列哪個運算子的優先順序最高？

A. %　　B. **　　C. !=　　D.or

(　)13.下列哪個運算子的優先順序最低？

A. %　　B. **　　C. !=　　D.or

(　)14.假設變數 a、b 的值為 5、2，試問在經過 a *= b 運算後，變數 a、b 的值為何？

A. 5、10　　B. 10、10　　C. 10、5　　D.10、2

(　)15.下列哪個運算子最適合用來判斷一個整數是偶數還是奇數？

A. **　　B. %　　C. //　　D.+

二、練習題

1. 在 Python 直譯器輸入下列敘述，看看結果為何？

(1) "HAPPY" == "Happy"

(2) 4 / 3

(3) 4 // 3

(4) 2 ** 3 ** 2

(5) 12.3 * 10 % 5

(6) 'a' > 'Z'

(7) 123 == "123"

(8) (5 + 3 * 8 < 30) and (3 ** 2 == 9)

(9) print("hot", "dog", end="!!!")

(10) eval("456 - 123 * 2")

2. 寫出下列值的型別：

(1) False

(2) 'a'

(3) 1.23E-5

(4) 1 + 2j

(5) [1, 2, 3, 4, 5]

3. **[計算心跳次數]** 假設人的心臟每秒鐘跳動 1 下，撰寫一個 Python 敘述計算人的心臟在平均壽命 80 歲總共會跳動幾下（一年為 365.25 天），之後再改成以每分鐘跳動 72 下重新撰寫敘述，看看結果為何。

4. **[溫度轉換]** 撰寫一個 Python 程式，令它要求使用者輸入攝氏溫度，然後轉換成華氏溫度並印出結果（提示：華氏溫度等於攝氏溫度乘以 1.8 再加 32）。

5. **[坪數轉換]** 撰寫一個 Python 程式，令它要求使用者輸入房屋坪數，然後轉換成平方公尺（提示：1 坪等於 3.3058 平方公尺）。

6. **[計算 BMI]** 撰寫一個 Python 程式，令它要求使用者輸入身高與體重，然後計算 BMI 並印出結果。BMI（Body Mass Index，身體質量指數）是美國疾病管制局及世界衛生組織所認可，以身高為基礎來測量體重是否符合標準，計算公式如下，理想體重範圍的 BMI 為 18.5 ~ 24。

```
BMI = 體重（公斤）/ 身高²（公尺²）
```

7. 寫出下列敘述適合以哪種型別來表示：

(1) 結婚與否	(5) 數學的集合
(2) 戶籍地址	(6) 下雨機率
(3) 人的年齡	(7) 數學的複數
(4) 我是學生	(8) 英文字母

8. 撰寫一個 Python 程式，令它計算下列算式的結果（假設 a、b、c 的值為 2、5、2）：

$$\frac{-b+\sqrt{b^2-4ac}}{2a}$$

9. 撰寫一個 Python 程式，令它計算下列算式的結果（假設 a、b 的值為 100、50）：

$$\frac{a^2-b^2}{a+b}$$

數值與字串處理

3-1 數值處理函式

我們在前一章中介紹了型別、變數、常數、運算子、輸出、輸入等基本的程式設計技巧，也示範了如何運用這些技巧解決簡單的問題，例如根據使用者輸入的圓半徑計算圓面積。

在本章中，我們要介紹一些用來處理數值與字串的函式，以提高程式的處理能力。這些函式都是 Python 提供的，只要學會怎麼使用就可以了，至於如何自訂函式，則留待第 5 章再做說明。

3-1-1 內建數值函式

函式 (function) 是由一個或多個敘述所組成，用來執行指定的動作，而函式名稱的後面有一對小括號，用來傳遞參數給函式，例如 Python 內建的 print() 函式可以在螢幕上印出參數所指定的字串。

Python 內建許多函式，我們已經介紹過 print()、input()、eval()、type() 等，其它常用的數值函式如下：

❖ abs(*x*)：傳回數值參數 *x* 的絕對值，例如：

```
In [1]: abs(5)
Out[1]: 5
In [2]: abs(-1.2)
Out[2]: 1.2
```

❖ min(*x1, x2* [, *x3*…])：傳回參數中的最小值，例如：

```
In [1]: min(5, 1)
Out[1]: 1
In [2]: min(-1, 3, -5, 8, 9)
Out[2]: -5
```

❖ max(*x1*, *x2* [, *x3*⋯])：傳回參數中的最大值，例如：

```
In [1]: max(5, 1)
Out[1]: 5
In [2]: max(-1, 3, -5, 8, 9)
Out[2]: 9
```

❖ hex(*x*)：傳回整數參數 *x* 由十進位轉換成十六進位的字串，前面會加上 '0x'，例如：

```
In [1]: hex(255)
Out[1]: '0xff'
In [2]: hex(65)
Out[2]: '0x41'
In [3]: hex(-65)
Out[3]: '-0x41'
```

❖ oct(*x*)：傳回整數參數 *x* 由十進位轉換成八進位的字串，前面會加上 '0o'，例如：

```
In [1]: oct(65)
Out[1]: '0o101'
In [2]: oct(-65)
Out[2]: '-0o101'
```

❖ bin(*x*)：傳回整數參數 *x* 由十進位轉換成二進位的字串，前面會加上 '0b'，例如：

```
In [1]: bin(65)
Out[1]: '0b1000001'
In [2]: bin(-65)
Out[2]: '-0b1000001'
```

❖ int(*x*)：傳回數值參數 *x* 的整數部分，小數部分直接捨去，例如：

```
In [1]: int(3.6)
Out[1]: 3
In [2]: int(-3.6)
Out[2]: -3
```

❖ round(*x* [, *precision*])：傳回與數值參數 *x* 最接近的整數（即四捨五入），若要設定精確度為小數幾位，可以加上選擇性參數 *precision*，例如：

```
In [1]: round(3.6)
Out[1]: 4
In [2]: round(-3.6)
Out[2]: -4
In [3]: round(2.678, 2)
Out[3]: 2.68
```

❖ pow(*x*, *y*)：傳回數值參數 *x* 的數值參數 *y* 次方值，例如：

```
In [1]: pow(2, 10)
Out[1]: 1024
```

❖ float(*x*)：傳回字串參數 *x* 轉換成浮點數的結果，例如：

```
In [1]: float("1.23")
Out[1]: 1.23
```

❖ complex(*x*)：傳回字串參數 *x* 轉換成複數的結果，例如：

```
In [1]: complex("1+2j")          # 這個函式的字串參數裡面不能包含空白
Out[1]: (1+2j)
```

3-1-2 數學函式

Python 內建許多模組，**模組**（module）是一個 Python 檔案，裡面定義了一些資料、函式或類別，例如 math 模組有一些數學常數和數學函式，常用的如下，在使用 math 模組之前，必須使用 import 指令進行匯入：

```
In [1]: import math
```

❖ math.pi、math.e、math.nan、math.inf：表示圓周率、自然對數的底數 e、NaN (Not a Number)、正無限大，而負無限大為 -math.inf，例如：

```
In [1]: math.pi
Out[1]: 3.141592653589793
In [2]: math.e
Out[2]: 2.718281828459045
```

❖ math.ceil(*x*)：傳回比數值參數 *x* 大的最小整數，例如：

```
In [1]: math.ceil(9.999)
Out[1]: 10
In [2]: math.ceil(-9.999)
Out[2]: -9
```

❖ math.fabs(*x*)：傳回數值參數 *x* 的浮點數絕對值，例如：

```
In [1]: math.fabs(-5)
Out[1]: 5.0
```

❖ math.factorial(*x*)：傳回正整數參數 *x* 的階乘，例如：

```
In [1]: math.factorial(5)        # 5 階乘 (即 5! = 1 * 2 * 3 * 4 * 5)
Out[1]: 120
```

❖ **math.floor(*x*)**：傳回比數值參數 ***x*** 小的最大整數，例如：

```
In [1]: math.floor(4.3)
Out[1]: 4
In [2]: math.floor(-4.3)
Out[2]: -5
```

❖ **math.gcd(*x*, *y*)**：傳回整數參數 ***x*** 與整數參數 ***y*** 的最大公因數，例如：

```
In [1]: math.gcd(25, 155)
Out[1]: 5
```

❖ **math.exp(*x*)**：傳回自然對數之底數 e 的數值參數 ***x*** 次方值，例如：

```
In [1]: math.exp(2)
Out[1]: 7.38905609893065
```

❖ **math.log(*x*[, *base*])**：傳回正數值參數 ***x*** 的自然對數值，預設的底數為 e，若要設定底數，可以加上選擇性參數 ***base***，例如：

```
In [1]: math.log(2)
Out[1]: 0.6931471805599453
In [2]: math.log(2, 2)
Out[2]: 1.0
```

❖ **math.sqrt(*x*)**：傳回正數值參數 ***x*** 的平方根，例如：

```
In [1]: math.sqrt(2)
Out[1]: 1.4142135623730951
```

❖ **math.isfinite(*x*)**：傳回數值參數 ***x*** 是否為有限，例如：

```
In [1]: math.isfinite(1000000)
Out[1]: True
```

❖ math.isinf(*x*)：傳回數值參數 *x* 是否為無限，例如：

```
In [1]: math.isinf(-math.inf)
Out[1]: True
```

❖ math.isnan(*x*)：傳回數值參數 *x* 是否為 NaN (Not a Number)，例如：

```
In [1]: math.isnan(math.nan)
Out[1]: True
```

❖ math.radians(*x*)：傳回數值參數 *x* 由角度轉換成弳度的結果，轉換公式為「弳度＝角度× π ÷180」，例如：

```
In [1]: math.radians(45)
Out[1]: 0.7853981633974483
```

❖ math.degrees(*x*)：傳回數值參數 *x* 由弳度轉換成角度的結果，轉換公式為「角度＝弳度×180÷ π 」，例如：

```
In [1]: math.degrees(0.7853981633974483)
Out[1]: 45.0
```

❖ math.cos(*x*)、math.sin(*x*)、math.tan(*x*)、math.acos(*x*)、math.asin(*x*)、math.atan(*x*) 三角函式：傳回數值參數 *x* 的餘弦值 (cosine)、正弦值 (sine)、正切值 (tangent)、反餘弦值 (arccosine)、反正弦值 (arcsine)、反正切值 (arctangent)。請注意，參數 *x* 必須為弳度，而不是角度，換句話說，若要計算 sin30° 和 cos30° 的值，必須先根據公式「弳度＝角度× π ÷180」將角度轉換成弳度，如下：

```
In [1]: math.sin(30 * math.pi / 180) # 亦可寫成 math.sin(math.radians(30))
Out[1]: 0.49999999999999994
In [2]: math.cos(30 * math.pi / 180) # 亦可寫成 math.cos(math.radians(30))
Out[2]: 0.8660254037844387
```

\ 隨堂練習 /

[數值處理] 在 Python 直譯器計算下列題目的結果：

(1) 將 90 度轉換成弳度。

(2) 從 10、8、-9、-100、77、50、28 等數字中找出最大值。

(3) 從 10、8、-9、-100、77、50、28 等數字中找出最小值。

(4) 使用 math.pi 定義的圓周率計算半徑為 10 的圓面積。

(5) $\cos 60^{\circ}$ 的值。

(6) $\sqrt{7}$ 的值。

(7) 616 和 1331 的最大公因數。

【解答】

```
In [1]: math.radians(90)                      # (1)
Out[1]: 1.5707963267948966
In [2]: max(10, 8, -9, -100, 77, 50, 28)      # (2)
Out[2]: 77
In [3]: min(10, 8, -9, -100, 77, 50, 28)      # (3)
Out[3]: -100
In [4]: 10 * 10 * math.pi                     # (4)
Out[4]: 314.1592653589793
In [5]: math.cos(math.radians(60))            # (5)
Out[5]: 0.5000000000000001
In [6]: math.sqrt(7)                          # (6)
Out[6]: 2.6457513110645907
In [7]: math.gcd(616, 1331)                   # (7)
Out[7]: 11
```

\ 隨堂練習 /

[對數與指數運算] 已知 x = log2，y = log3，撰寫一個 Python 程式，令它計算 $10^{2x+3y+1}$並印出結果。

【解答】

\Ch03\log.py

```
# 匯入 math 模組
import math

# 使用 math.log() 函式計算 x、y 的值
x = math.log(2, 10)
y = math.log(3, 10)

# 使用 pow() 函式計算題目的值
result = pow(10, 2 * x + 3 * y + 1)
print("結果為", result)
```

執行結果如下圖，會印出「結果為 1079.9999999999993」，這個例子主要是示範如何使用 math.log()、pow() 函式進行對數運算與指數運算。

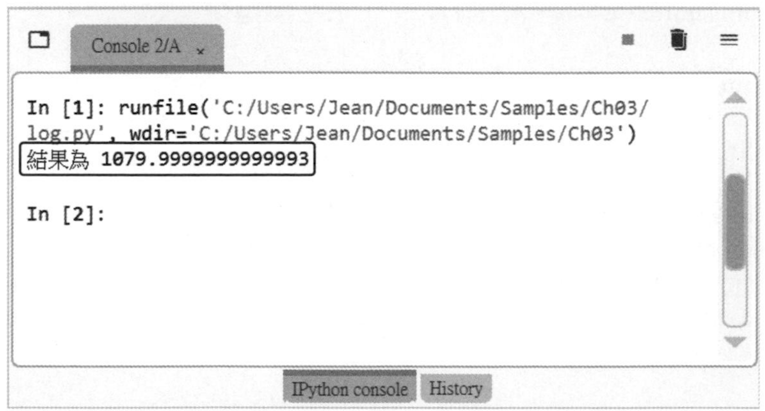

3-1-3 亂數函式

Python 內建的 random 模組提供了一些函式可以用來產生亂數，常用的如下，同樣的，在使用 random 模組之前，必須使用 import 指令進行匯入：

```
In [1]: import random
```

❖ **random.randint(*x*, *y*)**：傳回一個大於等於整數參數 *x*、小於等於整數參數 *y* 的隨機整數，每次呼叫所傳回的亂數不一定相同，例如：

```
In [1]: random.randint(1, 10)
Out[1]: 10
In [2]: random.randint(1, 10)
Out[2]: 7
```

❖ **random.random()**：傳回一個大於等於 0.0、小於 1.0 的隨機浮點數，每次呼叫所傳回的亂數不一定相同，例如：

```
In [1]: random.random()
Out[1]: 0.24980310229175962
In [2]: random.random()
Out[2]: 0.8191991024328324
```

❖ **random.shuffle(*x*)**：將參數 *x* 中的元素隨機重排。

❖ **random.choice(*x*)**：從參數 *x* 中的元素隨機選擇一個，例如：

```
In [1]: L = [1, 2, 3, 4, 5]            # 變數 L 是一個包含五個元素的串列
In [2]: random.shuffle(L)              # 將變數 L 中的元素隨機重排
In [3]: L                              # 顯示變數 L
Out[3]: [1, 2, 4, 3, 5]
In [4]: random.choice(L)               # 從變數 L 中的元素隨機選擇一個
Out[4]: 3
```

\ 隨 堂 練 習 /

[猜數字] 撰寫一個 Python 程式，令它使用亂數函式隨機產生一個範圍介於 1 ~ 3 的整數，然後要求使用者猜數字並印出結果。

【解答】

\Ch03\guess.py

```
# 匯入 random 模組
import random
# 隨機產生一個範圍介於 1 ~ 3 的整數並指派給變數 num
num = random.randint(1, 3)
# 將使用者輸入的數字指派給變數 answer
answer = eval(input("請猜數字 1 ~ 3："))
# 印出兩者比較的結果，True 表示猜中了，False 表示猜錯了
print(num, "==", answer, "is", num == answer)
```

執行結果如下圖，我們將輸入的數字圈起來，這樣看得比較清楚，雖然只有三個數字，還是執行了好幾次才猜中，您也試試看吧！

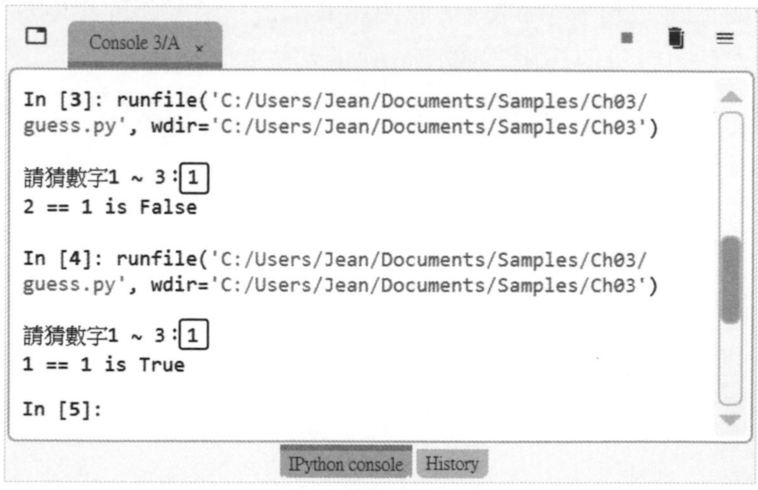

隨堂練習

[正六邊形面積] 撰寫一個 Python 程式，令它要求使用者輸入正六邊形的邊長，然後根據邊長計算正六邊形面積並印出結果。

【提示】

假設正多邊形的邊數為 n，邊長為 s，則正多邊形的面積公式如下：

$$area = \frac{n \times s^2}{4 \times \tan\left(\frac{\pi}{n}\right)}$$

【解答】

\Ch03\hexagon.py

```
import math
s = eval(input("請輸入正六邊形的邊長："))
area = 6 * s * s / (4 * math.tan(math.pi / 6))
print("邊長", s, "的正六邊形面積為", round(area, 2))
```

執行結果如下圖，此例是輸入 1，並使用 round() 函式將面積四捨五入到小數點後面二位，所以會印出「邊長 1 的正六邊形面積為 2.6」。

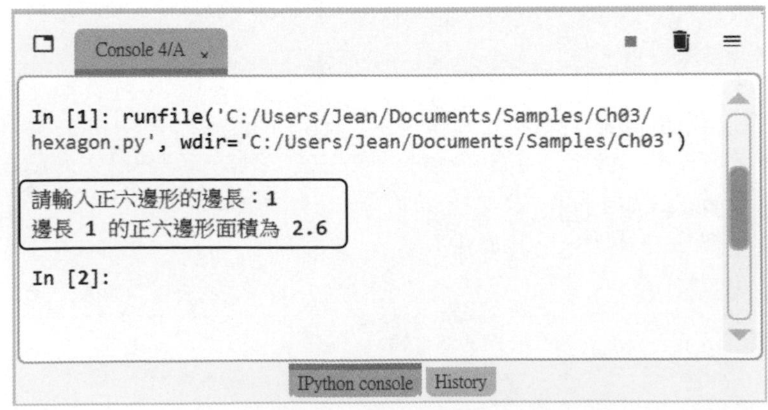

3-2 字串與字元

字串 (string) 是由一連串**字元** (character) 所組成、有順序的序列，包含文字、數字、符號等。Python 有針對字串提供 str 型別，但沒有提供字元型別，若要表示一個字元，可以使用長度為 1 的字串，例如 'A'、'm'。

3-2-1 ASCII 與 Unicode

由於電腦系統採取二進位，因此，電腦內部的資料會被編碼成一連串的位元圖樣 (bit pattern)，例如 01010101、11111111 等。這些位元圖樣所表示的可能是文字、圖形、聲音或視訊，確實的意義得視其應用而定。

就文字來說，主要的編碼方式有下列兩種，Python 2 預設採取 ASCII，Python 3 預設採取 UTF-8，而 UTF-8 可以用來表示 Unicode 字元：

❖ ASCII (American Standard Code for Information Interchange，美國資訊交換標準碼)：ASCII 是使用 7 個位元表示 128 (2^7) 個字元，以大小寫英文字母、阿拉伯數字、鍵盤上的特殊符號 (% $ # @ * & !…) 及諸如喇叭嗶聲、游標換行、列印指令等控制字元為主。為了方便起見，ASCII 字元是儲存在一個位元組裡面，也就是在原來的 7 位元之外，再加上一個最高有效位元 0。

  ASCII 碼的表示法為十進位數字 0 ~ 127，例如 65 ~ 90 表示大寫英文字母 A ~ Z，97 ~ 122 表示小寫英文字母 a ~ z，48 ~ 57 表示數字 0 ~ 9。

❖ Unicode (萬國碼)：Unicode 是使用 16 位元表示 2^{16} (65536) 個字元，前 128 個字元和 ACSII 相同，涵蓋電腦所使用的字元及多數語系，例如西歐語系、中歐語系、希臘文、中文、日文、阿拉伯文、韓文等。

  Unicode 碼的表示法為 \u 後面加上四個十六進位數字，即 \u0000 ~ \uFFFF，例如 \u0041 ~ \u005A 表示大寫英文字母 A ~ Z，\u0061 ~ \u007A 表示小寫英文字母 a ~ z，\u0030 ~ \u0039 表示數字 0 ~ 9。

備註

UTF-8 是一種針對 Unicode 的可變長度字元編碼方式，用來表示 Unicode 字元，例如使用 1 位元組儲存 ASCII 字元、使用 2 位元組儲存重音、使用 3 位元組儲存常用的漢字等。由於 UTF-8 編碼的第一個位元組與 ASCII 相容，所以原先用來處理 ASCII 字元的軟體無須或只須做些微修改，就能繼續使用，因而成為電子郵件、網頁或其它文字應用優先使用的編碼方式。

3-2-2 跳脫序列

對於一些無法顯示在螢幕上的符號，例如換行，我們可以使用如下的**跳脫序列**（escape sequence）在這些符號的前面加上反斜線（\），便能顯示出來。

跳脫序列	意義
\\	顯示反斜線（\）
\'	顯示單引號（'）
\"	顯示雙引號（"）
\a	響鈴（Bell）
\b	倒退鍵（Backspace）
\f	換頁（Formfeed）
\n	換行（Linefeed）
\r	歸位（Carriage Return）
\t	[Tab] 鍵（Horizontal Tab）
\v	垂直定位（Vertical Tab）
ooo	ASCII 字元（*ooo* 為八進位整數）
\x*hh*	ASCII 字元（*hh* 為十六進位整數）
\N{*name*}	Unicode 字元（*name* 為字元名稱）
\u*xxxx*	Unicode 字元（*xxxx* 為 16-bit 十六進位整數）
\U*xxxxxxxx*	Unicode 字元（*xxxxxxxx* 為 32-bit 十六進位整數）

下面是一些例子：

```
In [1]: print("\"Python\"程式設計")    # 使用跳脫序列 \" 顯示雙引號 (")
"Python"程式設計
In [2]: print("\101")                 # 八進位整數 101 表示 A (ASCII 碼為 65)
A
In [3]: print("\x41")                 # 十六進位整數 41 表示 A
A
In [4]: print("\u0041")               # Unicode \u0041 表示 A
A
In [5]: print("\N{BLACK SPADE SUIT}") # 字元名稱 BLACK SPADE SUIT 表示黑桃
♠
```

3-2-3 內建字串函式

除了內建數值函式，Python 亦內建字串函式，常用的如下：

- ord(*c*)：傳回字元參數 *c* 的 Unicode 碼 (十進位)，例如：

```
In [1]: ord('A')                      # 傳回大寫英文字母 A 的 Unicode 碼
Out[1]: 65
In [2]: ord('€')                      # 傳回歐元符號的 Unicode 碼
Out[2]: 8364
```

- chr(*i*)：傳回整數參數 *i* 所表示的 Unicode 字元，例如：

```
In [1]: chr(65)                       # 傳回 65 所表示的 Unicode 字元
Out[1]: 'A'
In [2]: chr(8364)                     # 傳回 8364 所表示的 Unicode 字元
Out[2]: '€'
```

- len(*s*)：傳回字串參數 *s* 的長度，也就是字串由幾個字元所組成，例如：

```
In [1]: len("Python 程式設計")
Out[1]: 10
```

❖ max(*s*)：傳回字串參數 *s* 中 Unicode 碼最大的字元，例如：

```
In [1]: max("Python3")
Out[1]: 'y'
```

❖ min(*s*)：傳回字串參數 *s* 中 Unicode 碼最小的字元，例如：

```
In [1]: min("Python3")
Out[1]: '3'
```

❖ str(*n*)：傳回數值參數 *n* 轉換成字串的結果，例如：

```
In [1]: str(-123.8)
Out[1]: '-123.8'
```

3-2-4　連接運算子

+ 運算子也可以用來連接字串，例如：

```
In [1]: "Happy" + "Birthday" + "To" + "小美"
Out[1]: 'HappyBirthdayTo 小美'
```

3-2-5　重複運算子

* 運算子也可以用來重複字串，例如：

```
In [1]: 3 * "Oh!"
Out[1]: 'Oh!Oh!Oh!'
In [2]: "Oh!" * 3
Out[2]: 'Oh!Oh!Oh!'
```

3-2-6 比較運算子

比較運算子 (>、<、>=、<=、==、!=) 也可以用來比較兩個字串的大小或相等與否，Python 預設的字串比較順序是根據字元的 Unicode 碼大小，即 '0' < '1' < '2' < … < '9' < 'A' < 'B' < 'C' < … < 'Z' < 'a' < 'b' < 'c' … < 'z'，而中文字的 Unicode 碼又大於這些字元，例如：

```
In [1]: '我' > 'A'
Out[1]: True
In [2]: '1' > 'A'
Out[2]: False
In [3]: "abc" == "ABC"          # 大小寫視為不同，所以這兩個字串不相等
Out[3]: False
In [4]: "ABCD" > "ABCd"         # 前三個字元相同，所以會去比較第四個字元
Out[4]: False
```

3-2-7 in 與 not in 運算子

我們可以使用 in 運算子檢查某個字串是否存在於另一個字串，例如：

```
In [1]: "or" in "forever"
Out[1]: True
In [2]: "over" in "forever"
Out[2]: False
```

我們可以使用 not in 運算子檢查某個字串是否不存在於另一個字串，例如：

```
In [1]: "or" not in "forever"
Out[1]: False
In [2]: "over" not in "forever"
Out[2]: True
```

3-2-8 索引與切片運算子

我們可以使用**索引運算子**（[]）取得字串中的字元，舉例來說，假設變數 s 的值為 "Python 程式設計"，其順序如下，索引 0 表示從前端開始，索引 -1 表示從尾端開始，s[0]、s[1]、…、s[9] 表示 'P'、'y'、…、'計'，而 s[-1]、s[-2]、…、s[-10] 表示 '計'、'設'、…、'P'。字串是有順序且不可改變內容的文字序列，所以我們不能透過類似 s[0] = 'p' 的敘述變更字串中的字元。

索引	0	1	2	3	4	5	6	7	8	9
內容	P	y	t	h	o	n	程	式	設	計
索引	-10	-9	-8	-7	-6	-5	-4	-3	-2	-1

我們也可以使用**切片運算子**（[*start*:*end*]）指定索引範圍，例如：

```
In [1]: s = "Python 程式設計"
In [2]: s[2:5]                    # 索引 2 到索引 4 的字元（不含索引 5）
Out[2]: 'tho'
In [3]: s[3:7]                    # 索引 3 到索引 6 的字元（不含索引 7）
Out[3]: 'hon 程'
In [4]: s[6:-1]                   # 索引 6 到索引 -2 的字元（不含索引 -1）
Out[4]: '程式設'
```

若在指定索引範圍時省略第一個索引，表示採取預設值為 0；若在指定索引範圍時省略第二個索引，表示採取預設值為字串的長度，例如：

```
In [1]: s = "Python 程式設計"
In [2]: s[:2]                     # 索引 0 到索引 1 的字元（不含索引 2）
Out[2]: 'Py'
In [3]: s[2:]                     # 索引 2 到索引 9 的字元（不含索引 10）
Out[3]: 'thon 程式設計'
```

隨堂練習

[字串處理] 假設有三個字串變數如下：

```
s1 = "HappyNewYear"
s2 = "happynewyear"
s3 = "new"
```

在 Python 直譯器計算下列題目的結果：

(1) s1 的長度。

(2) s1 和 s2 是否相等？

(3) s1 中 Unicode 碼最大的字元。

(4) s3 是否存在於 s1？

(5) s1 的第 5 ~ 9 個字元。

【解答】

```
In [1]: len(s1)                    # (1)
Out[1]: 12
In [2]: s1 == s2                   # (2)
Out[2]: False
In [3]: max(s1)                    # (3)
Out[3]: 'y'
In [4]: s3 in s1                   # (4)
Out[4]: False
In [5]: s1[4:9]                    # (5)
Out[5]: 'yNewY'
```

\ 隨堂練習 /

(1) **[Unicode 碼轉換成字元]** 撰寫一個 Python 程式，令它要求使用者輸入任意 Unicode 碼（十進位），然後印出該 Unicode 碼所表示的字元。

(2) **[字元轉換成 Unicode 碼]** 撰寫一個 Python 程式，令它要求使用者輸入任意字元，然後印出該字元的 Unicode 碼。

【解答】

(1) \Ch03\chr.py

```
code = eval(input("請輸入 Unicode 碼："))
char = chr(code)
print("該 Unicode 碼表示字元", char)
```

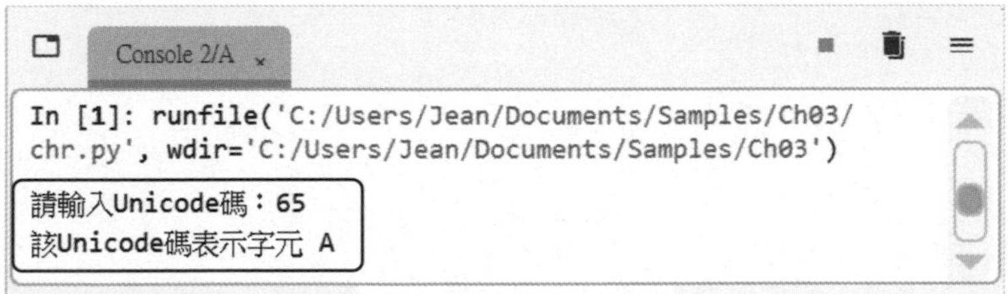
Console 2/A
In [1]: runfile('C:/Users/Jean/Documents/Samples/Ch03/chr.py', wdir='C:/Users/Jean/Documents/Samples/Ch03')
請輸入Unicode碼：65
該Unicode碼表示字元 A

(2) \Ch03\ord.py

```
char = input("請輸入字元：")
code = ord(char)
print("該字元的 Unicode 碼為", code)
```

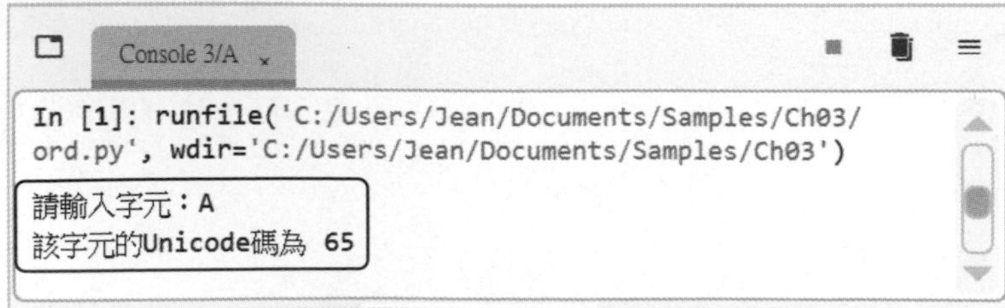
Console 3/A
In [1]: runfile('C:/Users/Jean/Documents/Samples/Ch03/ord.py', wdir='C:/Users/Jean/Documents/Samples/Ch03')
請輸入字元：A
該字元的Unicode碼為 65

3-3 字串處理方法

在介紹字串處理方法之前，我們先簡單說明何謂物件與類別，第 9 章會有更詳細的說明。Python 中的所有資料都是**物件** (object)，所以數值是物件，字串也是物件，而物件的型別定義於**類別** (class)，例如整數的型別是 int 類別，浮點數的型別是 float 類別，複數的型別是 complex 類別，字串的型別是 str 類別。

類別就像物件的藍圖，裡面定義了物件的資料，以及用來操作物件的函式，前者稱為**屬性** (attribute)，後者稱為**方法** (method)。Python 中的物件都有**編號** (id)、**型別** (type) 與**值** (value)，我們可以透過下列幾個函式取得這些資訊：

- id(*x*)：取得參數 *x* 參照之物件的 id 編號，當程式執行時，Python 會自動指派唯一的整數給物件，且此整數在程式執行期間不會改變。
- type(*x*)：取得參數 *x* 參照之物件的型別。
- print(*x*)：印出參數 *x* 參照之物件的值。

例如：

```
In [1]: x = "Happy"              # 令變數 x 參照一個值為 "Happy" 的 str 物件
In [2]: id(x)                    # 取得變數 x 參照之物件的 id 編號
Out[2]: 1984838063216
In [3]: type(x)                  # 取得變數 x 參照之物件的型別
Out[3]: str
In [4]: print(x)                 # 印出變數 x 參照之物件的值
Happy
```

字串是隸屬於 str 類別的物件，str 類別內建許多字串處理方法，接下來的各小節會介紹一些常用的方法。

3-3-1 字串轉換方法

- str.upper(*s*)：傳回字串參數 *s* 的所有字元轉換成大寫的字串。
- str.lower(*s*)：傳回字串參數 *s* 的所有字元轉換成小寫的字串。
- str.swapcase(*s*)：傳回字串參數 *s* 大小寫互換的字串。
- str.replace(*old, new*)：傳回將字串參數 *old* 取代成字串參數 *new* 的字串。
- str.capitalize(*s*)：傳回字串參數 *s* 的第一個字元轉換成大寫的字串。
- str.title(*s*)：傳回字串參數 *s* 的每個單字第一個字元轉換成大寫的字串。

例如：

```
In [1]: x = "Hello, World!"
In [2]: x.upper()                       # 所有字元轉換成大寫
Out[2]: 'HELLO, WORLD!'
In [3]: str.upper(x)                    # 所有字元轉換成大寫
Out[3]: 'HELLO, WORLD!'
In [4]: x.lower()                       # 所有字元轉換成小寫
Out[4]: 'hello, world!'
In [5]: x.swapcase()                    # 大小寫互換
Out[5]: 'hELLO, wORLD!'
In [6]: x.replace("World", "Tim")       # 將 "World" 取代成 "Tim"
Out[6]: 'Hello, Tim!'
In [7]: str.capitalize("an egg")        # 第一個字元轉換成大寫
Out[7]: 'An egg'
In [8]: str.title("an egg")             # 每個單字第一個字元轉換成大寫
Out[8]: 'An Egg'
```

請注意，這些方法傳回的都是複製的字串，所以字串參數或來源字串的值不會改變。

3-3-2 字串測試方法

❖ str.isalpha(*s*)：若字串參數 *s* 的所有字元都是英文字母，就傳回 True，否則傳回 False，例如：

```
In [1]: str.isalpha("5apples")    # 字串包含的 5 不是英文字母
Out[1]: False
In [2]: str.isalpha("Happy")
Out[2]: True
```

❖ str.isdigit(*s*)：若字串參數 *s* 的所有字元都是阿拉伯數字，就傳回 True，否則傳回 False，例如：

```
In [1]: str.isdigit("123")
Out[1]: True
In [2]: str.isdigit("5apples")    # 字串包含的 apples 不是阿拉伯數字
Out[2]: False
```

❖ str.isalnum(*s*)：若字串參數 *s* 的所有字元都是英文字母或阿拉伯數字，就傳回 True，否則傳回 False，例如：

```
In [1]: str.isalnum("123.45")     # 字串包含的小數點不是英文字母或阿拉伯數字
Out[1]: False
In [2]: str.isalnum("5apples")
Out[2]: True
```

❖ str.isupper(*s*)：若字串參數 *s* 的所有字元都是大寫英文字母，就傳回 True，否則傳回 False，例如：

```
In [1]: str.isupper("Happy")
Out[1]: False
In [2]: str.isupper("HAPPY")
Out[2]: True
```

❖ **str.islower(*s*)**：若字串參數 *s* 的所有字元都是小寫英文字母，就傳回 **True**，否則傳回 **False**，例如：

```
In [1]: str.islower("Happy")
Out[1]: False
In [2]: str.islower("happy")
Out[2]: True
```

❖ **str.isidentifier(*s*)**：若字串參數 *s* 是合法的識別字 (包括關鍵字)，就傳回 **True**，否則傳回 **False**。若要測試字串參數 *s* 是否為關鍵字，可以使用 **keyword.iskeyword(*s*)** 函式，例如：

```
In [1]: str.isidentifier("happy")         # "happy" 是合法的識別字
Out[1]: True
In [2]: str.isidentifier("5apples")       # 識別字不能以阿拉伯數字開頭
Out[2]: False
In [3]: str.isidentifier("class")         # 關鍵字是合法的識別字
Out[3]: True
In [4]: import keyword                    # 匯入 keyword 模組
In [5]: keyword.iskeyword("None")         # 使用函式測試參數是否為關鍵字
Out[5]: True
```

❖ **str.isspace(*s*)**：若字串參數 *s* 的所有字元都是空白，就傳回 **True**，否則傳回 **False**，例如：

```
In [1]: str.isspace("  ")                 # 包含兩個空白的字串
Out[1]: True
```

❖ **str.istitle(*s*)**：若字串參數 *s* 的每個單字第一個字元都是大寫英文字母，就傳回 **True**，否則傳回 **False**，例如：

```
In [1]: str.istitle("Happy New Year!")
Out[1]: True
```

3-3-3 搜尋子字串方法

- str.count(*s*)：傳回字串中出現字串參數 *s* 的次數 (不能重疊)。
- str.startswith(*s*)：若字串是以字串參數 *s* 開頭，就傳回 True，否則傳回 False。
- str.endswith(*s*)：若字串是以字串參數 *s* 結尾，就傳回 True，否則傳回 False。
- str.find(*s*)：傳回字串參數 *s* 出現在字串中的最小索引，若找不到，就傳回 -1。
- str.rfind(*s*)：傳回字串參數 *s* 出現在字串中的最大索引，若找不到，就傳回 -1。

例如：

```
In [1]: x = "WowWowWowWowWow"
In [2]: x.count("Wow")                    # 字串中出現 "Wow" 的次數
Out[2]: 5
In [3]: x.startswith("Wow")               # 字串是否以 "Wow" 開頭
Out[3]: True
In [4]: x.startswith("Ha")                # 字串是否以 "Ha" 開頭
Out[4]: False
In [5]: x.endswith("Wow")                 # 字串是否以 "Wow" 結尾
Out[5]: True
In [6]: x.endswith("Ha")                  # 字串是否以 "Ha" 結尾
Out[6]: False
In [7]: x.find("Wow")                     # "Wow" 出現在字串中的最小索引
Out[7]: 0
In [8]: x.rfind("Wow")                    # "Wow" 出現在字串中的最大索引
Out[8]: 12
```

3-3-4 刪除指定的字元或空白方法

- str.lstrip([*chars*])：從字串左側刪除選擇性參數 *chars* 所指定的字元，一旦碰到不是指定的字元就停止刪除，然後傳回剩下的字串，參數 *chars* 可以省略不寫，表示指定的字元為空白，即刪除字串左側的空白，例如：

```
In [1]: "   spacious   ".lstrip()              # 刪除字串左側的空白
Out[1]: 'spacious   '
In [2]: "www.happy.com".lstrip("cmowz.")     # 刪除字串左側的 cmowz. 字元
Out[2]: 'happy.com'
```

- str.rstrip([*chars*])：從字串右側刪除選擇性參數 *chars* 所指定的字元，一旦碰到不是指定的字元就停止刪除，然後傳回剩下的字串，參數 *chars* 可以省略不寫，表示指定的字元為空白，即刪除字串右側的空白，例如：

```
In [1]: "   spacious   ".rstrip()              # 刪除字串右側的空白
Out[1]: '   spacious'
In [2]: "www.happy.com".rstrip("cmowz.")     # 刪除字串右側的 cmowz. 字元
Out[2]: 'www.happy'
```

- str.strip([*chars*])：從字串兩側刪除選擇性參數 *chars* 所指定的字元，一旦碰到不是指定的字元就停止刪除，然後傳回剩下的字串，參數 *chars* 可以省略不寫，表示指定的字元為空白，即刪除字串兩側的空白，例如：

```
In [1]: "   spacious   ".strip()               # 刪除字串兩側的空白
Out[1]: 'spacious'
In [2]: "www.happy.com".strip("cmowz.")      # 刪除字串兩側的 cmowz. 字元
Out[2]: 'happy'
```

請注意，這些方法和下一頁的格式化方法傳回的都是複製的字串，所以來源字串的值不會改變。

3-3-5 格式化方法

- str.ljust(*width*)：傳回欄位寬度為參數 *width* 所指定的字元數、靠左的字串。
- str.rjust(*width*)：傳回欄位寬度為參數 *width* 所指定的字元數、靠右的字串。
- str.center(*width*)：傳回欄位寬度為參數 *width* 所指定的字元數、置中的字串。
- str.zfill(*width*)：傳回欄位寬度為參數 *width* 所指定的字元數、左側填上 0、保留正負符號 ('+'、'-') 的字串，例如：

```
In [1]: "abc".ljust(10)   # 傳回欄位寬度為 10 字元、靠左的字串
Out[1]: 'abc       '
In [2]: "abc".rjust(10)   # 傳回欄位寬度為 10 字元、靠右的字串
Out[2]: '       abc'
In [3]: "abc".center(10)  # 傳回欄位寬度為 10 字元、置中的字串
Out[3]: '   abc    '
In [4]: "-42".zfill(5)    # 傳回欄位寬度為 5 字元、左側填上 0、保留+-的字串
Out[4]: '-0042'
```

- str.format(*args*)：根據參數 *args* 所指定的參數列將字串格式化，然後傳回結果，參數列會依序對應到字串裡面的大括號，編號為 {0}、{1}、{2}⋯，例如在下面的第二個敘述中，參數列的三個參數 top、bottom、height 會依序對應到 {0}、{1}、{2} 的位置：

```
In [1]: top, bottom, height = 10, 20, 5
In [2]: "梯形的上底{0}cm, 下底{1}cm, 高{2}cm".format(top, bottom, height)
Out[2]: '梯形的上底 10cm, 下底 20cm, 高 5cm'
```

此外，我們還可以設定這些參數的格式，例如欄位寬度、對齊方式、精確度等，格式化語法和 Python 內建的 format() 函式類似，下一節再做說明。

隨堂練習

(1) 假設字串變數 s1 的值為 "\nMerry\tChristmas!\n"，請問在 Python 直譯器依序執行下列敘述，會得到何種結果？

```
print(s1.strip())
print(s1)
```

(2) 假設字串變數 s2 的值為 "#....... 第 1.1 節文章#3 ...."，在 Python 直譯器撰寫一行敘述，以根據 s2 建立一個新字串變數 s3，令 s3 的值為 "第 1.1 節文章#3"。

(3) 假設有兩個字串變數如下：

```
s4 = "Monday"
s5 = "monday"
```

在 Python 直譯器計算下列題目的結果：

(a) 傳回欄位寬度為 30 字元、s4 置中的字串。

(b) 根據 s4 建立一個新字串變數 s6，令 s6 的值為 s4 轉換成全部大寫。

(c) 根據 s4 建立一個新字串變數 s7，令 s7 的值為 s4 轉換成全部小寫。

(d) 根據 s5 建立一個新字串變數 s8，令 s8 的值為 "Friday"。

(e) s4 的所有字元是否都是阿拉伯數字？

(f) s4 是否以 "day" 結尾？

(g) 'o' 出現在 s4 的最小索引。

【解答】

(1)

```
In [1]: print(s1.strip())
Merry Christmas!
In [2]: print(s1)

Merry Christmas!

In [3]:
```

(2)

```
In [1]: s2 = "#....... 第 1.1 節文章#3 ......."
In [2]: s3 = s2.strip(".# ")
In [3]: s3
Out[3]: '第 1.1 節文章#3'
```

(3)

```
In [1]: s4, s5 = "Monday", "monday"
In [2]: s4.center(30)                         # (a)
Out[2]: '            Monday            '
In [3]: s6 = s4.upper()                       # (b)
In [4]: s6
Out[4]: 'MONDAY'
In [5]: s7 = s4.lower()                       # (c)
In [6]: s7
Out[6]: 'monday'
In [7]: s8 = s5.replace("mon", "Fri")         # (d)
In [8]: s4.isdigit()                          # (e)
Out[8]: False
In [9]: s4.endswith("day")                    # (f)
Out[9]: True
In [10]: s4.find('o')                         # (g)
Out[10]: 1
```

3-4 數值與字串格式化

我們可以使用 format() 函式將數值與字串格式化，其語法如下，也就是根據選擇性參數 *spec* 所指定的格式將參數 *value* 格式化，然後傳回複製的格式化字串：

```
format(value[, spec])
```

參數 *spec* 的格式如下：

```
[[fill]align][sign][#][0][width][,][.precision][type]
```

- *align*：設定對齊方式，有 '<'、'>'、'^'、'=' 等值，表示靠左、靠右、置中、正負符號和數字之間的空位填滿 0，數值預設為 '>' (靠右)，其它資料預設為 '<' (靠左)。
- *fill*：當有設定對齊方式時，可以設定填滿空位的字元。
- *sign*：設定正負符號，有 '+'、'-'、' ' 等值，表示在正負數前面加上正負符號、只在負數前面加上負號、在正數前面加上一個空白，預設為 '-'。
- #：設定在二、八、十六進位數值前面加上 '0b'、'0o' 或 '0x'。
- 0：設定以 0 填滿空位。
- *width*：設定欄位寬度為幾個字元。
- ,：設定加上千分位符號 (,)。
- *.precision*：設定精確度為小數幾位。
- *type*：設定表示法類型，有 'b' (二進位)、'c' (字元)、'd' (十進位)、'e' (科學記法)、'E' (科學記法)、'f' (小數點，預設精確度為 6 位)、'F' (小數點)、'g' (一般格式)、'G' (一般格式)、'n' (數值)、'o' (八進位)、's' (字串)、'x' (十六進位)、'X' (十六進位)、'%' (百分比) 等值。

整數格式化

❖ 設定欄位寬度與對齊方式 (數值預設為靠右)，例如：

```
In [1]: format(123, "<10")        # 欄位寬度為 10 字元，靠左
Out[1]: '123       '
In [2]: format(123, ">10")        # 欄位寬度為 10 字元，靠右
Out[2]: '       123'
In [3]: format(123, "^10")        # 欄位寬度為 10 字元，置中
Out[3]: '   123    '
In [4]: format(123, "$^10")       # 欄位寬度為 10 字元，置中，以 $ 填滿空位
Out[4]: '$$$123$$$$'
```

❖ 設定加上千分位符號，例如：

```
In [1]: format(12345678, ",")
Out[1]: '12,345,678'
```

❖ 設定二、八、十六進位表示法並加上 '0b'、'0o' 或 '0x'，例如：

```
In [1]: format(65, "#b")
Out[1]: '0b1000001'
In [2]: format(65, "#o")
Out[2]: '0o101'
In [3]: format(65, "#x")
Out[3]: '0x41'
```

❖ 設定加上正負符號並在正負符號和數字之間的空位填滿 0，例如：

```
In [1]: format(123, "=+010")
Out[1]: '+000000123'
```

浮點數格式化

❖ 設定欄位寬度與表示法，例如：

```
In [1]: format(1234.5678, "10.2f")   # 欄位為 10 字元，精確度為 2 位，浮點數
Out[1]: '   1234.57'
In [2]: format(1234.5678, "10.2e")   # 欄位為 10 字元，精確度為 2 位，科學記法
Out[2]: '  1.23e+03'
In [3]: format(12, "10.2e")          # 欄位為 10 字元，精確度為 2 位，科學記法
Out[3]: '  1.20e+01'
In [4]: format(8, "10.2%")           # 欄位為 10 字元，精確度為 2 位，百分比
Out[4]: '   800.00%'
```

❖ 設定對齊方式 (數值預設為靠右) 與千分位符號，例如：

```
In [1]: format(7654.321, "<15.2f")   # 欄位為 15 字元，精確度為 2 位，浮點數、靠左
Out[1]: '7654.32        '
In [2]: format(7654.321, "^15,.2f")  # 格式如上，改為置中並加上千分位符號
Out[2]: '   7,654.32    '
```

字串格式化

我們可以設定字串的欄位寬度與對齊方式 (字串預設為靠左)，例如：

```
In [1]: format("Hi, Siri!", "20")    # 欄位為 20 字元，預設為靠左
Out[1]: 'Hi, Siri!           '
In [2]: format("Hi, Siri!", ">20")   # 欄位為 20 字元，靠右
Out[2]: '           Hi, Siri!'
In [3]: format("Hi, Siri!", "^20")   # 欄位為 20 字元，置中
Out[3]: '     Hi, Siri!      '
In [4]: format("Hi, Siri!", "5")     # 若字串長度超過欄位，寬度會自動增加
Out[4]: 'Hi, Siri!'
```

隨堂練習

[印出財務報表] 已知某公司最近幾年的營業額與獲利率如下，撰寫一個 Python 程式印出這份財務報表，其中營業額要加上千分位符號，而獲利率要採取百分比表示法且精確度到小數點後面 2 位。

年度	營業額	獲利率
110	1550000	0.0309
111	2000000	0.0523
112	2234000	0.0547

【解答】

\Ch03\finance.py

```
print("{0:^10}{1:^10}{2:^10}".format("年度", "營業額", "獲利率"))
print("{0:^12}{1:^12,}{2:^14.2%}".format("110", 1550000, 0.0309))
print("{0:^12}{1:^12,}{2:^14.2%}".format("111", 2000000, 0.0523))
print("{0:^12}{1:^12,}{2:^14.2%}".format("112", 2234000, 0.0547))
```

以第二個敘述為例，除了使用 str.format() 函式將 "110"、1550000、0.0309 對應到 {0}、{1}、{2} 的位置，同時還設定這些參數的格式，例如 {1:^12,} 表示第二個參數的格式是欄位寬度為 12 字元、加上千分位符號、置中，{2:^14.2%} 表示第三個參數的格式是欄位寬度為 14 字元、精確度為 2 位、百分比表示法、置中。

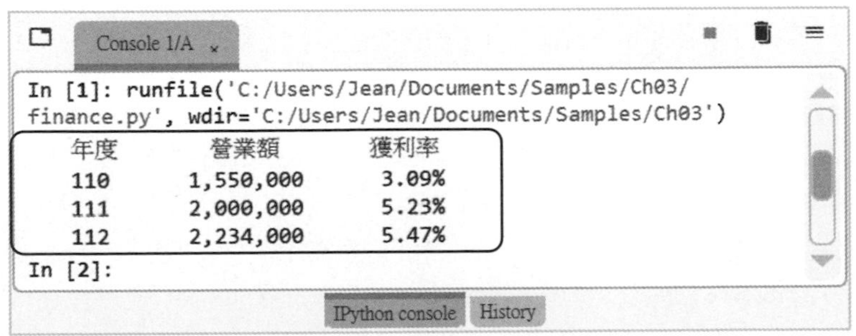

3-5 f-string 格式化字串實字

f-string 格式化字串實字（formatted string literals）是 Python 3.6 提供的一種字串格式化方式，其功能不亞於 format() 函式，而且效能更佳。f-string 是一個字串實字，前面冠上 f 或 F，並以大括號 {} 標示被替換的值或運算式，例如：

```
In [1]: name = "John"
In [2]: age = 20
In [3]: f'I am {name}. I am {age} years old.'
Out[3]: 'I am John. I am 20 years old.'
In [4]: f"I'm {name}. I'm {age} years old."
Out[4]: "I'm John. I'm 20 years old."
```

大括號裡面也可以是運算式或函式呼叫，例如：

```
In [1]: f'半徑是 10 的圓面積為{3.14 * 10 * 10}'
Out[1]: '半徑是 10 的圓面積為 314.0'
In [2]: name = "JEAN"
In [3]: f'我的名字是{name.lower()}'
Out[3]: '我的名字是 jean'
```

f-string 採取 {*content*:*format*} 的形式設定字串格式，其中 *content* 是字串內容，而 *format* 是格式，省略不寫的話，表示使用預設值，我們在第 3-4 節所介紹的格式亦可運用在 f-string，下面是一些例子。

❖ 設定欄位寬度、對齊方式與表示法，例如：

```
In [1]: x = 12345.678
In [2]: f'{x:<15}'                    # 欄位寬度為 15 字元，靠左
Out[2]: '12345.678      '
```

```
In [3]: f'{x:>15}'              # 欄位寬度為 15 字元，靠右
Out[3]: '      12345.678'
In [4]: f'{x:^15}'              # 欄位寬度為 15 字元，置中
Out[4]: '   12345.678   '
In [5]: f'{x:$^15}'             # 欄位寬度為 15 字元，置中，以 $ 填滿空位
Out[5]: '$$$12345.678$$$'
In [6]: f'{x:10.2f}'            # 欄位寬度為 10 字元，精確度為 2 位，浮點數
Out[6]: '  12345.68'
In [7]: f'{x:10.2e}'            # 欄位寬度為 10 字元，精確度為 2 位，科學記法
Out[7]: '  1.23e+04'
In [8]: f'{x:10.2%}'            # 欄位寬度為 10 字元，精確度為 2 位，百分比
Out[8]: '1234567.80%'
```

❖ 設定加上千分位符號，例如：

```
In [1]: f'{12345678:,}'
Out[1]: '12,345,678'
```

❖ 設定二、八、十六進位表示法並加上 '0b'、'0o' 或 '0x'，例如：

```
In [1]: f'{65:#b}'
Out[1]: '0b1000001'
In [2]: f'{65:#o}'
Out[2]: '0o101'
In [3]: f'{65:#x}'
Out[3]: '0x41'
```

❖ 設定加上正負符號並在正負符號和數字之間的空位填滿 0，例如：

```
In [1]: f'{123:=+010}'
Out[1]: '+000000123'
```

學習評量

一、選擇題

(　)1. 下列哪個函式可以傳回與參數最接近的整數 (即四捨五入)？

A. eval()　　B. round()

C. int()　　D. floor()

(　)2. 下列哪個函式可以傳回參數的階乘？

A. math.pow()　　B. math.gcd()

C. math.ceil()　　D. math.factorial()

(　)3. 下列哪個函式可以傳回參數由弳度轉換成角度的結果？

A. math.degrees()　　B. math.radians()

C. math.sin()　　D. math.tan()

(　)4. 下列哪個函式可以傳回一個大於等於 0.0、小於 1.0 的隨機浮點數？

A. random.randint()　　B. random.random()

C. math.isinf()　　D. math.log()

(　)5. 下列哪個函式可以傳回整數參數所表示的 Unicode 字元？

A. chr()　　B. ord()

C. str()　　D. int()

(　)6. 下列哪個運算子可以用來重複字串？

A. +　　B. -

C. *　　D. /

(　)7. 下列哪個函式可以傳回字串參數大小寫互換的字串？

A. str.replace()　　B. str.capitalize()

C. str.title()　　D. str.swapcase()

(　)8. 下列哪個函式可以用來測試字串參數所有字元是否都是英文字母？

A. str.isalpha()　　B. str.isdigit()

C. str.isalnum()　　D. str.isidentifier()

(　)9. 下列哪個函式可以傳回字串參數出現在字串中的最小索引？

A. str.count()　　B. str.rfind()

C. str.find()　　D. str.lfind()

(　)10. 下列哪個函式可以用來從字串左側刪除參數所指定的字元？

A. str.format()　　D. str.ljust()

C. str.rstrip()　　D. str.lstrip()

二、練習題

1. 在 Python 直譯器計算下列題目的結果：

   (1) -58.47 的絕對值。

   (2) 將 255 轉換成二進位的字串。

   (3) -58.47 的整數部分。

   (4) -2 的 11 次方。

   (5) 1024 的平方根。

   (6) 比 -58.47 小 1 的整數。

   (7) sin(45°) 的值。

   (8) -58.74 四捨五入到小數點後面第一位。

   (9) 英文字母 p 的 Unicode 碼。

   (10) 100 所表示的 Unicode 字元。

2. **[最大公因數]** 撰寫一個 Python 程式，令它要求使用者輸入兩個數字，然後印出這兩個數字的最大公因數。

3. 假設字串變數 s1 的值為 "Today is Friday."，在 Python 直譯器計算下列題目的結果：

    (1) s1 是否包含 "day"？

    (2) "day" 出現在 s1 的次數。

    (3) "day" 出現在 s1 的最小索引。

    (4) "day" 出現在 s1 的最大索引。

    (5) 根據 s1 建立一個新字串變數 new1，令 new1 的值為 "Today is Saturday."。

    (6) 根據 s1 建立一個新字串變數 new2，令 new2 的值為 s1 大小寫互換。

    (7) s1 的每個單字第一個字元都是大寫嗎？

    (8) 傳回欄位寬度為 20 字元、s1 靠右的字串。

    (9) s1 中 Unicode 碼最大的字元。

    (10) s1 的第 2 ~ 4 個字元。

4. **[平方根]** 撰寫一個 Python 程式，令它要求使用者輸入一個數字，然後印出這個數字的平方根且精確度到小數點後面 5 位。

5. 在 Python 直譯器計算下列題目的結果：

    (1) format(168, "*^10")

    (2) format(-168, "=010")

    (3) format(76.5638, "12.2f")

    (4) format(76.5638, "12.3f")

    (5) format(76.5638, "12.2e")

    (6) format(76.5638, "12.3e")

    (7) format(76.5638, "<12.2f")

    (8) format(1.5, "8.2%")

    (9) print("小明今年{0}歲，薪資為{1:,}元".format(23, 30000))

    (10) print("半徑為{0}的球體積為{1:.3f}".format(10, 4 / 3 * math.pi * 10 ** 3))

流程控制

4-1 認識流程控制

我們在前幾章所示範的例子都是很單純的程式，它們的執行方向都是從第一行敘述開始，由上往下依序執行，不會轉彎或跳行，但事實上，大部分的程式並不會這麼單純，它們可能需要針對不同的情況做不同的處理，以完成更複雜的任務，於是就需要**流程控制**（flow control）來協助控制程式的執行方向。

Python 的流程控制分成下列兩種類型：

- ❖ **決策結構**（decision structure）：用來檢查條件式，然後根據結果為 True 或 False 執行不同的敘述，Python 提供的決策結構為 if。
- ❖ **迴圈結構**（loop structure）：用來重複執行某些敘述，Python 提供的迴圈結構為 for 與 while。

流程控制經常需要檢查一些資料是 True 或 False，原則上，以下的值會被視為 False，其它的值則會被視為 True：

- ❖ None。
- ❖ False。
- ❖ 等於 0 的數值，例如 0、0.0、0j。
- ❖ 空的序列，例如 '' (空字串)、[] (空串列)、() (空序對)。
- ❖ 空的對映，例如 {} (空集合)。

如欲將布林資料轉換成整數，可以使用 int() 函式，例如 int(True) 會傳回 1，int(False) 會傳回 0；相反的，如欲將其它型別的資料轉換成布林資料，可以使用 bool() 函式，例如 bool(10)、bool(1.5)、bool("abc") 會傳回 True，bool(0)、bool(0.0)、bool('') 會傳回 False。

4-2 if

if 決策結構可以用來檢查條件式，然後根據結果為 True 或 False 執行不同的敘述，又分成「單向 if」、「雙向 if…else」、「多向 if…elif…else」、「巢狀 if」等類型。

4-2-1 單向 if

單向 if 的語法如下，*condition* (條件式) 後面要加上冒號：

```
if condition:
    statement(s)
```

這種類型的意義是「若…就…」，屬於單向決策，流程圖如下。*condition* 是一個條件式，結果為布林型別，若 *condition* 傳回 True，就執行 *statement(s)* (一個或多個敘述)。換句話說，若條件式成立，就執行指定的敘述，若條件式不成立，就不執行指定的敘述。

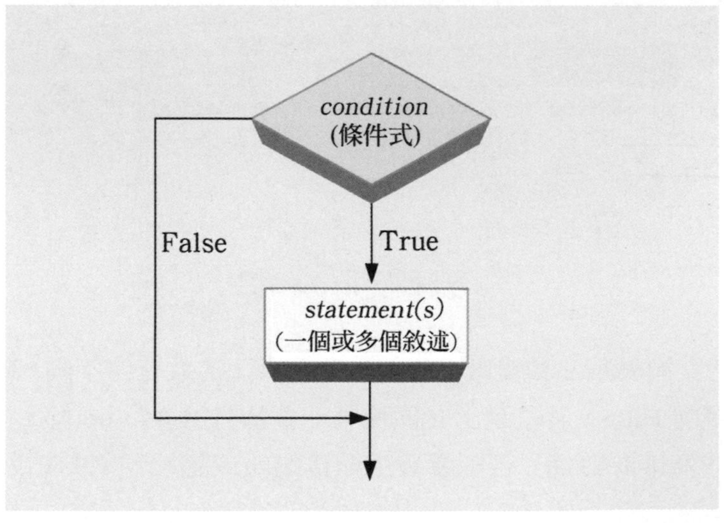

請注意，*statement(s)* 必須以 if 關鍵字為基準向右縮排至少一個空白，同時縮排要對齊，表示這些敘述是在 if 區塊內，若 *condition* 傳回 True，就執行 if 區塊內的所有敘述。由於 Python 使用縮排來劃分程式的執行區塊，因此，程式不能隨意縮排。在本書中，我們將統一使用 4 個空白標示每個縮排層級，不能混合空白和 [Tab] 鍵。

下面是一個例子，每行敘述前面的編號是為了方便解說，請勿輸入到程式。

\Ch04\if1.py

```
01 x = 15
02 y = 10
03
04 if x > y:
05     z = x - y
06     print("x 比 y 大", z)
```

執行結果如下圖，由於變數 x 的值 (15) 大於變數 y 的值 (10)，因此，條件式 x > y 會傳回 True，進而執行 if 區塊內的敘述，也就是第 05、06 行，計算變數 z 的值為 15 - 10 得到 5，然後印出「x 比 y 大 5」。

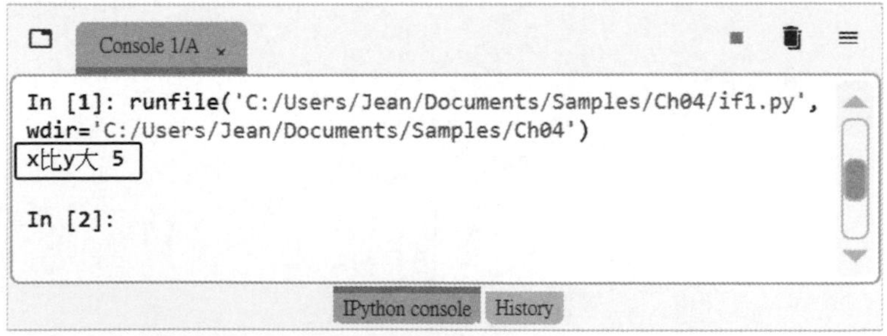

您可以試著交換變數 x 和變數 y 的值，看看執行結果有何不同，此時條件式 (x > y) 會傳回 False，於是跳出 if 區塊，不會執行第 05、06 行。提醒您，第 05、06 行的縮排要對齊，否則會發生縮排錯誤或超乎預期的結果。

4-2-2 雙向 if…else

雙向 if…else 的語法如下，*condition*（條件式）和 else 關鍵字後面要加上冒號：

```
if condition:
    statements1
else:
    statements2
```

這種類型的意義是「若…就…否則…」，屬於雙向決策，流程圖如下。*condition* 是一個條件式，結果為布林型別，若 *condition* 傳回 True，就執行 *statements1*（敘述 1），否則執行 *statements2*（敘述 2）。換句話說，若條件式成立，就執行 *statements1*，但不執行 *statements2*，若條件式不成立，就執行 *statements2*，但不執行 *statements1*，和單向 if 比起來，雙向 if…else 是比較實用的。

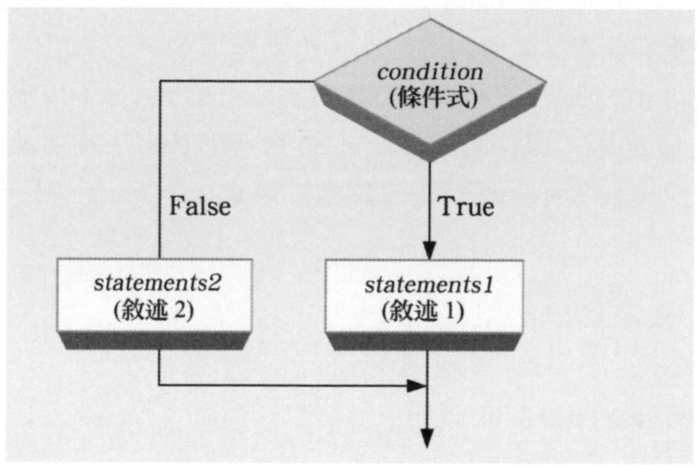

同樣的，*statements1* 必須以 if 關鍵字為基準向右縮排，同時縮排要對齊，表示這些敘述是在 if 區塊內，而 *statements2* 必須以 else 關鍵字為基準向右縮排，同時縮排要對齊，表示這些敘述是在 else 區塊內。

\ 隨堂練習 /

[判斷成績是否及格] 撰寫一個 Python 程式，令它要求使用者輸入 0 ~ 100 的數學分數，然後以 60 分為基準，檢查該分數是否及格，是就印出「及格！」，否則印出「不及格！」。

【解答】

\Ch04\if2.py

```
01 score = eval(input("請輸入數學分數 (0 ~ 100)："))
02 if score >= 60:
03     print("及格！")
04 else:
05     print("不及格！")
```

執行結果如下圖，當變數 score 的值大於等於 60 時，條件式 score >= 60 會傳回 True，進而執行 if 區塊內的敘述，也就是第 03 行，印出「及格！」，然後跳出雙向 if…else 決策結構，不會再去執行第 05 行；相反的，當變數 score 的值小於 60 時，條件式 score >= 60 會傳回 False，進而執行 else 區塊內的敘述，也就是跳過第 03 行，直接執行第 05 行，印出「不及格！」。

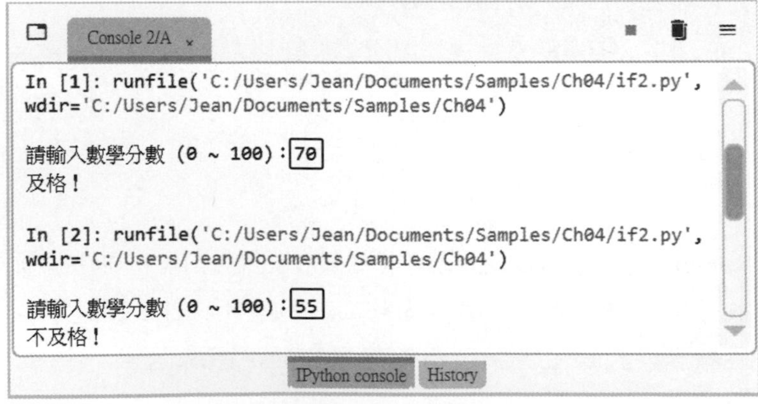

\ 隨堂練習 /

[判斷偶數] 撰寫一個 Python 程式，令它要求使用者輸入一個整數，然後檢查該整數是否為偶數，是就印出「這是偶數」，否則印出「這是奇數」。

【解答】

\Ch04\even.py

```
# 將使用者輸入的整數指派給變數 num
num = eval(input("請輸入一個整數："))

# 檢查該整數是否為偶數
if num % 2 == 0:
    print("這是偶數")
else:
    print("這是奇數")
```

執行結果如下圖。

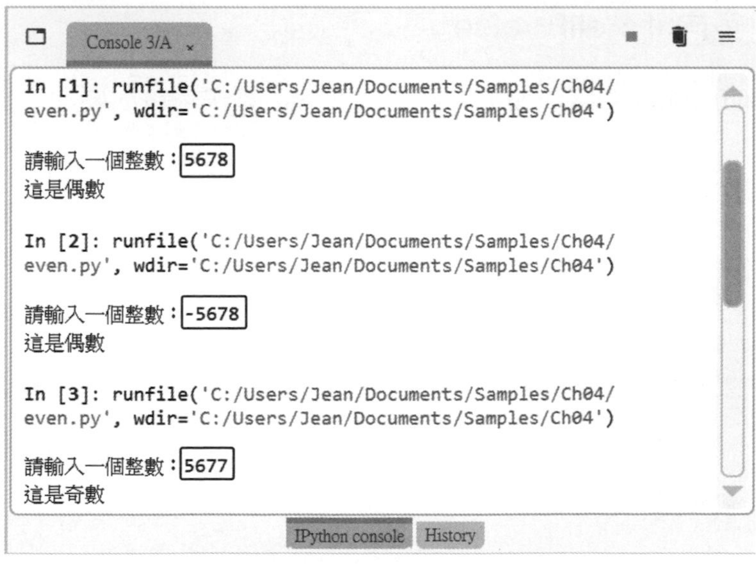

\ 隨堂練習 /

[圓面積] 還記得第 2-6 節的 \Ch02\area2.py 嗎？這個程式可以根據使用者輸入的圓半徑計算圓面積，不過它並沒有考慮到輸入負數時要怎麼辦，現在就請您使用雙向 if…else 改寫這個程式，令它在遇到輸入負數時，就印出提示訊息，否則印出圓面積。

【解答】

\Ch04\area3.py

```
PI = 3.14159
radius = eval(input("請輸入圓半徑："))
# 檢查圓半徑是否為負數
if radius < 0:
    print("圓半徑不能是負數")
else:
    print("半徑為", radius, "的圓面積為", PI * radius * radius)
```

4-2-3 多向 if…elif…else

多向 if…elif…else 的語法如下，條件式和 else 關鍵字後面要加上冒號：

```
if condition1:
    statements1
elif condition2:
    statements2
elif condition3:
    statements3
…
else:
    statementsN+1
```

這種類型的意義是「若…就…否則 若…」，屬於多向決策，流程圖如下。一開始先檢查 *condition1* (條件式 1)，若 *condition1* 傳回 True，就執行 *statements1* (敘述 1)，否則檢查 *condition2* (條件式 2)，若 *condition2* 傳回 True，就執行 *statements2* (敘述 2)，否則檢查 *condition3* (條件式 3)，…，依此類推。若所有條件式皆不成立，就執行 else 後面的 *statementsN+1* (敘述 N+1)，所以 *statements1* ~ *statementsN+1* 只有一組會被執行。

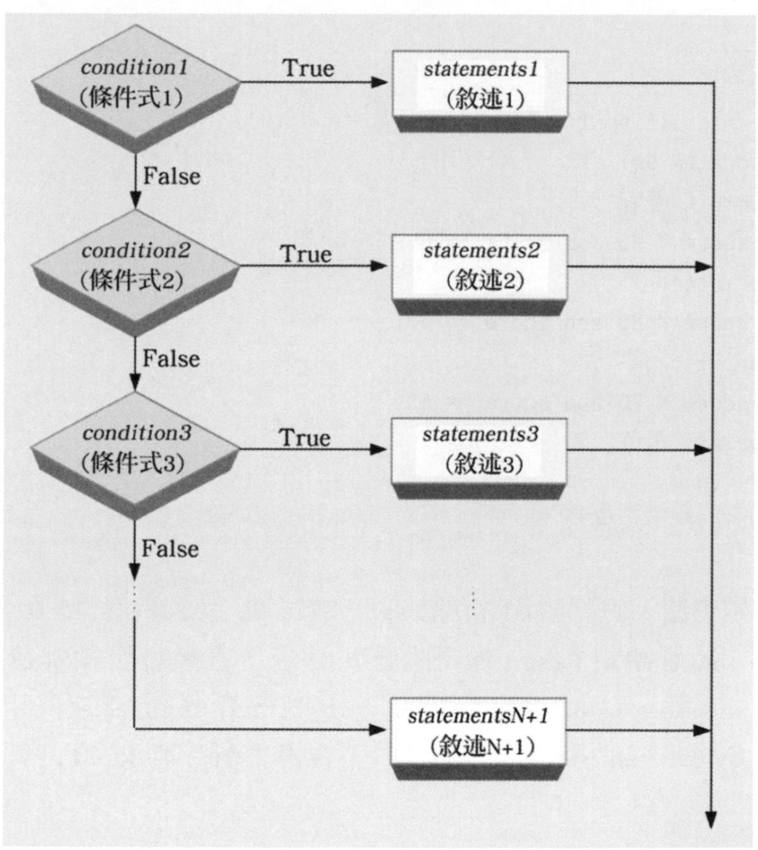

請注意，elif 關鍵字是 else if 的縮寫，elif 區塊可以沒有、一個或多個，而 else 區塊可以沒有或一個。多向 if…elif…else 相當實用，因為它可以處理多個條件式，而單向 if 和雙向 if…else 則只能處理一個條件式。

隨堂練習

[判斷成績等第] 撰寫一個 Python 程式，令它要求使用者輸入 0 ~ 100 的數學分數，然後根據 90 以上（含）、89 ~ 80、79 ~ 70、69 ~ 60、59 以下（含）等級距，將該分數劃分為優等、甲等、乙等、丙等和不及格。

【解答】

\Ch04\if3.py

```
01 score = eval(input("請輸入數學分數 (0 ~ 100)："))
02 if score >= 90:
03     print("優等")
04 elif score < 90 and score >= 80:
05     print("甲等")
06 elif score < 80 and score >= 70:
07     print("乙等")
08 elif score < 70 and score >= 60:
09     print("丙等")
10 else:
11     print("不及格")
```

執行結果如下圖，假設第 01 行輸入的分數為 85，接著執行第 02 行，條件式 score >= 90 會傳回 False，於是跳過第 03 行，直接執行第 04 行，條件式 score < 90 and score >= 80 會傳回 True，於是執行第 05 行，印出「甲等！」，然後跳出多向 if…elif…else 決策結構，不會再去執行第 06 ~ 11 行。

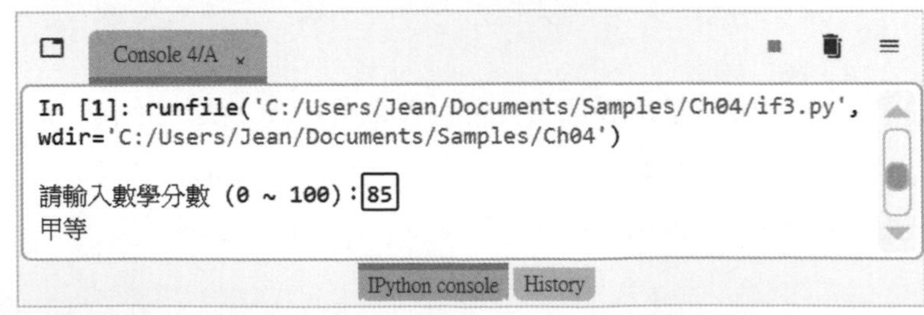

\ 隨堂練習 /

[中英數字對照] 撰寫一個 Python 程式，令它要求使用者輸入 1 ~ 5 的整數，然後印出該整數的英文 (ONE、TWO、THREE、FOUR、FIVE)，若輸入的資料不是 1 ~ 5 的整數，就印出「您輸入的資料超過範圍！」。

【解答】

\Ch04\EnglishNum.py

```
num = eval(input("請輸入 1 ~ 5 的整數："))
if num == 1:
    print("ONE")
elif num == 2:
    print("TWO")
elif num == 3:
    print("THREE")
elif num == 4:
    print("FOUR")
elif num == 5:
    print("FIVE")
else:
    print("您輸入的資料超過範圍！")
```

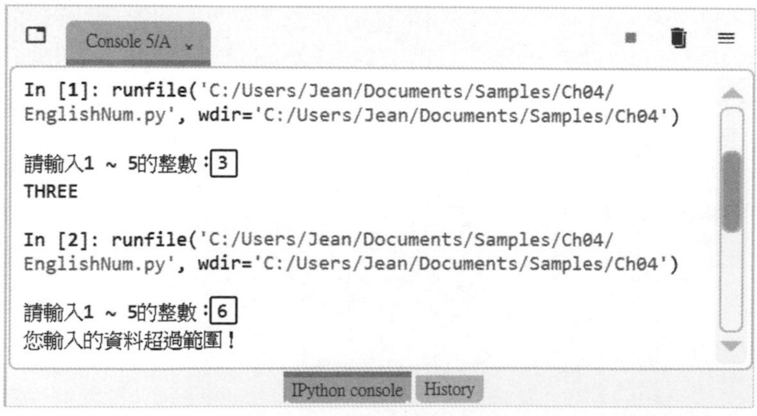

4-2-4 巢狀 if

巢狀 if 指的是 if 敘述裡面包含其它 if 敘述，而且沒有深度的限制。舉例來說，我們可以使用巢狀 if 將前一節的 \Ch04\if3.py 改寫成如下，這個巢狀 if 的深度有四層，縮排層級一定要正確，才不會發生錯誤，如欲避免深度過深不易閱讀，建議還是採取多向 if…elif…else。

\Ch04\if4.py

```
score = eval(input("請輸入數學分數 (0 ~ 100)："))
if score >= 90:
    print("優等")
else:
    if score >= 80:
        print("甲等")
    else:
        if score >= 70:
            print("乙等")
        else:
            if score >= 60:
                print("丙等")
            else:
                print("不及格")
```

執行結果將維持不變，如下圖。

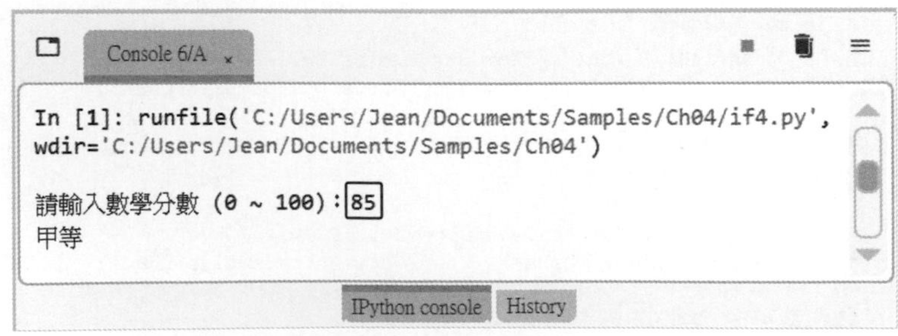

假設第 01 行輸入的分數為 85，接著執行第 02 行，條件式 score >= 90 會傳回 False，於是跳過第 03 行，直接執行第 04、05 行，條件式 score >= 80 會傳回 True，於是執行第 06 行，印出「甲等！」，然後跳出巢狀 if 決策結構，不會再去執行第 07 ~ 14 行。

使用巢狀 if 改寫前一節的隨堂練習 \Ch04\EnglishNum.py，執行結果將維持不變。

【解答】

\Ch04\EnglishNum2.py

```
num = eval(input("請輸入 1 ~ 5 的整數："))
if num == 1:
    print("ONE")
else:
    if num == 2:
        print("TWO")
    else:
        if num == 3:
            print("THREE")
        else:
            if num == 4:
                print("FOUR")
            else:
                if num == 5:
                    print("FIVE")
                else:
                    print("您輸入的資料超過範圍！")
```

4-3 for

重複執行某個動作是電腦的專長之一，若每執行一次，就要撰寫一次敘述，那麼程式將會變得相當冗長，而 **for 迴圈** (for loop) 就是用來解決重複執行的問題。舉例來說，假設要計算 1 加 2 加 3 加 4 一直加到 100 的總和，可以使用 for 迴圈逐一將 1、2、3、4、…、100 累加在一起，就會得到總和。

我們通常會使用控制變數來控制 for 迴圈的執行次數，所以 for 迴圈又稱為「計數迴圈」，而此控制變數則稱為「計數器」。

for 的語法如下，用來針對可迭代的物件進行重複運算，*iterator* 和 else 關鍵字後面要加上冒號：

```
for var in iterator:
    statements1
[else:
    statements2]
```

iterator 是有順序、可迭代 (iterable) 的物件，例如 range 物件或字串、list、tuple 等有順序的序列。在資訊科學中，**迭代** (iteration) 一詞指的是要重複執行的一組敘述，亦可視為「重複」的同義字。

在進入 for 迴圈時，會先執行 *iterator* 產生一個可迭代的物件做為控制變數 *var* 的初始值，接著檢查 *var* 是否符合迴圈的終止條件，若尚未符合 (False)，就執行迴圈主體 *statements1*，然後跳回 for 將 *var* 的值進行迭代，接著檢查 *var* 是否符合迴圈的終止條件，若尚未符合 (False)，就執行迴圈主體 *statements1*，然後跳回 for 將 *var* 的值進行迭代，…，如此週而復始，直到 *var* 符合迴圈的終止條件，就執行 else 後面的 *statements2* (如有指定的話)，然後跳出 for 迴圈，流程圖如下。

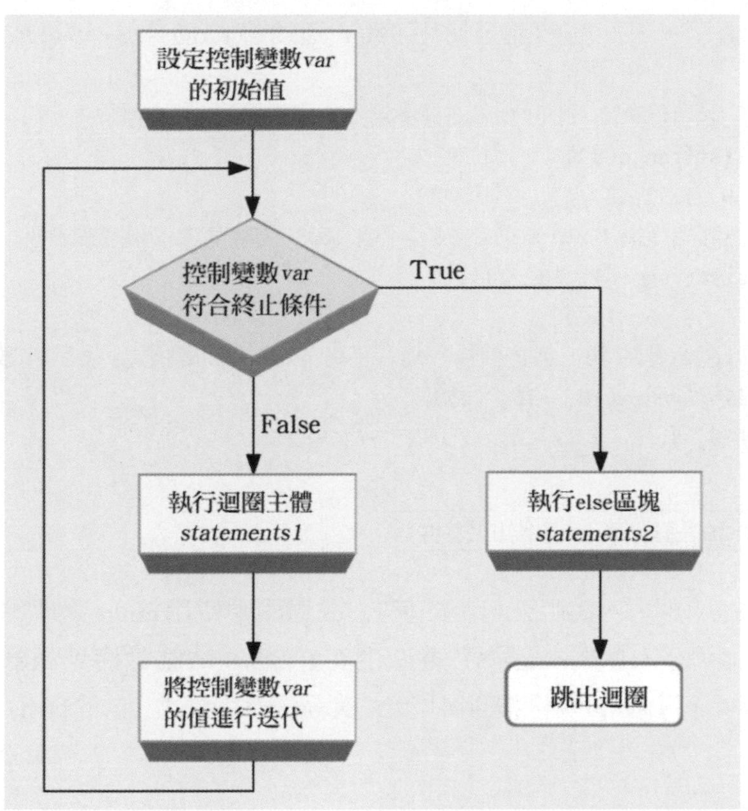

請注意，迴圈主體 *statements1* 必須以 for 關鍵字為基準向右縮排，表示在 for 區塊內，而 else 子句為選擇性敘述，可以指定或省略；此外，若要中途強制離開迴圈，可以加上 break 敘述，第 4-5 節會介紹這個關鍵字。

前面提到 range 物件，我們可以使用 Python 內建的 range() 函式來產生 range 物件，其語法如下，這會產生起始值為 *start*、終止值為 *stop*（不含 *stop*）、間隔值為 *step* 的整數序列，若沒有指定起始值 *start* 或間隔值 *step*，表示採取預設值 0 和 1：

```
range(stop)
range(start, stop[, step])
```

為了方便顯示，下面的敘述是使用 list() 函式將 range 物件轉換成串列：

```
In [1]: # 起始值為 0、終止值為 5（不含 5）、間隔值為 1 的整數序列
In [2]: list(range(5))
Out[2]: [0, 1, 2, 3, 4]
In [3]: # 起始值為 1、終止值為 10（不含 10）、間隔值為 2 的整數序列
In [4]: list(range(1, 10, 2))
Out[4]: [1, 3, 5, 7, 9]
In [5]: # 起始值為 10、終止值為 -10（不含 -10）、間隔值為 -2 的整數序列
In [6]: list(range(10, -10, -2))
Out[6]: [10, 8, 6, 4, 2, 0, -2, -4, -6, -8]
```

使用 range 物件做為迭代的物件

在認識 range 物件後，我們來示範如何在 for 迴圈中使用 range 物件進行迭代。下面是一個例子，由於 range(5) 會產生 0, 1, 2, 3, 4 的整數序列做為控制變數 i 的值，因此，這個 for 迴圈總共執行 5 次 print(i) 敘述，依序印出 0、1、2、3、4。

\Ch04\for1.py

```
# 當 i 尚未等於終止值 5 時，就印出 i；當 i 等於終止值 5 時，就跳出迴圈
for i in range(5):
    print(i)
```

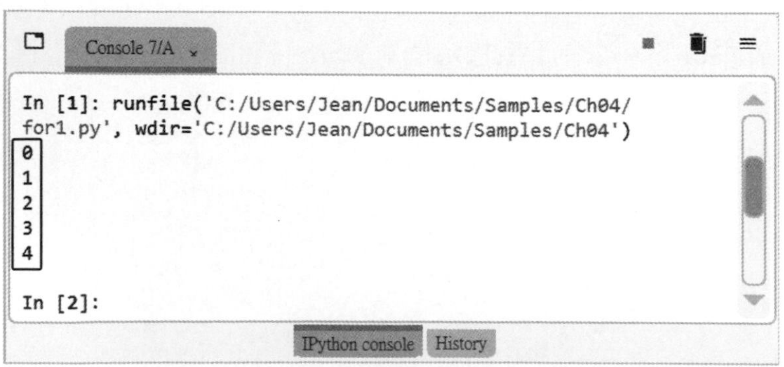

下面是另一個例子，它也是在 for 迴圈中使用 range 物件進行迭代，由於 range(1, 7) 會產生 1, 2, 3, 4, 5, 6 的整數序列做為控制變數 i 的值，因此，這個 for 迴圈總共執行 6 次 sum = sum + i 敘述，每次執行此敘述時 sum 的值如下，當 i 等於終止值 7 時，就執行 else 區塊，印出「總和等於 21」，然後跳出迴圈。

\Ch04\for2.py

```
sum = 0                  # 將變數 sum 的初始值設定為 0，用來儲存總和
for i in range(1, 7):    # 當 i 尚未等於終止值 7 時，就將 i 累加到變數 sum
    sum = sum + i
else:                    # 當 i 等於終止值 7 時，就執行 else 區塊，然後跳出迴圈
    print("總和等於", sum)
```

迴圈次數	= 右邊的 sum	i	= 左邊的 sum
第 1 次	0	1	0 + 1 (1)
第 2 次	1	2	1 + 2 (3)
第 3 次	3	3	3 + 3 (6)
第 4 次	6	4	6 + 4 (10)
第 5 次	10	5	10 + 5 (15)
第 6 次	15	6	15 + 6 (21)

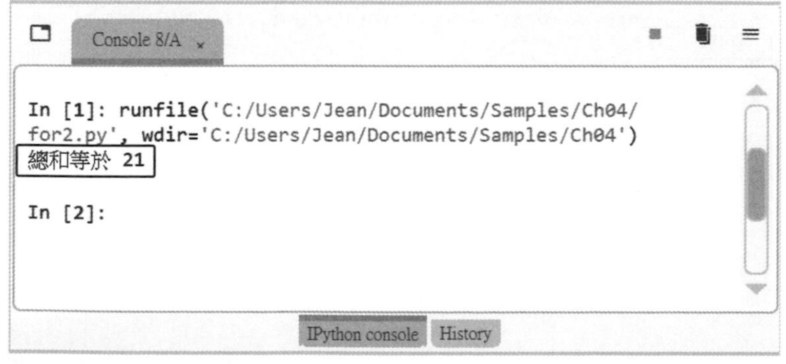

使用 list (串列) 做為迭代的物件

除了 range 物件，諸如字串、list、tuple 等有順序的序列亦可做為迭代的物件。下面是一個例子，它是在 for 迴圈中使用 list (串列) 進行迭代，逐一將串列的每個元素累加到變數 sum，在所有元素讀取完畢後，就跳出迴圈，然後印出「總和等於 83」。

\Ch04\for3.py

```
# 將變數 list1 設定為包含 5 個元素的串列
list1 = [15, 20, 33, 7, 8]

# 將變數 sum 的初始值設定為 0，用來儲存總和
sum = 0

# 使用 for 迴圈逐一將串列的每個元素累加到變數 sum
for i in list1:
    sum = sum + i

# 此敘述沒有縮排，表示在 for 區塊外，所以只會執行一次
print("總和等於", sum)
```

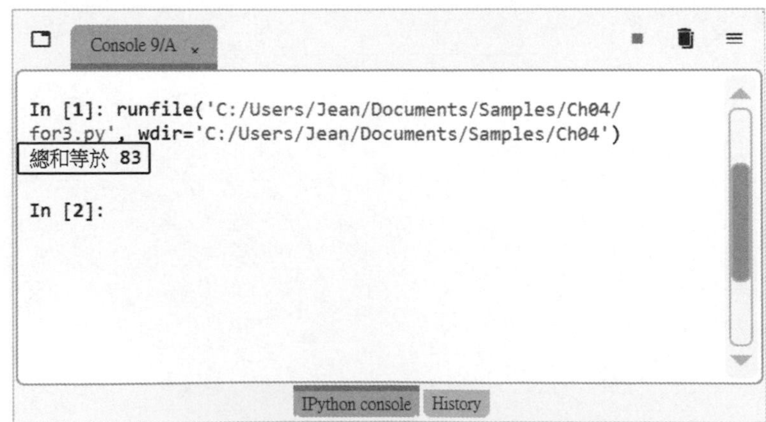

使用字串做為迭代的物件

下面是一個例子，它是在 for 迴圈中使用字串進行迭代，逐一印出字串的每個字元和 '-' 字元，在所有字元讀取完畢後，就跳出迴圈。

\Ch04\for4.py

```
str1 = "Hello, World!"
# 使用 for 迴圈逐一印出字串的每個字元和 '-' 字元
for i in str1:
    # 將選擇性參數 end 設定為 ''，表示每次印出 '-' 字元就加上空字串
    print(i, '-', end = '')
```

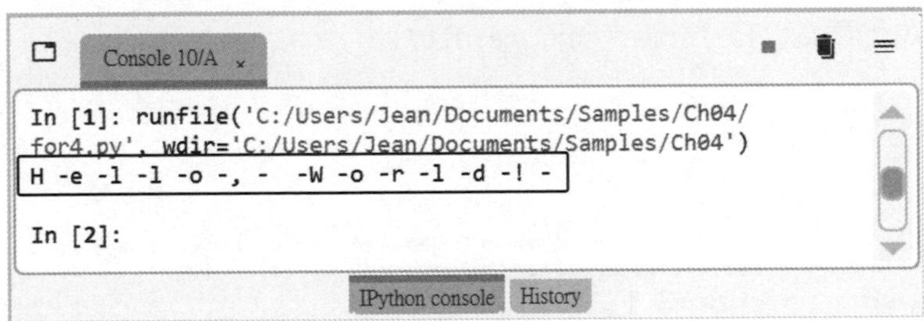

下列敘述的執行結果為何？

```
for i in (range(1, 100, 9)):
    print(i)
```

【解答】

印出 1、10、19、28、37、46、55、64、73、82、91。

隨堂練習

[階乘] 撰寫一個 Python 程式，令它要求使用者輸入 1 ~ 10 的正整數，然後印出該正整數的階乘，例如 5 階乘等於 1×2×3×4×5。

【解答】

\Ch04\for5.py

```
num = eval(input("請輸入 1 ~ 10 的正整數："))
result = 1
for i in range(1, num + 1):
    result = result * i
print("{0}階乘為{1}".format(num, result))
```

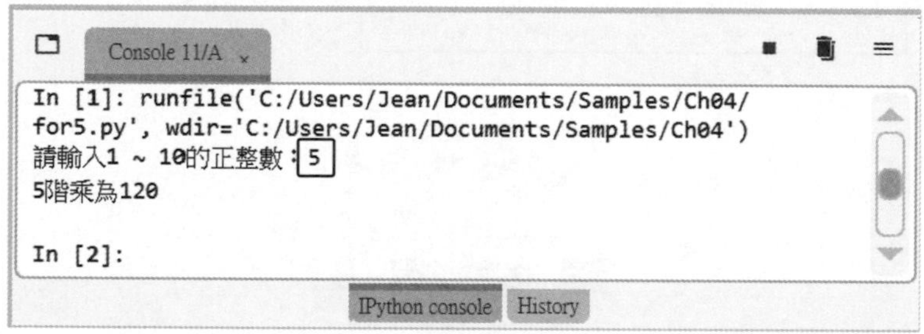

假設使用者輸入 5，則 for 迴圈總共執行 5 次 result = result * i 敘述，如下。

迴圈次數	= 右邊的 result	i	= 左邊的 result
第 1 次	1	1	1 * 1 (1)
第 2 次	1	2	1 * 2 (2)
第 3 次	2	3	2 * 3 (6)
第 4 次	6	4	6 * 4 (24)
第 5 次	24	5	24 * 5 (120)

巢狀 for 迴圈

巢狀 for 迴圈指的是 for 迴圈裡面包含一個或多個 for 迴圈，外部 for 迴圈每執行一次，就會重新進入內部 for 迴圈。

下面是一個例子，它會使用兩個 for 迴圈印出九九乘法表。

\Ch04\nestedfor.py

```
01 result1, result2 = '', ''            # 將兩個變數設定為空字串 ''
02
03 for i in range(1, 10):
04     result1 = ''                      # 將此變數重設為空字串 ''
05     for j in range(1, 10):
06         result1 = result1 + str(i) + '*' + str(j) + '=' + str(i * j) + '\t'
07     result2 = result2 + result1 + '\n'
08
09 print(result2)
```

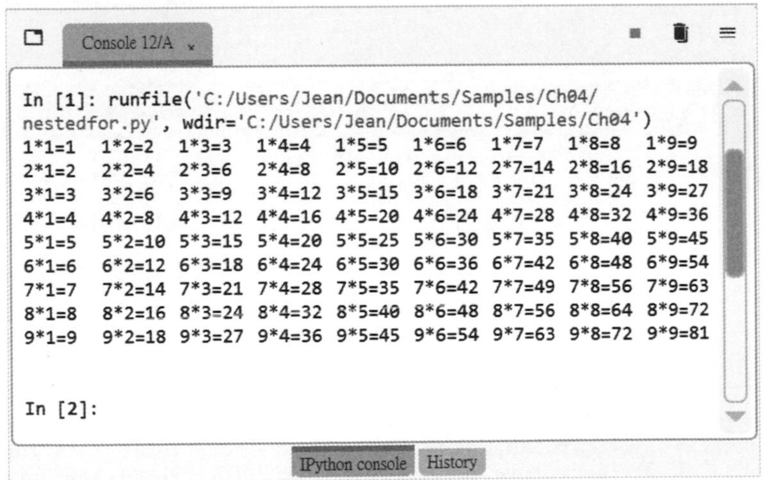

- 01：將 result1 和 result2 兩個變數的初始值設定為空字串 ''(兩個單引號)，用來儲存九九乘法表。

- ❖ 03 ~ 07：這個 for 迴圈裡面又包含著另一個 for 迴圈（第 05 ~ 06 行），外部迴圈每執行一次，內部迴圈就會執行 9 次，所以內部迴圈總共執行 9 * 9 (81) 次。

  在一開始時，外部迴圈的 i 是 1，執行內部迴圈時便將內部迴圈的 j 乘上外部迴圈的 i，待內部迴圈執行完畢後，就將變數 result1 的值和換行字元（'\n'）儲存在變數 result2，然後回到外部迴圈，將變數 result1 重設為空字串（''），此時外部迴圈的 i 是 2，接著再度進入內部迴圈，將內部迴圈的 j 乘上外部迴圈的 i，待內部迴圈執行完畢後，又會將變數 result2 原來的值、變數 result1 的值和換行字元儲存在變數 result2，然後再度回到外部迴圈，如此執行到外部迴圈的 i 等於 10 時便跳出外部迴圈。

  此處要特別說明第 04、06、07 行，第 04 行是將儲存乘法表的變數 result1 歸零，即重設為空字串；第 06 行是將乘法表的結果儲存在變數 result1，result1 = result1 + str(i) + '*' + str(j) + '=' + str(i * j) + '\t'，其中 '\t' 表示 [Tab] 鍵，以外部迴圈的 i 等於 1 為例，內部迴圈的執行次序如下：

內部迴圈	i	j	= 右邊的 result1	= 左邊的 result1
第 1 次	1	1	''	1*1=1[Tab]
第 2 次	1	2	1*1=1[Tab]	1*1=1[Tab]1*2=2[Tab]
第 3 次	1	3	1*1=1[Tab]1*2=2[Tab]	1*1=1[Tab]1*2=2[Tab]1*3=3[Tab]
…	…	…	…	…
第 9 次	1	9	1*1=1[Tab]1*2=2[Tab]1*3=3[Tab]1*4=4[Tab]1*5=5[Tab]1*6=6[Tab]1*7=7[Tab]1*8=8[Tab]	1*1=1[Tab]1*2=2[Tab]1*3=3[Tab]1*4=4[Tab]1*5=5[Tab]1*6=6[Tab]1*7=7[Tab]1*8=8[Tab]1*9=9[Tab]

在外部迴圈第 1 次執行完畢時，變數 result1 的值為 1*1=1[Tab]1*2=2[Tab]1*3=3[Tab]1*4=4[Tab]1*5=5[Tab]1*6=6[Tab]1*7=7[Tab]1*8=8[Tab]1*9=9[Tab]，於是執行第 07 行，將變數 result1 的值和換行字元附加到變數 result2，得到變數 result2 的值為 1*1=1[Tab]1*2=2[Tab]1*3=3[Tab]1*4=4[Tab]1*5=5[Tab]1*6=6[Tab]1*7=7[Tab]1*8=8[Tab]1*9=9[Tab][Enter]。

在外部迴圈第 2 次執行完畢時，變數 result1 的值為 2*1=2[Tab]2*2=4[Tab]2*3=6[Tab]2*4=8[Tab]2*5=10[Tab]2*6=12[Tab]2*7=14[Tab]2*8=16[Tab]2*9=18[Tab]，於是執行第 07 行，將變數 result1 的值和換行字元附加到變數 result2，得到變數 result2 的值為 1*1=1[Tab]1*2=2[Tab]1*3=3[Tab]1*4=4[Tab]1*5=5[Tab]1*6=6[Tab]1*7=7[Tab]1*8=8[Tab]1*9=9[Tab][Enter]2*1=2[Tab]2*2=4[Tab]2*3=6[Tab]2*4=8[Tab]2*5=10[Tab]2*6=12[Tab]2*7=14[Tab]2*8=16[Tab]2*9=18[Tab][Enter]，依此類推，在外部迴圈執行完畢後，就可以印出整個九九乘法表。

下列敘述的執行結果為何？

```
sum = 0
for i in range(2, 101, 2):
    sum = sum + i
print(sum)
```

【解答】

印出 2250 (2、4、6、…、98、100 的總和)。

隨堂練習

[印出金字塔] 撰寫一個 Python 程式，令它要求使用者輸入 1 ~ 30 的正整數，然後印出高度為該正整數的金字塔，下面的執行結果供您參考。

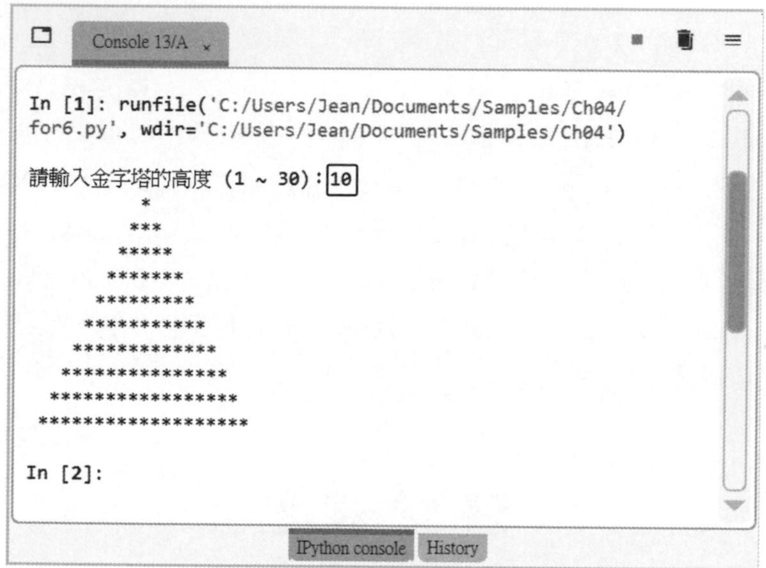

【解答】

這個程式的關鍵在於第 03、04 行的 for 迴圈，它會印出計算好數量的空白和星號來組成金字塔，假設金字塔的高度為 n，在印出第 i 層時，會先印出 (n - i) 個空白，再印出 (2 * i - 1) 個星號。

\Ch04\for6.py

```
01  n = eval(input("請輸入金字塔的高度 (1 ~ 30)："))
02
03  for i in range(1, n + 1):
04      print(" " * (n - i) , "*" * (2 * i - 1))
```

4-4 while

有別於 for 迴圈是以計數器控制迴圈的執行次數，while 迴圈是以條件式是否成立做為是否執行迴圈的根據，所以又稱為「條件式迴圈」。

while 的語法如下，*condition* 和 else 關鍵字後面要加上冒號，*condition* 是一個條件式，結果為布林型別：

```
while condition:
    statements1
[else:
    statements2]
```

在進入 while 迴圈時，會先檢查 *condition* 是否成立，若傳回 True 表示成立，就執行迴圈主體 *statements1*，然後跳回 while 再次檢查 *condition* 是否成立，若傳回 True 表示成立，就執行 *statements1*，然後跳回 while 再次檢查 *condition* 是否成立，⋯，如此週而復始，直到 *condition* 傳回 False 表示不成立，就執行 else 後面的 *statements2* (如有指定的話)，然後跳出 while 迴圈，流程圖如下。

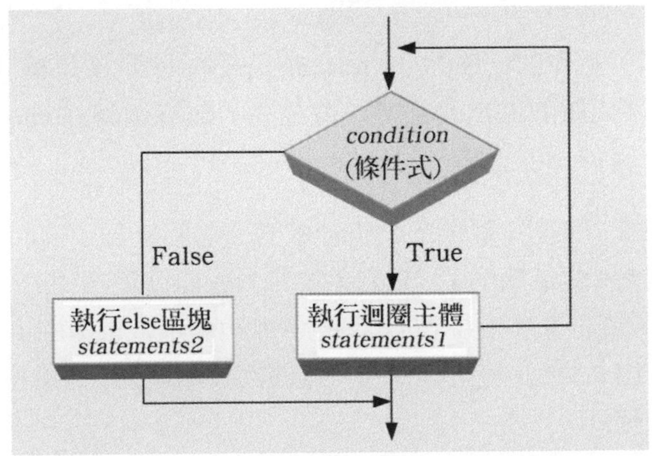

請注意，迴圈主體 ***statements1*** 必須以 while 關鍵字為基準向右縮排，表示在 while 區塊內，而 else 子句為選擇性敘述，可以指定或省略；此外，若要中途強制離開迴圈，可以加上 break 敘述，第 4-5 節會介紹這個關鍵字。

下面是一個例子，它會使用 while 迴圈印出 0、1、2、3、4。

\Ch04\while1.py

```
01 i = 0                # 將變數 i 的初始值設定為 0
02 while i < 5:         # 當 i 小於 5 時就執行迴圈主體，大於等於 5 時就跳出迴圈
03     print(i)         # 印出 i 的值
04     i = i + 1        # 將 i 的值遞增 1
```

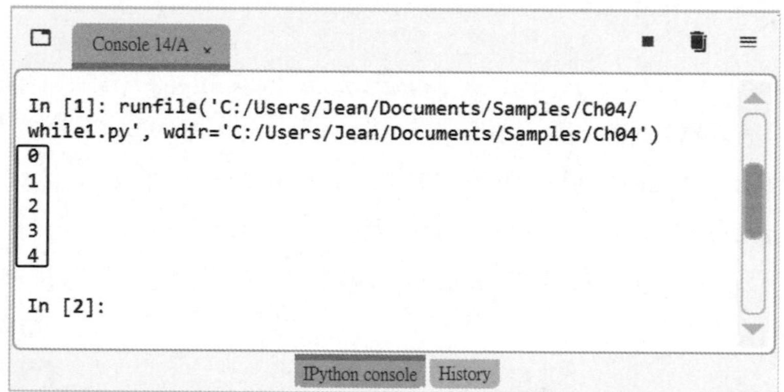

您可以拿這個例子和前一節的 \Ch04\for1.py 做比較，像這種計次的迴圈，使用 for 迴圈會比較簡潔，而且可以避免陷入**無窮迴圈** (infinite loop)，也就是不斷重複執行迴圈主體，無法跳出迴圈。

以這個例子來說，變數 i 就相當於是計數器，初始值為 0，每執行一次迴圈主體，就將變數 i 的值遞增 1，直到大於等於 5 時就跳出迴圈，若是沒有第 04 行，變數 i 的值將永遠保持 0，條件式 i < 5 也就不會有傳回 False 的時候，此時將不斷印出 0，無法終止程式。一旦遇到無窮迴圈，可以按 [Ctrl] + [C] 鍵，強制終止程式。

雖然如此，while 迴圈其實比 for 迴圈有彈性，因為只要確認條件式最後一定會傳回 False，就能跳出迴圈，無須限制執行次數。下面是一個例子，它會要求使用者輸入「快樂」的英文（Happy、happy…無論大小寫皆可），正確的話，就印出「答對了！」，錯誤的話，就要求重新輸入直到答對為止，換句話說，迴圈的終止條件是輸入正確的答案，而不是執行次數。

\Ch04\while2.py

```
01 answer = input("請輸入「快樂」的英文：")
02
03 while answer.upper() != "HAPPY":
04     answer = input("答錯了，請重新輸入「快樂」的英文：")
05 else:
06     print("答對了！")
```

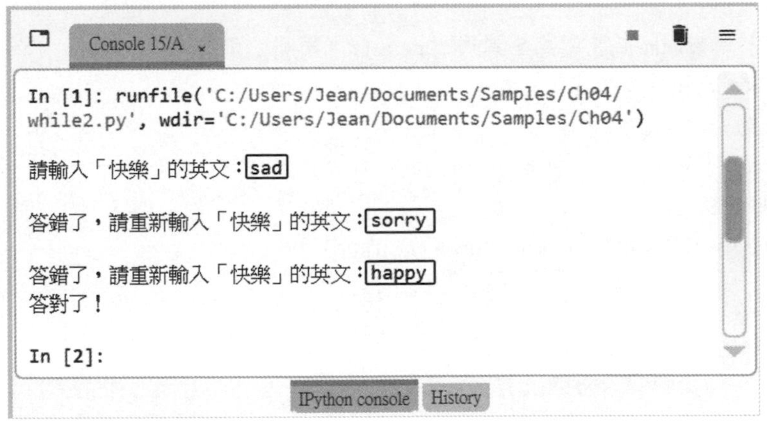

- ❖ 01：將使用者輸入的字串指派給變數 answer。
- ❖ 03 ~ 06：將變數 answer 儲存的字串轉換成大寫，然後和 "HAPPY" 做比較，若不相等，就執行迴圈主體（第 04 行），要求重新輸入，直到輸入等於 "HAPPY" 的字串，就執行 else 區塊（第 05、06 行），印出「答對了！」，然後跳出迴圈。

\隨堂練習/

[階乘] 使用 while 迴圈改寫第 4-20 頁的隨堂練習，由此練習可以看出，雖然 while 迴圈可以達到和 for 迴圈相同的效果，但像這種計次的迴圈，使用 for 迴圈會比較簡潔，因為不用再另外設定計數器。

【解答】

\Ch04\while3.py

```
num = eval(input("請輸入 1 ~ 10 的正整數："))
# 將變數 result 的初始值設定為 1，用來儲存階乘
result = 1
# 將變數 i 的初始值設定為 1，用來做為計數器
i = 1

# 當 i 小於等於 num 時，就將 i 累乘到 result，再將 i 遞增 1
while i <= num:
    result = result * i
    i = i + 1

print("{0}階乘為{1}".format(num, result))
```

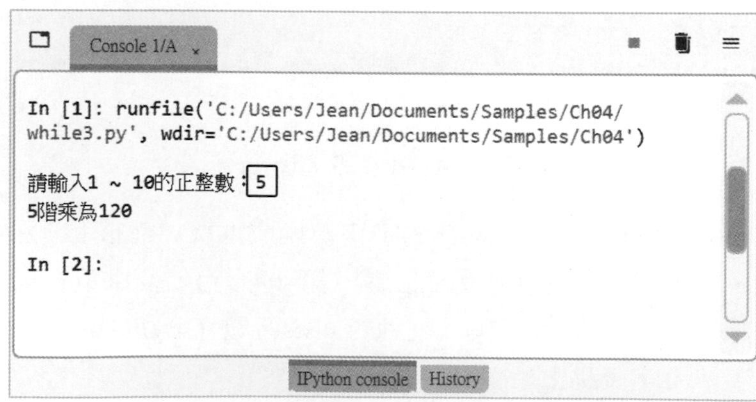

隨堂練習

[猜數字] 撰寫一個Python程式，令它隨機產生一個範圍介於1 ~ 10的整數，然後要求使用者猜數字，若大於該整數，就印出「太大了！」並要求繼續猜數字，若小於該整數，就印出「太小了！」並要求繼續猜數字，直到等於該整數，就印出「猜對了！」，然後結束程式。

【解答】

\Ch04\guess2.py

```
import random                    # 匯入 random 模組
num = random.randint(1, 10)      # 隨機產生一個範圍介於 1 ~ 10 的數字
answer = -1                      # 變數 answer 的初始值設定為 -1，表示尚未輸入
while answer != num:
    answer = eval(input("請猜數字 1-10："))
    if answer > num:
        print("太大了！")
    elif answer < num:
        print("太小了！")
    else:
        print("猜對了！")
```

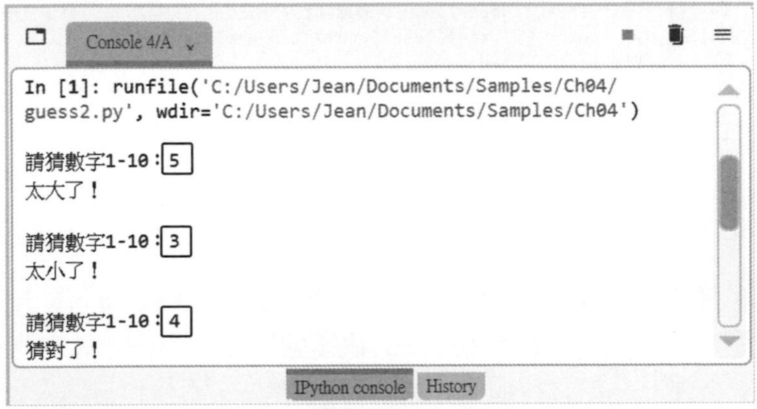

4-5 break 與 continue 敘述

原則上，在終止條件成立之前，程式的控制權都不會離開迴圈，不過，有時我們可能需要在迴圈內檢查其它條件，一旦符合該條件就強制離開迴圈，此時可以使用 break 敘述。

下面是一個例子，它改寫自上一節的 \Ch04\while2.py，允許使用者在尚未答對卻不想繼續作答的時候，可以輸入 quit 跳出迴圈停止作答。

\Ch04\while4.py

```
01 answer = input("請輸入「快樂」的英文：")
02
03 while answer.upper() != "HAPPY":
04     if answer.upper() == "QUIT":
05         print("我不玩了！")
06         break
07     answer = input("答錯了，請重新輸入「快樂」的英文：")
08 else:
09     print("答對了！")
```

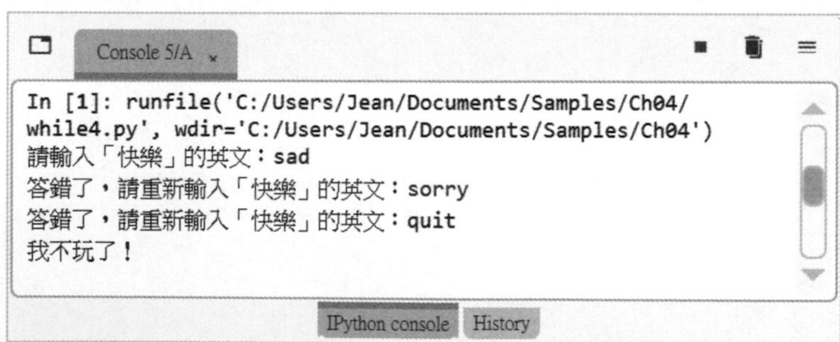

這個程式的關鍵在於第 04 ~ 06 行，檢查使用者是否輸入 quit，是的話，就印出「我不玩了！」，然後使用 break 敘述強制離開迴圈，此時將不會執行 else 區塊。事實上，只有在迴圈正常終止的情況下才會執行 else 區塊。

除了 break 敘述，Python 還提供了另一個經常使用於迴圈的 continue 敘述，該敘述可以用來在迴圈內跳過後面的敘述，直接返回迴圈的開頭。

下面是一個例子，它會印出 1~ 10 之間有哪些整數是 3 的倍數。

\Ch04\while5.py

```
01 i = 0
02 while i < 10:
03     i = i + 1
04     if i % 3 != 0:
05         continue
06     print(i)
```

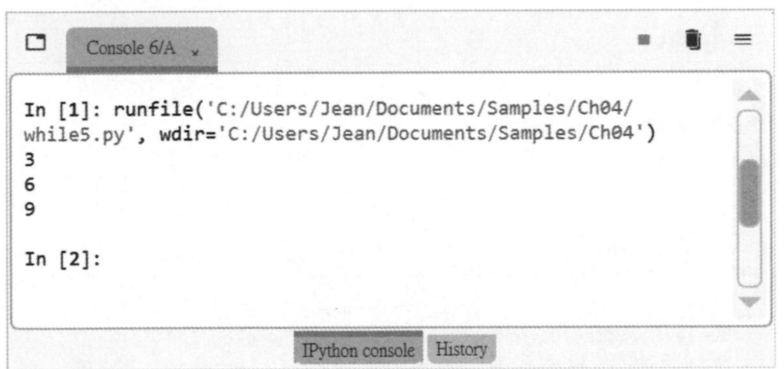

這個程式的關鍵在於第 04、05 行，若變數 i 除以 3 的餘數不等於 0，表示不是 3 的倍數，就使用 continue 敘述跳過後面的第 06 行，直接返回第 02 行迴圈的開頭；相反的，若變數 i 除以 3 的餘數等於 0，表示是 3 的倍數，就往下執行第 06 行，印出變數 i，然後返回第 02 行迴圈的開頭。

您可以試著變更第 02 行的終止條件，例如將 i < 10 改為 i < 100，就會印出 1 ~ 100 之間有哪些整數是 3 的倍數。

\ 隨堂練習 /

[找出質數] 撰寫一個 Python 程式，令它找出 2 ~ 100 之間的質數並印出結果(提示：質數是一個大於 1 的自然數，除了 1 和本身之外，不能被其它自然數整除，例如 2、3、5、7、11、13 是質數，而 4、6、8、9、10、12、14 不是質數)。

【解答】

\Ch04\prime.py

```
for i in range(2, 100):
    for j in range(2, i):
        if i % j == 0:
            break
    else:
        print(i, end = '\t')
```

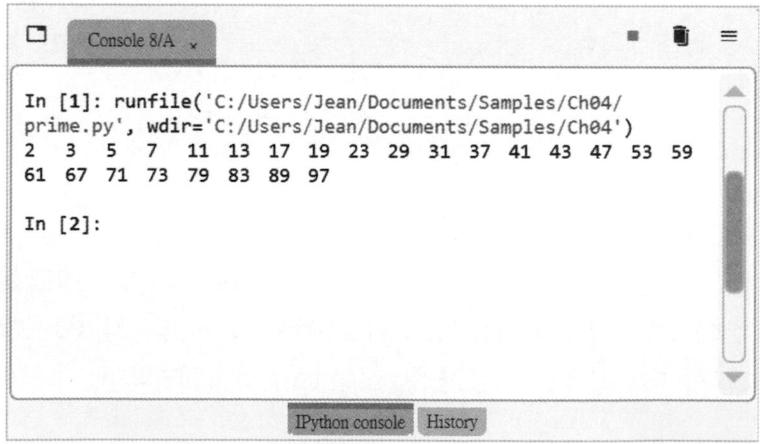

學習評量

一、選擇題

( )1. 下列哪種流程控制最適合用來計算連續數字的累加？

A. if…else　　B. if…elif…else　　C. for　　D. switch

( )2. 若要提前強制離開迴圈，可以使用下列哪個敘述？

A. continue　　B. return　　C. exit　　D. break

( )3. 在 for i in range(100, 200, 3): 迴圈執行完畢時，i 的值為何？

A. 200　　B. 202　　C. 199　　D. 201

( )4. 若要使程式在迴圈內跳過後面的敘述，直接返回迴圈的開頭，可以使用下列哪個敘述？

A. continue　　B. return　　C. exit　　D. break

( )5. range(100, 10, -3) 所產生的整數序列包含幾個元素？

A. 28　　B. 31　　C. 29　　D. 30

二、練習題

1. **[判斷 13 的倍數]** 撰寫一個 Python 程式，令它找出 1 ~ 100 之間可以被 13 整除的數字，然後印出結果。

2. (1) 在左邊迴圈執行完畢時，會印出哪些數值？

   (2) 在右邊迴圈執行完畢時，i 的值為何？

```
for i in range(1, 5):
    for j in range(1, 5):
        if i * j < 8:
            continue
        print(i * j)
```

```
i = 1
while i < 100:
    i = i + 7
```

3. 撰寫一個 Python 程式，令它計算下列算式的結果。

```
(1/2)¹ + (1/2)² + (1/2)³ + (1/2)⁴ + (1/2)⁵ + (1/2)⁶ + (1/2)⁷ + (1/2)⁸
```

4. 撰寫一個 Python 程式，令它計算下列算式的結果。

```
1 + 1/2 + 1/3 + 1/4 + 1/5 + 1/6 + 1/7 + 1/8 + 1/9 + 1/10
```

5. **[個人綜所稅]** 撰寫一個 Python 程式，令它要求使用者輸入綜合所得淨額，接著根據如下累進稅率計算個人綜所稅，然後印出結果。

綜合所得淨額（元）	累進稅率
0 ~ 520000	5%
520001 ~ 1170000	12%
1170001 ~ 2350000	20%
2350001 ~ 4400000	30%
4400001 以上	40%

6. **[細胞分裂次數]** 假設有個細胞每分鐘會分裂一次，第一次分裂後的總數是 2 個，第二次分裂後的總數是 4 個，第三次分裂後的總數是 8 個，依此類推，每次分裂後的總數是前一次分裂的兩倍，撰寫一個 Python 程式，令它計算該細胞在經過幾分鐘後，總數會超過一百萬個。

7. **[預測調薪速度]** 假設小明的月薪是 25000 元，每年調薪的幅度為 3%，撰寫一個 Python 程式，令它計算經過多少年小明的月薪就會加倍。

8. **[判斷 BMI 體位]** 撰寫一個 Python 程式，令它要求使用者輸入身高與體重，然後計算 BMI 等於體重（公斤）/ 身高 ^{2} (公尺 ^{2})。若低於 18.5 (不含)，就印出「過輕」，若介於 18.5 ~ 24，就印出「正常」，若超過 24 (不含)，就印出「過重」，若超過 27 (不含)，就印出「肥胖」，若超過 35 (不含)，就印出「極肥胖」。

函式

5-1 認識函式

函式 (function) 是將一段具有某種功能或重複使用的敘述寫成獨立的程式單元，然後給予名稱，供後續呼叫使用，以簡化程式提高可讀性。有些程式語言將函式稱為**函數**、**方法** (method)、**程序** (procedure) 或**副程式** (subroutine)。

使用函式的優點如下：

- 函式具有重複使用性，我們可以在程式中不同的地方呼叫相同的函式，不必重複撰寫相同的敘述。
- 加上函式後，程式會變得比較精簡，因為雖然多了呼叫函式的敘述，卻少了更多重複的敘述。
- 加上函式後，程式的可讀性會提高。
- 將程式拆成幾個函式後，寫起來會比較輕鬆，而且程式的邏輯性和正確性都會提高，如此不僅容易理解，也比較好偵錯、修改與維護。

至於使用函式的缺點則是會使程式的執行速度減慢，因為多了一道呼叫的手續，執行速度自然比直接將敘述寫進程式裡面慢一點。

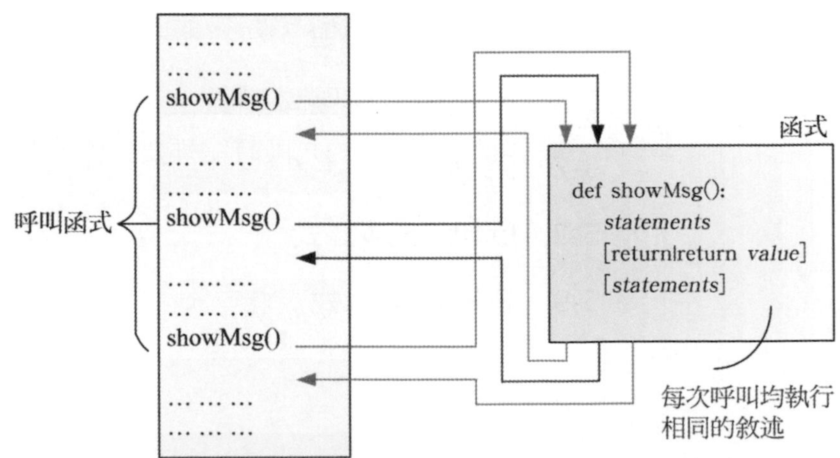

5-2 定義函式

我們在前幾章中已經介紹許多 Python 內建的函式，例如 print()、input()、eval()、type()、int()、bool() 等，這是 Python 針對常見的用途所提供，但不一定能夠滿足所有需求，若要客製化一些功能，就要自行定義函式。

我們可以使用 def 關鍵字定義函式，其語法如下，小括號後面要加上冒號：

```
def functionName([parameters]):
    statements
    [return|return value]
    [statements]
```

❖ def：這個關鍵字用來表示要定義函式。

❖ *functionName*：這是函式的名稱，命名規則與變數相同，即第一個字元可以是英文字母、底線 (_) 或中文，其它字元可以是英文字母、底線 (_)、數字或中文，英文字母有大小寫之分。不過，由於標準函式庫或第三方函式庫幾乎都是以英文來命名，因此，建議不要使用中文。

❖ ([*parameters*])：這是函式的參數，可以有 0 個、1 個或多個，若沒有參數，小括號仍須保留，若有多個參數，中間以逗號 (,) 隔開，我們可以利用參數傳遞資料給函式。

❖ *statements*：這是函式的主體，用來執行指定的動作，*statements* 必須以 def 關鍵字為基準向右縮排至少一個空白，同時縮排要對齊，表示這些敘述是在 def 區塊內。

❖ [return|return *value*]：若要將程式的控制權從函式的內部移轉到呼叫函式的地方，可以使用 return 敘述。*value* 是函式的傳回值，可以有 0 個、1 個或多個，若沒有傳回值，return 敘述可以省略不寫，若有多個傳回值，中間以逗號 (,) 隔開。

例如下面的敘述是定義一個名稱為 CtoF1、有一個參數、沒有傳回值的函式，用來將參數所指定的攝氏溫度轉換成華氏溫度，然後印出結果 (註：華氏溫度等於攝氏溫度乘以 1.8 再加 32)：

```
def CtoF1(degreeC):
    degreeF = degreeC * 1.8 + 32
    print("攝氏", degreeC, "度可以轉換成華氏", degreeF, "度")
```

而下面的敘述是定義一個名稱為 CtoF2、有一個參數、有一個傳回值的函式，用來將參數所指定的攝氏溫度轉換成華氏溫度，然後傳回華氏溫度，它和前一個函式的差別在於不會印出結果，但會傳回華氏溫度：

```
def CtoF2(degreeC):
    degreeF = degreeC * 1.8 + 32
    return degreeF
```

備註

- 當某個函式裡面沒有 return 敘述或 return 敘述後面沒有跟著任何值時，我們習慣會說這個函式沒有傳回值，但嚴格來說，這個函式其實是傳回預設的特殊值 None，表示沒有值或沒有參照到任何物件。
- 光是定義函式並不會去執行裡面的敘述，必須加以呼叫才行，下一節有詳細的說明。

5-3 呼叫函式

函式必須加以呼叫才會執行，而且當函式有參數時，參數個數及順序均不能弄錯，即便函式沒有參數，小括號仍須保留，其語法如下：

```
functionName([parameters])
```

若函式沒有傳回值，我們可以將函式呼叫視為一般的敘述。下面是一個例子，當程式執行時，直譯器會從第 01 行開始讀取，發現第 01 ~ 03 行是函式定義，於是將這些敘述儲存在記憶體，暫時不執行；接著略過第 04 行的空白行，執行第 05 行，將使用者輸入的攝氏溫度指派給在變數 temperatureC；繼續略過第 06 行的註解，執行第 07 行，呼叫 CtoF1() 函式並傳遞攝氏溫度作為參數，此時，控制權會轉移到第 01 行的 CtoF1() 函式，執行第 02、03 行，將攝氏溫度轉換成華氏溫度並印出結果，然後將控制權返回呼叫函式的地方，即第 07 行，由於後面已經沒有敘述，所以會結束程式。

\Ch05\degree1.py

```
01 def CtoF1(degreeC):
02     degreeF = degreeC * 1.8 + 32
03     print("攝氏", degreeC, "度可以轉換成華氏", degreeF, "度")
04
05 temperatureC = eval(input("請輸入攝氏溫度："))
06 # 呼叫函式並傳遞攝氏溫度作為參數
07 CtoF1(temperatureC)
```

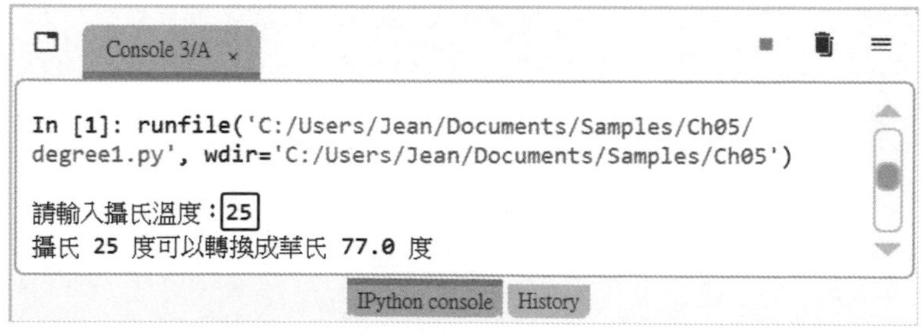

相反的，若函式有傳回值，我們可以將函式呼叫視為一般的值做進一步的處理或指派給其它變數。

下面是一個例子，它和 \Ch05\degree1.py 的差別在於 CtoF2() 函式不會印出結果，但會傳回華氏溫度，所以第 07 行是將函式的傳回值指派給變數 temperatureF。

同樣的，當直譯器讀取到第 07 行時，控制權會轉移到第 01 行的 CtoF2() 函式，執行第 02、03 行，將攝氏溫度轉換成華氏溫度並傳回華氏溫度，然後將控制權返回呼叫函式的地方，即第 07 行，將傳回值指派給變數 temperatureF，繼續執行第 09 行印出結果，再結束程式。

\Ch05\degree2.py

```
01 def CtoF2(degreeC):
02     degreeF = degreeC * 1.8 + 32
03     return degreeF
04
05 temperatureC = eval(input("請輸入攝氏溫度："))
06 # 呼叫函式並傳遞攝氏溫度作為參數
07 temperatureF = CtoF2(temperatureC)
08 # 印出結果
09 print("攝氏", temperatureC, "度可以轉換成華氏", temperatureF, "度")
```

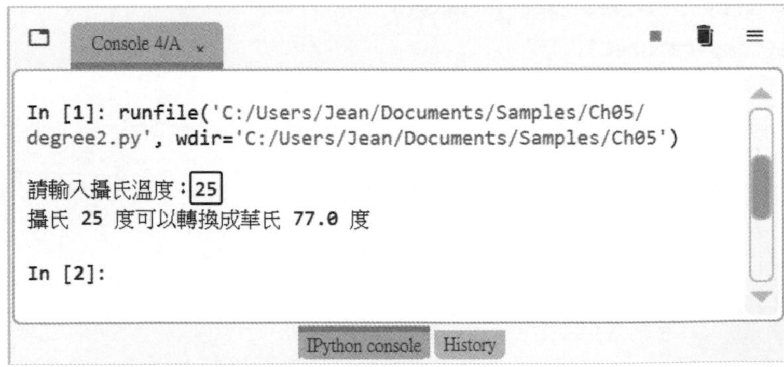

\隨堂練習/

(1) 定義一個 Python 函式，令它的名稱為 larger，兩個參數為 x 和 y，傳回值為參數中比較大的值。

(2) 撰寫一行敘述呼叫題目 (1) 定義的函式，令它傳回 -100 和 -50 比較大的值。

【解答】

(1)

```
def larger(x, y):
    if x > y:
        return x
    else:
        return y
```

(2)

```
larger(-100, -50)
```

注意

- 當程式中有多個函式定義時，Python 並沒有規定這些函式定義的前後順序，只要在呼叫某個函式時，其函式定義已經儲存在記憶體即可。
- 我們將函式定義中的參數稱為「形式參數」(formal parameter) 或「參數」(parameter)，例如 \Ch05\degree2.py 第 01 行的 degreeC，而函式呼叫中的參數稱為「實際參數」(actual parameter) 或「引數」(argument)，例如 \Ch05\degree2.py 第 07 行的 temperatureC。

5-4 函式的參數

參數（parameter）可以用來傳遞資料給函式，我們已經示範過如何使用參數，接下來要進一步介紹參數傳遞方式、關鍵字引數、預設引數值和任意引數串列。

5-4-1 參數傳遞方式

傳值呼叫

Python 並不允許程式設計人員選擇參數傳遞方式，當參數屬於不可改變內容的物件時，例如數值、字串、tuple（序對），就會採取**傳值呼叫**（call by value），此時，函式無法改變參數的值，因為傳遞給函式的是參數的值，而不是參數的位址，下面是一個例子。

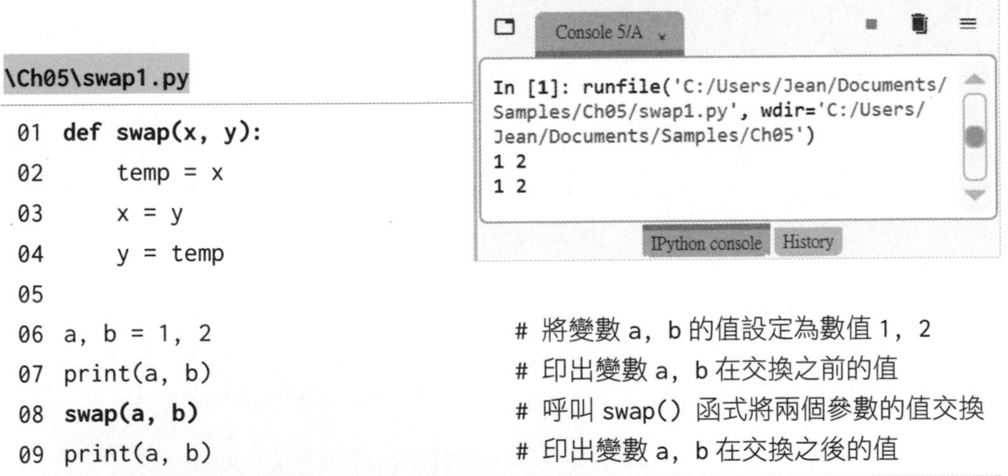

\Ch05\swap1.py

```
01 def swap(x, y):
02     temp = x
03     x = y
04     y = temp
05
06 a, b = 1, 2               # 將變數 a, b 的值設定為數值 1, 2
07 print(a, b)               # 印出變數 a, b 在交換之前的值
08 swap(a, b)                # 呼叫 swap() 函式將兩個參數的值交換
09 print(a, b)               # 印出變數 a, b 在交換之後的值
```

- 01 ~ 04：定義一個 swap() 函式，用來將兩個參數的值交換。
- 08：呼叫 swap() 函式並傳遞變數 a、b 的值作為參數，所以參數 x、y 的值一開始為 1、2，經過交換後，變成 2、1。

❖ 07、09：由於變數 a、b 的值為數值，屬於不可改變內容的物件，因此，第 08 行是採取傳值呼叫，這表示變數 a、b 和參數 x、y 是不同的物件，被交換的是參數 x、y 的值，變數 a、b 的值則不受影響，所以第 07 和 09 行印出的值相同。

傳址呼叫

相反的，當參數屬於可改變內容的物件時，例如 list (串列)、set (集合)、dict (字典)，就會採取**傳址呼叫** (call by reference)，此時，函式能夠改變參數的值，因為傳遞給函式的是參數的位址，而不是參數的值，下面是一個例子。

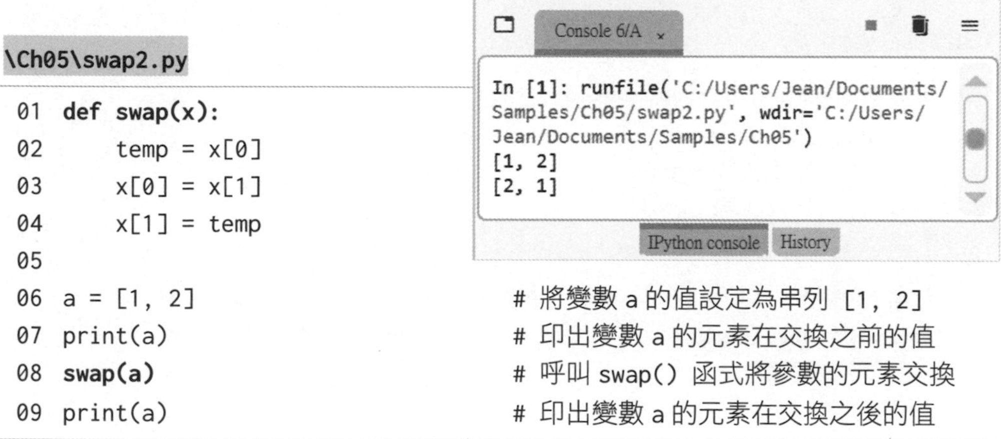

\Ch05\swap2.py

```
01 def swap(x):
02     temp = x[0]
03     x[0] = x[1]
04     x[1] = temp
05
06 a = [1, 2]                  # 將變數 a 的值設定為串列 [1, 2]
07 print(a)                    # 印出變數 a 的元素在交換之前的值
08 swap(a)                     # 呼叫 swap() 函式將參數的元素交換
09 print(a)                    # 印出變數 a 的元素在交換之後的值
```

❖ 01 ~ 04：定義一個 swap() 函式，用來將參數的元素交換，其中 x[0]、x[1] 是串列的第 1、2 個元素。

❖ 08：呼叫 swap() 函式並傳遞變數 a 的值作為參數，所以參數 x 的值一開始為串列 [1, 2]，經過交換後，變成 [2, 1]。

❖ 07、09：由於變數 a 的值為串列，屬於可改變內容的物件，因此，第 08 行是採取傳址呼叫，這表示變數 a 和參數 x 參照相同的位址，也就是相同的物件，參數 x 的值被交換了，變數 a 的值也跟著被交換了，所以第 07 和 09 行印出的值不同。

5-4-2 關鍵字引數

Python 預設採取**位置引數** (position argument)，函式呼叫裡面的引數順序必須對應函式定義裡面的參數順序，一旦寫錯順序，會導致對應錯誤，但有些參數順序實在不好記，此時可以使用**關鍵字引數** (keyword argument) 來做區分，也就是在呼叫函式時指定引數所對應的參數名稱。

下面是一個例子，其中第 01 ~ 03 行定義一個 trapezoidArea() 函式，用來計算梯形面積，三個參數 top、bottom、height 表示上底、下底、高，第 05 ~ 07 行則示範了幾種呼叫 trapezoidArea() 函式的方式，特別是第 06 行混合位置引數與關鍵字引數，所以位置參數一定要放在關鍵字引數的前面。

\Ch05\keyword.py

```
01 def trapezoidArea(top, bottom, height):
02     area = (top + bottom) * height / 2
03     print("這個梯形面積為", area)
04
05 trapezoidArea(10, 20, 5)
06 trapezoidArea(10, height = 5, bottom = 20)
07 trapezoidArea(height = 5, bottom = 20, top = 10)
```

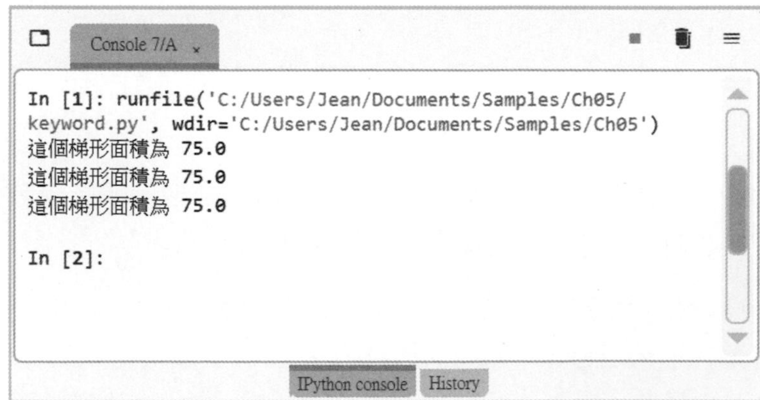

5-4-3 預設引數值

我們可以在定義函式時設定**預設引數值** (default argument value)，如此一來，當函式呼叫裡面沒有提供某個引數時，就會採取預設引數值。這種擁有預設引數值的引數稱為**選擇性引數** (optional argument)，必須放在一般引數的後面。

下面是一個例子，其中第 01 行在定義 teaTime() 函式時將第二個參數的預設引數值設定為 "紅茶"，第 04 ~ 07 行則示範了幾種呼叫 teaTime() 函式的方式，特別是第 05 行沒有提供第二個引數，所以第二個引數將採取預設引數值 "紅茶"。

\Ch05\default.py

```
01 def teaTime(dessert, drink = "紅茶"):
02     print("我的甜點是", dessert, "，飲料是", drink)
03
04 teaTime("馬卡龍", "咖啡")
05 teaTime("帕尼尼")
06 teaTime(dessert = "三明治", drink = "奶茶")
07 teaTime("紅豆餅", drink = "綠茶")
```

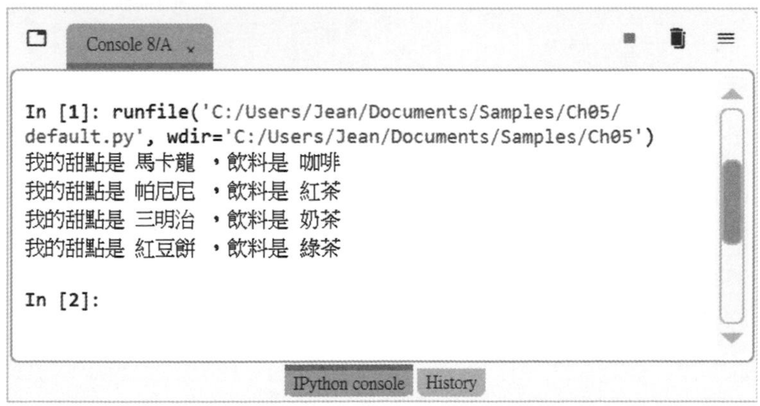

5-4-4 任意引數串列

Python 支援**任意引數串列**（arbitrary argument list）的功能，也就是函式接受不限定個數的參數。

下面是一個例子，其中第 01 ~ 05 行在定義 add() 函式時將參數加上星號 (*)，表示接受不限定個數的參數，第 07 ~ 11 行則示範了幾種呼叫 add() 函式的方式，這些函式呼叫所傳遞的參數個數均不相同。

\Ch05\arbitrary.py

```
01 def add(*numbers):
02     total = 0
03     for i in numbers:
04         total = total + i
05     return total
06
07 print(add(1))
08 print(add(1, 2))
09 print(add(1, 2, 3))
10 print(add(1, 2, 3, 4))
11 print(add(1, 2, 3, 4, 5))
```

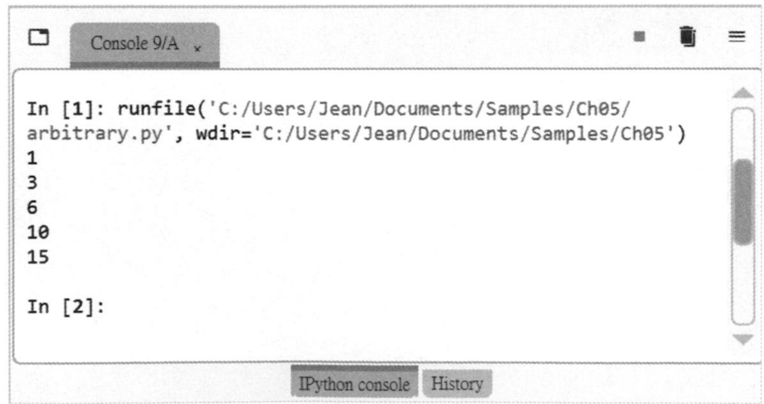

隨堂練習

(1) **[算術平均數]** 定義一個 Python 函式，令它計算參數的算術平均數並傳回結果。

(2) **[幾何平均數]** 定義一個 Python 函式，令它計算參數的幾何平均數並傳回結果。

(3) 撰寫一個 Python 程式，令它呼叫前面定義的函式印出一組資料 1, 4, 5, 6, 7, 3, 8, 4, 9 的算術平均數與幾何平均數。

【提示】

平均數 (mean) 是統計學中常用的統計量，用來反映資料的集中趨勢，顯示各個觀測值相對集中在哪個中心位置，常見的有算術平均數 (arithmetic mean)、中位數 (median)、眾數 (mode)、幾何平均數 (geometric mean)、調和平均數 (harmonic mean) 等類型。

❖ 假設有 n 個資料 x_1、x_2、x_3、⋯、x_n，則**算術平均數** $\bar{x}$ 的定義是 n 個資料的總和除以 n，公式如下，優點是容易計算，缺點則是容易受到極端值的影響：

$$\bar{x} = \frac{x_1 + x_2 + x_3 + \cdots + x_n}{n}$$

❖ 假設有 n 個資料 x_1、x_2、x_3、⋯、x_n，則**幾何平均數** G 的定義是 n 個資料的連乘積開 n 次方根，公式如下，適合用來計算資料的平均變化率，例如平均利率、平均合格率、平均發展速度等：

$$G = \sqrt[n]{x_1 \times x_2 \times x_3 \times \cdots \times x_n}$$

【解答】

\Ch05\mean.py

```
def arithmeticMean(*numbers):
    sum = 0
    n = 0
    for i in numbers:
        sum += i
        n += 1
    return sum / n

def geometricMean(*numbers):
    product = 1
    n = 0
    for i in numbers:
        product *= i
        n += 1
    return product ** (1 / n)

print("這組資料的算術平均數為", arithmeticMean(1, 4, 5, 6, 7, 3, 8, 4, 9))
print("這組資料的幾何平均數為", geometricMean(1, 4, 5, 6, 7, 3, 8, 4, 9))
```

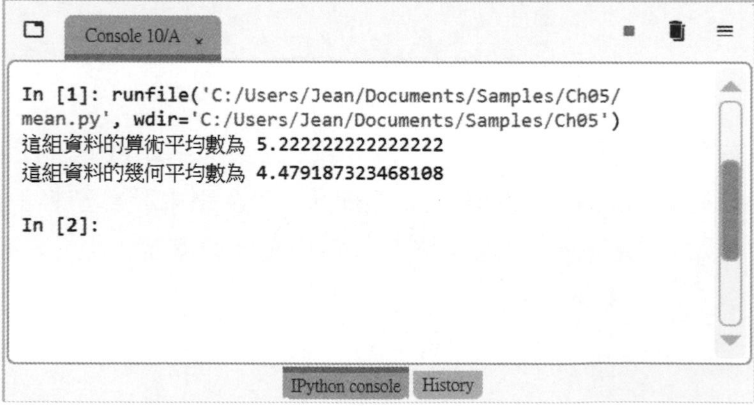

5-5 函式的傳回值

原則上，在 def 區塊內的敘述執行完畢之前，程式的控制權都不會離開函式，不過，有時我們可能需要提早離開函式，返回呼叫函式的地方，此時可以使用 return 敘述；或者，我們可能需要從函式傳回某個值或某些值，此時可以使用 return 敘述，後面再加上傳回值。

下面是一個例子，其中第 01 ~ 04 行定義一個 divmod() 函式，它會計算第一個參數除以第二個參數的商數與餘數，然後使用 return 敘述傳回商數與餘數。

\Ch05\divmod.py

```
01 def divmod(x, y):
02     div = x // y
03     mod = x % y
04     return div, mod
05
06 a, b = divmod(100, 7)
07 print("100 除以 7 的商數為", a, "，餘數為", b)
08
09 c, d = divmod(200, 13)
10 print("200 除以 13 的商數為", c, "，餘數為", d)
```

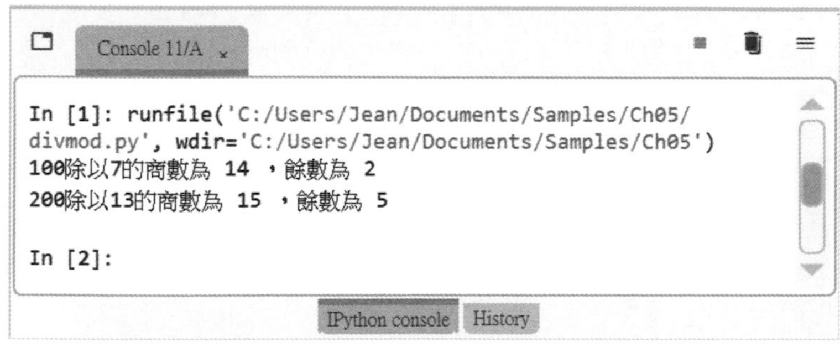

下面是另一個例子，其中第 01 ~ 08 行定義一個 checkScore() 函式，它會先檢查分數是否小於 0 或大於 100，是的話，就印出「分數超過範圍！」，然後使用 return 敘述提早離開函式，返回呼叫函式的地方，否的話，再進一步檢查分數有沒有及格。

\Ch05\score.py

```
01 def checkScore(score):
02     if score < 0 or score > 100:
03         print("分數超過範圍！")
04         return
05     if score >= 60:
06         print("及格！")
07     else:
08         print("不及格！")
09
10 s = eval(input("請輸入數學分數 (0 ~ 100)："))
11 checkScore(s)
```

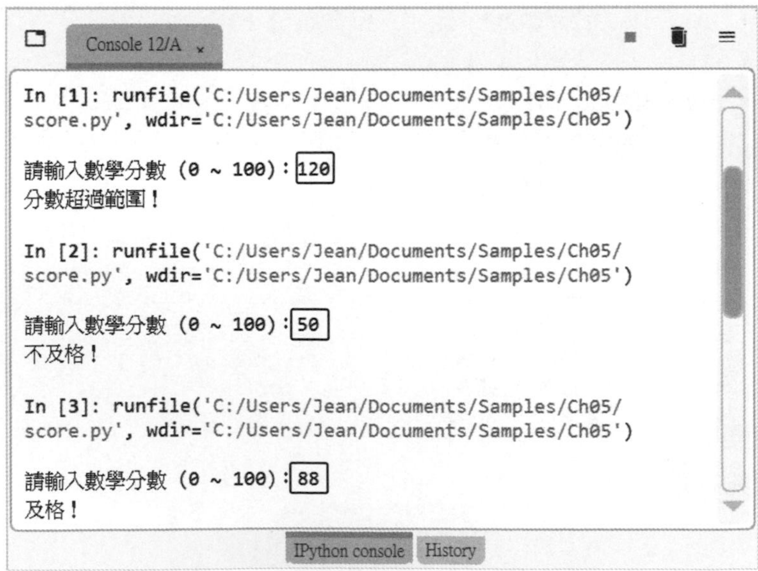

5-6 全域變數與區域變數

在本節中，我們要討論一個重要的觀念，就是變數的**有效範圍**（scope），這指的是程式的哪些敘述能夠存取變數的值，大部分的 Python 變數都只有一種有效範圍，就是程式的所有敘述皆能存取變數的值，稱為**全域變數**（global variable），但在函式內定義的變數則稱為**區域變數**（local variable），只有函式內的敘述能夠存取區域變數的值。

下面是一個例子，它在 f1() 函式裡面定義變數 x，由於這是區域變數，所以第 05 行企圖印出變數 x 將發生如下圖的錯誤訊息，表示名稱 x 尚未定義。

\Ch05\scope.py

```
01 def f1():
02     x = 1
03     print(x)
04
05 print(x)
```

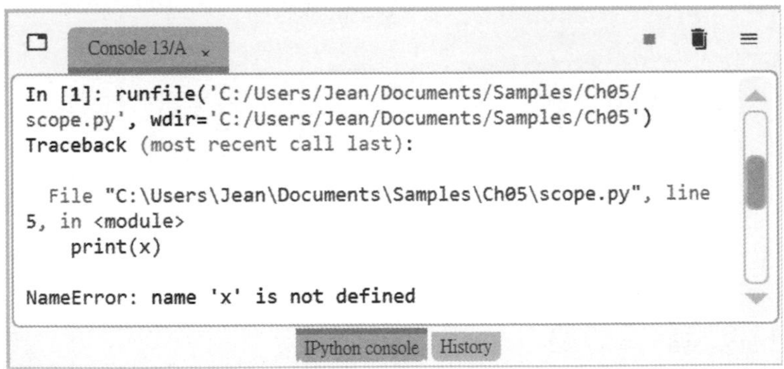

若要印出變數 x，必須將第 05 行改寫成如下的函式呼叫，因為只有函式內的敘述能夠存取區域變數的值：

```
f1()
```

5-7 遞迴函式

遞迴函式 (recursive function) 是可以呼叫自己本身的函式，若函式 f1() 呼叫函式 f2()，而函式 f2() 又在某種情況下呼叫函式 f1()，那麼函式 f1() 也可以算是一個遞迴函式。

遞迴函式通常可以被 for 或 while 迴圈取代，但由於遞迴函式的邏輯性、可讀性及彈性均比迴圈來得好，所以在很多時候，尤其是要撰寫遞迴演算法，還是會選擇遞迴函式。

下面是一個例子，它使用 for 迴圈來計算 5 階乘，即 5! 等於 1×2×3×4×5，但它有個缺點，就是只能計算 5 階乘，若要計算其它正整數的階乘，for 迴圈的 range() 就要重新設定範圍，相當不方便，而且也沒有考慮到 0! 等於 1 的情況。

\Ch05\factorial1.py

```
result = 1
for i in range(1, 6):
    result = result * i

print("5! =", result)
```

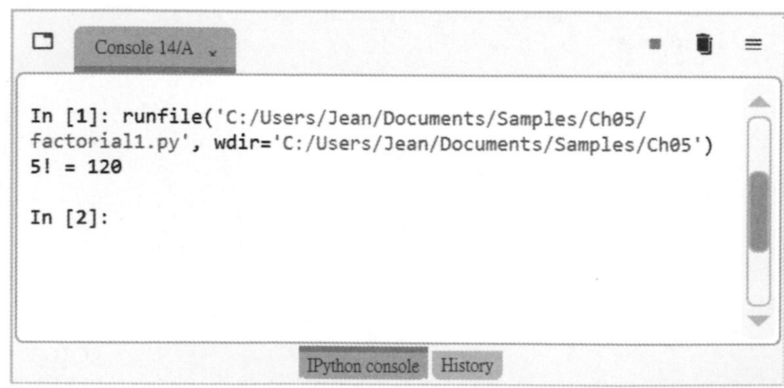

事實上，只要根據如下的公式，我們可以使用遞迴函式改寫這個例子：

```
當 n = 0 時，F(n) = n! = 0! = 1
當 n > 0 時，F(n) = n! = n * F(n - 1)
當 n < 0 時，F(n) = -1，表示無法計算階乘
```

\Ch05\factorial2.py

```
def F(n):
    if n == 0:                  # 當 n = 0 時，F(n) = n! = 0! = 1
        return 1
    elif n > 0:
        return n * F(n - 1)     # 當 n > 0 時，F(n) = n! = n * F(n - 1)
    else:
        return -1               # 當 n < 0 時，F(n) = -1，表示無法計算階乘

print("0! =", F(0))
print("5! =", F(5))
```

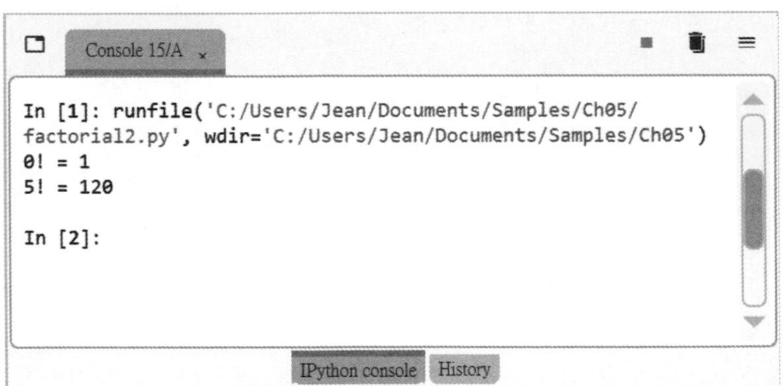

很明顯的，遞迴函式比 for 迴圈來得有彈性，只要改變參數，就能計算不同正整數的階乘，而且連 0! 等於 1 和 N 為負數的情況都考慮到了。遞迴函式的語法並不難，重點在於如何設計遞迴演算法，而這需要演算法的基礎，建議初學者簡略看過就好，等有需要的時候再來研究。

\ 隨 堂 練 習 /

[最大公因數] 撰寫一個 Python 程式，令它根據如下的遞迴演算法計算兩個正整數的最大公因數 (GCD)，例如計算 84 和 1080 的最大公因數，然後印出結果。

```
當 n 可以整除 m 時，GCD(m, n) 等於 n
當 n 無法整除 m 時，GCD(m, n) 等於 GCD(n, m 除以 n 的餘數)
```

【解答】

\Ch05\gcd.py

```
def GCD(m, n):
    if m % n == 0:
        return n
    else:
        return GCD(n, m % n)

print("84 和 1080 的最大公因數為", GCD(84, 1080))
```

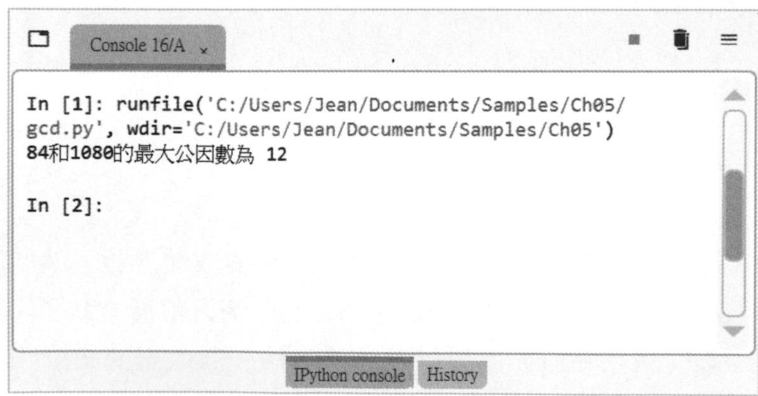

隨堂練習

[費氏 (Fibonacci) 數列] 撰寫一個 Python 程式，令它根據如下的遞迴演算法計算費氏數列的前 15 個數字，然後印出結果。

```
當 n = 1 時，fibo(n) = fibo(1) = 1
當 n = 2 時，fibo(n) = fibo(2) = 1
當 n > 2 時，fibo(n) = fibo(n - 1) + fibo(n - 2)
```

【解答】

\Ch05\fibo.py

```
def fibo(n):
    if n == 1 or n == 2:
        return 1
    else:
        return fibo(n - 1) + fibo(n - 2)

for i in range(1, 16):
    print(fibo(i), end='\t')
```

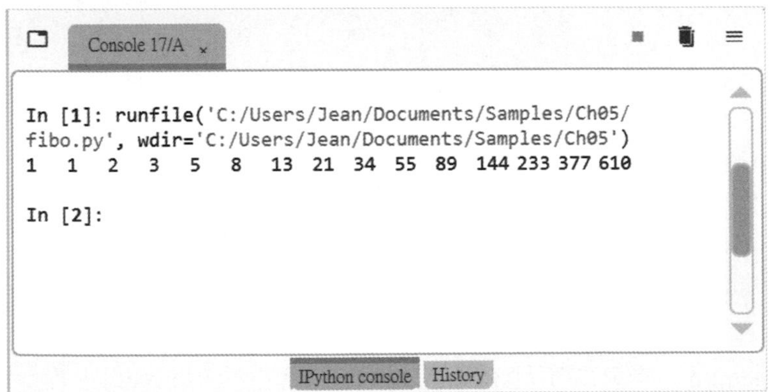

5-8 lambda 運算式

Python 提供一個 lambda 關鍵字可以用來建立小的匿名函式，所謂**匿名函式** (anonymous function) 指的是沒有名稱的函式，其語法如下，*arg1, arg2,* … 的後面要加上冒號：

```
lambda arg1, arg2, …: expression
```

lambda 運算式會產生一個函式物件，*arg1, arg2,* … 就相當於函式定義的參數，而 *expression* 就相當於函式定義的主體，我們可以在 *expression* 中使用這些參數。

例如下面的敘述是定義一個匿名函式並傳入 1 和 2 兩個參數，會得到兩個參數相加的結果為 3：

```
In [1]: (lambda x, y: x + y)(1, 2)
Out[1]: 3
```

我們也可以將匿名函式綁定一個名稱，例如下面的敘述是令變數 add 參考到匿名函式，這個匿名函式會傳回參數 x 和參數 y 相加的結果：

```
In [1]: add = lambda x, y: x + y
```

接下來，我們就可以透過變數 add 呼叫這個匿名函式，例如：

```
In [2]: add(1, 2)
Out[2]: 3
In [3]: add("abc", "de")
Out[3]: 'abcde'
```

請注意，lambda 運算式不能有區塊，所以只能處理簡單的工作，對於一些比較複雜的工作，還是要使用 def 關鍵字定義函式才行。

5-9 日期時間函式

在本章的最後，我們要介紹一些日期時間函式，這些函式位於 Python 內建的 time 和 calendar 模組，學會使用它們，就可以在程式中處理日期時間，例如取得目前的本地時間、判斷閏年、印出日曆等。

5-9-1 time 模組

time 模組有一些時間屬性和時間函式，常用的如下，在使用 time 模組之前，必須使用 import 指令進行匯入：

```
In [1]: import time
```

- time.daylight：這個屬性表示本地時間是否使用日光節約時間，1 表示是，0 表示否，以台灣為例，time.daylight 的值為 0。
- time.timezone：這個屬性表示本地時間和 UTC 時間相差多少秒，以台灣為例，time.timezone 的值為 -28800，表示 UTC 時間比台灣時間慢 28800 秒，即 8 小時，UTC (Coordinated Universal Time) 是比格林威治標準時間（GMT，Greenwich Mean Time）更精確的世界時間標準。
- time.altzone：這個屬性表示本地時間和 UTC 日光節約時間相差多少秒，以台灣為例，time.altzone 的值為 -32400，表示 UTC 日光節約時間比台灣時間慢 32400 秒，即 9 小時。
- time.time()：傳回從 1970 年 1 月 1 日上午 12 時 00 分到目前的 UTC 時間總共經過多少秒，由於 Python 是以 tick 做為時間的計數單位，1 tick 等於 1 微秒（10^{-6} 秒），例如：

```
In [1]: time.time()
Out[1]: 1710558334.3997939
```

❖ time.gmtime([*secs*])：傳回從 1970 年 1 月 1 日上午 12 時 00 分經過 time.time() 或選擇性參數 *secs* 所指定之秒數的時間，即目前的 UTC 時間，例如：

```
In [1]: time.gmtime()                    # 傳回目前的 UTC 時間
Out[1]: time.struct_time(tm_year=2024, tm_mon=3, tm_mday=16, tm_hour=3,
tm_min=0, tm_sec=30, tm_wday=5, tm_yday=76, tm_isdst=0)
```

傳回值的型別是 time.struct_time 結構，包含下列屬性。

屬性	說明
tm_year	西元年 (例如 2024)
tm_mon	月 (1 ~ 12)
tm_mday	日 (1 ~ 31)
tm_hour	小時 (0 ~ 23，24 小時制)
tm_min	分 (0 ~ 59)
tm_sec	秒 (0 ~ 61 (閏秒))
tm_wday	星期幾 (0 ~ 6，0 表示星期一)
tm_yday	一年的第幾天 (1 ~ 366 (閏年))
tm_isdst	日光節約時間 (1 表示是，0 表示否，-1 表示自動判斷)

❖ time.localtime([*secs*])：用途和 time.gmtime([*secs*]) 函式類似，但傳回的是目前的本地時間，以台灣為例，傳回的 tm_hour 屬性會比 UTC 時間快 8 小時，如下：

```
In [1]: time.localtime()                 # 傳回目前的本地時間
Out[1]: time.struct_time(tm_year=2024, tm_mon=3, tm_mday=16, tm_hour=11,
tm_min=0, tm_sec=30, tm_wday=5, tm_yday=76, tm_isdst=0)
```

❖ time.asctime([*t*])：以 str 型別傳回目前的本地時間或選擇性參數 *t* 指定的時間，參數 *t* 是 time.struct_time 或包含 9 個數字的 tuple (對應 time.struct_time 的 9 個屬性)，例如：

```
In [1]: time.asctime()                                      # 傳回目前的本地時間
Out[1]: 'Sat Mar 16 11:01:37 2024'

In [2]: time.asctime((2024, 3, 16, 11, 1, 37, 5, 76, 0))   # 傳回參數指定的時間
Out[2]: 'Sat Mar 16 11:01:37 2024'

In [3]: time.asctime((2018, 8, 15, 12, 36, 8, 2, 227, 0)) # 傳回參數指定的時間
Out[3]: 'Wed Aug 15 12:36:08 2018'
```

❖ time.ctime([*secs*])：用途和 time.asctime([*t*]) 函式相同，但選擇性參數 *secs* 是從 1970 年 1 月 1 日上午 12 時 00 分所經過的秒數，例如：

```
In [1]: time.ctime()                                        # 傳回目前的本地時間
Out[1]: 'Sat Mar 16 11:05:13 2024'

In [2]: time.ctime(1710558334.3997939)                      # 傳回參數指定的時間
Out[2]: 'Sat Mar 16 11:05:34 2024'
```

❖ time.mktime(*t*)：傳回從 1970 年 1 月 1 日上午 12 時 00 分到參數 *t* 指定的時間所經過的秒數，參數 *t* 是 time.struct_time 或 tuple，例如：

```
In [1]: time.mktime((2024, 3, 16, 11, 5, 34, 5, 76, 0))
Out[1]: 1710558334.0
```

❖ time.sleep(*secs*)：令 Python 暫停參數 *secs* 所指定的秒數。

❖ time.strftime(*format*[, *t*])：根據參數 *format* 所指定的格式，將 time.gmtime() 或 time.localtime() 函式傳回的目前時間（time.struct_time 或 tuple）轉換成字串，格式化符號如下，若要指定欲進行格式化的時間，可以使用選擇性參數 *t* 指定時間（time.struct_time 或 tuple）。

格式化符號	說明
%a	縮寫的星期幾
%A	完整的星期幾
%b	縮寫的月份名稱
%B	完整的月份名稱
%c	本地適合的日期時間表示法
%d	一個月的第幾天（1 ~ 31)
%H	小時（0 ~ 23，24 小時制)
%I	小時（1 ~ 12，12 小時制)
%j	一年的第幾天（1 ~ 366 (閏年))
%m	月份（1 ~ 12)
%M	分（0 ~ 59)
%p	本地對應的 AM 或 PM
%S	秒（0 ~ 61 (閏秒))
%U	一年的第幾週（0 ~ 53)，星期日為星期的開始
%w	星期幾（0 ~ 6，0 表示星期日)
%W	一年的第幾週（0 ~ 53)，星期一為星期的開始
%x	本地適合的日期表示法
%X	本地適合的時間表示法
%y	兩位數的西元年

(下頁續)

格式化符號	說明
%Y	四位數的西元年
%z	時區位移 (和 UTC 的時間差，-23:59 ~ +23:59)
%Z	時區名稱
%%	% 字元

例如：

```
In [1]: time.strftime("%Y 年%m 月%d 日 %H:%M:%S %Z")
Out[1]: '2024 年 03 月 16 日 11:08:22 台北標準時間'

In [2]: time.strftime("%Y 年%m 月%d 日")
Out[2]: '2024 年 03 月 16 日'

In [3]: time.strftime("%H:%M:%S")
Out[3]: '11:08:22'

In [4]: time.strftime("%a, %d %b %Y %H:%M:%S")
Out[4]: 'Sat, 16 Mar 2024 11:08:22'

In [5]: t = (2024, 3, 16, 11, 8, 22, 5, 76, 0)
In [6]: time.strftime("%b %d %Y %H:%M:%S", t)
Out[6]: 'Mar 16 2024 11:08:22'
```

❖ time.strptime(*string*[, *format*])：根據參數 *format* 所指定的格式，將參數 *string* 所指定的字串剖析成 time.struct_time，相當於 time.strftime() 的反函式，例如：

```
In [1]: time.strptime("16 Mar 24", "%d %b %y")
Out[1]: time.struct_time(tm_year=2024, tm_mon=3, tm_mday=16, tm_hour=0,
tm_min=0, tm_sec=0, tm_wday=5, tm_yday=76, tm_isdst=-1)
```

5-9-2 calendar 模組

calendar 模組有一些日曆函式，常用的如下，在使用 calendar 模組之前，必須使用 import 指令進行匯入：

```
In [1]: import calendar
```

- calendar.firstweekday()：傳回一週的第一個工作天，預設值為 0 表示星期一。
- calendar.setfirstweekday(*weekday*)：將一週的第一個工作天設定為參數 *weekday* 所指定的日子，0 ~ 6 表示星期一 ~ 星期日，例如：

```
In [1]: calendar.firstweekday()        # 傳回 0 表示第一個工作天是星期一
Out[1]: 0
In [2]: calendar.setfirstweekday(1)   # 將第一個工作天設定為星期二
In [3]: calendar.firstweekday()        # 傳回 1 表示第一個工作天是星期二
Out[3]: 1
```

- calendar.isleap(*year*)：若參數 *year* 所指定的年份是閏年，就傳回 True，否則傳回 False，例如：

```
In [1]: calendar.isleap(2024)          # 傳回 True 表示 2024 年是閏年
Out[1]: True
In [2]: calendar.isleap(2022)          # 傳回 False 表示 2022 年不是閏年
Out[2]: False
```

- calendar.weekday(*year, month, day*)：傳回參數 *year*、*month*、*day* 所指定的年月日是星期幾，0 ~ 6 表示星期一 ~ 星期日，例如：

```
In [1]: calendar.weekday(2024, 3, 16)  # 傳回 5 表示 2024 年 3 月 16 日是星期六
Out[1]: 5
```

❖ calendar.monthrange(*year, month*)：傳回兩個整數，第一個整數表示 *year* 年 *month* 月的第一天是星期幾，第二個整數表示該月份有幾天，例如：

```
In [1]: calendar.monthrange(2024, 1)      # 傳回 2024 年 1 月第 1 天是星期一，有 31 天
Out[1]: (0, 31)
```

❖ calendar.calendar(*year*)：傳回參數 *year* 所指定之年份的日曆，例如下面的敘述會印出西元 2024 年的月曆：

```
In [1]: print(calendar.calendar(2024))
```

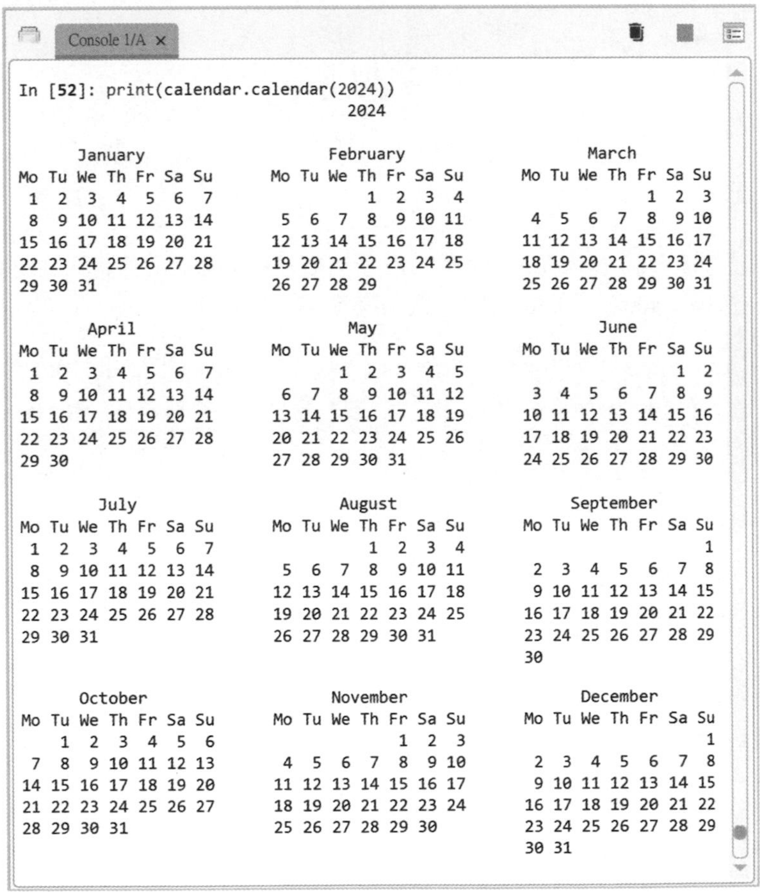

❖ calendar.month(*year, month*)：傳回參數 *year* 和參數 *month* 所指定之年份與月份的日曆，例如下面的敘述會印出西元 2024 年 1 月的月曆：

```
In [1]: print(calendar.month(2024, 1))
```

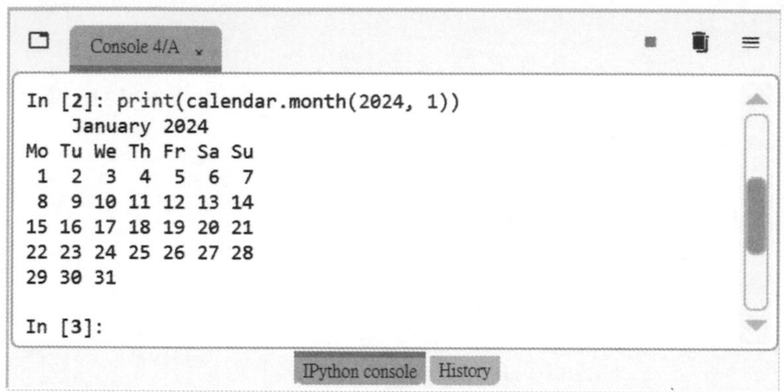

備註

Python 還內建一個 datetime 模組，裡面有很多與日期時間相關的物件、屬性和函式，例如 datetime.date 物件可以用來取得今天日期：

```
In [1]: from datetime import date          # 從 datetime 模組匯入 date 類別
In [2]: print(date.today())                # 印出今天日期
2024-03-16
```

而 datetime.datetime 物件可以用來取得目前的日期時間：

```
In [1]: from datetime import datetime   # 從 datetime 模組匯入 datetime 類別
In [2]: print(datetime.now())           # 印出目前的日期時間
2024-03-16 11:22:40.854789
In [3]: print(datetime.now().strftime("%Y 年%m 月%d 日 %H:%M:%S"))
2024 年 03 月 16 日 11:22:40
```

由於這些功能可以透過 time 和 calendar 模組來達成，此處不再深入介紹，有興趣的讀者可以參考說明文件 https://docs.python.org/3/library/datetime.html。

隨堂練習

[判斷閏年] 撰寫一個 Python 程式，令它印出西元 2000 ~ 2050 年之間有幾個閏年，「閏年」指的是年份能被 4 整除但不能被 100 整除，或能被 400 整除。

【解答 1】

\Ch05\leapyear1.py

```
def isLeapYear(year):
    if (year % 4 == 0 and year % 100 != 0) or (year % 400 == 0):
        return True
    else:
        return False

for i in range(2000, 2051):
    if isLeapYear(i):
        print(i)
```

【解答 2】

\Ch05\leapyear2.py

```
import calendar
for i in range(2000, 2051):
    if calendar.isleap(i):
        print(i)
```

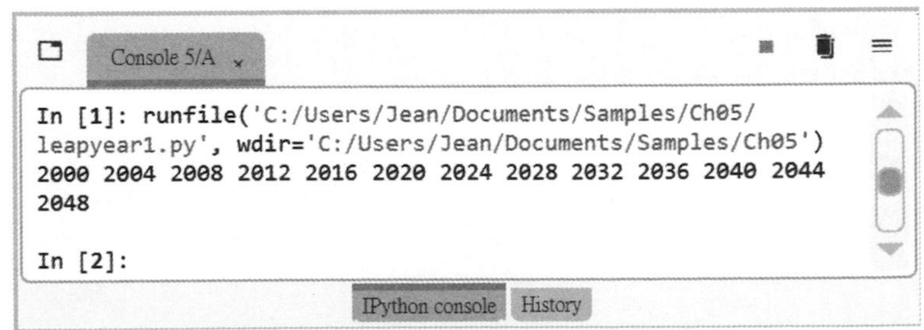

\ 隨堂練習 /

[倒數計時] 撰寫一個 Python 程式，令它要求使用者輸入要倒數的秒數，然後每隔一秒就印出「倒數 X 秒...」的訊息，並於倒數完畢時印出「時間到！」，下面的執行結果供您參考 (提示：使用 time.sleep() 函式)。

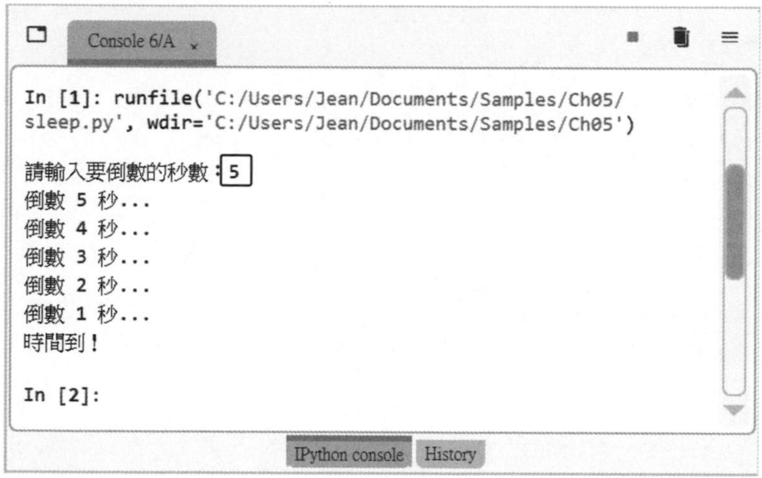

【解答】

\Ch05\sleep.py

```
import time

secs = eval(input("請輸入要倒數的秒數："))

for i in range(secs, 0, -1):
    print("倒數", i, "秒...")
    time.sleep(1)

print("時間到！")
```

學習評量

一、選擇題

( )1. 下列何者不是使用函式的優點？

A. 提高程式的重複使用性　B. 提高程式的可讀性

C. 讓程式變得比較精簡　D. 讓執行速度變得比較快

( )2. 若要定義匿名函式，可以使用下列哪個關鍵字？

A. def　B. var　C. lambda　D. anonymous

( )3. 若要將程式的控制權從函式的內部移轉到呼叫函式的地方，可以使用下列哪個關鍵字？

A. back　B. goto　C. continue　D. return

( )4. 當函式的參數屬於下列哪種型別時，將採取傳址呼叫？

A. 數值　B. 字串　C. tuple (序對)　D. list (串列)

( )5. 若要接受不限定個數的參數，可以在定義函式時將參數加上哪個符號？

A. *　B. !　C. #　D. $

( )6. 下列哪個屬性表示本地時間和 UTC 時間相差多少秒？

A. time.daylight　B. time.timezone

C. time.altzone　D. datetime.now

( )7. 下列哪個函式可以用來取得目前的本地時間？

A. time.gmtime()　B. time.localtime()

C. time.mktime()　D. time.time()

( )8. 下列哪個函式可以用來格式化日期時間？

A. time.asctime()　B. time.ctime()

C. time.strftime()　D.time.timetostr()

(　)9. 下列哪個函式可以令 Python 暫時停止執行？

A. time.time()　　B. time.sleep()

C. time.suspend()　　D. time.pause()

(　)10. 下列哪個函式可以用來判斷某個年份是否為閏年？

A. calendar.calendar()　　B. calendar.year()

C. calendar.month()　　D.calendar.isleap()

二、練習題

1. **[找出最大值]** 定義一個 Python 函式，令它的名稱為 largest，不限定參數個數，傳回值為參數中的最大值，然後呼叫此函式傳回 10, 50, 100, -10, -5 等參數中的最大值，再印出結果。

2. **[當月份月曆]** 撰寫一個 Python 程式，令它顯示目前的本地時間和當月份月曆，下面的執行結果供您參考。

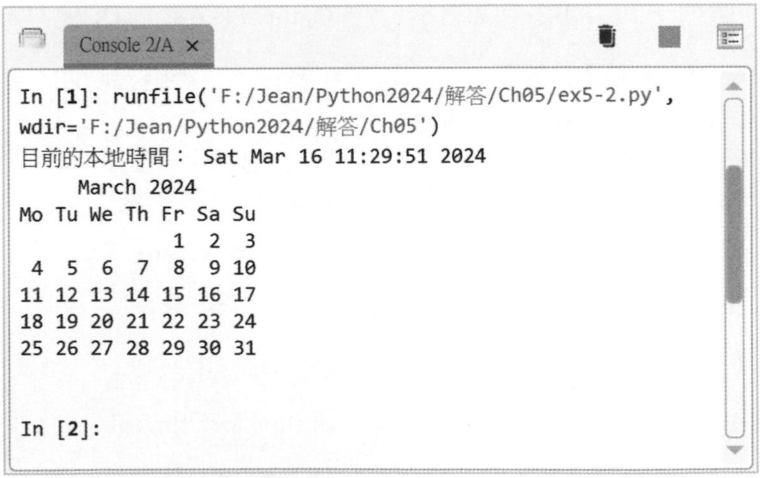

3. **[計算薪資]** 定義一個 Python 函式，令它的名稱為 salary，三個參數為 hours (工作時數)、hourlypay (時薪)、bonus (獎金)，其中 bonus 有預設引數值 0，傳回值為薪資，也就是薪資=時薪×工作時數+獎金。

4. **[判斷質數]** 定義一個 Python 函式，令它判斷參數是否為質數，是就傳回 True，否則傳回 False，然後撰寫一個 Python 程式，令它呼叫該函式找出 2 ~ 100 之間的質數並印出結果。

5. **[單利本利和]** 「單利」是一種計算利息的方式，假設本金為 P 元，年利率為 r，年數為 t 年，單利利息為 I 元，本利和為 S 元，則單利利息的計算公式如下：

   $I = P \times r \times t$

   單利本利和的計算公式如下：

   $S = P + I = P + P \times r \times t = P \times (1 + r \times t)$

   舉例來說，假設小明向朋友借款 100 萬元，約定利息的年利率為 6% 單利計算，那麼 3 年後小明還款的本利和如下：

   $1000000 \times (1 + 6\% \times 3) = 1180000$

   撰寫一個 Python 程式，令它定義一個函式用來計算單利本利和，接著要求使用者輸入本金、年利率和年數，然後呼叫此函式計算單利本利和，再印出結果，下面的函式和執行結果供您參考。

```
def Sum(P, r, t):
    return P * (1 + r * t)
```

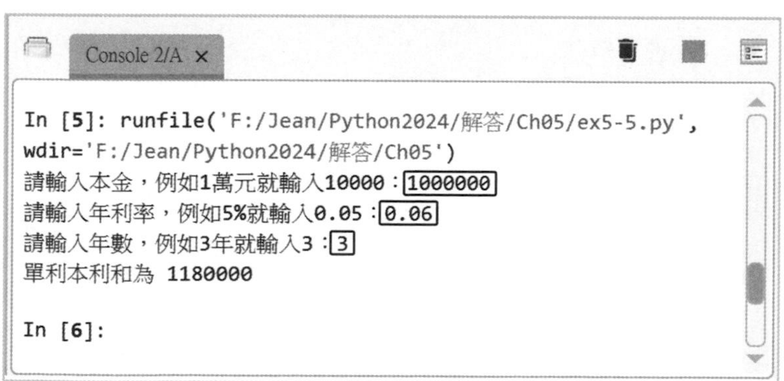

6. **[複利本利和]** 「複利」也是一種計算利息的方式，不同的是單利不會將利息計入本金，而複利會將利息計入本金重複計息，也就是將上一期末的本利和做為下一期的本金。

假設本金為 P 元，年利率為 r，年數為 t 年，複利本利和為 S 元，則複利本利和的計算公式如下：

$S = P \times (1 + r)^t$

舉例來說，假設小明向朋友借款 100 萬元，約定利息的年利率為 6% 複利計算，那麼 3 年後小明還款的本利和如下：

第一年期末本利和 $1000000 \times (1 + 6\%)$

第二年期末本利和 $1000000 \times (1 + 6\%)(1 + 6\%) = 1000000 \times (1 + 6\%)^2$

第三年期末本利和 $1000000 \times (1 + 6\%)^2(1 + 6\%) = 1000000 \times (1 + 6\%)^3$

$= 1191016$

撰寫一個 Python 程式，令它定義一個函式用來計算複利本利和，接著要求使用者輸入本金、年利率和年數，然後呼叫此函式計算複利本利和，再印出結果，下面的函式和執行結果供您參考。

```
def Sum(P, r, t):
    return P * pow((1 + r), t)
```

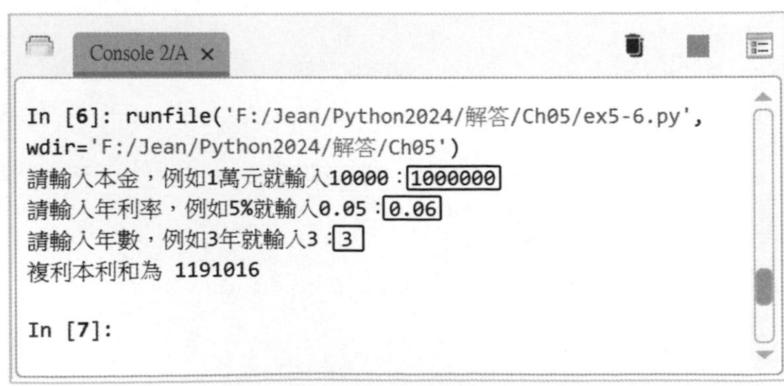

list、tuple、set 與 dict

6-1 list (串列)

我們知道電腦可以執行重複的動作，也可以處理大量的資料，但截至目前，我們都只是定義了極小量的資料，若想定義成千上百個數值或字串，該怎麼辦呢？難道要寫出成千上百個敘述嗎？喔，當然不是！此時，我們可以使用 list (串列)。

list (串列) 是由一連串資料所組成、**有順序且可改變內容** (mutable) 的序列 (sequence)。串列的前後以**中括號**標示，裡面的資料以逗號隔開，資料的型別可以不同，例如：

```
In [1]: [1, "Taipei", 2, "Tokyo"]      # 包含 4 個元素的串列
Out[1]: [1, 'Taipei', 2, 'Tokyo']
In [2]: [2, "Tokyo", 1, "Taipei"]      # 元素相同但順序不同，表示不同串列
Out[2]: [2, 'Tokyo', 1, 'Taipei']
```

6-1-1 建立串列

我們可以使用 Python 內建的 list() 函式建立串列，例如：

```
In [1]: list1 = list()                 # 建立空串列
In [2]: list1
Out[2]: []
In [3]: list2 = list([1, 2, 3])        # 建立包含 1, 2, 3 的串列
In [4]: list2
Out[4]: [1, 2, 3]
```

或者，也可以使用 [] 寫成如下：

```
In [1]: list1 = []
In [2]: list2 = [1, 2, 3]
```

此外，我們可以從字串或 range 物件建立串列，例如：

```
In [1]: list3 = list("ABA")
In [2]: list3                    # 從字串建立包含 'A', 'B', 'A' 的串列
Out[2]: ['A', 'B', 'A']
In [3]: list4 = list(range(5))
In [4]: list4                    # 從 range 物件建立包含 0, 1 ~ 4 的串列
Out[4]: [0, 1, 2, 3, 4]
In [5]: list5 = list(range(8, 0, -2))
In [6]: list5                    # 從 range 物件建立包含 8, 6, 4, 2 的串列
Out[6]: [8, 6, 4, 2]
```

或者，也可以使用 str.split([*sep*]) 方法，根據選擇性參數 *sep* 所指定的分隔符號將字串分隔成串列，然後傳回該串列，參數 *sep* 可以省略不寫，表示為空白，例如：

```
In [1]: "1 2 3".split()          # 根據空白將字串分隔成串列
Out[1]: ['1', '2', '3']
In [2]: "1,2,,3,".split(',')     # 根據逗號將字串分隔成串列
Out[2]: ['1', '2', '', '3', '']
```

注意

- 在前面的例子中，list3 = list("ABA") 不能寫成 list3 = ["ABA"]，兩者的意義不同，前者是將 list3 的值設定為 ['A', 'B', 'A']，而後者是將 list3 的值設定為 ["ABA"]。
- 串列可以包含不同型別的元素，例如 [1, "Taipei", 2, "Tokyo"] 混合了數值與字串型別。
- 若串列的元素相同但順序不同，表示不同串列，例如 [1, "Taipei", 2, "Tokyo"] 和 [2, "Tokyo", 1, "Taipei"] 是不同串列。

6-1-2 內建函式

我們在第 3 章介紹的內建函式有些亦適用於串列，例如：

- ❖ len(*L*)：傳回串列參數 *L* 的長度，也就是包含幾個元素。
- ❖ max(*L*)：傳回串列參數 *L* 中最大的元素。
- ❖ min(*L*)：傳回串列參數 *L* 中最小的元素。
- ❖ sum(*L*)：傳回串列參數 *L* 中元素的總和，例如：

```
In [1]: len([1, 2, 3, 4, 5])   # 傳回串列的長度為 5
Out[1]: 5
In [2]: max([1, 2, 3, 4, 5])   # 傳回串列中最大的元素為 5
Out[2]: 5
In [3]: min([1, 2, 3, 4, 5])   # 傳回串列中最小的元素為 1
Out[3]: 1
In [4]: sum([1, 2, 3, 4, 5])   # 傳回串列中元素的總和為 15
Out[4]: 15
```

此外，**random** 模組的 **shuffle**(*L*) 函式可以將串列參數 *L* 中的元素隨機重排，**choice**(*L*) 可以從串列參數 *L* 中的元素隨機選擇一個，例如：

```
In [1]: import random
In [2]: L = [1, 2, 3, 4, 5]
In [3]: random.shuffle(L)        # 將串列中的元素隨機重排（結果可能不同）
In [4]: L
Out[4]: [3, 1, 4, 2, 5]
In [5]: random.choice(L)         # 從串列中隨機選擇一個元素（結果可能不同）
Out[5]: 5
In [6]: random.choice(L)         # 從串列中隨機選擇一個元素（結果可能不同）
Out[6]: 3
```

6-1-3 連接運算子

+ 運算子也可以用來連接串列，例如：

```
In [1]: [1, 2, 3] + ["Taipei", "Tokyo", "Vienna"]
Out[1]: [1, 2, 3, 'Taipei', 'Tokyo', 'Vienna']
```

6-1-4 重複運算子

* 運算子也可以用來重複串列，例如：

```
In [1]: 3 * [1, 2, 3]
Out[1]: [1, 2, 3, 1, 2, 3, 1, 2, 3]
In [2]: [1, 2, 3] * 3
Out[2]: [1, 2, 3, 1, 2, 3, 1, 2, 3]
```

6-1-5 比較運算子

比較運算子 (>、<、>=、<=、==、!=) 也可以用來比較兩個串列的大小或相等與否，在進行比較時會先從兩個串列的第一個元素開始，若不相等，就傳回比較結果，若相等，就繼續比較第二個元素，依此類推，例如：

```
In [1]: [1, "神隱少女", "宮崎駿"] == [ "神隱少女", "宮崎駿", 1]
Out[1]: False
In [2]: [1, 2, 3] != [1, 2, 3, 4]
Out[2]: True
In [3]: ['a', 'b', 'c', 'd', 'e'] > ['a', 'b', 'c', 'd', 'E']
Out[3]: True
In [4]: ['我', '是', 'A'] < ['我', '是', 'B']
Out[4]: True
```

6-1-6 in 與 not in 運算子

我們可以使用 in 運算子檢查某個元素是否存在於串列，例如：

```
In [1]: "Taipei" in [1, "Taipei", 2, "Tokyo"]
Out[1]: True
In [2]: "Vienna" in [1, "Taipei", 2, "Tokyo"]
Out[2]: False
```

我們可以使用 not in 運算子檢查某個元素是否不存在於串列，例如：

```
In [1]: "Taipei" not in [1, "Taipei", 2, "Tokyo"]
Out[1]: False
In [2]: "Vienna" not in [1, "Taipei", 2, "Tokyo"]
Out[2]: True
```

6-1-7 索引與切片運算子

我們可以使用**索引運算子**（[]）取得串列的元素，先前有簡單介紹過，此處再來複習一下。舉例來說，假設變數 L 的值為 [5, 10, 15, 20, 25, 30, 35, 40, 45, 50]，其順序如下，索引 0 表示從前端開始，索引 -1 表示從尾端開始，L[0]、L[1]、…、L[9] 表示 5、10、…、50，而 L[-1]、L[-2]、…、L[-10] 表示 50、45、…、5。

索引	0	1	2	3	4	5	6	7	8	9
內容	5	10	15	20	25	30	35	40	45	50
索引	-10	-9	-8	-7	-6	-5	-4	-3	-2	-1

請注意，串列和字串一樣是有順序的序列，但不同的是串列屬於可改變內容，換句話說，我們可以透過類似 L[0] = 100 的敘述變更串列的元素，一旦執行此敘述，變數 L 的值將變更為 [100, 10, 15, 20, 25, 30, 35, 40, 45, 50]。

我們也可以使用**切片運算子**（[*start*:*end*]）指定索引範圍，例如：

```
In [1]: L = [5, 10, 15, 20, 25, 30, 35, 40, 45, 50]
In [2]: L[2:5]                        # 索引 2 到索引 4 的元素（不含索引 5）
Out[2]: [15, 20, 25]
In [3]: L[3:7]                        # 索引 3 到索引 6 的元素（不含索引 7）
Out[3]: [20, 25, 30, 35]
In [4]: L[6:-1]                       # 索引 6 到索引-2 的元素（不含索引-1）
Out[4]: [35, 40, 45]
```

若在指定索引範圍時省略第一個索引，表示採取預設值為 0；若在指定索引範圍時省略第二個索引，表示採取預設值為串列的長度，例如：

```
In [1]: L = [5, 10, 15, 20, 25, 30, 35, 40, 45, 50]
In [2]: L[:2]                         # 索引 0 到索引 1 的元素（不含索引 2）
Out[2]: [5, 10]
In [3]: L[2:]                         # 索引 2 到索引 9 的元素
Out[3]: [15, 20, 25, 30, 35, 40, 45, 50]
```

此外，串列和字串、range 物件一樣可以做為迭代的物件，下面是一個例子，它將串列做為迭代的物件，然後使用 for 迴圈逐一取出每個元素相加在一起，得到總和為 275。

```
In [1]: L = [5, 10, 15, 20, 25, 30, 35, 40, 45, 50]
In [2]: sum = 0
In [3]: for i in L:
   ...:     sum += i
   ...:
In [4]: sum
Out[4]: 275
```

\ 隨 堂 練 習 /

假設有兩個串列變數如下：

```
list1 = [10, 20, 30, 40, 50]
list2 = [50, 40, 30, 20, 10]
```

請在 Python 直譯器計算下列題目的結果：

(1) list1 包含幾個元素？

(2) list1 和 list2 是否相等？

(3) list1 中最大的元素。

(4) list1 的第 3 ~ 5 個元素。

(5) 將 list1 的第 3 個元素變更為 100。

【解答】

```
In [1]: len(list1)                    # (1)
Out[1]: 5
In [2]: list1 == list2                # (2)
Out[2]: False
In [3]: max(list1)                    # (3)
Out[3]: 50
In [4]: list1[2:5]                    # (4)
Out[4]: [30, 40, 50]
In [5]: list1[2] = 100                # (5)
In [6]: list1
Out[6]: [10, 20, 100, 40, 50]
```

\ 隨堂練習 /

[中英對照] 撰寫一個 Python 程式，令它要求使用者輸入 1 ~ 5 的整數，然後印出該整數的英文 (ONE、TWO、THREE、FOUR、FIVE)，若輸入的資料不是 1 ~ 5 的整數，就印出「您輸入的資料超過範圍！」，下面的執行結果供您參考 (提示：使用串列儲存英文對照，程式會比較精簡)。

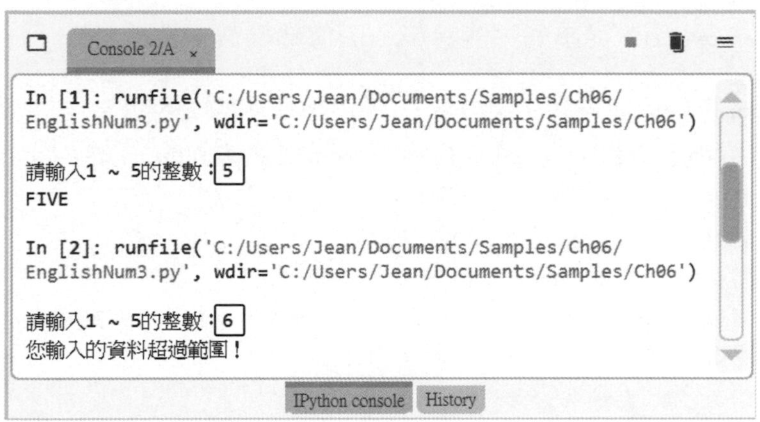
```
In [1]: runfile('C:/Users/Jean/Documents/Samples/Ch06/
EnglishNum3.py', wdir='C:/Users/Jean/Documents/Samples/Ch06')

請輸入1 ~ 5的整數：5
FIVE

In [2]: runfile('C:/Users/Jean/Documents/Samples/Ch06/
EnglishNum3.py', wdir='C:/Users/Jean/Documents/Samples/Ch06')

請輸入1 ~ 5的整數：6
您輸入的資料超過範圍！
```

【解答】

\Ch06\EnglishNum3.py

```
# 串列變數 EnglishNum 用來儲存 1 ~ 5 的英文
EnglishNum = ["ONE", "TWO", "THREE", "FOUR", "FIVE"]

num = eval(input("請輸入 1 ~ 5 的整數："))

# 若輸入的整數介於 1 ~ 5，就印出對應的英文，否則印出超過範圍
if num in range(1, 6):
    print(EnglishNum[num - 1])
else:
    print("您輸入的資料超過範圍！")
```

6-1-8 串列處理方法

串列是隸屬於 list 類別的物件，list 類別內建許多串列處理方法，常用的如下：

- ❖ list.append(*x*)：將參數 *x* 所指定的元素加入串列的尾端。
- ❖ list.extend(*L*)：將參數 *L* 所指定之串列的所有元素加入串列。
- ❖ list.insert(*i*, *x*)：將參數 *x* 所指定的元素插入串列中索引為參數 *i* 的位置。
- ❖ list.remove(*x*)：從串列中刪除第一個值為參數 *x* 的元素。
- ❖ list.pop([*i*])：從串列中刪除索引為選擇性參數 *i* 的元素並傳回該元素，若沒有指定參數 *i*，就刪除最後一個元素並傳回該元素，例如：

```
In [1]: list1 = [10, 20, 30, 40, 50]
In [2]: list2 = [100, 200, 300]
In [3]: list1.append(60)                    # 將 60 加入串列的尾端
In [4]: list1
Out[4]: [10, 20, 30, 40, 50, 60]
In [5]: list1.extend(list2)                 # 將 list2 串列加入 list1 串列
In [6]: list1
Out[6]: [10, 20, 30, 40, 50, 60, 100, 200, 300]
In [7]: list1.insert(1, 1000)               # 將 1000 插入索引為 1 的位置
In [8]: list1
Out[8]: [10, 1000, 20, 30, 40, 50, 60, 100, 200, 300]
In [9]: list1.remove(1000)                  # 刪除第一個值為 1000 的元素
In [10]: list1
Out[10]: [10, 20, 30, 40, 50, 60, 100, 200, 300]
In [11]: list1.pop()                        # 刪除最後一個元素並傳回該元素
Out[11]: 300
In [12]: list1
Out[12]: [10, 20, 30, 40, 50, 60, 100, 200]
```

- ❖ list.index(*x*)：傳回參數 *x* 所指定的元素第一次出現在串列中的索引。
- ❖ list.count(*x*)：傳回參數 *x* 所指定的元素出現在串列中的次數。
- ❖ list.sort()：將串列中的元素由小到大排序。
- ❖ list.reverse()：將串列中的元素順序反轉過來。
- ❖ list.copy()：傳回串列的複本，這和原來的串列是不同的物件。
- ❖ list.clear()：從串列中刪除所有元素，例如：

```
In [1]: list1 = [50, 20, 40, 20, 30, 20, 10]
In [2]: list1.index(20)                    # 傳回元素 20 第一次出現的索引
Out[2]: 1
In [3]: list1.count(20)                    # 傳回元素 20 出現的次數
Out[3]: 3

In [4]: list1.sort()                       # 將元素由小到大排序
In [5]: list1
Out[5]: [10, 20, 20, 20, 30, 40, 50]

In [6]: list1.reverse()                    # 將元素的順序反轉過來
In [7]: list1
Out[7]: [50, 40, 30, 20, 20, 20, 10]

In [8]: list2 = list1.copy()               # 複製串列並指派給變數 list2
In [9]: list2
Out[9]: [50, 40, 30, 20, 20, 20, 10]

In [10]: list2.clear()                     # 刪除 list2 串列的所有元素
In [11]: list2
Out[11]: []
```

隨堂練習

[計算比賽總分] 撰寫一個 Python 程式，令它要求使用者輸入音樂比賽中 5 位評審給某位選手的分數，然後計算總分，下面的執行結果供您參考 (提示：使用串列儲存分數，然後計算串列中元素的總和)。

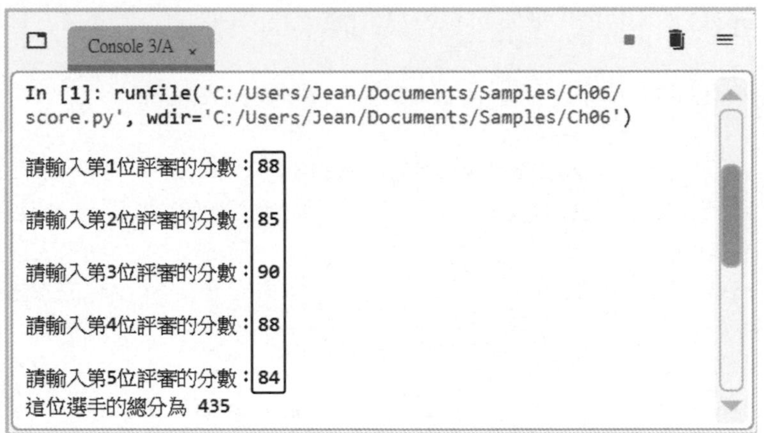

【解答】

\Ch06\score.py

```
# 串列變數 list1 用來儲存 5 位評審給某位選手的分數，初始值為空串列
list1 = []

# 使用 for 迴圈要求輸入分數，然後呼叫 append() 方法將分數加入串列的尾端
for i in range(1, 6):
    prompt = "請輸入第" + str(i) + "位評審的分數："
    score = eval(input(prompt))
    list1.append(score)

# 呼叫 sum() 方法計算總分，然後印出結果
print("這位選手的總分為", sum(list1))
```

6-1-9 串列推導式

串列推導式 (list comprehension) 提供了一種更簡潔的方式來建立串列，串列的中括號裡面有一個 for 敘述，後面跟著 0 個、1 個或多個 for 或 if 敘述，而串列的元素就是這些運算式所產生的結果，例如：

```
In [1]: list1 = [i for i in range(10)]
In [2]: list1                    # 串列的元素是 for 敘述的 i
Out[2]: [0, 1, 2, 3, 4, 5, 6, 7, 8, 9]

In [3]: list2 = [i * 2 for i in range(10)]
In [4]: list2                    # 串列的元素是 for 敘述的 i 乘以 2
Out[4]: [0, 2, 4, 6, 8, 10, 12, 14, 16, 18]

In [5]: list3 = [i for i in range(10) if i < 8]
In [6]: list3                    # 串列的元素是 for 敘述的 i 且 i 小於 8
Out[6]: [0, 1, 2, 3, 4, 5, 6, 7]
```

又例如：

```
In [1]: list1 = [-1.5, -2, 0, 2, 8]
In [2]: list2 = [abs(i) for i in list1]
In [3]: list2                    # 串列的元素是 list1 串列中每個元素的絕對值
Out[3]: [1.5, 2, 0, 2, 8]

In [4]: list3 = [i for i in list1 if i >= 0]
In [5]: list3                    # 串列的元素是 list1 串列中大於等於 0 的元素
Out[5]: [0, 2, 8]

In [6]: list4 = [i ** 2 for i in list1]
In [7]: list4                    # 串列的元素是 list1 串列中每個元素的平方
Out[7]: [2.25, 4, 0, 4, 64]
```

隨堂練習

[自然對數的底數 e] 定義一個 Python 函式，令它根據下列公式計算 e 的值，然後撰寫一個 Python 程式，令它呼叫該函式計算當 n 等於 5、10、100、1000 時，e 的值為何。

$$e = 1 + \frac{1}{1!} + \frac{1}{2!} + \frac{1}{3!} + \frac{1}{4!} + \cdots + \frac{1}{n!}$$

【解答】

\Ch06\e.py

```
import math

def e(n):
    return sum([1 / math.factorial(i) for i in range(n)])

print(e(5))
print(e(10))
print(e(100))
print(e(1000))
```

這個程式充分運用了串列推導式的技巧，而且 n 愈大，e 的值就愈精確。

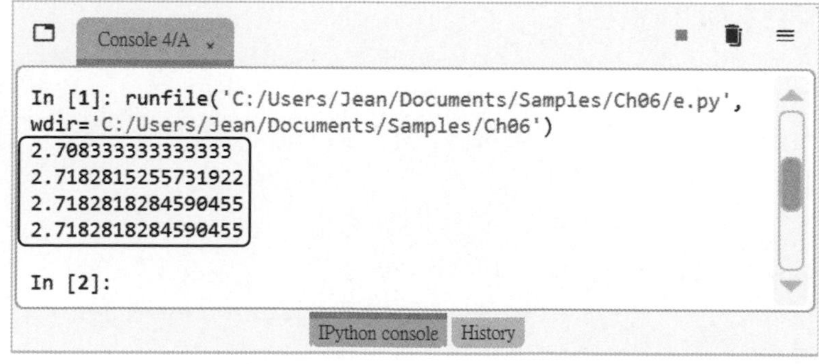

隨堂練習

[模擬大樂透電腦選號] 撰寫一個 Python 程式，令它隨機產生六個介於 1 ~ 49 且不重複的整數，做為大樂透玩家在圈選號碼時的參考。

【解答】

\Ch06\lotto.py

```
import random

# 串列變數 lotto 用來儲存隨機產生的整數
lotto = []
# 隨機產生六個介於 1 ~ 49 且不重複的整數
for i in range(6):
    lotto.append(random.choice([x for x in range(1, 50) if x not in lotto]))
# 將隨機產生的六個整數由小到大排序
lotto.sort()
print(lotto)
```

這個程式不僅運用了串列推導式的技巧，還使用到 random 模組的 choice(*L*) 函式從串列參數 *L* 中的元素隨機選擇一個。

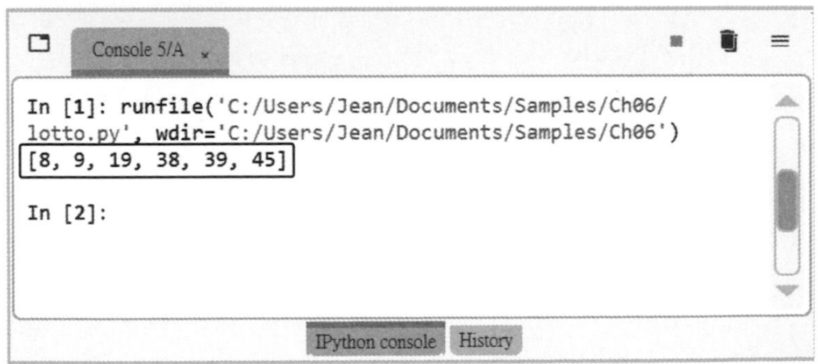

6-1-10 del 敘述

del 敘述可以用來從串列中刪除指定索引的元素，以下面的敘述為例，del L[0] 表示從串列 L 中刪除索引為 0 的元素，即刪除第一個元素：

```
In [1]: L = [-1, 1.5, 66, 333, 333, 1234]
In [2]: del L[0]                          # 刪除索引為 0 的元素
In [3]: L
Out[3]: [1.5, 66, 333, 333, 1234]
```

我們也可以使用切片運算子指定索引範圍，以下面的敘述為例，del L[2:5] 表示從串列 L 中刪除索引為 2 ~ 4 的元素，而 del L[:] 表示從串列 L 中刪除所有元素：

```
In [1]: L = [-1, 1.5, 66, 333, 333, 1234]
In [2]: del L[2:5]                        # 刪除索引為 2 ~ 4 的元素
In [3]: L
Out[3]: [-1, 1.5, 1234]
In [4]: del L[:]                          # 刪除所有元素（會得到空串列）
In [5]: L
Out[5]: []
```

此外，del 敘述可以用來刪除變數，例如：

```
In [1]: del L                             # 刪除變數 L
In [2]: L                                 # 存取被刪除的變數 L 將會發生錯誤
Traceback (most recent call last):

  Cell In[2], line 1
    L

NameError: name 'L' is not defined
```

6-1-11 二維串列

二維串列 (two-dimension list) 是串列的延伸，若說串列是呈線性的一度空間，那麼二維串列就是呈平面的二度空間，任何平面的二維表格或矩陣，都可以使用二維串列來儲存。

舉例來說，下圖是一個 5 列 3 行的成績單，我們可以透過下面的敘述定義一個名稱為 grades、5×3 的二維串列來儲存成績單，grades 其實是一個**巢狀串列** (nested list)，它的每個元素都是一個串列，儲存一位學生的三科分數：

```
In [1]: grades = [[95, 100, 100], [86, 90, 75], [98, 98, 96], [78, 90, 80], [70, 68, 72]]
```

	國文	英文	數學
學生 1	95	100	100
學生 2	86	90	75
學生 3	98	98	96
學生 4	78	90	80
學生 5	70	68	72

若要存取這個二維串列，必須使用兩個索引，以上圖的成績單為例，我們可以使用兩個索引將它表示成如下圖，第一個索引是**列索引** (row index)，0 表示第 1 列，1 表示第 2 列，…，依此類推；而第二個索引是**行索引** (column index)，0 表示第 1 行，1 表示第 2 行，…，依此類推。

	國文	英文	數學
學生 1	[0][0]	[0][1]	[0][2]
學生 2	[1][0]	[1][1]	[1][2]
學生 3	[2][0]	[2][1]	[2][2]
學生 4	[3][0]	[3][1]	[3][2]
學生 5	[4][0]	[4][1]	[4][2]

由此可知，學生 1 的國文、英文、數學分數是儲存在索引為 [0][0]、[0][1]、[0][2] 的位置，學生 2 的國文、英文、數學分數是儲存在索引為 [1][0]、[1][1]、[1][2] 的位置，…，依此類推，我們馬上來驗證一下：

```
In [1]: grades = [[95, 100, 100], [86, 90, 75], [98, 98, 96], [78, 90, 80], [70, 68, 72]]
In [2]: grades[0]                                # 學生 1 的三科分數
Out[2]: [95, 100, 100]
In [3]: grades[1]                                # 學生 2 的三科分數
Out[3]: [86, 90, 75]
In [4]: grades[2]                                # 學生 3 的三科分數
Out[4]: [98, 98, 96]
In [5]: grades[0][0]                             # 學生 1 的第 1 科分數（國文）
Out[5]: 95
In [6]: grades[0][1]                             # 學生 1 的第 2 科分數（英文）
Out[6]: 100
In [7]: grades[0][2]                             # 學生 1 的第 3 科分數（數學）
Out[7]: 100
In [8]: grades[1][0]                             # 學生 2 的第 1 科分數（國文）
Out[8]: 86
```

下面是一個例子，它會根據這個成績單印出每位學生的總分。

\Ch06\grades.py

```
grades = [[95, 100, 100], [86, 90, 75], [98, 98, 96], [78, 90, 80], [70, 68, 72]]
for i in range(5):
    subTotal = 0                       # 將用來儲存總分的變數 subTotal 歸零
    for j in range(3):                 # 將分數累加的總分儲存在變數 subTotal
        subTotal += grades[i][j]
    grades[i].append(subTotal)         # 將總分加入二維串列

for i in range(5):
    print("學生", i + 1, "的總分為", grades[i][3])
```

❖ 01：將五位學生的三科分數儲存在名稱為 grades 的二維串列。

❖ 02 ~ 06：使用巢狀 for 迴圈計算每位學生的總分，外部迴圈的執行次數為 5，表示 5 位學生，而外部迴圈每執行 1 次，內部迴圈會執行 3 次，表示將該學生的三科分數累加在一起。

在一進入迴圈時，外部迴圈的 i 是 0 (第 02 行)，先將用來儲存總分的變數 subTotal 歸零 (第 03 行)，接著執行內部迴圈，將學生 1 的三科分數累加在一起的總分 295 儲存在變數 subTotal (第 04 ~ 05 行)，然後呼叫 append() 方法將總分 295 加入學生 1 的分數串列 (第 06 行)，此時，grades[0] 的值變成 [95, 100, 100, 295]。

繼續回到外部迴圈的開頭，i 遞增成為 1，先將用來儲存總分的變數 subTotal 歸零 (第 03 行)，接著執行內部迴圈，將學生 2 的三科分數累加在一起的總分 251 儲存在變數 subTotal (第 04 ~ 05 行)，然後呼叫 append() 方法將總分 251 加入學生 2 的分數串列 (第 06 行)，此時，grades[1] 的值變成 [86, 90, 75, 251]，…，依此類推，grades[2]、grades[3]、grades[4] 的值變成 [98, 98, 96, 292], [78, 90, 80, 248], [70, 68, 72, 210]。

❖ 08 ~ 09：使用 for 迴圈印出每位學生的總分，學生 i + 1 的總分就是儲存在 grades[i][3]，執行結果如下圖。

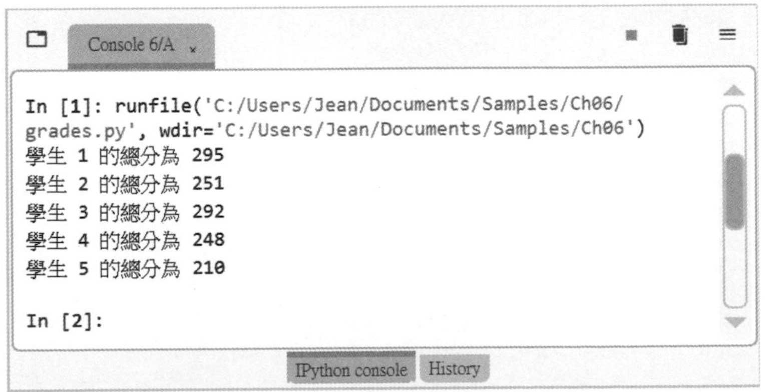

隨堂練習

(1) **[定義矩陣]** 二維串列可以用來儲存數學的矩陣 (matrix)，例如下圖是一個 4×3 的矩陣 (4 列 3 行)，請撰寫一行敘述定義一個名稱為 matrix、4×3 的二維串列來儲存下圖的矩陣。

$$\begin{bmatrix} 1 & 2 & 3 \\ 4 & 5 & 6 \\ 7 & 8 & 9 \\ 10 & 11 & 12 \end{bmatrix}_{4 \times 3}$$

(2) **[輸入矩陣]** 改用巢狀 for 迴圈讓使用者輸入上圖的矩陣，由上往下逐列輸入，一樣是儲存在名稱為 matrix、4×3 的二維串列，輸入完畢後，呼叫 print() 函式印出此矩陣，驗證看看是否和題目(1)撰寫的二維串列相同，下面的執行結果供您參考。

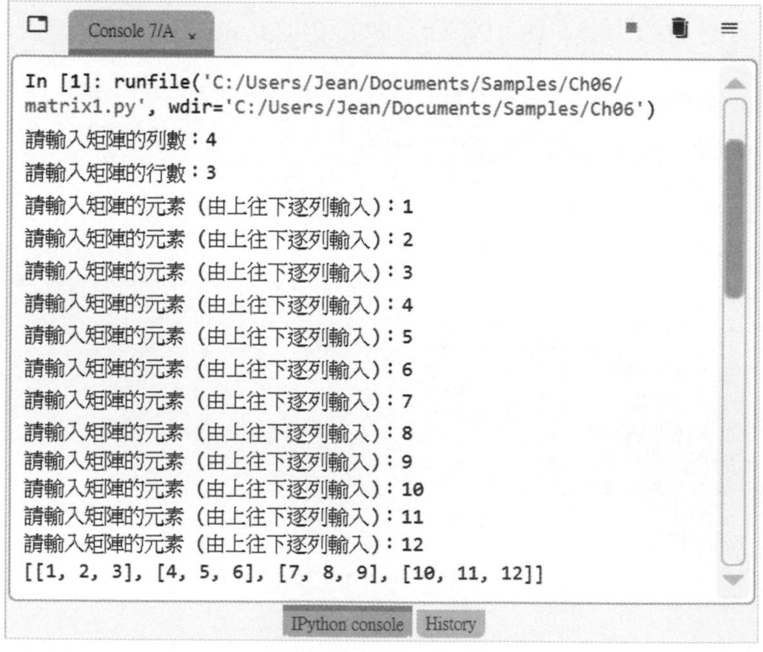

【解答】

(1)

```
matrix = [[1, 2, 3], [4, 5, 6], [7, 8, 9], [10, 11, 12]]
```

(2)

\Ch06\matrix1.py

```
01 matrix = []
02 rows = eval(input("請輸入矩陣的列數："))
03 cols = eval(input("請輸入矩陣的行數："))
04
05 for i in range(rows):
06     matrix.append([])
07     for j in range(cols):
08         element = eval(input("請輸入矩陣的元素（由上往下逐列輸入）："))
09         matrix[i].append(element)
10
11 print(matrix)
```

❖ 01：變數 matrix 用來儲存矩陣，初始值為空串列。

❖ 02：要求使用者輸入矩陣的列數。

❖ 03：要求使用者輸入矩陣的行數。

❖ 05 ~ 09：外部迴圈是針對矩陣的每一列來執行，第 06 行呼叫 append() 方法將空串列加入變數 matrix，此空串列將用來儲存第 i + 1 列的元素，而第 07 ~ 09 行的內部迴圈是要求使用者輸入矩陣的元素，然後呼叫 append() 方法將該元素加入串列。

❖ 11：印出變數 matrix 的元素，由於矩陣是儲存在二維串列，所以會得到和題目(1)相同的結果。

隨堂練習

[印出矩陣] 定義一個名稱為 printMatrix 的函式，令它以矩陣的形式印出參數所指定的矩陣，下面的執行結果供您參考。

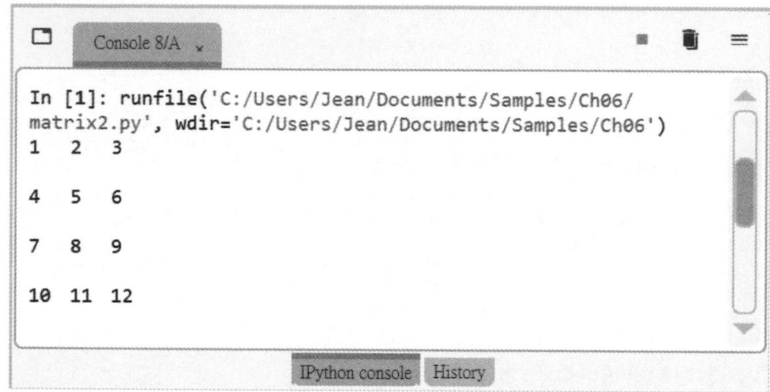

【解答】

\Ch06\matrix2.py

```
01 matrix = [[1, 2, 3], [4, 5, 6], [7, 8, 9], [10, 11, 12]]
02 # 定義 printMatrix() 函式用來印出矩陣
03 def printMatrix(matrix):
04     for i in range(len(matrix)):
05         for j in range(len(matrix[i])):
06             print(matrix[i][j], end = '\t')
07         print('\n')
08 
09 # 呼叫 printMatrix() 函式印出矩陣
10 printMatrix(matrix)
```

第 04 行的 len(matrix) 會傳回矩陣的列數，第 05 行的 len(matrix[i]) 會傳回第 i + 1 列的元素個數，即矩陣的行數，而第 06 行的 matrix[i][j] 表示矩陣第 i + 1 列第 j + 1 行的元素。

隨堂練習

[矩陣相加] 假設 A、B 均為 m×n 矩陣，則 A 與 B 相加得出的 C 亦為 m×n 矩陣，且 C 的第 i 列第 j 行元素等於 A 的第 i 列第 j 行元素加上 B 的第 i 列第 j 行元素，即 $c_{ij} = a_{ij} + b_{ij}$，如下圖。

$$\begin{bmatrix} a_{00} & a_{01} & \cdots & a_{0(n-1)} \\ a_{10} & a_{11} & \cdots & a_{1(n-1)} \\ \cdots & \cdots & \cdots & \cdots \\ a_{(m-1)0} & a_{(m-1)1} & \cdots & a_{(m-1)(n-1)} \end{bmatrix}_{m \times n} + \begin{bmatrix} b_{00} & b_{01} & \cdots & b_{0(n-1)} \\ b_{10} & b_{11} & \cdots & b_{1(n-1)} \\ \cdots & \cdots & \cdots & \cdots \\ b_{(m-1)0} & b_{(m-1)1} & \cdots & b_{(m-1)(n-1)} \end{bmatrix}_{m \times n}$$

$$= \begin{bmatrix} a_{00}+b_{00} & a_{01}+b_{01} & \cdots & a_{0(n-1)}+b_{0(n-1)} \\ a_{10}+b_{10} & a_{11}+b_{11} & \cdots & a_{1(n-1)}+b_{1(n-1)} \\ \cdots & \cdots & \cdots & \cdots \\ a_{(m-1)0}+b_{(m-1)0} & a_{(m-1)1}+b_{(m-1)1} & \cdots & a_{(m-1)(n-1)}+b_{(m-1)(n-1)} \end{bmatrix}_{m \times n}$$

撰寫一個 Python 程式將下列兩個矩陣相加，下面的執行結果供您參考。

$$\begin{bmatrix} 1 & 2 & 3 \\ 4 & 5 & 6 \\ 7 & 8 & 9 \\ 10 & 11 & 12 \end{bmatrix}_{4 \times 3} + \begin{bmatrix} 1 & 2 & 3 \\ 4 & 5 & 6 \\ 7 & 8 & 9 \\ 10 & 11 & 12 \end{bmatrix}_{4 \times 3}$$

$$= \begin{bmatrix} 2 & 4 & 6 \\ 8 & 10 & 12 \\ 14 & 16 & 18 \\ 20 & 22 & 24 \end{bmatrix}_{4 \times 3}$$

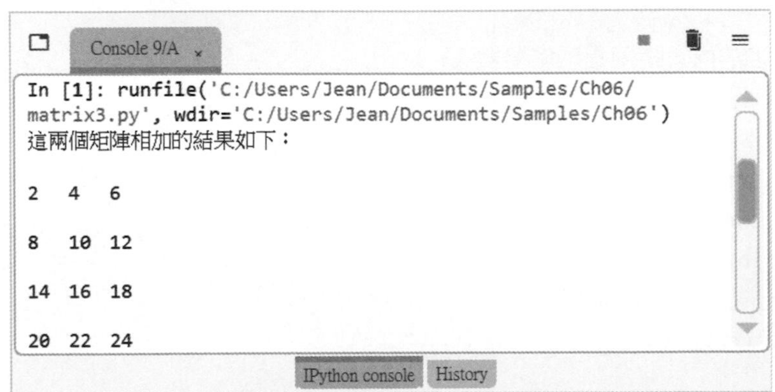

【解答】

\Ch06\matrix3.py

```
# 定義 matrixAdd() 函式用來進行矩陣相加
def matrixAdd(A, B):
    # 使用巢狀 for 迴圈將儲存矩陣 C 的二維串列的每個元素初始化為 0
    C = []
    for i in range(len(A)):
        C.append([])
        for j in range(len(A[i])):
            C[i].append(0)

    # 使用巢狀 for 迴圈將矩陣 A、B 相加，然後傳回結果，即矩陣 C
    for i in range(len(A)):
        for j in range(len(A[i])):
            C[i][j] = A[i][j] + B[i][j]
    return C

# 定義 printMatrix() 函式用來印出矩陣
def printMatrix(matrix):
    for i in range(len(matrix)):
        for j in range(len(matrix[i])):
            print(matrix[i][j], end = '\t')
        print('\n')

# 將要相加的兩個矩陣指派給變數 A、B
A = [[1, 2, 3], [4, 5, 6], [7, 8, 9], [10, 11, 12]]
B = [[1, 2, 3], [4, 5, 6], [7, 8, 9], [10, 11, 12]]
# 呼叫 matrixAdd() 函式將矩陣 A、B 相加，然後將結果指派給變數 C
C = matrixAdd(A, B)
# 呼叫 printMatrix() 函式印出矩陣 C
print("這兩個矩陣相加的結果如下：\n")
printMatrix(C)
```

6-2 tuple (序對)

tuple (序對) 是由一連串資料所組成、**有順序且不可改變內容** (immutable) 的序列 (sequence)。序對的前後以**小括號**標示，裡面的資料以逗號隔開，資料的型別可以不同，例如：

```
In [1]: (1, "Taipei", 2, "Tokyo")      # 包含 4 個元素的序對
Out[1]: (1, 'Taipei', 2, 'Tokyo')
In [2]: (2, "Tokyo", 1, "Taipei")      # 元素相同但順序不同，表示不同序對
Out[2]: (2, 'Tokyo', 1, 'Taipei')
```

tuple (序對) 和 list (串列) 類似，差別在於 tuple 不可改變內容，無論是加入、刪除、排序或變更元素等動作都不被允許，因此，tuple 可以用來儲存一些不會變更的資料，而且 tuple 的執行效率比串列好。

6-2-1 建立序對

我們可以使用 Python 內建的 tuple() 函式建立序對，例如：

```
In [1]: tuple1 = tuple()               # 建立空序對
In [2]: tuple1
Out[2]: ()
In [3]: tuple2 = tuple((1, 2, 3))      # 建立包含 1, 2, 3 的序對
In [4]: tuple2
Out[4]: (1, 2, 3)
```

或者，也可以使用 () 寫成如下：

```
In [1]: tuple1 = ()
In [2]: tuple2 = (1, 2, 3)
```

此外，我們可以從字串、range 物件或串列建立序對，例如：

```
In [1]: tuple3 = tuple("ABA")
In [2]: tuple3                                # 從字串建立序對
Out[2]: ('A', 'B', 'A')
In [3]: tuple4 = tuple(range(5))
In [4]: tuple4                                # 從 range 物件建立序對
Out[4]: (0, 1, 2, 3, 4)
In [5]: tuple5 = tuple([i * 2 for i in range(3)])
In [6]: tuple5                                # 從串列推導式得到的串列建立序對
Out[6]: (0, 2, 4)
```

6-2-2 序對的運算

序對支援所有共同的序列運算，我們在第 6-1-2 節介紹的 len()、max()、min() 和 sum() 等內建函式均適用於序對，而 random.shuffle() 方法因為涉及變更元素的順序，所以不適用於序對，例如：

```
In [1]: T = (1, 2, 3, 4, 5)                   # 定義名稱為 T、包含 5 個元素的序對
In [2]: len(T)                                # 傳回序對參數 T 的長度為 5
Out[2]: 5

In [3]: max(T)                                # 傳回序對參數 T 中最大的元素為 5
Out[3]: 5

In [4]: min(T)                                # 傳回序對參數 T 中最小的元素為 1
Out[4]: 1

In [5]: sum(T)                                # 傳回序對參數 T 中元素的總和為 15
Out[5]: 15
```

原則上，適用於串列且不會涉及變更元素的運算子均適用於序對，包括連接運算子（+）、重複運算子（*）、比較運算子（>、<、>=、<=、==、!=）、in 與 not in 運算子、索引運算子（[]）、切片運算子（[*start*:*end*]），例如：

```
In [1]: (1, 2, 3) + ("Taipei", "Tokyo", "Vienna")  # 連接運算子（+）
Out[1]: (1, 2, 3, 'Taipei', 'Tokyo', 'Vienna')

In [2]: 3 * (1, 2, 3)                              # 重複運算子（*）
Out[2]: (1, 2, 3, 1, 2, 3, 1, 2, 3)
In [3]: (1, 2, 3) * 3
Out[3]: (1, 2, 3, 1, 2, 3, 1, 2, 3)

In [4]: (1, "小美", "大明") == ("小美", "大明", 1)  # 比較運算子
Out[4]: False
In [5]: (1, 2, 3) != (1, 2, 3, 4)
Out[5]: True
In [6]: (1, 2, 3) < (1, 2, 3, 4)
Out[6]: True

In [7]: "Taipei" in (1, "Taipei", 2, "Tokyo")       # in 與 not in 運算子
Out[7]: True
In [8]: "Taipei" not in (1, "Taipei", 2, "Tokyo")
Out[8]: False

In [9]: T = (5, 10, 15, 20, 25, 30, 35, 40, 45, 50)
In [10]: T[0]                         # 索引 0 的元素
Out[10]: 5
In [11]: T[2:5]                       # 索引 2 到索引 4 的元素（不含索引 5）
Out[11]: (15, 20, 25)
In [12]: T[6:-1]                      # 索引 6 到索引-2 的元素（不含索引-1）
Out[12]: (35, 40, 45)
```

序對亦支援如下方法：

- ❖ tuple.index(*x*)：傳回參數 *x* 所指定的元素第一次出現在序對中的索引，例如：

```
In [1]: T = (50, 20, 40, 20, 30, 20, 10)
In [2]: T.index(20)                        # 傳回元素 20 第一次出現的索引
Out[2]: 1
```

- ❖ tuple.count(*x*)：傳回參數 *x* 所指定的元素出現在序對中的次數，例如：

```
In [1]: T = (50, 20, 40, 20, 30, 20, 10)
In [2]: T.count(20)                        # 傳回元素 20 出現的次數
Out[2]: 3
```

此外，序對和字串、range 物件、串列一樣可以做為迭代的物件，下面是一個例子，它將序對做為迭代的物件，然後使用 for 迴圈逐一取出每個元素相加在一起，得到總和為 275。

```
In [1]: T = (5, 10, 15, 20, 25, 30, 35, 40, 45, 50)
In [2]: sum = 0
In [3]: for i in T:
   ...:     sum += i
   ...:
In [4]: sum
Out[4]: 275
```

請注意，由於序對具有不可改變內容的特質，因此，類似下面用來變更元素的敘述將會發生錯誤：

```
T[0] = 100
```

\ 隨堂練習 /

假設有兩個序對變數如下：

```
tuple1 = (2, 4, 6, 8, 10, 12)
tuple2 = tuple(i * 2 for i in range(1, 7))
```

請在 Python 直譯器計算下列題目的結果：

(1) **tuple1** 包含幾個元素？

(2) **tuple1** 和 **tuple2** 是否相等？

(3) **tuple1** 的第 **2 ~ 6** 個元素。

(4) 元素 **8** 第一次出現在序對中的索引

(5) 從 **tuple1** 建立 **tuple3**，令它的每個元素為 **tuple1** 每個元素的平方。

【解答】

```
In [1]: len(tuple1)                              # (1)
Out[1]: 6
In [2]: tuple1 == tuple2                         # (2)
Out[2]: True
In [3]: tuple1[1:6]                              # (3)
Out[3]: (4, 6, 8, 10, 12)
In [4]: tuple1.index(8)                          # (4)
Out[4]: 3
In [5]: tuple3 = tuple(i ** 2 for i in tuple1)    # (5)
In [6]: tuple3
Out[6]: (4, 16, 36, 64, 100, 144)
```

6-3 set (集合)

set 型別用來表示集合，包含**沒有順序、沒有重複且可改變內容**的多個資料，概念上就像數學的集合。集合的前後以**大括號**標示，裡面的資料以逗號隔開，資料的型別可以不同，例如：

```
In [1]: {1, "Taipei", 2, "Tokyo"}          # 包含 4 個元素的集合
Out[1]: {1, 2, 'Taipei', 'Tokyo'}
In [2]: {2, "Tokyo", 1, "Taipei"}          # 元素相同但順序不同，仍是相同集合
Out[2]: {1, 2, 'Taipei', 'Tokyo'}
```

set (集合) 和 list (串列) 一樣可以用來儲存多個資料，差別在於集合中的元素沒有順序且不可重複，執行效率比串列好。集合可以應用在測試會員資格、刪除序列中重複的元素或交集、聯集、差集等數學運算。

6-3-1 建立集合

我們可以使用 Python 內建的 set() 函式或 {} 建立集合，例如：

```
In [1]: set1 = set()                       # 建立空集合
In [2]: set1
Out[2]: set()
In [3]: set2 = set({1, 2, 3})              # 建立包含 1, 2, 3 的集合
In [4]: set2
Out[4]: {1, 2, 3}
In [5]: set3 = {"台北", "紐約"}            # 建立包含 "台北", "紐約" 的集合
In [6]: set3
Out[6]: {'台北', '紐約'}
```

請注意，建立空集合的敘述不能寫成 set1 = {}，這會建立空字典，第 6-4 節有進一步的說明。

此外，我們可以從字串、range 物件、串列或序對建立集合，例如：

```
In [1]: set4 = set("ABA")
In [2]: set4                              # 從字串建立集合，'A' 不會重複出現
Out[2]: {'A', 'B'}
In [3]: set5 = set(range(5))
In [4]: set5                              # 從 range 物件建立集合
Out[4]: {0, 1, 2, 3, 4}
In [5]: set6 = set([i * 2 for i in range(5)])
In [6]: set6                              # 從串列推導式得到的串列建立集合
Out[6]: {0, 2, 4, 6, 8}
```

6-3-2 內建函式

我們在第 6-1-2 節介紹的 len()、max()、min() 和 sum() 等內建函式均適用於集合，例如：

```
In [1]: S = {1, 2, 3, 4, 5}               # 定義名稱為 S、包含 5 個元素的集合
In [2]: len(S)                            # 傳回集合參數 S 的長度為 5
Out[2]: 5
In [3]: max(S)                            # 傳回集合參數 S 中最大的元素為 5
Out[3]: 5
In [4]: min(S)                            # 傳回集合參數 S 中最小的元素為 1
Out[4]: 1
In [5]: sum(S)                            # 傳回集合參數 S 中元素的總和為 15
Out[5]: 15
```

至於 random.shuffle() 方法因為涉及變更元素的順序，但集合中的元素沒有順序之分，所以不適用於集合。

6-3-3 運算子

由於集合中的元素沒有順序之分，因此，集合不支援連接運算子 (+)、重複運算子 (*)、索引運算子 ([])、切片運算子 ([*start*:*end*]) 或其它與順序相關的運算。

集合支援 in 與 not in 運算子，用來檢查指定的元素是否存在於集合，例如：

```
In [1]: "Taipei" in {1, "Taipei", 2, "Tokyo"}
Out[1]: True
In [2]: "Taipei" not in {1, "Taipei", 2, "Tokyo"}
Out[2]: False
```

集合亦支援如下比較運算子，但意義有些不同，其中 S1 和 S2 為集合：

- ❖ S1 == S2：若 S1 和 S2 包含相同的元素，就傳回 True，否則傳回 False。
- ❖ S1 != S2：若 S1 和 S2 包含不同的元素，就傳回 True，否則傳回 False。
- ❖ S1 <= S2：若 S1 是 S2 的子集合 (subset)，就傳回 True，否則傳回 False (註：若存在於集合 S1 的每個元素亦存在於集合 S2，則 S1 為 S2 的「子集合」，而 S2 為 S1 的「超集合」)。
- ❖ S1 < S2：若 S1 是 S2 的真子集合 (proper subset)，就傳回 True，否則傳回 False (註：若存在於集合 S1 的每個元素亦存在於集合 S2，且集合 S2 至少有一個元素不存在於集合 S1，則 S1 為 S2 的「真子集合」，而 S2 為 S1 的「真超集合」)。
- ❖ S1 >= S2：若 S1 是 S2 的超集合 (superset)，就傳回 True，否則傳回 False。
- ❖ S1 > S2：若 S1 是 S2 的真超集合 (proper superset)，就傳回 True，否則傳回 False。

下面是一些例子：

```
In [1]: S1 = {"小丸子", "小玉", "花輪"}
In [2]: S2 = {"丸尾", "小丸子", "花輪", "小玉"}
In [3]: S3 = {"花輪", "小丸子", "小玉"}
In [4]: S1 == S3                          # S1 和 S3 包含相同的元素
Out[4]: True
In [5]: S1 != S2                          # S1 和 S2 包含不同的元素
Out[5]: True
In [6]: S1 <= S2                          # S1 是 S2 的子集合
Out[6]: True
In [7]: S1 < S2                           # S1 是 S2 的真子集合
Out[7]: True
In [8]: S1 >= S2                          # S1 不是 S2 的超集合
Out[8]: False
In [9]: S1 > S2                           # S1 不是 S2 的真超集合
Out[9]: False
In [10]: S2 > S3                          # S2 是 S3 的超集合
Out[10]: True
In [11]: S2 >= S3                         # S2 是 S3 的真超集合
Out[11]: True
```

此外，我們可以使用 for 迴圈走訪集合中的元素，下面是一個例子，它使用 for 迴圈逐一取出每個元素相加在一起，得到總和為 275。

```
In [1]: S = {5, 10, 15, 20, 25, 30, 35, 40, 45, 50}
In [2]: sum = 0
In [3]: for i in S:
   ...:     sum += i
   ...:
In [4]: sum
Out[4]: 275
```

6-3-4 集合處理方法

集合是隸屬於 set 類別的物件，set 類別內建許多集合處理方法，常用的如下。

新增/刪除/複製

- set.add(*x*)：將參數 *x* 所指定的元素加入集合。
- set.remove(*x*)：從集合中刪除參數 *x* 所指定的元素，若該元素不存在，將會發生 KeyError 錯誤。
- set.pop()：從集合中刪除一個元素並傳回該元素。
- set.copy()：傳回集合的複本，這和原來的集合是不同的物件。
- set.clear()：從集合中刪除所有元素，例如：

```
In [1]: S1 = {10, 20, 30, 40, 50}       # 定義名稱為 S1、包含 5 個元素的集合
In [2]: S1.add(60)                      # 將元素 60 加入 S1
In [3]: S1
Out[3]: {10, 20, 30, 40, 50, 60}
In [4]: S1.remove(30)                   # 從 S1 中刪除元素 30
In [5]: S1
Out[5]: {10, 20, 40, 50, 60}
In [6]: S1.pop()                        # 從 S1 中刪除一個元素並傳回
Out[6]: 50
In [7]: S1
Out[7]: {10, 20, 40, 60}
In [8]: S2 = S1.copy()                  # 傳回 S1 的複本並指派給 S2
In [9]: S2
Out[9]: {10, 20, 40, 60}
In [10]: S1.clear()                     # 從 S1 中刪除所有元素，S1 會變成空集合
In [11]: S1
Out[11]: set()
```

子集合/超集合

❖ set.issubset(*S*)：若集合是參數 *S* 的子集合，就傳回 **True**，否則傳回 **False**。

❖ set.issuperset(*S*)：若集合是參數 *S* 的超集合，就傳回 **True**，否則傳回 **False**，例如：

```
In [1]: S1 = {"小丸子", "小玉", "花輪"}
In [2]: S2 = {"丸尾", "小丸子", "花輪", "小玉"}
In [3]: S1.issubset(S2)        # S1 是 S2 的子集合嗎？傳回 True，表示是
Out[3]: True
In [4]: S1.issuperset(S2)      # S1 是 S2 的超集合嗎？傳回 False，表示否
Out[4]: False
In [5]: S2.issubset(S1)        # S2 是 S1 的子集合嗎？傳回 False，表示否
Out[5]: False
```

集合運算

❖ set.isdisjoint(*S*)：若集合和參數 *S* 所指定的集合沒有相同的元素，就傳回 **True**，否則傳回 **False**，例如：

```
In [1]: S1 = {1, 3, 5}
In [2]: S2 = {3, 5, 7, 9}
In [3]: S1.isdisjoint(S2)      # S1 和 S2 沒有相同的元素嗎？傳回 False，表示否
Out[3]: False
```

❖ set.union(*S*)：將集合和參數 *S* 所指定的集合進行聯集，然後傳回新的集合，亦可使用 | 運算子進行聯集 (註：S1 和 S2 的「聯集」指的是存在於 S1 或存在於 S2 的元素)。

❖ set.update(*S*)：將集合和參數 *S* 所指定的集合進行聯集，然後將結果更新到集合，例如：

```
In [1]: S1 = {1, 3, 5}
In [2]: S2 = {3, 5, 7, 9}
In [3]: S3 = S1.union(S2)                   # 亦可寫成 S3 = S1 | S2
In [4]: S1                                  # S1 的內容沒有改變
Out[4]: {1, 3, 5}
In [5]: S3                                  # S3 的內容是聯集的結果
Out[5]: {1, 3, 5, 7, 9}
In [6]: S1.update(S2)                       # 將 S1 和 S2 進行聯集的結果更新到 S1
In [7]: S1                                  # S1 的內容更新成聯集的結果
Out[7]: {1, 3, 5, 7, 9}
```

- ❖ set.intersection(*S*)：將集合和參數 *S* 所指定的集合進行交集，然後傳回新的集合，亦可使用 & 運算子進行交集 (註：S1 和 S2 的「交集」指的是存在於 S1 且存在於 S2 的元素)。

- ❖ set.intersection_update(*S*)：將集合和參數 *S* 所指定的集合進行交集，然後將結果更新到集合，例如：

```
In [1]: S1 = {1, 3, 5}
In [2]: S2 = {3, 5, 7, 9}
In [3]: S3 = S1.intersection(S2)            # 亦可寫成 S3 = S1 & S2
In [4]: S1                                  # S1 的內容沒有改變
Out[4]: {1, 3, 5}
In [5]: S3                                  # S3 的內容是交集的結果
Out[5]: {3, 5}
In [6]: S1.intersection_update(S2)          # 將 S1 和 S2 進行交集的結果更新到 S1
In [7]: S1                                  # S1 的內容更新成交集的結果
Out[7]: {3, 5}
```

- ❖ set.difference(*S*)：將集合和參數 *S* 所指定的集合進行差集，然後傳回新的集合，亦可使用 - 運算子進行交集 (註：S1 和 S2 的「差集」指的是存在於 S1 但不存在於 S2 的元素)。

❖ set.difference_update(*S*)：將集合和參數 *S* 所指定的集合進行差集，然後將結果更新到集合，例如：

```
In [1]: S1 = {1, 3, 5}
In [2]: S2 = {3, 5, 7, 9}
In [3]: S3 = S1.difference(S2)                # 亦可寫成 S3 = S1 - S2
In [4]: S1                                     # S1 的內容沒有改變
Out[4]: {1, 3, 5}
In [5]: S3                                     # S3 的內容是差集的結果
Out[5]: {1}
In [6]: S1.difference_update(S2)               # 將 S1 和 S2 進行差集的結果更新到 S1
In [7]: S1                                     # S1 的內容更新成差集的結果
Out[7]: {1}
```

❖ set.symmetric_difference(*S*)：將集合和參數 *S* 所指定的集合進行對稱差集（互斥），然後傳回新的集合，亦可使用 ^ 運算子進行對稱差集（註：S1 和 S2 的「對稱差集」指的是存在於 S1 但不存在於 S2，或存在於 S2 但不存在於 S1 的元素）。

❖ set.symmetric_difference_update(*S*)：將集合和參數 *S* 所指定的集合進行對稱差集（互斥），然後將結果更新到集合，例如：

```
In [1]: S1 = {1, 3, 5}
In [2]: S2 = {3, 5, 7, 9}
In [3]: S3 = S1.symmetric_difference(S2)      # 亦可寫成 S3 = S1 ^ S2
In [4]: S1                                     # S1 的內容沒有改變
Out[4]: {1, 3, 5}
In [5]: S3                                     # S3 的內容是對稱差集的結果
Out[5]: {1, 7, 9}
In [6]: S1.symmetric_difference_update(S2)    # 將 S1 和 S2 進行對稱差集的結果更新到 S1
In [7]: S1                                     # S1 的內容更新成對稱差集的結果
Out[7]: {1, 7, 9}
```

\隨堂練習/

假設有兩個集合變數如下：

```
S1 = {'A', 'B', 'C'}
S2 = {'C', 'D', 'E', 'F', 'A'}
```

在 Python 直譯器計算下列題目的結果：

(1) S1 包含幾個元素？

(2) S1 是否為 S2 的子集合？

(3) S1 和 S2 的聯集。

(4) S1 和 S2 的交集。

(5) S1 和 S2 的差集。

【解答】

```
In [1]: len(S1)                              # (1)
Out[1]: 3
In [2]: S1.issubset(S2)                      # (2)
Out[2]: False
In [3]: S1 | S2                              # (3)
Out[3]: {'A', 'B', 'C', 'D', 'E', 'F'}
In [4]: S1 & S2                              # (4)
Out[4]: {'A', 'C'}
In [5]: S1 - S2                              # (5)
Out[5]: {'B'}
```

附帶一提，使用 set() 函式所建立的集合是可改變內容的，若要建立不可改變內容的集合，可以改用 frozenset() 函式建立集合，frozenset 雖然沒有 add()、remove() 等函式，但仍可進行集合運算，有興趣的讀者可以參考 Python 說明文件。

\ 隨堂練習 /

[集合運算] 假設在期末考成績中，國文、英文、數學不及格的同學名單如下，撰寫一個 Python 程式，令它印出三科均不及格的同學名單，以及國文和英文及格，但數學不及格的同學名單。

國文不及格	鐵雄、大明、珍珍、阿丁、小凱、阿美、阿文、大雄
英文不及格	大明、珍珍、阿丁、大雄
數學不及格	阿吉、胖虎、大雄、阿丁、小凱、阿美、靜香、小乖、包包

【解答】

\Ch06\set1.py

```
S1 = {"鐵雄", "大明", "珍珍", "阿丁", "小凱", "阿美", "阿文", "大雄"}
S2 = {"大明", "珍珍", "阿丁", "大雄"}
S3 = {"阿吉", "胖虎", "大雄", "阿丁", "小凱", "阿美", "靜香", "小乖", "包包"}

print("三科均不及格的同學：", S1 & S2 & S3)
print("國文和英文及格，但數學不及格的同學：", (S3 - S1) - S2)
```

執行結果如下圖。

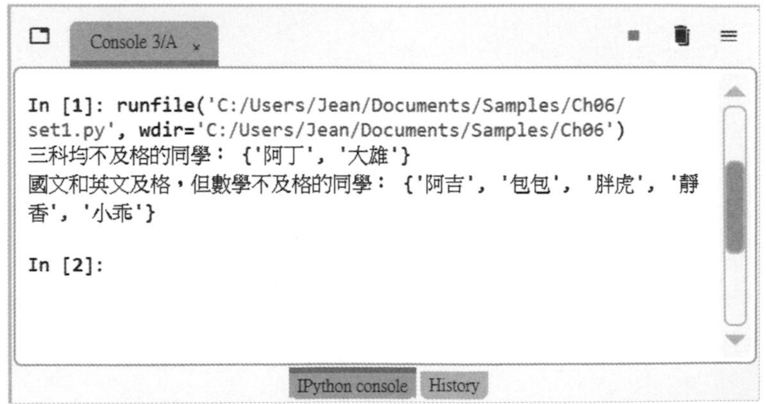

6-4 dict (字典)

dict 型別用來表示字典，包含**沒有順序**、**沒有重複且可改變內容**的多個**鍵:值對** (key: value pair)，屬於**對映型別** (mapping type)，也就是以**鍵** (key) 做為索引來存取字典裡面的**值** (vale)。字典的前後以**大括號**標示，裡面的鍵:值對以逗號隔開，例如：

```
In [1]: {"ID": "N1", "name": "小美"}          # 包含 2 個鍵:值對的字典
Out[1]: {'ID': 'N1', 'name': '小美'}
In [2]: {"name": "小美", "ID": "N1"}          # 鍵:值對相同但順序不同，仍是相同字典
Out[2]: {'name': '小美', 'ID': 'N1'}
```

正因為是透過 dict (字典) 中的鍵來取得、新增、變更或刪除對映的值，所以鍵不能重複，而且只有諸如數值、字串或 tuple (序對) 等不可改變內容的資料才能做為鍵，至於值的型別則無此限制。

6-4-1 建立字典

我們可以使用 Python 內建的 dict() 函式或 {} 建立字典，例如下面的前四個敘述會建立包含相同鍵:值對的字典，您可以擇一使用，而 E = {} 敘述會建立空字典：

```
In [1]: A = {"one": 1, "two": 2, "three": 3}          # 建立包含 3 個鍵:值對的字典
In [2]: B = dict({"three": 3, "one": 1, "two": 2})    # 同上
In [3]: C = dict(one=1, two=2, three=3)               # 同上
In [4]: D = dict([("two", 2), ("one", 1), ("three", 3)]) # 同上
In [5]: A
Out[5]: {'one': 1, 'two': 2, 'three': 3}
In [6]: E = {}                                        # 建立空字典
In [7]: E
Out[7]: {}
```

6-4-2 取得、新增、變更或刪除鍵:值對

在建立字典後，我們可以透過鍵來取得對映的值，例如下面的敘述是取得字典 A 中鍵為 "one" 所對映的值 (即 1) 並指派給變數 x，若指定的鍵不存在，將會發生 KeyError 錯誤：

```
In [1]: A = {"one": 1, "two": 2, "three": 3}
In [2]: x = A["one"]
In [3]: x
Out[3]: 1
```

我們也可以新增或變更鍵:值對，其語法如下，當 *key* 尚未存在於字典時，就新增一個鍵為 *key*、值為 *value* 的鍵:值對；相反的，當 *key* 已經存在於字典時，就將鍵為 *key* 所對映的值變更為 *value*：

```
dictName[key] = value
```

此外，我們可以使用 **del** 敘述刪除鍵為 *key* 的鍵:值對，其語法如下：

```
del dictName[key]
```

例如：

```
In [1]: A = {"one": 1, "two": 2, "three": 3}
In [2]: A["four"] = 4                      # 新增鍵:值對 'four': 4
In [3]: A
Out[3]: {'one': 1, 'two': 2, 'three': 3, 'four': 4}
In [4]: A["four"] = "四"                   # 將鍵為 "four" 所對映的值變更為 "四"
In [5]: A
Out[5]: {'one': 1, 'two': 2, 'three': 3, 'four': '四'}
In [6]: del A["four"]                      # 刪除鍵為 "four" 的鍵:值對
In [7]: A
Out[7]: {'one': 1, 'two': 2, 'three': 3}
```

6-4-3 內建函式

我們在第 6-1-2 節介紹的內建函式只有 len() 函式適用於字典，它會傳回字典包含幾個鍵:值對，例如：

```
In [1]: A = {"one": 1, "two": 2, "three": 3}
In [2]: len(A)                          # 傳回字典 A 包含 3 個鍵:值對
Out[2]: 3
```

6-4-4 運算子

由於字典中的鍵:值對沒有順序之分，因此，字典不支援連接運算子 (+)、重複運算子 (*)、索引運算子 ([])、切片運算子 ([*start*:*end*]) 或其它與順序相關的運算。

字典支援 in 與 not in 運算子，用來檢查指定的鍵是否存在於字典，例如：

```
In [1]: A = {"one": 1, "two": 2, "three": 3}
In [2]: "one" in A                      # 鍵 "one" 存在於字典 A
Out[2]: True
In [3]: "ten" not in A                  # 鍵 "ten" 不存在於字典 A
Out[3]: True
```

字典亦支援 == 和 != 兩個比較運算子，如下，其中 D1 和 D2 為字典，至於 >、>=、<、<= 等比較運算子則不適用於字典：

- D1 == D2：若 D1 和 D2 包含相同的鍵:值對，就傳回 True，否則傳回 False。
- D1 != D2：若 D1 和 D2 包含不同的鍵:值對，就傳回 True，否則傳回 False。

下面是一些例子，其中最後一個敘述是使用 is 運算子檢查 D1 和 D3 是否為相同的物件，由執行結果為 False 可知，D1 和 D3 雖然包含相同的鍵:值對，但卻是不同的物件：

```
In [1]: D1 = {"user1": "小丸子", "user2": "小玉", "user3": "花輪"}
In [2]: D2 = {"user4": "丸尾", "user1": "小丸子", "user3": "花輪", "user2": "小玉"}
In [3]: D3 = {"user3": "花輪", "user1": "小丸子", "user2": "小玉"}
In [4]: D1 == D2                        # D1 和 D2 包含不同的鍵:值對
Out[4]: False
In [5]: D1 == D3                        # D1 和 D3 包含相同的鍵:值對
Out[5]: True
In [6]: D2 != D3                        # D2 和 D3 包含不同的鍵:值對
Out[6]: True
In [7]: D1 is D3                        # D1 和 D3 是不同的物件
Out[7]: False
```

此外，我們可以使用 for 迴圈走訪字典中的鍵:值對，下面是一個例子，它使用 for 迴圈逐一印出每個鍵:值對。

```
In [1]: D1 = {"user1": "小丸子", "user2": "小玉", "user3": "花輪"}
In [2]: for key in D1:
   ...:     print("鍵為", key, "所對映的值為", D1[key])
   ...:
鍵為 user1 所對映的值為 小丸子
鍵為 user2 所對映的值為 小玉
鍵為 user3 所對映的值為 花輪

In [3]:
```

6-4-5 字典處理方法

字典是隸屬於 dict 類別的物件，dict 類別內建數個字典處理方法，常用的如下：

❖ dict.get(*key*[, *default*])：傳回字典中鍵為 *key* 所對映的值，若該鍵不存在，就傳回選擇性參數 ***default***，若沒有參數 ***default***，就傳回 None，不會發生 KeyError 錯誤。

❖ dict.pop(*key*[, *default*])：從字典中刪除鍵為 *key* 的鍵:值對並傳回所對映的值，若該鍵不存在，就傳回選擇性參數 ***default***，若沒有參數 ***default***，就會發生 KeyError 錯誤。

❖ dict.popitem()：從字典中隨機刪除一個鍵:值對並傳回該鍵:值對，若目前是空字典，就會發生 KeyError 錯誤，例如：

```
In [1]: D1 = {"user1": "小丸子", "user2": "小玉", "user3": "花輪"}
In [2]: D1.get("user1")              # 傳回鍵為 "user1" 所對映的值
Out[2]: '小丸子'

In [3]: D1.pop("user2")              # 刪除鍵為 "user2" 的鍵:值對並傳回值
Out[3]: '小玉'
In [4]: D1
Out[4]: {'user1': '小丸子', 'user3': '花輪'}

In [5]: D1.popitem()                 # 隨機刪除一個鍵:值對並傳回該鍵:值對
Out[5]: ('user3', '花輪')
In [6]: D1
Out[6]: {'user1': '小丸子'}
```

❖ dict.keys()：傳回字典中的所有鍵。

❖ dict.values()：傳回字典中的所有值。

❖ dict.items()：傳回字典中的所有鍵:值對，例如：

```
In [1]: D1 = {"user1": "小丸子", "user2": "小玉", "user3": "花輪"}
In [2]: D1.keys()                              # 傳回所有鍵
Out[2]: dict_keys(['user1', 'user2', 'user3'])
In [3]: tuple(D1.keys())                       # 轉換成序對方便使用
Out[3]: ('user1', 'user2', 'user3')

In [4]: D1.values()                            # 傳回所有值
Out[4]: dict_values(['小丸子', '小玉', '花輪'])
In [5]: tuple(D1.values())                     # 轉換成序對方便使用
Out[5]: ('小丸子', '小玉', '花輪')

In [6]: D1.items()                             # 傳回所有鍵:值對
Out[6]: dict_items([('user1', '小丸子'), ('user2', '小玉'), ('user3', '花輪')])
In [7]: tuple(D1.items())                      # 轉換成序對方便使用
Out[7]: (('user1', '小丸子'), ('user2', '小玉'), ('user3', '花輪'))
```

❖ dict.copy()：傳回字典的複本，這和原來的字典是不同的物件，例如：

```
In [1]: D1 = {"user1": "小丸子", "user2": "小玉", "user3": "花輪"}
In [2]: D2 = D1.copy()                         # 傳回 D1 的複本並指派給 D2
In [3]: D2
Out[3]: {'user1': '小丸子', 'user2': '小玉', 'user3': '花輪'}
In [4]: D2 == D1                               # D2 和 D1 包含相同的鍵:值對
Out[4]: True
```

❖ dict.clear()：從字典中刪除所有鍵:值對，例如：

```
In [1]: D2.clear()                             # 從 D2 中刪除所有鍵:值對
In [2]: D2
Out[2]: {}
```

❖ dict.update([*other*])：根據參數 *other* 所指定的字典更新目前的字典，也就是將兩個字典合併，若有重複的鍵，就以參數 *other* 中的鍵:值對取代，例如：

```
In [1]: D1 = {"user1": "小丸子", "user2": "小玉", "user3": "花輪"}
In [2]: D2 = {"user1": "丸尾", "user2": "小玉", "user4": "永澤"}
In [3]: D1.update(D2)
In [4]: D1
Out[4]: {'user1': '丸尾', 'user2': '小玉', 'user3': '花輪', 'user4': '永澤'}
```

\ 隨 堂 練 習 /

[單字出現次數統計] 假設有一首歌的歌詞如下，撰寫一個 Python 程式，令它計算歌詞中每個單字的出現次數，英文字母沒有大小寫之分，下面的執行結果供您參考。

```
I have a pen. I have an apple, Apple pen. I have a pen. I have pineapple.
pineapple pen, Apple pen, Pineapple pen, Pen pineapple, apple pen.
```

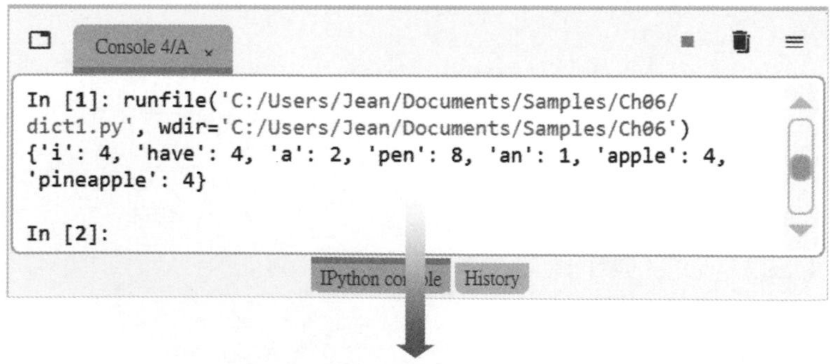
Console 4/A
In [1]: runfile('C:/Users/Jean/Documents/Samples/Ch06/
dict1.py', wdir='C:/Users/Jean/Documents/Samples/Ch06')
{'i': 4, 'have': 4, 'a': 2, 'pen': 8, 'an': 1, 'apple': 4,
'pineapple': 4}
In [2]:
History

```
{'i': 4, 'have': 4, 'a': 2, 'pen': 8, 'an': 1, 'apple': 4, 'pineapple': 4}
```

【解答】

\Ch06\dict1.py

```
01 # 這個函式用來將字串中的特殊字元取代成空白
02 def replaceSymbols(string):
03     for char in string:
04         if char in "~!@#$%^&()[]{},+-*|/?<>'.;:\"":
05             string = string.replace(char, ' ')
06     return string
07
08 # 這個函式用來計算字串中每個單字的出現次數
09 def counts(string):
10     wordlist = string.split()   # 根據空白將字串中每個單字分隔成串列
11     for word in wordlist:        # 使用迴圈計算串列中每個單字的出現次數
12         if word in result:
13             result[word] = result[word] + 1
14         else:
15             result[word] = 1
16
17 song = "I have a pen. I have an apple, Apple pen. I have a pen. I have pineapple. \
18     pineapple pen, Apple pen, Pineapple pen, Pen pineapple, apple pen."
19 # 這個空字典用來儲存每個單字的出現次數
20 result = {}
21 # 將歌詞轉換成小寫，然後呼叫 replaceSymbols() 函式將特殊字元取代成空白
22 tmp = replaceSymbols(song.lower())
23 # 呼叫 counts() 函式計算每個單字的出現次數
24 counts(tmp)
25 print(result)
```

這個程式的關鍵在於第 11 ~ 15 行，使用 for 迴圈計算串列中每個單字的出現次數，若單字已經存在於字典，就將鍵為該單字所對映的值加 1，若單字尚未存在於字典，就將該單字做為鍵加入字典並將所對映的值設定為 1。

隨堂練習

[中英對照] 撰寫一個Python程式，令它定義一個字典儲存數種水果的英文，接著要求使用者輸入一種中文水果名稱，然後印出該水果的英文，若字典中沒有該水果，就印出提示訊息，下面的執行結果供您參考。

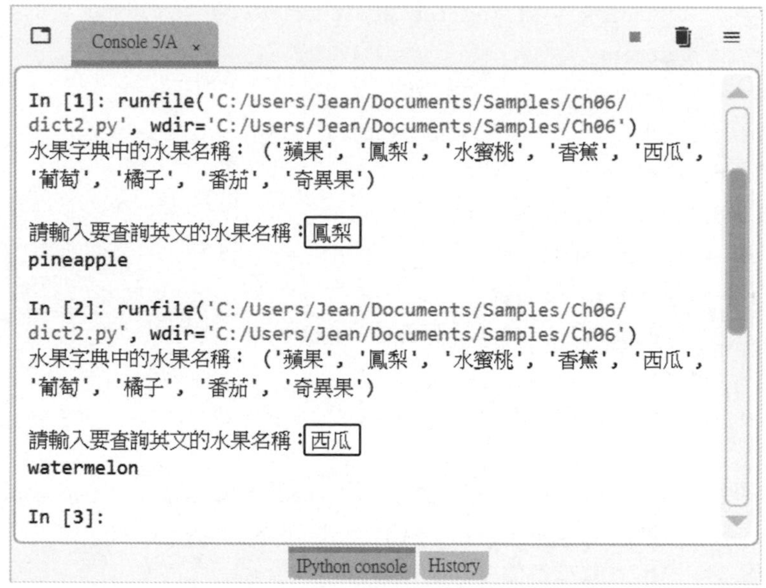

Console 5/A
In [1]: runfile('C:/Users/Jean/Documents/Samples/Ch06/dict2.py', wdir='C:/Users/Jean/Documents/Samples/Ch06')
水果字典中的水果名稱： ('蘋果', '鳳梨', '水蜜桃', '香蕉', '西瓜', '葡萄', '橘子', '番茄', '奇異果')
請輸入要查詢英文的水果名稱：鳳梨
pineapple
In [2]: runfile('C:/Users/Jean/Documents/Samples/Ch06/dict2.py', wdir='C:/Users/Jean/Documents/Samples/Ch06')
水果字典中的水果名稱： ('蘋果', '鳳梨', '水蜜桃', '香蕉', '西瓜', '葡萄', '橘子', '番茄', '奇異果')
請輸入要查詢英文的水果名稱：西瓜
watermelon
In [3]:
IPython console
History

【解答】

\Ch06\dict2.py

```
fruits = {"蘋果": "apple", "鳳梨": "pineapple", "水蜜桃": "peach",
    "香蕉": "banana", "西瓜": "watermelon", "葡萄": "grape",
    "橘子": "orange", "番茄": "tomato", "奇異果": "kiwifruit"}

print("水果字典中的水果名稱：", tuple(fruits.keys()))
Q = input("請輸入要查詢英文的水果名稱：")
print(fruits.get(Q,"水果字典中沒有這種水果"))
```

學習評量

一、選擇題

( )1. 下列哪種型別的資料沒有順序之分？

A. 字串　　B. 串列

C. 序對　　D. 集合

( )2. 下列哪個方法可以根據指定的分隔符號將字串分隔成串列？

A. str.split()　　B. str.join()

C. list.reverse()　　D. list.pop()

( )3. 下列哪個方法可以將指定的元素加入串列的尾端？

A. list.append()　　B. list.extend()

C. list.insert()　　D. list.index()

( )4. 下列哪個函式或方法不適用於序對？

A. sum()　　B. insert()

C. max()　　D. len()

( )5. 下列哪個敘述可以定義一個名稱為 S 的空集合？

A. S = {}　　B. S = set()

C. S = []　　D. S = ()

( )6. 下列哪個方法可以用來進行兩個集合的差集運算？

A. set.update()　　B. set.intersection()

C. set.difference()　　D. set.symmetric_difference()

( )7. 下列哪個運算子可以用來進行兩個集合的聯集運算？

A. ^　　B. -

C. &　　D. |

(　)8. 下列哪個運算子不適用於字典？

A. in　　B. not in

C. !=　　D. >=

(　)9. 下列哪個方法可以傳回字典中的所有值？

A. dict.keys()　　B. dict.values()

C. dict.items()　　D. dict.popitem()

(　)10. 下列哪個方法可以合併兩個字典？

A. dict.update()　　B. dict.clear()

C. dict.copy()　　D. dict.get()

二、練習題

1. 假設有個字典 student1 = {"ID": "01", "name": "王小明"}，請問在下列敘述執行完畢後，該字典的內容為何？

```
In [1]: student1["name"] = "張美美"
In [2]: student1["國文"] = 90
In [3]: student1["英文"] = 80
In [4]: student1["數學"] = 100
In [5]: del student1["ID"]
```

2. 假設有個串列 list1 = [5, 10, 15, 20]，請問下列題目的執行結果為何？

(1) list1 * 2

(2) 100 in list1

(3) list1.index(15)

(4) [i ** 2 for i in list1]

(5) [i * 5 for i in list1 if i < 20]

(6) list1.reverse()

3. **[循序搜尋]** 定義一個 Python 函式，令它在串列中進行循序搜尋 (sequential search)，也就是從第一個資料開始，依照順序一個一個進行比較，直到找到符合的資料或所有資料比較完畢，找到的話就傳回其索引，找不到的話就傳回 -1，然後撰寫一個 Python 程式，令它呼叫該函式在 [54, 2, 40, 22, 17, 22, 60, 35] 中搜尋 22，下面的執行結果供您參考。

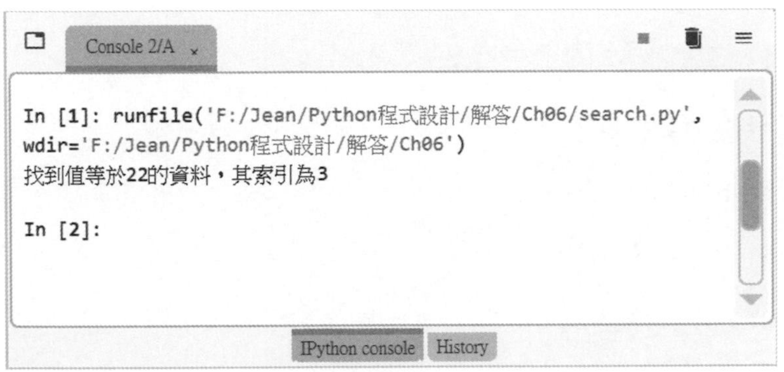

4. **[矩陣元素總和]** 撰寫一個 Python 程式，令它計算矩陣中所有元素的總和，以下面的矩陣為例，其執行結果如下圖。

$$\begin{bmatrix} 1 & 2 & 3 \\ 4 & 5 & 6 \\ 7 & 8 & 9 \\ 10 & 11 & 12 \end{bmatrix}_{4 \times 3}$$

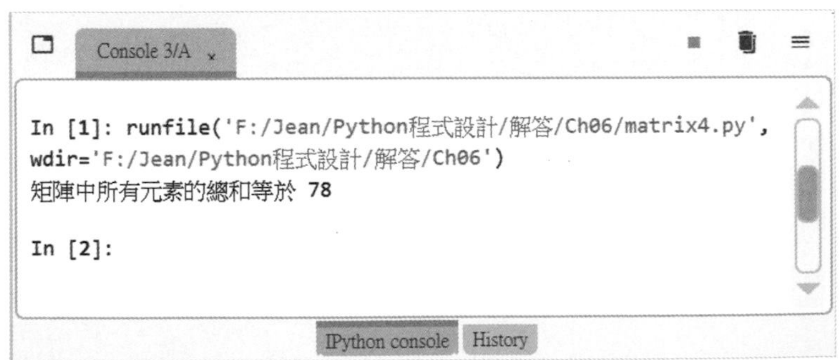

5. 假設有兩個集合變數如下，請問下列題目的執行結果為何？

```
S1 = {1, 8, 9, 7, 6}
S2 = {2, 5, 6, 8, 9}
```

(1) S1 包含幾個元素？

(2) S1 是否為 S2 的子集合？

(3) S1 和 S2 的聯集。

(4) S1 和 S2 的交集。

(5) S1 和 S2 的差集。

(6) S1 的元素總和。

6. **[反轉字串]** 撰寫一個 Python 程式，令它要求使用者輸入一個單字，然後印出該單字的反轉字串，下面的執行結果供您參考。

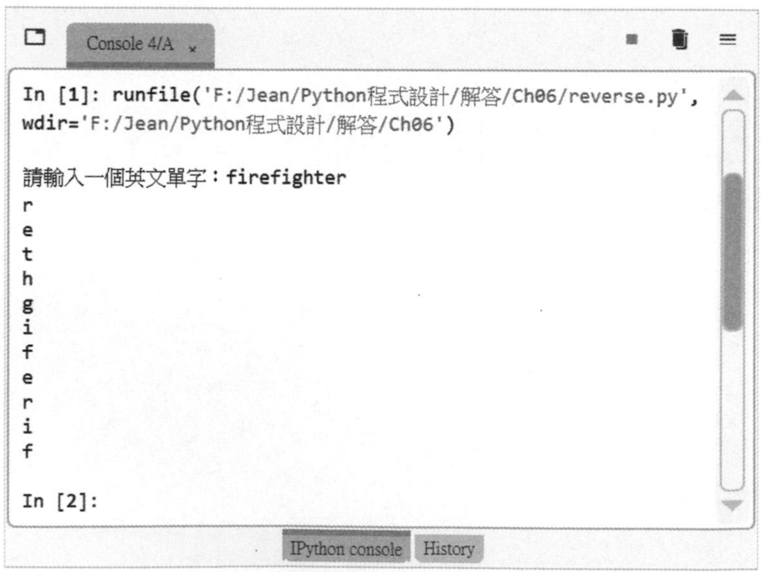

檔案存取

7-1　認識檔案路徑

7-2　寫入檔案

7-3　讀取檔案

7-4　with 敘述

7-5　管理檔案與資料夾

7-1 認識檔案路徑

在說明如何以 Python 存取檔案之前，我們先來介紹檔案路徑，也就是檔案的儲存位置，若您對檔案路徑已經相當熟悉，可以直接跳到下一節。

對使用者來說，無論是文字、圖形或程式，均以**檔案**（file）的形式儲存在諸如硬碟、隨身碟等儲存裝置，而且為了方便管理、搜尋及設定存取權限，使用者還可以將數個檔案儲存在**目錄**（directory）或**資料夾**（folder）。

目錄具有階層式結構，稱為**樹狀目錄**（tree directory），最上一層為**根目錄**（root directory）或**父目錄**（parent directory），其它為**次目錄**（subdirectory）或**子目錄**（child directory）。

下圖是 Windows 檔案總管，左窗格會顯示樹狀目錄，右窗格會顯示目前資料夾的內容，只要按一下網址列，就會顯示目前資料夾的路徑，例如「文件」的路徑為 C:\Users\Jean\Documents，表示我們可以在 C 磁碟找到 Users 資料夾，裡面有使用者名稱 Jean 資料夾，而「文件」就是 Jean 資料夾裡面的 Documents 資料夾。

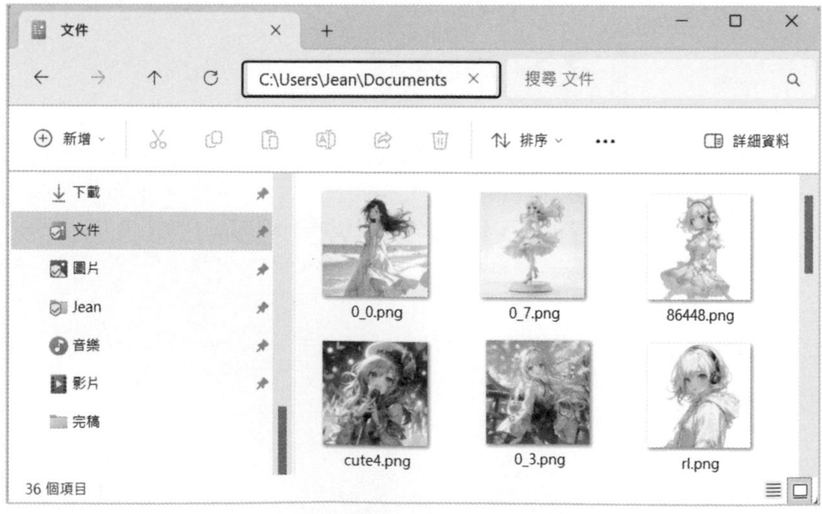

檔案或資料夾儲存在儲存裝置的方式取決於**檔案系統**（file system），當使用者以檔案的路徑及名稱（例如 C:\Users\Jean\Documents\sunflowers.jpg）存取檔案時，檔案系統會找出檔案儲存在儲存裝置的哪個位置，進而讀取其中的資料。

不同的作業系統可能採取不同的檔案系統，例如MS-DOS的檔案系統為FAT (File Allocation Table)、Microsoft Windows的檔案系統為FAT32或NTFS (New Technology File System)。

檔案路徑的指定方式有下列兩種：

- **絕對路徑**（absolute path）：這種方式必須寫出根目錄、所有子目錄及檔案名稱，例如 C:\Program Files\Microsoft Office\Office\Excel.exe。
- **相對路徑**（relative path）：這種方式必須寫出從目前目錄到檔案所經過的子目錄，舉例來說，假設目前目錄為 C:\Program Files\Microsoft Office，若要以相對路徑表示檔案 Excel.exe，可以寫成 \Office\Excel.exe；假設目前目錄為 C:\Program Files，若要以相對路徑表示檔案 Excel.exe，可以寫成 \Microsoft Office\Office\Excel.exe。

注意

我們可以使用 "." 表示目前目錄，".." 表示上一層目錄，舉例來說，假設 Visio 執行檔的絕對路徑為 C:\Program Files\Microsoft Office\ Visio\Visio.exe，而目前目錄為 C:\Program Files\Microsoft Office\Office，若要以相對路徑表示檔案 Visio.exe，必須寫成 ..\Visio\Visio.exe。

假設目前目錄為 C:\Program Files\Windows\Games，若要以相對路徑表示檔案 Visio.exe，必須寫成 ..\..\Microsoft Office\Visio\Visio.exe；假設目前目錄為 C:\Program Files\Microsoft Office，若要以相對路徑表示檔案 Visio.exe，必須寫成 .\Visio\Visio.exe 或 \Visio\Visio.exe。

7-2 寫入檔案

我們在 Python 程式中所使用的資料會隨著程式執行完畢而消失，若要長久保存下來，可以將資料寫入檔案。

7-2-1 建立檔案物件

在 Python 程式中，無論是要將資料寫入檔案或從檔案讀取資料，都必須透過中介的檔案物件。我們可以使用 Python 內建的 open() 函式建立檔案物件，其語法如下，當建立成功時，會傳回檔案物件，相反的，當建立失敗時，會發生錯誤：

```
open(file, mode)
```

- *file*：設定欲存取的檔案，包含檔案的路徑及名稱。
- *mode*：設定檔案物件的存取模式，常用的模式如下。

模式	說明
"r"	以讀取模式開啟檔案，檔案指標指向檔案開頭，若檔案不存在，就會發生錯誤，此為預設值。
"w"	以寫入模式開啟檔案並先清除原檔案內容，檔案指標指向檔案開頭，若檔案不存在，就會建立檔案。
"a"	以寫入模式開啟檔案，檔案指標指向檔案結尾，寫入的資料會附加到原檔案內容的後面，若檔案不存在，就會建立檔案。
"r+"	以讀寫模式開啟檔案，檔案指標指向檔案開頭，寫入的資料會覆蓋掉原檔案內容，若檔案不存在，就會發生錯誤。
"w+"	以讀寫模式開啟檔案並先清除原檔案內容，檔案指標指向檔案開頭，若檔案不存在，就會建立檔案。
"a+"	以讀寫模式開啟檔案，檔案指標指向檔案結尾，寫入的資料會附加到原檔案內容的後面，若檔案不存在，就會建立檔案。

檔案指標 (file pointer) 是一個特殊的標記，用來指向目前讀取或寫入到哪個位置，在將資料寫入檔案或從檔案讀取資料時，檔案指標就會往前移動。

例如下面的敘述是以讀取模式開啟 E:\temp\test.txt 檔案，然後將傳回的檔案物件指派給變數 fileObject，方便之後進行存取，注意要使用跳脫序列 \\ 來表示 \：

```
In [1]: fileObject = open("E:\\temp\\test.txt", "r")
```

這個敘述亦可寫成如下，在絕對路徑前面加上 r，表示此字串為原始字串 (raw string)，就不必使用跳脫序列 \\ 來表示 \：

```
In [1]: fileObject = open(r"E:\temp\test.txt ", "r")
```

此外，若以讀取模式開啟不存在的檔案，就會發生錯誤，例如下面的敘述是以讀取模式開啟不存在的 E:\memo.txt 檔案，就會發生 FileNotFoundError 錯誤，表示沒有這個檔案或資料夾：

```
In [1]: fileObject = open("E:\\memo.txt", "r")
Traceback (most recent call last):
  Cell In[1], line 1
    fileObject = open("E:\\memo.txt", "r")
    File ~\anaconda3\Lib\site-packages\IPython\core\interactiveshell.py:
    310 in _modified_open
    return io_open(file, *args, **kwargs)

FileNotFoundError: [Errno 2] No such file or directory: 'E:\\memo.txt'
```

不過，若以寫入模式開啟不存在的檔案，就會建立檔案，而不會發生錯誤，例如下面的敘述是以寫入模式開啟不存在的 E:\memo.txt 檔案，就會建立檔案，然後將傳回的檔案物件指派給變數 fileObject：

```
In [1]: fileObject = open("E:\\memo.txt", "w")
```

7-2-2 將資料寫入檔案

將資料寫入檔案的步驟如下：

1. **開啟檔案**：使用 open() 函式建立檔案物件。
2. **寫入檔案**：使用檔案物件提供的 write(*s*) 方法將參數 *s* 所指定的字串寫入檔案，這個方法會傳回寫入的文字個數。
3. **關閉檔案**：使用檔案物件提供的 close() 方法關閉檔案。

下面是一個例子：

```
In [1]: fileObject = open("E:\\poem.txt", "w")        # 開啟檔案
In [2]: fileObject.write("登金陵鳳凰台")              # 寫入檔案
Out[2]: 6
In [3]: fileObject.close()                           # 關閉檔案
In [4]:
```

- ❖ In [1]：使用 "w" 模式開啟 E:\poem.txt 檔案，由於檔案不存在，所以會建立檔案，然後將檔案物件指派給變數 fileObject，此時，檔案指標指向檔案開頭。此例的磁碟代號為 E:\，請您依照實際情況做設定。
- ❖ In [2]、Out[2]：使用檔案物件提供的 write() 方法將資料寫入檔案，Out[2] 顯示的 6 是寫入的文字個數，此時，檔案指標指向資料結尾。
- ❖ In [3]：使用檔案物件提供的 close() 方法關閉檔案。

我們可以在檔案總管中找到這個檔案，然後打開來看看，內容如下。

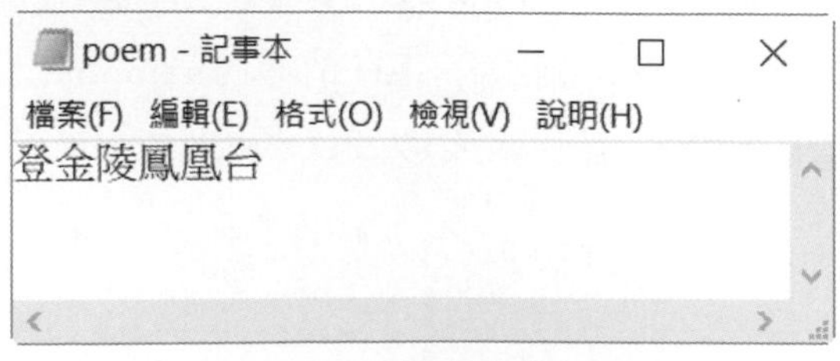

\ 隨堂練習 /

撰寫一個 Python 程式，令它在 E:\poem.txt 檔案寫入如下的唐詩，同時要保留原檔案內容。此練習的磁碟代號為 E:\，請您依照實際情況做設定。

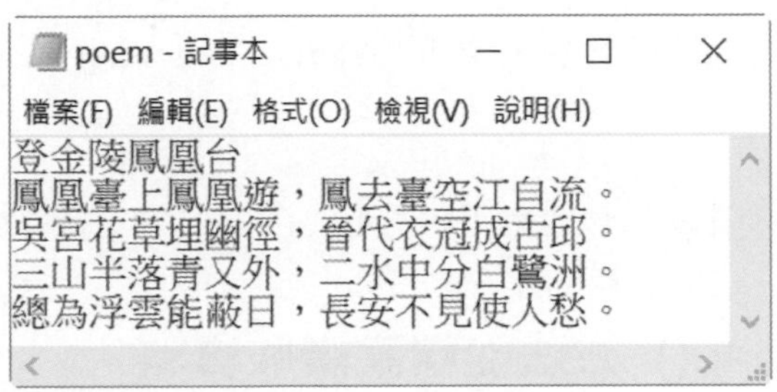

【解答】

\Ch07\file1.py

```
# 使用 "a" 模式開啟檔案以將資料附加到原檔案內容的後面
fileObject = open("E:\\poem.txt", "a")

# 寫入檔案，\n 字元表示換行
fileObject.write("\n 鳳凰臺上鳳凰遊，鳳去臺空江自流。")
fileObject.write("\n 吳宮花草埋幽徑，晉代衣冠成古邱。")
fileObject.write("\n 三山半落青天外，二水中分白鷺洲。")
fileObject.write("\n 總為浮雲能蔽日，長安不見使人愁。")

# 關閉檔案
fileObject.close()
```

請注意，由於寫入檔案是從檔案指標處開始寫入，所以要選擇適合的存取模式，如欲從檔案開頭寫入資料並覆蓋掉原檔案內容，可以使用 "r+" 模式；如欲從檔案開頭寫入資料並先清除原檔案內容，可以使用 "w" 或 "w+" 模式；如欲從檔案結尾寫入資料並附加到原檔案內容的後面，可以使用 "a" 或 "a+" 模式。

7-3 讀取檔案

從檔案讀取資料的步驟如下：

1. **開啟檔案**：使用 open() 函式建立檔案物件。

2. **讀取檔案**：使用檔案物件提供的 read()、readline() 或 readlines() 方法讀取資料。

3. **關閉檔案**：使用檔案物件提供的 close() 方法關閉檔案。

7-3-1 使用 read() 方法從檔案讀取資料

在開啟檔案後，我們可以使用檔案物件提供的 read() 方法讀取資料，其語法如下，它會從檔案指標處讀取參數 *n* 所指定之個數的文字，然後傳回該字串，若參數 *n* 省略不寫，就以字串的形式傳回檔案的所有資料：

```
read([n])
```

下面是一個例子，它先使用 "r" 模式開啟檔案，此時，檔案指標指向檔案開頭；接著，從檔案指標處讀取所有資料並指派給變數 content，此時，檔案指標指向檔案結尾；最後，印出變數 content，再關閉檔案。

```
In [1]: fileObject = open("E:\\poem.txt", "r")  # 開啟檔案
In [2]: content = fileObject.read()             # 讀取檔案
In [3]: print(content)                          # 印出讀取的資料
登金陵鳳凰台
鳳凰臺上鳳凰遊，鳳去臺空江自流。
吳宮花草埋幽徑，晉代衣冠成古邱。
三山半落青又外，二水中分白鷺洲。
總為浮雲能蔽日，長安不見使人愁。
In [4]: fileObject.close()                      # 關閉檔案
In [5]:
```

read() 方法也可以用來指定要讀取幾個文字，下面是一個例子，檔案指標一開始是指向檔案開頭，在讀取 6 個文字後，會跟著往前移動，指向「登金陵鳳凰台」的後面，接著在讀取 8 個文字後，又會跟著往前移動，指向「\n 鳳凰臺上鳳凰遊」的後面：

```
In [1]: fileObject = open("E:\\poem.txt", "r")  # 開啟檔案
In [2]: str1 = fileObject.read(6)               # 從檔案指標處讀取 6 個文字
In [3]: print(str1)                             # 印出剛才讀取的文字
登金陵鳳凰台
In [4]: str2 = fileObject.read(8)               # 從檔案指標處讀取 8 個文字
In [5]: print(str2)                             # 印出剛才讀取的文字
鳳凰臺上鳳凰遊
In [6]: fileObject.close()                      # 關閉檔案
```

移動檔案指標

檔案指標會指向目前讀取或寫入到哪個位置，若要自行移動，可以使用 seek(*offset*) 方法，將檔案指標移到第 *offset* + 1 個位元組，例如 seek(0) 是將檔案指標移到第 1 個位元組，即檔案開頭，下面是一個例子：

```
In [1]: fileObject = open("E:\\poem.txt", "r")  # 開啟檔案
In [2]: fileObject.seek(4)                      # 將檔案指標移到第 5 個位元組
Out[2]: 4
In [3]: fileObject.read(1)                      # 讀取 1 個文字，得到 '陵'
Out[3]: '陵'
In [4]: fileObject.seek(0)                      # 將檔案指標移到第 1 個位元組
Out[4]: 0
In [5]: fileObject.read(1)                      # 讀取 1 個文字，得到 '登'
Out[5]: '登'
In [6]: fileObject.close()                      # 關閉檔案
```

\ 隨堂練習 /

[檔案的單字出現次數] 假設 PPAP.txt 檔案的內容如下，請撰寫一個 Python 程式，令它計算檔案中每個單字的出現次數，英文字母沒有大小寫之分，下面的執行結果供您參考。

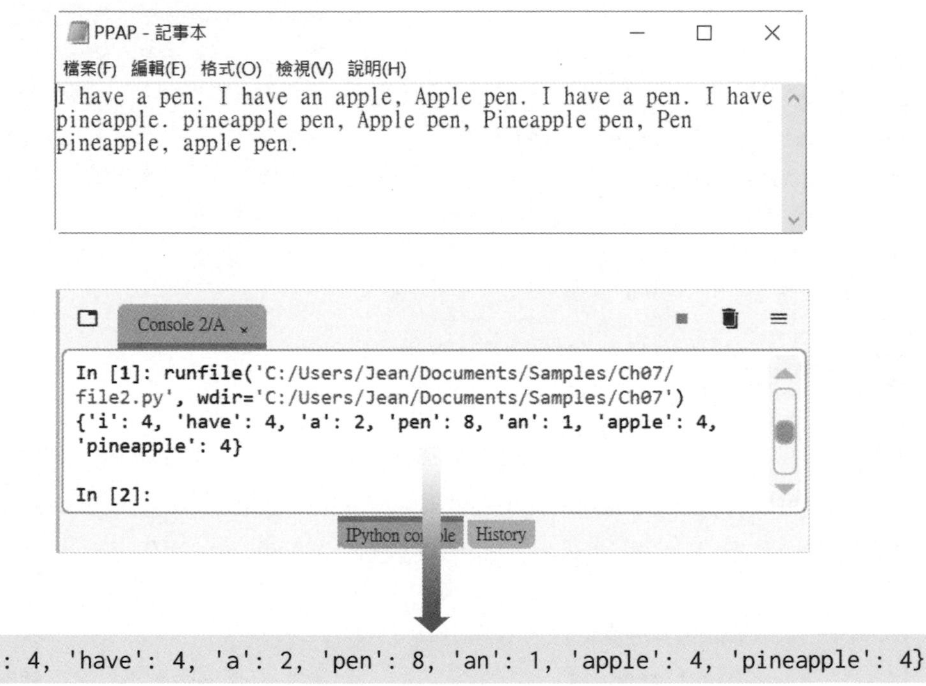
PPAP - 記事本
檔案(F) 編輯(E) 格式(O) 檢視(V) 說明(H)
I have a pen. I have an apple, Apple pen. I have a pen. I have
pineapple. pineapple pen, Apple pen, Pineapple pen, Pen
pineapple, apple pen.
Console 2/A
In [1]: runfile('C:/Users/Jean/Documents/Samples/Ch07/
file2.py', wdir='C:/Users/Jean/Documents/Samples/Ch07')
{'i': 4, 'have': 4, 'a': 2, 'pen': 8, 'an': 1, 'apple': 4,
'pineapple': 4}
In [2]:
History
{'i': 4, 'have': 4, 'a': 2, 'pen': 8, 'an': 1, 'apple': 4, 'pineapple': 4}

【解答】

這個隨堂練習和第 6 章的隨堂練習 \Ch06\dict1.py 幾乎相同，差別在於第 17 ~ 20 行，變數 song 的內容不是直接寫在程式裡面，而是從 PPAP.txt 檔案讀取所有資料，然後指派給變數 song，至於其它細節就不再重複解說。

\Ch07\file2.py

```
# 這個函式用來將字串中的特殊字元取代成空白
def replaceSymbols(string):
    for char in string:
        if char in "~!@#$%^&()[]{},+-*|/?<>'.;:\"":
            string = string.replace(char, ' ')
    return string

# 這個函式用來計算字串中每個單字的出現次數
def counts(string):
    wordlist = string.split()   # 根據空白將字串中每個單字分隔成串列
    for word in wordlist:       # 使用迴圈計算串列中每個單字的出現次數
        if word in result:
            result[word] = result[word] + 1
        else:
            result[word] = 1

# 從檔案讀取所有資料，然後指派給變數 song
fileObject = open("PPAP.txt", "r")
song = fileObject.read()
fileObject.close()

# 這個空字典用來儲存每個單字的出現次數
result = {}
# 將歌詞轉換成小寫，然後呼叫 replaceSymbols() 函式將特殊字元取代成空白
tmp = replaceSymbols(song.lower())
# 呼叫 counts() 函式計算每個單字的出現次數
counts(tmp)
# 印出結果
print(result)
```

7-3-2 使用 readline() 方法從檔案讀取資料

除了 read() 方法，我們也可以使用檔案物件提供的 readline() 方法從檔案讀取一行資料，然後傳回該字串，若傳回空字串，表示抵達檔案結尾。

下面是一個例子，它會從 poem.txt 檔案讀取所有行，然後印出來。這個程式的關鍵在於第 03 ~ 06 行，第 03 行先讀取一行，接著進入 while 迴圈，當讀取的行不等於空字串時，就印出來，然後讀取下一行，再度回到 while 迴圈的開頭，如此週而復始，直到讀取的行等於空字串，表示抵達檔案結尾，就跳出迴圈，執行第 08 行關閉檔案。

\Ch07\readline1.py

```
01 fileObject = open("poem.txt", "r")          # 開啟檔案
02
03 line = fileObject.readline()                # 讀取一行
04 while line != '':                           # 檢查是否抵達檔案結尾
05     print(line)                             # 印出此行
06     line = fileObject.readline()            # 讀取下一行
07
08 fileObject.close()                          # 關閉檔案
```

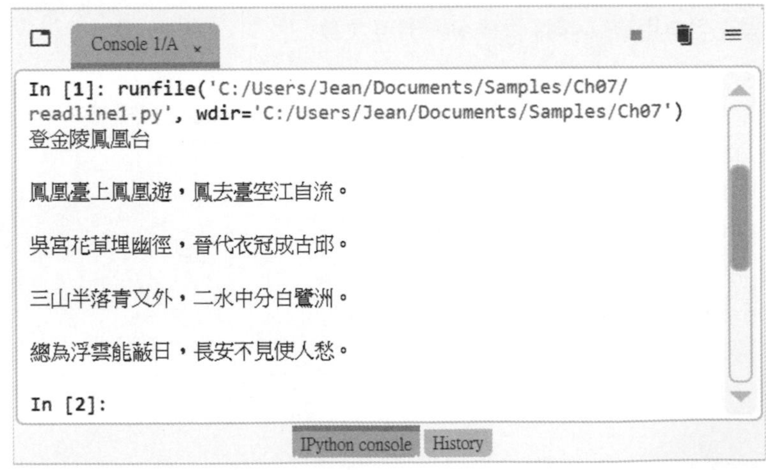

我們可以使用 for 迴圈將前面的例子改寫成如下，執行結果是相同的。

```
fileObject = open("poem.txt", "r")                   # 開啟檔案
for line in fileObject:                              # 使用 for 迴圈印出每一行
    print(line)
fileObject.close()                                   # 關閉檔案
```

7-3-3 使用 readlines() 方法從檔案讀取資料

檔案物件還提供了 readlines() 方法可以從檔案讀取所有行，然後以串列的形式傳回所有行，例如：

```
In [1]: fileObject = open("poem.txt", "r")           # 開啟檔案
In [2]: content = fileObject.readlines()             # 讀取所有行
In [3]: print(content)                               # 印出變數，此為串列
['登金陵鳳凰台\n', '鳳凰臺上鳳凰遊，鳳去臺空江自流。\n', '吳宮花草埋幽徑，晉代衣冠成古邱。\n', '三山半落青又外，二水中分白鷺洲。\n', '總為浮雲能蔽日，長安不見使人愁。']
In [4]: for line in content:                         # 印出變數的元素
   ...:     print(line)
   ...:
登金陵鳳凰台

鳳凰臺上鳳凰遊，鳳去臺空江自流。

吳宮花草埋幽徑，晉代衣冠成古邱。

三山半落青又外，二水中分白鷺洲。

總為浮雲能蔽日，長安不見使人愁。

In [5]: fileObject.close()                           # 關閉檔案
```

7-4 with 敘述

在結束存取檔案後，我們必須呼叫 close() 方法關閉檔案物件，否則檔案會被鎖定，若是怕遺漏這個步驟，可以使用 with 敘述將存取檔案的動作包裝在一個區塊，其語法如下，一旦程式執行的動作離開區塊，就會自動關閉檔案物件，無須呼叫 close() 方法：

```
with open(file, mode) as 檔案物件名稱:
    ......                    # 存取檔案的動作
```

下面是一個例子，一旦離開 with 區塊，檔案物件會被自動關閉，因此，區塊外面的 fileObject.read() 敘述將會發生 ValueError: I/O operation on closed file. 錯誤，表示對已經關閉的檔案進行存取。

```
In [1]: with open("poem.txt", "r") as fileObject:
   ...:     content = fileObject.read()
   ...:     print(content)
   ...:
登金陵鳳凰台
鳳凰臺上鳳凰遊，鳳去臺空江自流。
吳宮花草埋幽徑，晉代衣冠成古邱。
三山半落青又外，二水中分白鷺洲。
總為浮雲能蔽日，長安不見使人愁。

In [2]: fileObject.read()
Traceback (most recent call last):

  Cell In[2], line 1
    fileObject.read()
ValueError: I/O operation on closed file.
```

7-5 管理檔案與資料夾

在本節中，我們要介紹如何管理檔案與資料夾，包括檢查檔案或資料夾是否存在、檢查路徑是否為已經存在的檔案或資料夾、取得檔案的完整路徑、取得檔案的大小、刪除檔案、建立資料夾、刪除資料夾、複製檔案或資料夾、搬移檔案或資料夾、取得名稱符合條件的檔案等動作。

7-5-1 檢查檔案或資料夾是否存在

我們可以使用 os.path 模組提供的 exists(*path*) 函式檢查參數 *path* 指定的檔案或資料夾是否存在，是就傳回 True，否則傳回 False，例如：

```
In [1]: os.path.exists("C:\\")         # 檢查 C:\ 是否存在，Ture 表示存在
Out[1]: True
In [2]: os.path.exists("C:\\f1.txt") # 檢查 C:\f1.txt 是否存在，False 表示不存在
Out[2]: False
```

7-5-2 檢查路徑是否為已經存在的檔案或資料夾

我們可以使用 os.path 模組提供的 isfile(*path*)、isdir(*path*) 函式檢查參數 *path* 指定的路徑是否為已經存在的檔案或資料夾，是就傳回 True，否則傳回 False，例如：

```
In [1]: os.path.isdir("C:\\")          # 檢查 C:\ 是否為資料夾，True 表示是
Out[1]: True
In [2]: os.path.isfile("C:\\")         # 檢查 C:\ 是否為檔案，False 表示否
Out[2]: False
In [3]: os.path.isdir("poem.txt")      # 檢查 poem.txt 是否為資料夾，False 表示否
Out[3]: False
In [4]: os.path.isfile("poem.txt")     # 檢查 poem.txt 是否為檔案，True 表示是
Out[4]: True
```

我們在第 7-2 節講過，若以讀取模式開啟不存在的檔案，就會發生錯誤，為了避免這種錯誤，在開啟檔案之前，可以使用 isfile() 函式檢查是否為已經存在的檔案，例如下面的敘述會先檢查 poem.txt 是否為已經存在的檔案，是就讀取並印出檔案的所有內容，否則印出「此檔案不存在」：

```
import os.path
if os.path.isfile("poem.txt"):
    fileObject = open("poem.txt", "r")
    for line in fileObject:
        print(line)
    fileObject.close()
else:
    print("此檔案不存在")
```

7-5-3　取得檔案的完整路徑

我們可以使用 os.path 模組提供的 abspath(*file*) 函式取得參數 *file* 指定之檔案的完整路徑，例如：

```
In [1]: os.path.abspath("poem.txt")
Out[1]: 'C:\\Users\\Jean\\Documents\\Samples\\Ch07\\poem.txt'
```

7-5-4　取得檔案的大小

我們可以使用 os.path 模組提供的 getsize(*file*) 函式取得參數 *file* 指定之檔案的大小 (單位為位元組)，例如：

```
In [1]: os.path.getsize("poem.txt")
Out[1]: 148
```

隨堂練習

[複製檔案] 撰寫一個 Python 程式，令它要求使用者輸入來源檔案名稱和目的檔案名稱，然後將來源檔案複製到目的檔案，下面的執行結果供您參考。

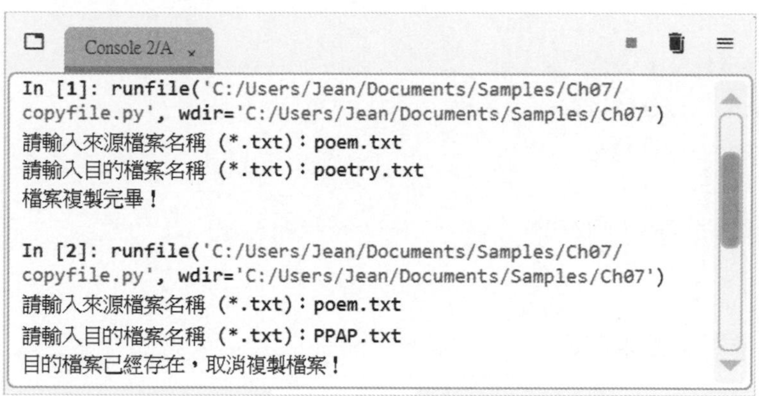

【解答】

\Ch07\copyfile.py

```
import os.path                        # 匯入 os.path 模組
import sys                            # 匯入 sys 模組
sourcefile = input("請輸入來源檔案名稱 (*.txt)：")
targetfile = input("請輸入目的檔案名稱 (*.txt)：")
if os.path.isfile(targetfile):    # 若目的檔案已經存在，就取消複製並結束程式
    print("目的檔案已經存在，取消複製檔案！")
    sys.exit()
fileObject1 = open(sourcefile, "r")
fileObject2 = open(targetfile, "w")
content = fileObject1.read()      # 讀取來源檔案的所有內容
fileObject2.write(content)        # 將所有內容寫入目的檔案
fileObject1.close()
fileObject2.close()
print("檔案複製完畢！")
```

7-5-5 刪除檔案

我們可以使用 os 模組提供的 remove(*file*) 函式刪除參數 *file* 指定的檔案，例如下面的敘述會先檢查 E:\poem.txt 檔案是否存在，是就刪除檔案，否則印出「此檔案不存在」：

```
import os
file = "E:\\poem.txt"
if os.path.exists(file):
    os.remove(file)
else:
    print("此檔案不存在")
```

7-5-6 建立資料夾

我們可以使用 os 模組提供的 mkdir(*dir*) 函式建立參數 *dir* 指定的資料夾，例如下面的敘述會先檢查 E:\photo 資料夾是否不存在，是就建立資料夾，否則印出「此資料夾已經存在」：

```
import os
dir = "E:\\photo"
if not os.path.exists(dir):
    os.mkdir(dir)
else:
    print("此資料夾已經存在")
```

7-5-7 刪除資料夾

我們可以使用 os 模組提供的 rmdir(*dir*) 函式刪除參數 *dir* 指定的資料夾，例如下面的敘述會先檢查 E:\photo 資料夾是否存在，是就刪除資料夾，否則印出「此資料夾不存在」：

```
import os
dir = "E:\\photo"
if os.path.exists(dir):
    os.rmdir(dir)
else:
    print("此資料夾不存在")
```

7-5-8 複製檔案

雖然我們在前面的隨堂練習中示範過如何複製檔案，但其實有更簡便的方式，就是使用 shutil 模組提供的 copy(*src*, *dst*) 函式將參數 *src* 指定的檔案複製到參數 *dst* 指定的檔案或資料夾，傳回值是目的路徑，例如：

```
In [1]: import shutil
In [2]: shutil.copy("poem.txt", "E:\\")          # 將 poem.txt 複製到 E:\poem.txt
Out[2]: 'E:\\poem.txt'
In [3]: shutil.copy("poem.txt", "E:\\p2.txt")  # 將 poem.txt 複製到 E:\p2.txt
Out[3]: 'E:\\p2.txt'
```

7-5-9 複製資料夾

我們可以使用 shutil 模組提供的 copytree(*src*, *dst*) 函式將參數 *src* 指定的資料夾（包含所有子資料夾與檔案）複製到參數 *dst* 指定的資料夾，傳回值是目的路徑，例如：

```
In [1]: import shutil
In [2]: shutil.copytree("E:\\dir", "E:\\dir2")           # 將E:\dir 複製到 E:\dir2
Out[2]: 'E:\\dir2'
In [3]: shutil.copytree("E:\\dir", "E:\\dir3\\dir4")  # 將E:\dir 複製到 E:\dir3\dir4
Out[3]: 'E:\\dir3\\dir4'
```

7-5-10　搬移檔案或資料夾

我們可以使用 shutil 模組提供的 move(*src*, *dst*) 函式將參數 *src* 指定的檔案或資料夾搬移到參數 *dst* 指定的檔案或資料夾，傳回值是目的路徑，例如：

```
In [1]: import shutil
In [2]: shutil.move("E:\\a.txt", "E:\\dir\\b.txt")  # 將 E:\a.txt 搬移到 E:\dir\b.txt
Out[2]: 'E:\\dir\\b.txt'
In [3]: shutil.move("E:\\a.txt", "E:\\dir")         # 將 E:\a.txt 搬移到 E:\dir\a.txt
Out[3]: 'E:\\dir\\a.txt'
In [4]: shutil.move("E:\\dir", "E:\\dir2")          # 將 E:\dir 搬移到 E:\dir2
Out[4]: 'E:\\dir2'
In [5]: shutil.move("E:\\dir", "E:\\dir3\\dir4")    # 將 E:\dir 搬移到 E:\dir3\dir4
Out[5]: 'E:\\dir3\\dir4'
```

7-5-11　取得符合條件的檔案名稱

我們可以使用 glob 模組提供的 glob(*path*) 函式在參數 *path* 指定的路徑取得符合條件的檔案名稱，例如：

```
In [1]: import glob
In [2]: glob.glob("E:\\dir\\*.txt")        # 在 E:\dir\ 取得副檔名為 .txt 的檔案名稱
Out[2]: ['E:\\dir\\a1.txt', 'E:\\dir\\a2.txt', 'E:\\dir\\b1.txt',
'E:\\dir\\f1.txt', 'E:\\dir\\f2.txt', 'E:\\dir\\f3.txt']
In [3]: glob.glob("E:\\dir\\a*")           # 在 E:\dir\ 取得 a 開頭的檔案名稱
Out[3]: ['E:\\dir\\a1.txt', 'E:\\dir\\a2.txt']
In [4]: glob.glob("E:\\dir\\[a-c]*")       # 在 E:\dir\ 取得 a - c 開頭的檔案名稱
Out[4]: ['E:\\dir\\a1.txt', 'E:\\dir\\a2.txt', 'E:\\dir\\b1.txt']
```

請注意，星號 (*) 為萬用字元，表示任意零個以上的字元，[] 表示在字元範圍中的任一字元，例如 [a-c] 表示字元 a、b、c。

學習評量

一、選擇題

(　)1. 下列哪種存取模式無法將資料寫入檔案？

A. r　　B. r+

C. w　　D. a+

(　)2. 下列哪種存取模式會將寫入的資料附加到原檔案內容的後面？

A. w+　　B. w

C. a　　D. r+

(　)3. 下列哪個方法可以從檔案一次讀取一行資料？

A. write()　　B. read()

C. readline()　　D. seek()

(　)4. 下列哪個方法可以移動檔案指標？

A. write()　　B. read()

C. readline()　　D. seek()

(　)5. 下列哪個方法可以檢查檔案或資料夾是否存在？

A. shutil.move()　　B. os.path.exists()

C. glob.glob()　　D. shutil.copytree()

(　)6. 下列哪個方法可以取得符合條件的檔案名稱？

A. shutil.move()　　B. os.path.exists()

C. glob.glob()　　D. shutil.copytree()

二、練習題

1. **[複製檔案]** 撰寫一個 Python 程式，令它將 sample1.txt 檔案複製到另一個新的 sample2.txt 檔案，您可以在本書範例程式的 \Samples\Ch07 資料夾找到 sample1.txt 檔案，其內容如下。

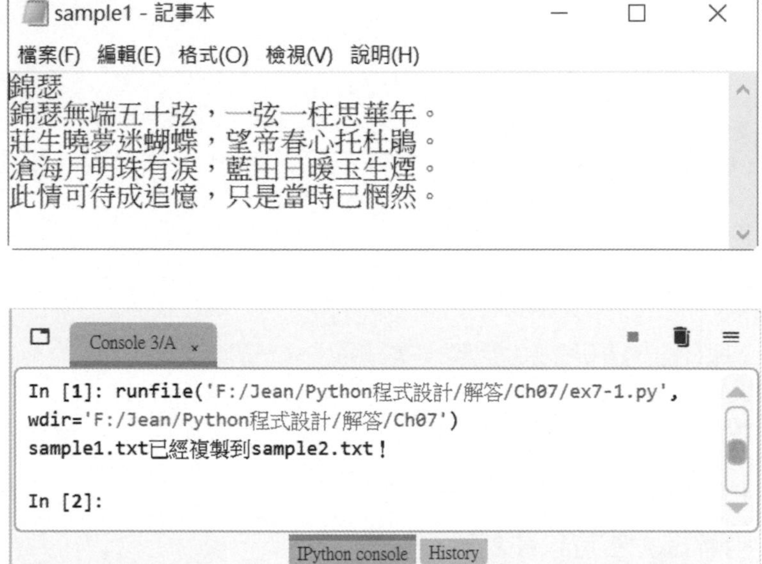

2. **[檔案的行數與字數]** 撰寫一個 Python 程式，令它計算 sample1.txt 檔案裡面的行數和字數，下面的執行結果供您參考，這個結果是連換行字元都計算在內。

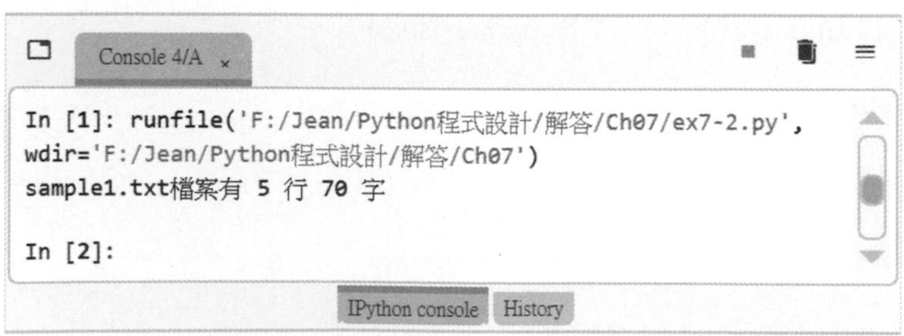

例外處理

8-1　認識例外

8-2　try…except

8-1 認識例外

從第 1 章的 print("Hello, World!") 敘述開始到現在，相信您已經寫了許多 Python 程式，期間也一定看過不少錯誤訊息，面對突如其來的錯誤訊息雖然會讓人嚇一跳，但也正因為有這些錯誤訊息，我們才能知道程式哪裡出了問題，所以在本章中，我們將介紹 Python 程式可能會出現的一些錯誤，以及如何處理這些錯誤。

錯誤的類型

我們在第 1-5 節介紹過常見的程式設計錯誤有下列三種類型，若您已經忘了，建議翻回去看一下：

- ❖ **語法錯誤** (syntax error)
- ❖ **執行期間錯誤** (runtime error)
- ❖ **邏輯錯誤** (logic error)

當 Python 程式發生錯誤時，系統會丟出一個**例外** (exception)，例如下面的 if x > y 敘述遺漏了條件式後面的冒號，於是系統會丟出一個 SyntaxError 例外，並顯示 SyntaxError: expected ':' 錯誤訊息，表示需要冒號。

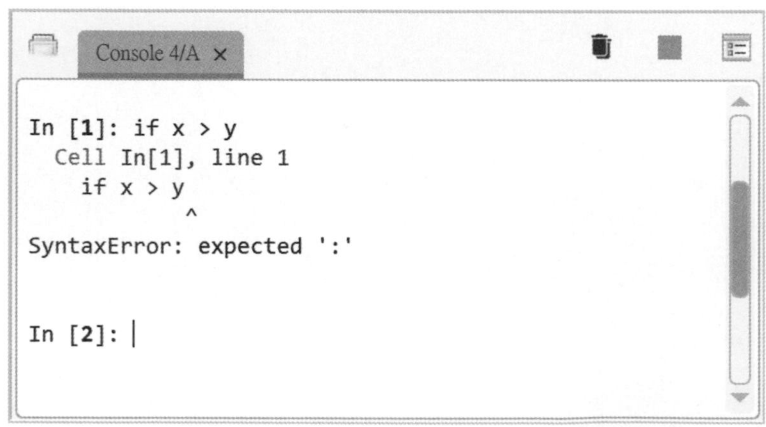

而下面的敘述不小心將 print 拼錯，寫成 prin("Hello, World!")，於是系統會丟出一個 NameError 例外，並顯示 NameError: name 'prin' is not defined 錯誤訊息，表示名稱 'prin' 尚未定義。

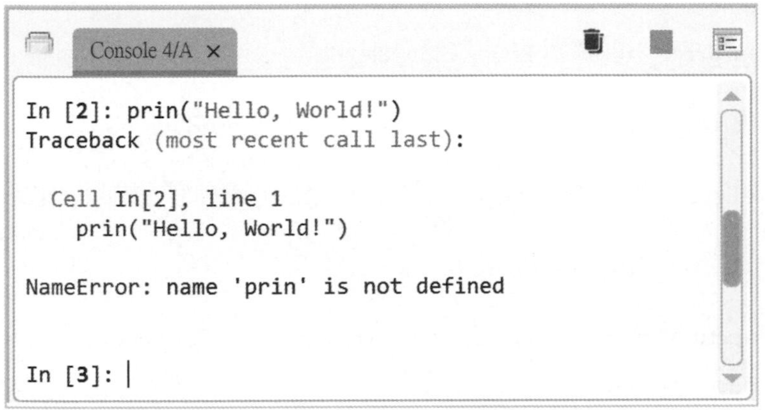
Console 4/A
In [2]: prin("Hello, World!")
Traceback (most recent call last):
Cell In[2], line 1
prin("Hello, World!")
NameError: name 'prin' is not defined
In [3]:

第一個例子屬於語法錯誤，第二個例子則屬於執行期間錯誤，這點由第一行錯誤訊息 Traceback (most recent call last): 可以看出，Traceback 指的是此錯誤訊息是追溯到函式呼叫所發生的，而第二行錯誤訊息 Cell In[2], line 1 是指出發生錯誤的是 In[2] 的第 1 行。

例外的類型

系統會根據不同的錯誤丟出不同的例外，下面是一些例子，由於類型太多無法一一列舉，當您遇到有疑問的例外時，可以查閱 Python 說明文件：

- ❖ ImportError：匯入指令執行失敗，可能是模組路徑或名稱錯誤。
- ❖ IndexError：索引運算子的範圍錯誤。
- ❖ MemoryError：記憶體不足。
- ❖ NameError：名稱尚未定義。
- ❖ OverflowError：溢位 (算術運算的結果太大，超過能夠表示的範圍)。

- ❖ RuntimeError：執行期間錯誤。
- ❖ SyntaxError：語法錯誤。
- ❖ IndentationError：縮排錯誤。
- ❖ SystemError：直譯器發生內部錯誤。
- ❖ TypeError：將運算或函式套用到型別錯誤的物件。
- ❖ ValueError：內建運算或函式接收到型別正確但值錯誤的引數。
- ❖ ZeroDivisionError：除數為 0 的除法運算。
- ❖ ConnectionError、ConnectionAbortedError、ConnectionRefusedError、ConnectionResetError：連線錯誤、連線失敗、連線被拒、連線重設。
- ❖ FileExistsError：企圖建立已經存在的檔案或資料夾。
- ❖ FileNotFoundError：要求的檔案或資料夾不存在。
- ❖ TimeoutError：系統函式逾時。

例外的處理

對 Python 程式來說，例外是經常會碰到的情況，若置之不理，程式將無法繼續執行。舉例來說，假設有個 Python 程式要求使用者輸入文字檔的路徑與檔名，然後開啟該檔案並加以讀取，程式本身的語法完全正確，問題在於使用者可能輸入錯誤的路徑與檔名，導致系統丟出 FileNotFoundError 例外而終止程式。

這樣的結果通常不是我們所樂見的，比較好的例外處理方式是一旦開啟檔案失敗，就捕捉系統丟出的例外，然後要求使用者重新輸入路徑與檔名，讓程式能夠繼續執行。至於要如何捕捉例外，可以使用下一節所要介紹的 try…except 敘述。

8-2 try…except

我們可以使用 try…except 敘述處理例外，其語法如下：

```
try:
    try_statements
except [exceptionType [as identifier]]:
    except_statements
[else:
    else_statements]
[finally:
    finally_statements]
```

- try 子句：try…except 必須放在可能發生例外的敘述周圍，而 *try_statements* 就是可能發生例外的敘述。
- except 子句：用來捕捉指定的例外，一旦有捕捉到，就執行對應的 *except_statements*，這是一些用來處理例外的敘述。若要針對不同的例外做不同的處理，可以使用多個 except 子句，其中 *exceptionType* 是欲捕捉的例外型別，省略不寫的話，表示為預設型別 BaseException，所有例外都是繼承自該型別。

  此外，亦可將捕捉到的例外指派給變數 *identifier*，然後透過該變數取得例外的相關訊息。
- else 子句：當 *try_statements* 沒有發生例外時，會跳過 except 子句，然後執行 *else_statements*。else 子句為選擇性敘述，可以指定或省略。
- finally 子句：當要離開 try…except 時 (無論有沒有發生例外)，就執行 *finally_statements*，這可能是一些用來清除錯誤或收尾的敘述。finally 子句為選擇性敘述，可以指定或省略。

下面是一個例子，它會要求使用者輸入被除數 X 和除數 Y，然後令 Z 等於 X 除以 Y，再印出 Z 的值。

\Ch08\except1.py

```
X = eval(input("請輸入被除數 X："))
Y = eval(input("請輸入除數 Y："))
Z = X / Y
print("X 除以 Y 的結果等於", Z)
```

下圖是針對不同的輸入所產生的執行結果。

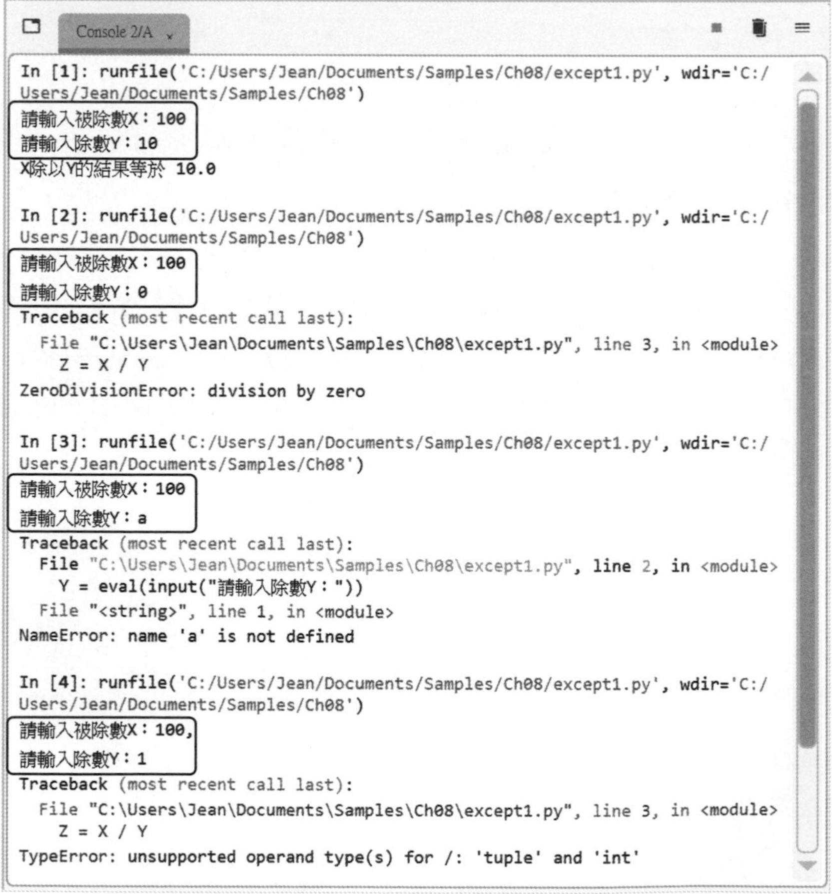

- ❖ 若使用者輸入的被除數 X 為 100、除數 Y 為 10，程式會印出「X 除以 Y 的結果等於 10.0」。
- ❖ 若使用者輸入的被除數 X 為 100、除數 Y 為 0，系統會丟出 ZeroDivisionError 例外並終止程式。
- ❖ 若使用者輸入的被除數 X 為 100、除數 Y 為 a，系統會丟出 NameError 例外並終止程式。
- ❖ 若使用者輸入的被除數 X 為 100, 、除數 Y 為 1，系統會丟出 TypeError 例外並終止程式。

我們可以使用 try⋯except 將前面的例子改寫成如下，令它捕捉 ZeroDivisionError (除數為 0 的除法運算) 和其它例外，然後針對不同的例外做不同的處理，這樣就不會像前面的例子出現一長串錯誤訊息。

\Ch08\except2.py

```
01 try:
02     X = eval(input("請輸入被除數 X："))
03     Y = eval(input("請輸入除數 Y："))
04     Z = X / Y
05 except ZeroDivisionError:
06     print("除數不得為 0")
07 except Exception as e1:
08     print(e1.args)
09 else:
10     print("沒有捕捉到例外！X 除以 Y 的結果等於", Z)
11 finally:
12     print("離開 try⋯except 區塊")
```

- ❖ 01 ~ 04：try 子句必須放在可能發生例外的敘述前面，以標示結構化例外處理的開頭。

❖ 05、06：第 05 行的 except 子句用來捕捉 ZeroDivisionError 例外，一旦捕捉到此例外，就執行第 06 行，印出「除數不得為 0」。

❖ 07、08：第 07 行的 except 子句用來捕捉其它例外，一旦捕捉到其它例外，就執行第 08 行，透過變數 e1 的 args 屬性取得例外的相關訊息並印出。

❖ 09、10：當第 02 ~ 04 行沒有發生例外時，會跳過 except 子句，然後執行 else 子句，印出沒有捕捉到例外和 X 除以 Y 的結果。

❖ 11、12：當要離開 try…except 時 (無論有沒有發生例外)，會執行 finally 子句，印出「離開 try…except 區塊」。

下圖是針對不同的輸入所產生的執行結果。

自行丟出例外

除了系統丟出的例外，我們也可以透過 raise 敘述自行丟出指定的例外，例如下面的敘述會丟出一個 NameError 例外，相關訊息為 "HiThere"：

```
In [1]: raise NameError("HiThere")
Traceback (most recent call last):
  Cell In[1], line 1
    raise NameError("HiThere")
NameError: HiThere
```

同時我們可以使用 try…except 捕捉 raise 敘述丟出的例外，例如：

```
In [1]: try:
   ...:     raise NameError("HiThere")
   ...: except NameError:
   ...:     print("捕捉到 NameError")
   ...:
捕捉到 NameError

In [2]:
```

例外處理的時機

最後，我們來討論一下哪些情況需要進行例外處理，最常見的情況是程式需要與外部交換資料的時候，例如存取檔案、透過網路連線執行某些動作、開啟資料庫等，此時程式本身的語法完全正確，但卻可能因為外部出了問題，例如檔案或資料庫錯誤、網路連線中斷等，導致系統丟出例外而終止程式。為了不要突然中斷程式，就可以加入例外處理，排除障礙或顯示相關訊息提醒使用者。

\ 隨堂練習 /

[讀取檔案] 撰寫一個 Python 程式，令它要求使用者輸入檔案名稱，然後讀取並印出檔案內容，此例為 poem.txt，若檔案不存在，就要求重新輸入，直到輸入正確的檔案名稱為止，下面的執行結果供您參考。

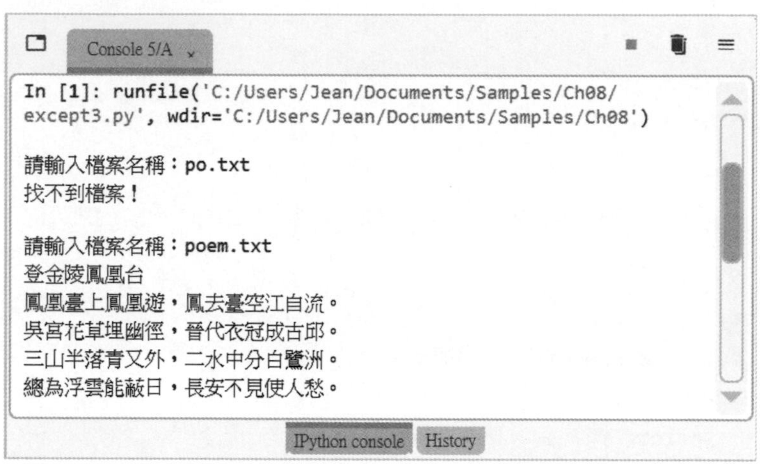

【解答】

\Ch08\except3.py

```
while True:
    try:
        fileName = input("請輸入檔案名稱：")    # 讀取檔名
        fileObject = open(fileName, "r")      # 開啟檔案
        break                                 # 若沒有指定的例外，就跳出
    except FileNotFoundError:
        print("找不到檔案！")

content = fileObject.read()                   # 讀取檔案
print(content)                                # 印出內容
fileObject.close()                            # 關閉檔案
```

學習評量

一、選擇題

(　)1. 當算術運算的結果太大超過範圍時，系統會丟出哪種例外？

A. IndexError　　B. SystemError

C. OverflowError　　D. TypeError

(　)2. 當索引運算子的範圍錯誤時，系統會丟出哪種例外？

A. IndexError　　B. SystemError

C. OverflowError　　D. TypeError

(　)3. try…except 敘述的哪個子句可以用來指定清除錯誤或收尾的敘述？

A. try　　B. except

C. else　　D. finally

(　)4. try…except 敘述的哪個子句可以用來捕捉指定的例外物件？

A. try　　B. except

C. else　　D. finally

(　)5. 我們可以透過例外物件的哪個屬性取得例外的相關訊息？

A. text　　B. content

C. msg　　D. args

二、簡答題

1. 常見的程式設計錯誤有哪三種類型？
2. 撰寫一個敘述丟出一個 IOError 例外，相關訊息為 "File not found."。
3. 簡單說明例外處理的時機為何？

4. 下列程式的執行結果為何？簡單說明此程式的意義。

\Ch08\except4.py

```
def divide(a, b):
    try:
        if b == 0:
            raise ZeroDivisionError('除數不得為 0')
        return a / b
    except ZeroDivisionError as e:
        print(e)
        return None
    finally:
        print('執行完畢')

print(divide(10, 5))
print(divide(10, 0))
print(divide(0, 5))
```

5. 下列程式的執行結果為何？簡單說明此程式的意義。

\Ch08\except5.py

```
try:
    with open("test.txt", "r") as f:
        content = f.read()
    print("File content:", content)
except FileNotFoundError:
    print("Error: File not found!")
```

物件導向

9-1　認識物件導向

9-2　使用類別與物件

9-3　繼承

9-4　多型

9-1 認識物件導向

物件導向（OO，Object Oriented）是軟體發展過程中極具影響性的突破，不少程式語言擁有物件導向的特性，Python 也不例外。

物件導向的優點是物件可以在不同的應用程式中被重複使用，Windows 本身就是一個物件導向的例子，您在 Windows 作業系統中所看到的東西，包括視窗、按鈕、對話方塊、功能表、捲軸、表單、控制項、資料庫等均屬於物件，您可以將這些物件放進自己撰寫的程式，然後視實際情況變更物件的屬性（例如標題列的文字、按鈕的大小、對話方塊的類型等)，而不必再為這些物件撰寫冗長的程式碼。

下面是幾個常見的名詞：

- **物件**（object）或**實體**（instance）就像在生活中所看到的各種物體，例如房子、電腦、手機、冰箱、汽車、電視等，而物件可能又是由許多子物件所組成，比方說，電腦是一種物件，而電腦又是由硬碟、CPU、主機板等子物件所組成；又比方說，Windows 作業系統中的視窗是一種物件，而視窗又是由標題列、功能表列、工具列等子物件所組成。在 Python 中，物件是資料與程式碼的組合，它可以是整個應用程式或應用程式的一部分。

- **屬性**（attribute）或**成員變數**（member variable）是用來描述物件的特質，比方說，電腦是一種物件，而電腦的 CPU 等級、製造廠商等用來描述電腦的特質就是這個物件的屬性；又比方說，Windows 作業系統中的視窗是一種物件，而它的大小、位置等用來描述視窗的特質就是這個物件的屬性。

- **方法**（method）或**成員函式**（member function）是用來定義物件的動作，比方說，電腦是一種物件，而開機、關機、執行應用程式等動作就是這個物件的方法。

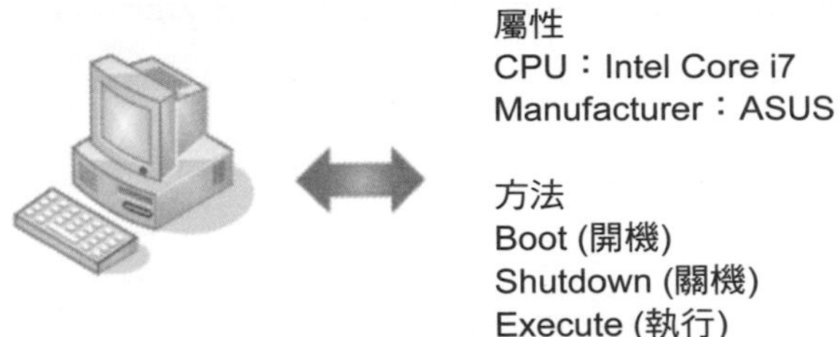

- **類別** (class) 是物件的分類，就像物件的藍圖或樣板，隸屬於相同類別的物件具有相同的屬性與方法，但屬性的值則不一定相同。比方說，假設「汽車」是一個類別，它有「廠牌」、「顏色」、「型號」等屬性，以及「開門」、「關門」、「發動」等方法，那麼一部白色 BMW 520 汽車就是隸屬於「汽車」類別的一個物件，其「廠牌」屬性的值為 BMW，「顏色」屬性的值為白色，「型號」屬性的值為 520，而且除了這些屬性，它還有「開門」、「關門」、「發動」等方法，至於其它車款 (例如 BENZ、TOYOTA) 則為汽車類別的其它物件。

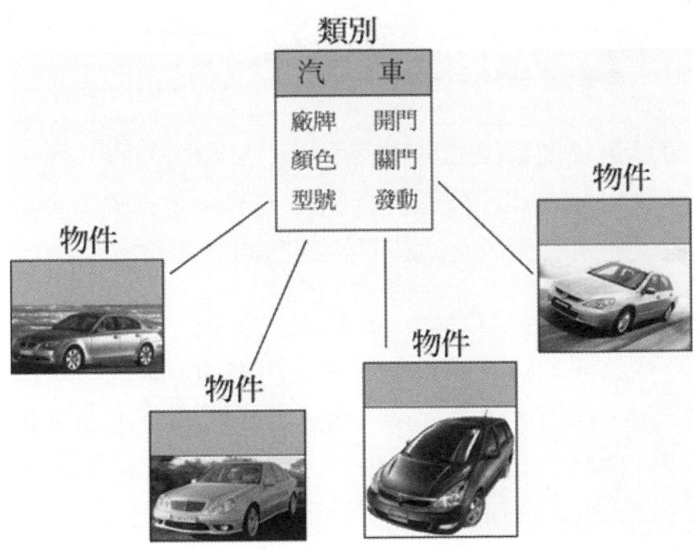

物件導向程式設計（OOP，Object Oriented Programming）主要有下列幾個特點：

- **封裝**（encapsulation）：傳統的**程序性程式設計**（procedural programming）是將資料與用來處理資料的函式分開定義，著重於函式的設計，而物件導向程式設計則是將資料與用來處理資料的函式放在一起成為一個類別，稱為「封裝」，著重於物件與物件之間的操作。

  此外，類別內部的資料或函式可以設定**存取層級**（access level），例如設定為私有屬性或私有方法，限制只有類別內部的敘述能夠加以存取，這樣就能將一些需要保護的資料或函式隱藏起來，避免被類別外部的敘述或其它程式誤改或刻意竄改。

- **繼承**（inheritance）：繼承指的是從既有的類別定義出新的類別，這個既有的類別叫做**父類別**（parent class），而這個新的類別叫做**子類別**（child class、subclass）。

  子類別繼承了父類別的非私有成員，同時可以加入新的成員或**覆蓋**（override）繼承自父類別的方法，也就是將繼承自父類別的方法重新定義，而且不會影響到父類別的方法。

  繼承的優點是**提高軟體的重複使用性**，父類別的程式碼只要撰寫與偵錯一次，就可以在其子類別重複使用，不僅節省時間與開發成本，也提高了程式的可靠性，有助於原始問題的概念化。

  舉例來說，假設要各自定義一個類別表示貓、狗、羊等動物，由於牠們具有一些共同的特質與動作，例如四隻腳、會走路、會叫，為了不要重複定義，我們可以先定義一個具有一般性的 Animal 類別做為父類別，裡面有牠們共同的特質與動作，接著從 Animal 類別定義出具有特殊性的 Cat、Dog、Sheep 等子類別，然後在子類別內加入貓、狗、羊獨有的特質與動作，例如貓會玩毛線球、狗會看家、羊會吃草等。

❖ **多型**（polymorphism）：多型指的是當不同的物件收到相同的訊息時，會以各自的方法來做處理。舉例來說，假設飛行器是一個父類別，它有起飛與降落兩個方法，另外有熱汽球、直升機和噴射機三個子類別，這三個子類別繼承了父類別的起飛與降落兩個方法，不過，由於熱汽球、直升機和噴射機的起飛方式與降落方式是不同的，因此，我們必須在子類別內覆蓋（override）這兩個方法，屆時只要物件收到起飛或降落的訊息，就會視物件所隸屬的子類別呼叫對應的方法來做處理。

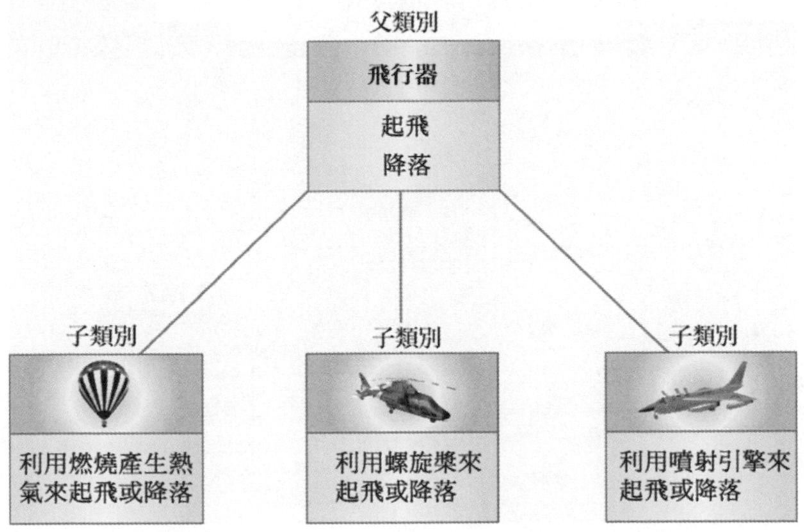

 **備註**

程序性程式設計（procedural programming）屬於比較傳統的程式設計方式，整個程式是由一連串的命令與敘述所組成，只要逐步執行這些命令與敘述，就能得到結果，典型的程序性程式語言有 FORTRAN、ALGOL、BASIC、COBOL、Pascal、C、Ada 等。

9-2 使用類別與物件

我們在第 3 章提過，Python 中的所有資料都是**物件** (object)，所以數值是物件，字串也是物件，而物件的型別定義於**類別** (class)，例如整數的型別是 int 類別，浮點數的型別是 float 類別，字串的型別是 str 類別。

類別就像物件的藍圖或樣板，裡面定義了物件的資料，以及用來操作物件的函式，前者稱為**屬性** (attribute)，後者稱為**方法** (method)。至於物件則是類別的**實體** (instance)，我們可以根據相同的類別建立多個物件，這個建立物件的動作稱為**實體化** (instantiation)，就像工廠可以根據相同的藍圖製造多個產品一樣。

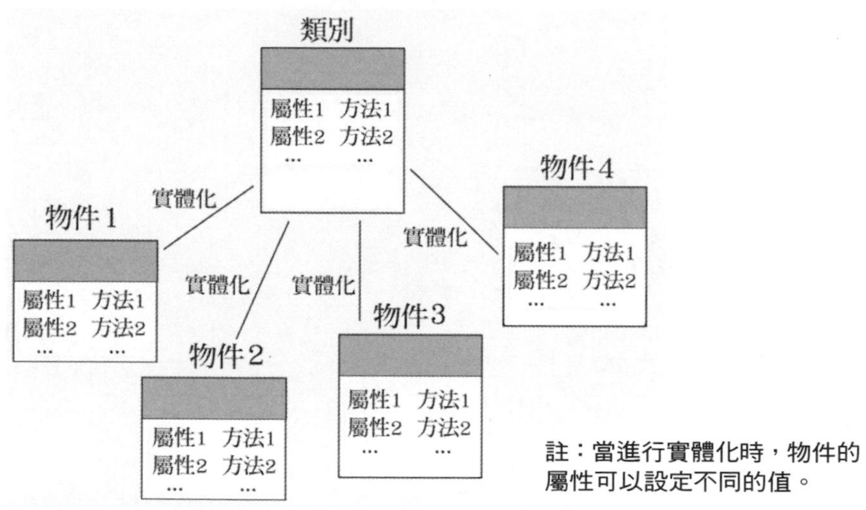

Python 中的物件都有**編號** (id)、**型別** (type) 與**值** (value)，我們可以透過下列函式取得這些資訊：

- id(*x*)：取得參數 *x* 參照之物件的 id 編號。
- type(*x*)：取得參數 *x* 參照之物件的型別。
- print(*x*)：印出參數 *x* 參照之物件的值。

9-2-1 定義類別

我們可以使用 class 關鍵字定義類別，其語法如下，類別的名稱後面要加上冒號：

```
class ClassName:
    statements
```

- ❖ class：這個關鍵字用來表示要定義類別。
- ❖ *ClassName*：這是類別的名稱，命名規則與變數相同。
- ❖ *statements*：這是類別的主體，用來定義變數或函式，類別內的變數稱為**屬性** (attribute)，而類別內的函式稱為**方法** (method)。

例如下面的敘述是定義一個名稱為 Circle 的類別，用來表示圓形：

```
01 class Circle:
02     PI = 3.14
03     radius = 1
04 
05     def getArea(self):
06         return self.PI * self.radius * self.radius
```

- ❖ 02：定義一個名稱為 PI、初始值為 3.14 的屬性，用來表示圓周率。
- ❖ 03：定義一個名稱為 radius、初始值為 1 的屬性，用來表示半徑。
- ❖ 05、06：定義一個名稱為 getArea 的方法，用來計算圓面積。

注意

Python 規定類別內所有方法的第一個參數必須是 self，參照剛被建立的物件本身，例如第 06 行的 self.PI、self.radius 就是物件的 PI 和 radius 屬性，其中點運算子 (.) 用來存取物件的屬性與方法。

備註

- 類別內的敘述必須以 class 關鍵字為基準向右縮排至少一個空白，同時縮排要對齊，表示這些敘述是在 class 區塊內。
- 在類別內定義方法和定義一般函式幾乎相同，差別在於方法的第一個參數必須是參照物件本身的 self，我們也可以將這個參數指定為其它名稱，但一般還是習慣使用 self。之所以要有 self 參數，原因是要讓方法內的敘述透過這個參數存取物件的屬性，比方說，若將第 06 行的 self.PI、self.radius 寫成 PI、radius，將會發生 NameError 錯誤，名稱 PI 和 radius 尚未定義。
- 雖然 Python 沒有規定類別、屬性和方法的命名慣例，但我們建議類別的名稱以名詞開頭，字首大寫，例如 Circle、LinkedList；屬性的名稱以名詞開頭，字中大寫，例如 radius、userName；方法的名稱以動詞開頭，字中大寫，例如 showName、getArea。

9-2-2 建立物件

在類別定義完畢後，我們可以根據類別建立物件，其語法如下，*ClassName* 是類別的名稱，*parameters* 是參數，第二種語法會在下一節做介紹：

```
ClassName() 或 ClassName([parameters])
```

例如下面的敘述是建立一個隸屬於 Circle 類別的物件並指派給變數 C1，也就是令變數 C1 參照一個 Circle 物件：

```
C1 = Circle()
```

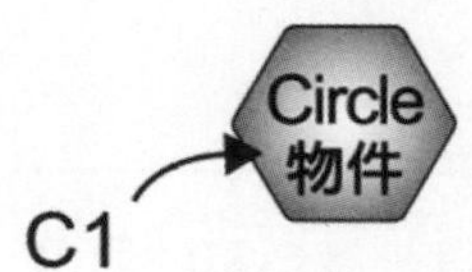

而下面的敘述是令變數 C2 參照變數 C1 所參照的 Circle 物件，也就是兩者參照相同的物件：

```
C2 = C1
```

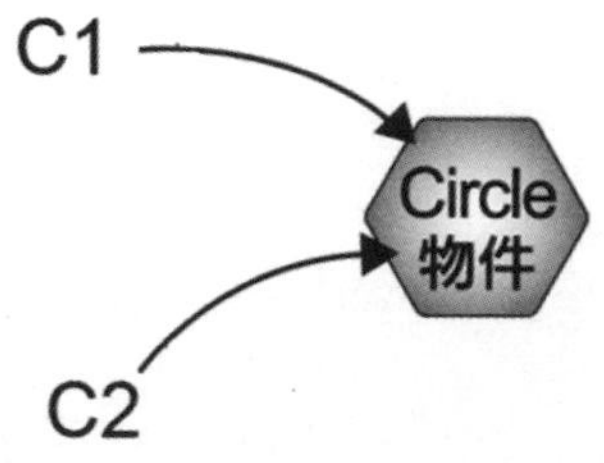

在建立類別的物件後，就可以使用**點運算子** (.) 存取物件的屬性與方法，例如下面的敘述是印出變數 C1 參照之物件的 radius 屬性，也就是印出其值為 1：

```
print(C1.radius)
```

而下面的敘述是將變數 C2 參照之物件的 radius 屬性設定為 10，由於變數 C2 和變數 C1 參照相同的物件，所以 C1.radius 的值會變更為 10：

```
C2.radius = 10
```

至於下面的敘述則是呼叫變數 C1 參照之物件的 getArea() 方法，也就是傳回圓面積為 314.0 (3.14 * 10 * 10)：

```
C1.getArea()
```

請注意，雖然我們在定義 getArea() 方法時有指定第一個參數為 self，但在呼叫 getArea() 方法時並不需要加上這個參數，因為 Python 會自動傳遞這個參數，一旦在呼叫時加上這個參數，反倒會發生 TypeError 錯誤。

我們可以將前面的討論整合成下面的例子。

\Ch09\OOP1.py

```
01 class Circle:
02     PI = 3.14
03     radius = 1
04 
05     def getArea(self):
06         return self.PI * self.radius * self.radius
07 
08 C1 = Circle()                                        # 建立一個物件並指派給 C1
09 print("半徑為", C1.radius, "的圓面積為", C1.getArea()) # 印出 C1 的半徑與圓面積
10 
11 C2 = C1                                              # 令 C2 參照 C1 所參照的物件
12 C2.radius = 10                                       # 將 C2 的半徑設定為 10
13 print("半徑為", C1.radius, "的圓面積為", C1.getArea()) # 印出 C1 的半徑與圓面積
```

執行結果如下圖，一開始變數 C1 所參照之物件的 radius 屬性為 1，所以第 09 行印出 C1 的半徑與圓面積為 1 和 3.14；接著第 11 行令變數 C2 參照變數 C1 所參照的物件，第 12 行將變數 C2 所參照之物件的 radius 屬性設定為 10，所以第 13 行印出 C1 的半徑與圓面積變更為 10 和 314.0。

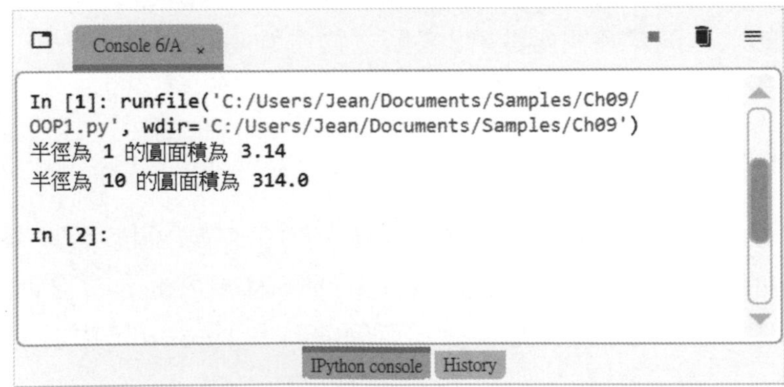

9-2-3 __init__() 方法

除了一般的屬性和方法之外，Python 允許類別提供一個名稱為 __init__() 的特殊方法，在建立物件的時候，會自動呼叫這個方法將物件初始化，常見的初始化動作有設定資料的初始值、開啟檔案、建立資料庫連接、建立網路連線等。

__init__ 的前後是兩個底線，中間沒有空白，init 取自 initialize (初始化) 的開頭。同樣的，__init__() 方法的第一個參數必須是 self，參照剛被建立的物件本身。

在前一節的例子 \Ch09\OOP1.py 中，我們是先建立 Circle 物件，令半徑統一為初始值 1，之後再將半徑設定為想要的數值。事實上，比較理想的做法應該是在建立物件的時候，就將半徑設定為想要的數值，此時，我們可以利用 __init__() 方法達到將半徑初始化的目的，下面是一個例子。

\Ch09\OOP2.py

```
class Circle:
    PI = 3.14

    def __init__(self, r = 1):
        self.radius = r

    def getArea(self):
        return self.PI * self.radius * self.radius

C1 = Circle()
print("半徑為", C1.radius, "的圓面積為", C1.getArea())

C2 = Circle(10)
print("半徑為", C2.radius, "的圓面積為", C2.getArea())
```

❖ 04、05：定義 __init__() 方法，用來將物件的 radius 屬性設定為參數 r 所指定的值，此例的參數 r 是一個選擇性參數，預設值為 1。提醒您，__init__() 方法會在建立物件的時候自動執行，不需要加以呼叫。

此外，當類別內有定義 __init__() 方法時，可以使用如下語法建立物件，*ClassName* 是類別的名稱，*parameters* 是要傳遞給 __init__() 方法的參數，不過，Python 會自動傳遞參數 self，所以 *parameters* 不包括參數 self：

```
ClassName([parameters])
```

❖ 10：透過 Circle() 敘述建立一個 Circle 物件並指派給變數 C1，由於沒有指定參數 r 的值，所以該物件的 radius 屬性為預設值 1。

❖ 11：印出變數 C1 參照之物件的半徑與圓面積，分別是 1 和 3.14。

❖ 13：透過 Circle(10) 敘述建立一個 Circle 物件並指派給變數 C2，由於有指定參數 r 的值為 10，所以該物件的 radius 屬性為 10。

❖ 14：印出變數 C2 參照之物件的半徑與圓面積，分別是 10 和 314.0。

執行結果如下圖。

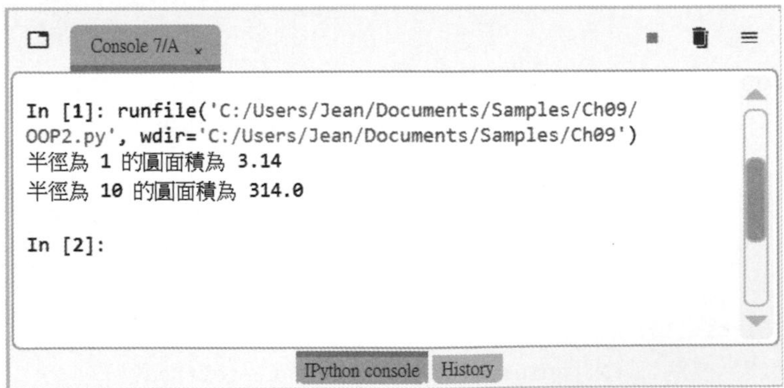

9-2-4 匿名物件

通常我們會先建立物件，然後將物件指派給變數，再透過這個變數存取物件，但其實 Python 允許我們在沒有將物件指派給變數的情況下存取物件，稱為**匿名物件**（anonymous object）。

下面是一個例子，您可以拿它和前一節的例子做比較，兩者的執行結果相同，差別在於這個例子是直接存取物件，沒有將物件指派給變數。

\Ch09\OOP3.py

```
class Circle:
    PI = 3.14

    def __init__(self, r = 1):
        self.radius = r

    def getArea(self):
        return self.PI * self.radius * self.radius

print("半徑為", Circle().radius, "的圓面積為", Circle().getArea())
print("半徑為", Circle(10).radius, "的圓面積為", Circle(10).getArea())
```

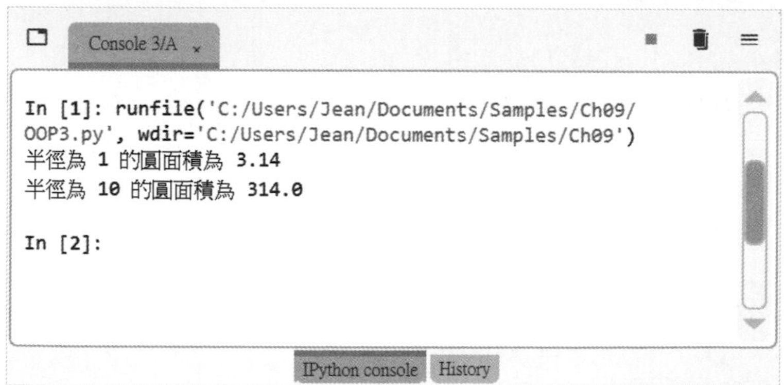

9-2-5 私有成員 (私有屬性與私有方法)

在前幾節的例子中，類別外部的敘述都能直接存取類別內部的資料，然在實務上這種設計並不妥當，因為有些被保護的資料，例如成績或薪資，不應該允許任何敘述都能直接存取，因為這可能導致資料被誤改或刻意竄改。

此時，我們可以將這些資料設定為**私有屬性** (private attribute)，限制只有類別內部的敘述能夠加以存取，若類別外部的敘述想要加以存取，必須透過類別所提供的方法，如此一來，就可以限制這些資料的存取方式，例如只能讀取不能寫入或限制資料的有效範圍，例如成績必須是 0 ~ 100 的數值。

私有屬性的名稱前面要加上兩個底線，但名稱後面則不能有底線，例如 __radius 是私有屬性，而 __radius__ 、__radius___ 不是私有屬性。

下面是一個例子，它將半徑設定為私有屬性 __radius。

\Ch09\OOP4.py

```
class Circle:
    PI = 3.14

    def __init__(self, r = 1):
        self.__radius = r

    def getRadius(self):
        return self.__radius

    def getArea(self):
        return self.PI * self.__radius * self.__radius

C1 = Circle(10)
print("C1 的半徑為", C1.getRadius())
print("C1 的圓面積為", C1.getArea())
```

執行結果如下圖，由於類別外部的敘述無法直接存取私有屬性 _ _radius，因此，第 14 行必須透過 getRadius() 方法才能取得半徑的值。

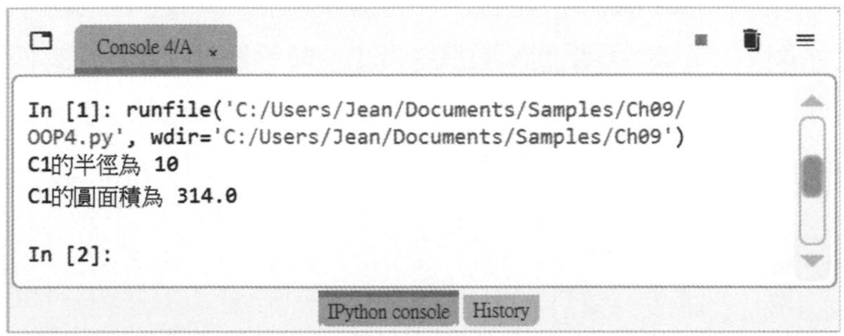

若將第 14 行改寫成如下，試圖直接存取私有屬性 _ _radius，將會得到如下圖的錯誤訊息 AttributeError: 'Circle' object has no attribute '_ _radius'，表示 Circle 物件沒有 _ _radius 屬性：

```
print("C1 的半徑為", C1.__radius)
```

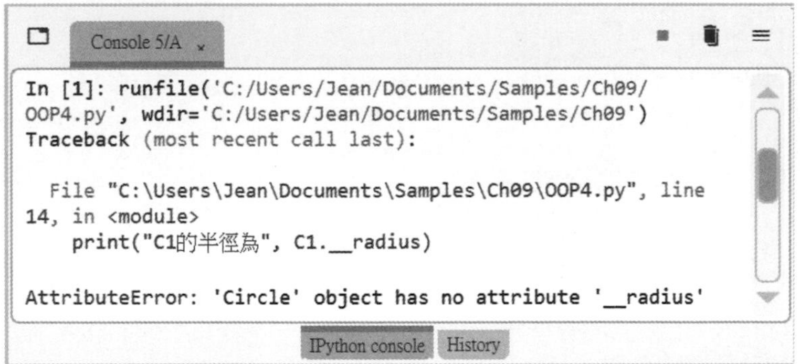

除了私有屬性，我們也可以設定**私有方法** (private meyhod)，同樣的，私有方法的名稱前面要加上兩個底線，但名稱後面則不能有底線，只有類別內部的敘述能夠呼叫私有方法。我們可以藉由私有屬性與私有方法將一些需要保護的屬性與方法隱藏起來，達到**資料隱藏** (data hiding) 的目的。

\ 隨 堂 練 習 /

(1) 假設有一個 Employee 類別如下，用來表示員工的姓名與薪水，為了保護姓名與薪水資料不要受到隨意更改，於是將兩者設定為私有變數，類別外部的敘述只能透過 getName() 方法取得員工的姓名，以及透過 setSalary() 與 getSalary() 方法設定和取得員工的薪水：

```
class Employee:
    def __init__(self, name):
        self.__name = name

    def getName(self):
        return self.__name

    def setSalary(self, basic, bonus = 0):
        self.__salary = basic + bonus

    def getSalary(self):
        return self.__salary
```

請問下列敘述的執行結果為何？

```
E1 = Employee("陳小明")
E2 = Employee("王大同")
E1.setSalary(58000)
E2.setSalary(58000, 1500)
print("員工", E1.getName(), "的薪水為", E1.getSalary())
print("員工", E2.getName(), "的薪水為", E2.getSalary())
```

(2) 下列敘述的錯誤在哪？該如何修正？

```
01 class Rectangle:
02     def __init__(self, w, h):
03         self.width = w
04         self.height = h
05
06 R = Rectangle()
07 print(R.width, R.height)
```

【解答】

(1) 執行結果如下圖（\Ch09\OOP5.py）。

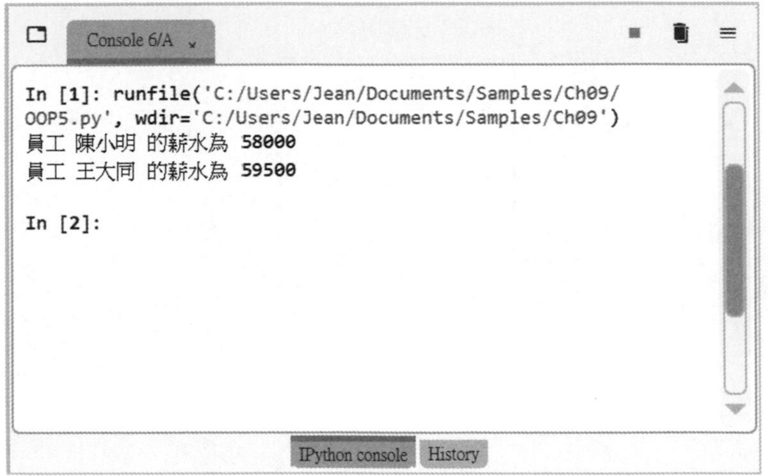

(2) 第 06 行錯誤，在建立物件時必須傳遞兩個參數做為 width 和 height 屬性的值，例如 R = Rectangle(10, 5)。

9-3 繼承

誠如我們在第 9-1 節所介紹的，**繼承**（inheritance）是物件導向程式設計主要的特點之一，所謂繼承指的是從既有的類別定義出新的類別，這個既有的類別叫做**父類別**（parent class），由於是用來做為基礎的類別，故又稱為**基底類別**（base class）或**超類別**（super class），而這個新的類別叫做**子類別**（child class、subclass），由於是繼承自基底類別，故又稱為**衍生類別**（derived class）或**擴充類別**（extended class）。

子類別繼承了父類別的非私有成員，同時可以加入新的成員或覆蓋（override）繼承自父類別的方法，也就是將繼承自父類別的方法重新定義，而且不會影響到父類別的方法。

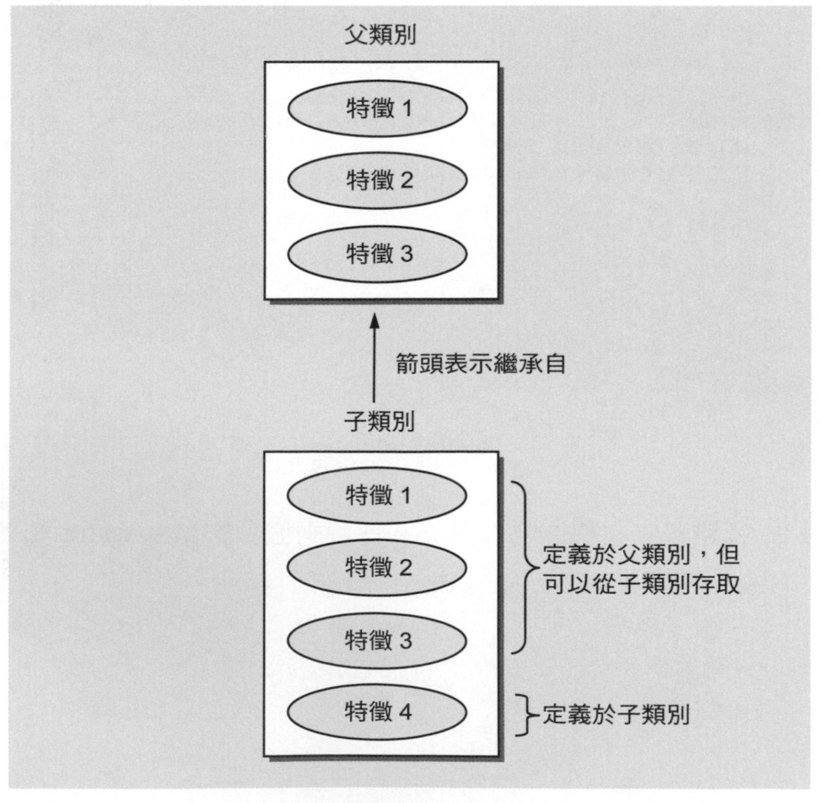

繼承的優點是提高軟體的重複使用性，當我們已經花費時間完成父類別的撰寫與偵錯時，若某些情況超過父類別所能處理的範圍，可以使用繼承的方式建立子類別，然後針對這些無法處理的情況做修改，而不要直接修改父類別，以免又要花費同樣或更多時間去偵錯。

另一個理由是 Python 內建強大的標準函式庫，還有豐富的第三方函式庫，只要善用繼承的觀念，就可以根據自己的需求從這些函式庫提供的類別定義出新的類別，而不必什麼功能都要重新撰寫與偵錯。

對初學者來說，繼承的觀念並不難理解，困難的是在實際撰寫程式的時候，如何規劃類別之間的繼承關係，即所謂的**類別階層** (class hierarchy)，哪些功能應該放進父類別，而哪些功能應該放進子類別，需要事先設想清楚。

原則上，類別階層由上到下的定義應該是由廣義進入狹義，以下圖的類別階層為例，父類別 Employee 泛指員工，而其子類別 SalesPerson、Manager 分別表示銷售人員和店長，無論是銷售人員或店長都是隸屬於員工的一種，所以子類別 SalesPerson、Manager 均繼承了父類別 Employee 的非私有成員，同時可以加入新的成員或覆蓋繼承自父類別的方法。

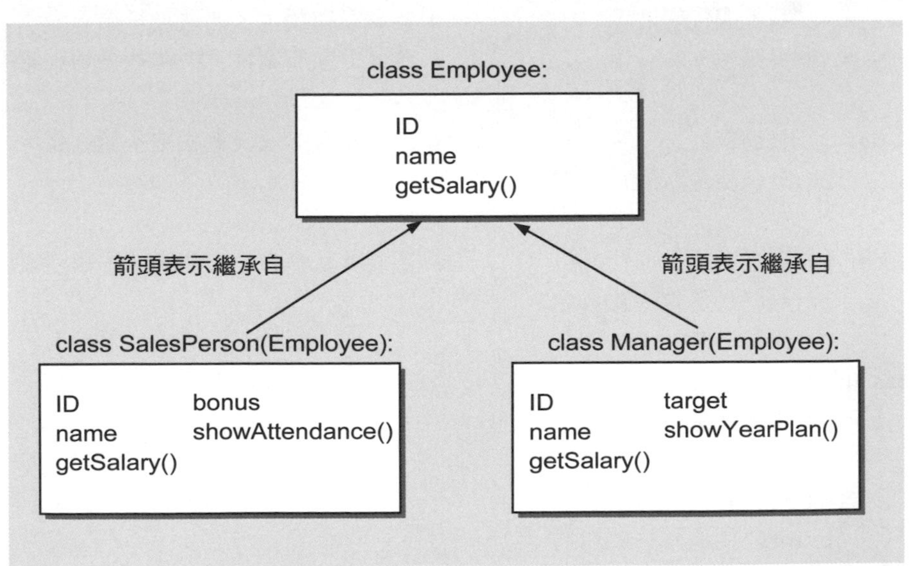

9-3-1 定義子類別

定義子類別其實和定義一般類別差不多，不同的是在子類別的名稱後面加上小括號並指定父類別的名稱，其語法如下：

```
class ChildClass(ParentClass):
    statements
或
class ChildClass(ParentClass1, ParentClass2, …):
    statements
```

第一種語法的子類別 *ChildClass* 是繼承自一個父類別 *ParentClass*，而第二種語法的子類別 *ChildClass* 是繼承自多個父類別 *ParentClass1, ParentClass2,* …，稱為**多重繼承**（multiple inheritance）。

下面是一個例子，其中類別 B 繼承自類別 A。

\Ch09\OOP6.py

```
class A:                            # 定義類別 A
    __x = "我是屬性__x"               # 定義私有屬性，無法被子類別繼承
    y = "我是屬性 y"                  # 定義非私有屬性，能夠被子類別繼承

    def __M1(self):                 # 定義私有方法，無法被子類別繼承
        print("我是方法 M1()")

    def M2(self):                   # 定義非私有方法，能夠被子類別繼承
        print("我是方法 M2()")

class B(A):                         # 定義類別 B 繼承自類別 A
    z = "我是屬性 z"

    def M3(self):
        print("我是方法 M3()")
```

在這個例子中，父類別 A 有__x、y 兩個屬性和 __M1()、M2() 兩個方法，其中 __x 為私有屬性，__M1() 為私有方法，兩者無法被子類別 B 繼承，因此，子類別 B 除了繼承父類別 A 的非私有成員 y 屬性和 M2() 方法，還加入新的成員 z 屬性和 M3() 方法，總共 4 個成員。

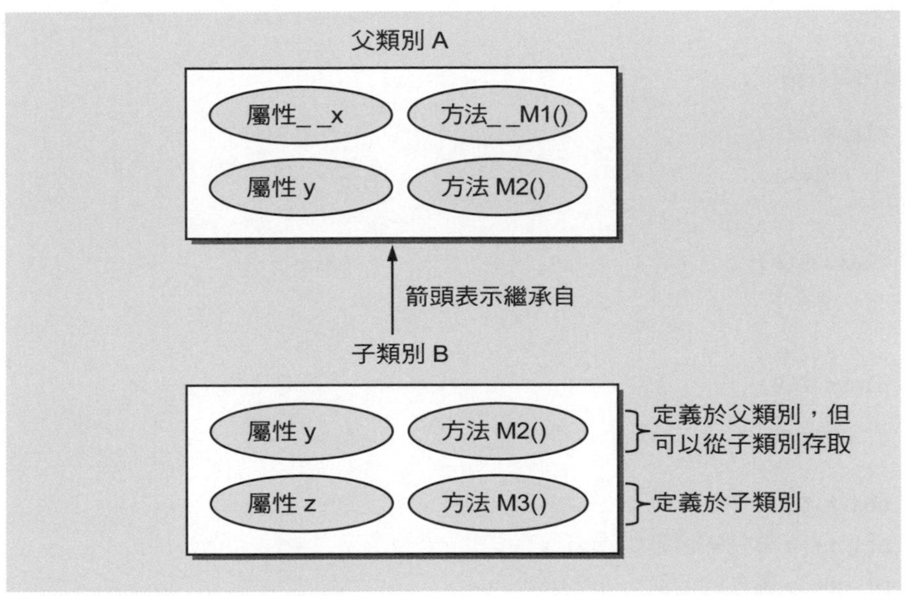

鏈狀繼承 (chained inheritance)

Python 支援**鏈狀繼承**，例如在左下圖中，類別 B 繼承自類別 A，而類別 C 又繼承自類別 B，同時一個父類別可以有多個子類別，如右下圖。

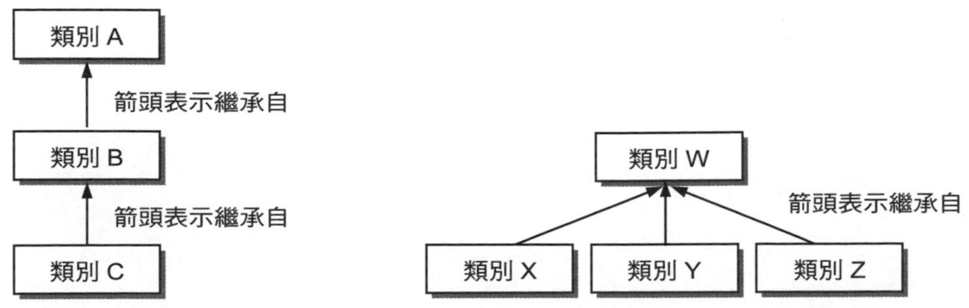

我們可以使用下面的程式表示這樣的鏈狀繼承關係，類別 B 繼承自類別 A (第 04、05 行)，而類別 C 又繼承自類別 B (第 07、08 行)，此時，類別 C 的成員包含 x、y、z 三個屬性，至於第 10 行是建立一個隸屬於類別 C 的物件並指派給變數 obj，第 11 ~ 13 行是透過變數 obj 印出 x、y、z 三個屬性的值。

\Ch09\OOP7.py

```
01 class A:
02     x = 1
03
04 class B(A):
05     y = 2
06
07 class C(B):
08     z = 3
09
10 obj = C()
11 print("x 屬性的值為", obj.x)
12 print("y 屬性的值為", obj.y)
13 print("z 屬性的值為", obj.z)
```

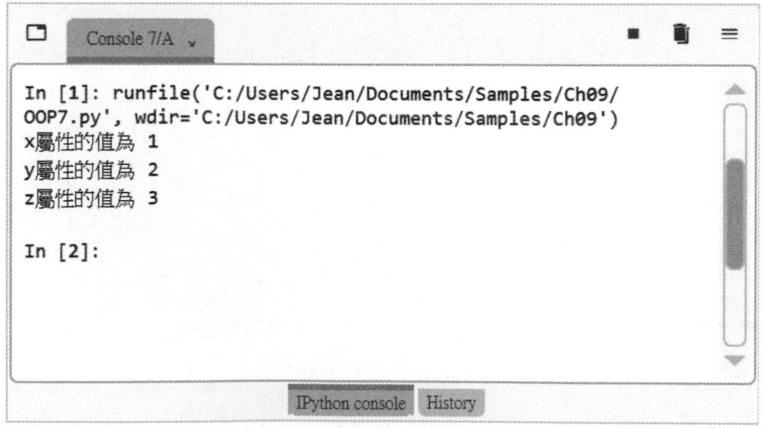

多重繼承 (multiple inheritance)

Python 亦支援**多重繼承**，一個子類別可以繼承自多個父類別，例如在下圖中，類別 C 繼承自類別 A 和類別 B。我們可以使用下面的程式表示這樣的多重繼承關係，類別 C 繼承自類別 A 和類別 B (第 07 行)，此時，類別 C 的成員包含 x、y、z 三個屬性，至於第 10 行是建立一個隸屬於類別 C 的物件並指派給變數 obj，第 11 ~ 13 行是透過變數 obj 印出 x、y、z 三個屬性的值。

\Ch09\OOP8.py

```
01 class A:
02     x = 1
03
04 class B:
05     y = 2
06
07 class C(A, B):
08     z = 3
09
10 obj = C()
11 print("x 屬性的值為", obj.x)
12 print("y 屬性的值為", obj.y)
13 print("z 屬性的值為", obj.z)
```

類別 A
類別 B
箭頭表示繼承自
類別 C

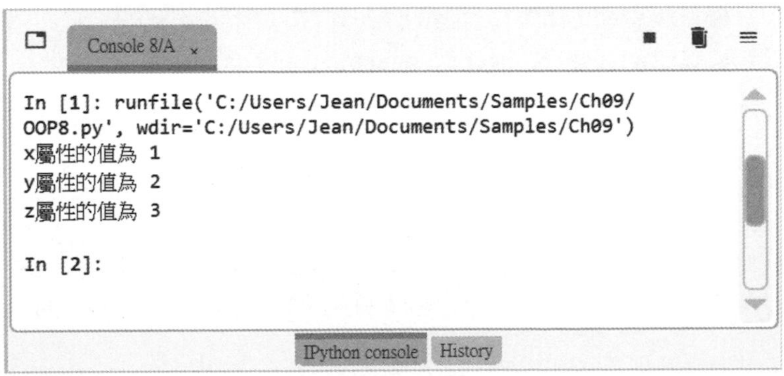

9-3-2 覆蓋繼承自父類別的方法

覆蓋（override）指的是子類別將繼承自父類別的方法重新定義，而且不會影響到父類別的方法。我們通常透過覆蓋的技巧來實作物件導向程式設計的**多型**（polymorphism），第 9-4 節有進一步的討論。

下面是一個例子，它會示範如何在子類別 SalesPerson 中覆蓋繼承自父類別 Employee 的 getSalary() 方法。

\Ch09\OOP9.py

```
class Employee:
    # 這個初始化方法用來設定員工的姓名
    def __init__(self, name):
        self.__name = name

    # 這個方法用來傳回員工的姓名
    def getName(self):
        return self.__name

    # 這個方法用來傳回員工的本月薪水
    def getSalary(self, hours, payrate):
        return hours * payrate

class SalesPerson(Employee):
    # 這個方法用來傳回銷售人員的本月薪水（含業績獎金）
    def getSalary(self, hours, payrate, bonus):
        return hours * payrate + bonus

E1 = Employee("小丸子")
E2 = SalesPerson("小紅豆")
print("員工", E1.getName(), "的本月薪水為", E1.getSalary(120, 200))
print("銷售人員", E2.getName(), "的本月薪水為", E2.getSalary(120, 200, 3000))
```

- ❖ 01 ~ 12：定義父類別 Employee 用來表示員工，其中第 11 ~ 12 行的 getSalary() 方法會根據小時數 hours 及鐘點費 payrate 計算員工的本月薪水。
- ❖ 14 ~ 17：定義子類別 SalesPerson 用來表示銷售人員，其中第 16 ~ 17 行是覆蓋繼承自父類別的 getSalary() 方法，令它除了根據小時數 hours 及鐘點費 payrate 計算銷售人員的本月薪水，還會加上業績獎金 bonus。
- ❖ 19：建立一個隸屬於父類別 Employee 的物件，此時會自動呼叫 __init__() 方法，將員工的姓名設定為 "小丸子"。
- ❖ 20：建立一個隸屬於子類別 SalesPerson 的物件，雖然該類別沒有定義 __init__() 方法，但父類別有，於是會自動呼叫父類別的 __init__() 方法，將銷售人員的姓名設定為 "小紅豆"。
- ❖ 21：印出姓名與本月薪水，由於變數 E1 是一個 Employee 物件，所以 getSalary() 方法會傳回小時數乘以鐘點費。
- ❖ 22：印出姓名與本月薪水，由於變數 E2 是一個 SalesPerson 物件，所以 getSalary() 方法會傳回小時數乘以鐘點費，再加上業績獎金。

執行結果如下圖。

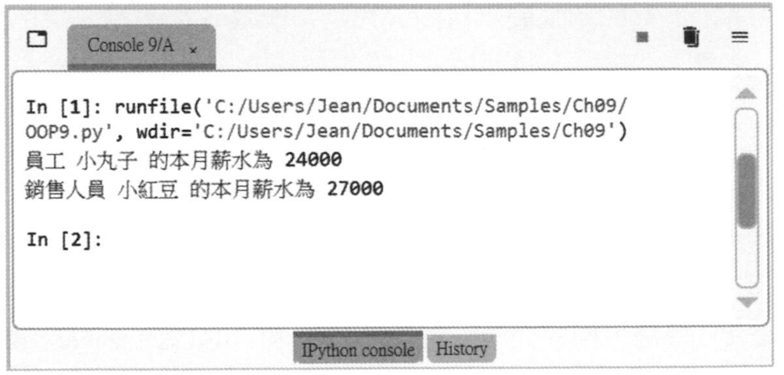

9-3-3 呼叫父類別內被覆蓋的方法

在本節中，我們要告訴您一個實用的小技巧，就是如何在子類別呼叫父類別內被覆蓋的方法。以前一節的 \Ch09\OOP9.py 為例，由於子類別在重新定義 getSalary() 方法的時候，其實有部分敘述和父類別的 getSalary() 方法相同，因此，我們可以呼叫父類別的 getSalary() 方法來取代，避免重複撰寫相同的敘述，減少錯誤，其中 super() 方法可以用來找到父類別：

```
def getSalary(self, hours, payrate, bonus):
    return hours * payrate + bonus
```

這些敘述和父類別的 getSalary() 方法相同，當父類別內被覆蓋的方法有很多敘述時，更能彰顯這個技巧的實用性

```
def getSalary(self, hours, payrate, bonus):
    return super().getSalary(hours, payrate) + bonus
```

super() 方法的語法如下，可以根據參數 *type* 所指定的子類別名稱和參數 *obj* 所指定的物件找到父類別：

```
super(type, obj)
```

參數 *type* 省略不寫的話，表示目前的類別，參數 *obj* 省略不寫的話，表示物件本身，所以 return super().getSalary(hours, payrate) + bonus 中的 super() 就相當於 super(SalesPerson, self)。

此外，我們也可以在子類別呼叫父類別內的 __init__() 方法，下面是一個例子，改寫自前一節的 \Ch09\OOP9.py，這次換在建立 SalesPerson 物件的時候透過 __init__() 方法設定業績獎金，而不是將固定的業績獎金寫進 getSalary() 方法，如此便能針對不同的銷售人員設定不同的業績獎金，更符合實際的應用。

\Ch09\OOP10.py

```
01 class Employee:
02     # 這個初始化方法用來設定員工的姓名
03     def __init__(self, name):
04         self.__name = name
05 
06     # 這個方法用來傳回員工的姓名
07     def getName(self):
08         return self.__name
09 
10     # 這個方法用來傳回員工的本月薪水
11     def getSalary(self, hours, payrate):
12         return hours * payrate
13 
14 class SalesPerson(Employee):
15     # 這個初始化方法用來設定銷售人員的姓名與業績獎金
16     def __init__(self, name, bonus):
17         super().__init__(name)
18         self.__bonus = bonus
19 
20     # 這個方法用來傳回銷售人員的本月薪水（含業績獎金）
21     def getSalary(self, hours, payrate):
22         return super().getSalary(hours, payrate) + self.__bonus
23 
24 E1 = Employee("小丸子")
25 E2 = SalesPerson("小紅豆", 3000)
26 print("員工", E1.getName(), "的本月薪水為", E1.getSalary(120, 200))
27 print("銷售人員", E2.getName(), "的本月薪水為", E2.getSalary(120, 200))
```

❖ 01 ~ 12：定義父類別 Employee 用來表示員工。

❖ 14 ~ 22：定義子類別 SalesPerson 用來表示銷售人員。

- 16 ~ 18：定義子類別 SalesPerson 的 __init__() 方法，其中第 17 行是透過 super() 方法呼叫父類別的 __init__() 方法根據參數 name 設定銷售人員的姓名，而第 18 行是根據參數 bonus 設定銷售人員的業績獎金（儲存在私有變數 __bonus）。
- 21 ~ 22：定義子類別 SalesPerson 的 getSalary() 方法，其中第 22 行是透過 super() 方法呼叫父類別的 getSalary() 方法根據小時數及鐘點費計算銷售人員的本月薪水，再加上業績獎金。
- 24：建立一個隸屬於父類別 Employee 的物件，此時會自動呼叫 __init__() 方法，將員工的姓名設定為 "小丸子"。
- 25：建立一個隸屬於子類別 SalesPerson 的物件，此時會自動呼叫 __init__() 方法，將銷售人員的姓名設定為 "小紅豆"，業績獎金設定為 3000。
- 21：印出姓名與本月薪水，由於變數 E1 是一個 Employee 物件，所以 getSalary() 方法會傳回小時數乘以鐘點費。
- 22：印出姓名與本月薪水，由於變數 E2 是一個 SalesPerson 物件，所以 getSalary() 方法會傳回小時數乘以鐘點費，再加上業績獎金。

執行結果如下圖。

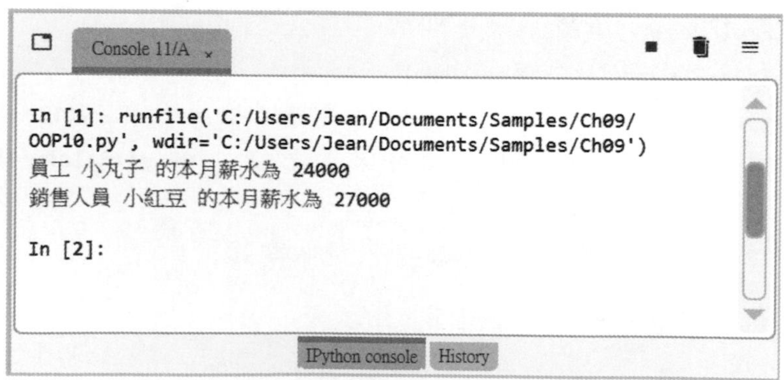

9-3-4 isinstance() 與 issubclass() 函式

Python 提供下列兩個與繼承相關的內建函式：

- isinstance() 的語法如下，若參數 *obj* 是參數 *classinfo* 所指定之類別或其子類別的物件，就傳回 True，否則傳回 False：

```
isinstance(obj, classinfo)
```

- issubclass() 的語法如下，若參數 *class* 是參數 *classinfo* 所指定之類別的子類別，就傳回 True，否則傳回 False：

```
issubclass(class, classinfo)
```

下面是一些例子：

```
In [1]: isinstance(100, int)          # 100 是 int 類別的物件
Out[1]: True
In [2]: isinstance(True, int)         # True 是 int 類別之子類別 bool 的物件
Out[2]: True
In [3]: class A:                      # 定義類別 A
   ...:     x = 1
   ...:
In [4]: class B(A):                   # 定義類別 B 為類別 A 的子類別
   ...:     y = 2
   ...:
In [5]: obj1 = A()                    # 建立類別 A 的物件並指派給 obj1
In [6]: obj2 = B()                    # 建立類別 B 的物件並指派給 obj2
In [7]: isinstance(obj1, A)           # obj1 是類別 A 的物件
Out[7]: True
In [8]: isinstance(obj2, A)           # obj2 是類別 A 之子類別 B 的物件
Out[8]: True
In [9]: issubclass(B, A)              # 類別 B 是類別 A 的子類別
Out[9]: True
```

\隨堂練習/

撰寫一個 Python 程式，令它定義一個 ShoppingCar 類別用來表示購物車，裡面有所有人、商品等資訊，以及加入商品、移除商品、取得所有人、取得商品等方法。

【解答】

下面的解答與執行結果供您參考。

\Ch09\OOP11.py (下頁續 1/2)

```
class ShoppingCar():
    # 這個初始化方法用來設定購物車的所有人與商品 (初始值為空串列)
    def __init__(self, owner):
        self.__owner = owner
        self.__product = []

    # 這個方法用來傳回購物車的所有人
    def getOwner(self):
        return self.__owner

    # 這個方法用來將參數 product 所指定的商品放入購物車
    def addProduct(self, product):
        self.__product.append(product)

    # 這個方法用來從購物車移除參數 product 所指定的商品
    def removeProduct(self, product):
        self.__product.remove(product)

    # 這個方法用來傳回購物車內的商品
    def getProduct(self):
        return self.__product
```

\Ch09\OOP11.py (接上頁 2/2)

```
# 建立一個購物車物件，所有人為 "小丸子"
obj = ShoppingCar("小丸子")
# 將巧克力放入購物車
obj.addProduct("巧克力")
# 將咖啡豆放入購物車
obj.addProduct("咖啡豆")
# 將馬卡龍放入購物車
obj.addProduct("馬卡龍")
# 將草莓果醬放入購物車
obj.addProduct("草莓果醬")
# 將手工餅乾放入購物車
obj.addProduct("手工餅乾")
# 從購物車移除咖啡豆
obj.removeProduct("咖啡豆")
# 印出購物車的所有人與裡面的商品
print(obj.getOwner(), "的購物車裡面有", obj.getProduct())
```

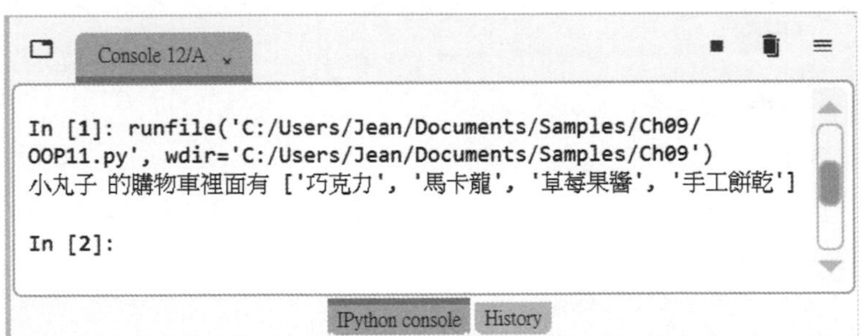

備註

在 Python 中，若沒有指定繼承關係，則類別預設的父類別為 object 類別，因此，我們可以在類別中使用 object 類別所提供的方法，而且這些方法的名稱前後都有兩個底線，例如第 9-2-3 節所介紹的 __init__() 方法。

9-4 多型

多型（polymorphism）指的是當不同的物件收到相同的訊息時，會以各自的方法來做處理。舉例來說，假設交通工具是一個父類別，它有車主、CC 數等私有屬性，以及取得車主、取得 CC 數、發動、停止等方法，另外有摩托車和汽車兩個子類別，這兩個子類別繼承了父類別的非私有成員。不過，由於不同交通工具的發動方式與停止方式是不同的，因此，我們必須在子類別內覆蓋這兩個方法，屆時只要物件收到發動或停止的訊息，就會視物件所隸屬的子類別呼叫對應的方法來做處理。

我們可以使用繼承的方式將這個多型的例子實作如下，原則上，若您希望在子類別內擴充父類別的功能，就可以這麼做。

\Ch09\OOP12.py（下頁續 1/2）

```
class Transport:
    def __init__(self, owner, CC):
        self.__owner = owner
        self.__CC = CC

    def getOwner(self):
        return self.__owner

    def getCC(self):
        return self.__CC

    def launch(self):
        print("在此寫上發動交通工具的敘述")

    def park(self):
        print("在此寫上停止交通工具的敘述")

```

\Ch09\OOP12.py (接上頁 2/2)

```
18 class Motorcycle(Transport):
19     # 覆蓋繼承自父類別的 launch() 方法
20     def launch(self):
21         print("在此寫上發動摩托車的敘述")
22 
23     # 覆蓋繼承自父類別的 park() 方法
24     def park(self):
25         print("在此寫上停止摩托車的敘述")
26 
27 class Car(Transport):
28     # 覆蓋繼承自父類別的 launch() 方法
29     def launch(self):
30         print("在此寫上發動汽車的敘述")
31 
32     # 覆蓋繼承自父類別的 park() 方法
33     def park(self):
34         print("在此寫上停止汽車的敘述")
35 
36 obj1 = Motorcycle("小明", 125)
37 print("這個交通工具的車主、CC 數：", obj1.getOwner(), obj1.getCC())
38 obj1.launch()
39 obj1.park()
40 
41 obj2 = Car("大偉", 2000)
42 print("這個交通工具的車主、CC 數：", obj2.getOwner(), obj2.getCC())
43 obj2.launch()
44 obj2.park()
```

- 01 ~ 16：定義 Transport 類別用來表示交通工具，裡面有 __owner (車主)、__CC (CC 數) 等私有屬性，以及 getOwner() (取得車主)、getCC() (取得 CC 數)、launch() (發動)、park() (停止) 等方法。

❖ 18 ~ 25：定義繼承自 Transport 類別的 Motorcycle 類別用來表示摩托車，然後覆蓋繼承自 Transport 類別的 launch() 和 park() 方法。

❖ 27 ~ 34：定義繼承自 Transport 類別的 Car 類別用來表示汽車，然後覆蓋繼承自 Transport 類別的 launch() 和 park() 方法。

❖ 36 ~ 39：第 36 行是建立一個隸屬於 Motorcycle 類別的物件並指派給變數 obj1，第 37 行是印出該物件的車主與 CC 數，由於 Motorcycle 類別沒有定義 getOwner() 和 getCC() 方法，所以會呼叫 Transport 類別所定義的這兩個方法，而第 38、39 行是呼叫 launch() 和 park() 方法，由於 Motorcycle 類別已經加以覆蓋，所以會呼叫 Motorcycle 類別所定義的這兩個方法。

❖ 41 ~ 44：意義和第 36 ~ 39 行類似，只是這次換建立一個隸屬於 Car 類別的物件並指派給變數 obj2。

執行結果如下圖。

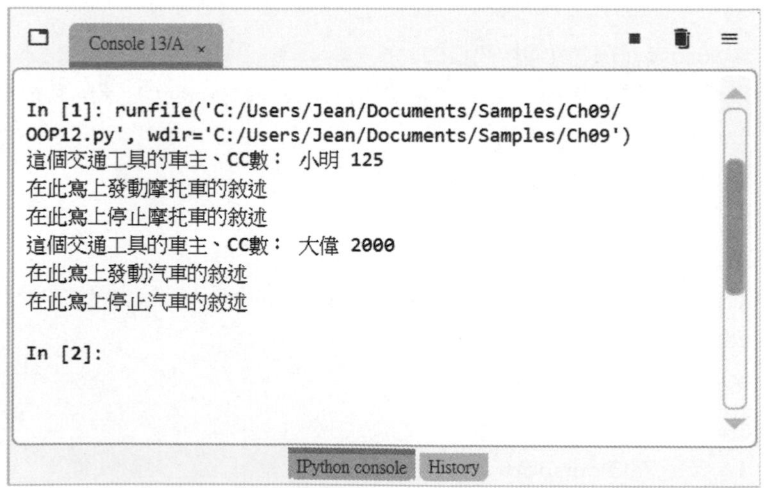

學習評量

一、選擇題

(　)1. 下列哪個名詞是用來描述物件的特質？

A. 屬性　　B. 類別

C. 物件　　D. 方法

(　)2. 下列哪個名詞是用來定義物件的動作？

A. 屬性　　B. 類別

C. 物件　　D. 方法

(　)3. 當不同的物件收到相同的訊息時，會以各自的方法來做處理的特點稱為什麼？

A. 重載（overload）　　B. 覆蓋（override）

C. 多型（polymorphism）　　D. 封裝（encapsulation）

(　)4. 子類別將繼承自父類別的方法重新定義，而且不會影響到父類別的方法，這個動作稱為什麼？

A. 重載（overload）　　B. 覆蓋（override）

C. 多型（polymorphism）　　D. 封裝（encapsulation）

(　)5. 下列哪個方法會在建立物件的時候自動執行？

A. __str__()　　B. __eq__()

C. __del__()　　D. __init__()

(　)6. 下列哪個方法可以用來找到父類別？

A. super()　　B. this()

C. mybase()　　D. self()

( )7. 下列關於繼承的敘述何者錯誤？

A. 子類別不是父類別的子集合

B. 一個子類別可以有多個父類別

C. 一個父類別可以有多個子類別

D. 子類別會繼承父類別的所有成員

( )8. 類別 A 可以繼承自類別 B，類別 B 可以繼承自類別 C，而類別 C 又可以繼承自類別 A，對不對？

A. 對　　　B. 不對

( )9. isinstance("abc", str) 的傳回值為何？

A. True　　　B. False

( )10. issubclass(bool, int) 的傳回值為何？

A. True　　　B. False

( )11. 我們可以在子類別中覆蓋父類別的私有方法，對不對？

A. 對　　　B. 不對

( )12. 下列何者為所有類別的基底類別？

A. baseclass　　　B. instance

C. object　　　D. myclass

( )13. 下列哪個運算子可以用來存取物件的成員？

A. *　　　B. ->

C. $　　　D. .

( )14. 假設類別 A 繼承自類別 B，而類別 B 繼承自類別 C，則 issubclass(A, C) 和 issubclass(C, B)的傳回值為何？

A. True、True　　　B. True、False

C. False、True　　　D. False、False

二、練習題

1. 下列程式的錯誤在哪？該如何修正？

```
class Circle:
    PI = 3.14
    radius = 10
    def getArea():
        return PI * radius * radius

C1 = Circle()
print("圓面積為", C1.getArea())
```

2. 假設 Animal 是一個父類別，它有 sound() 與 food() 兩個方法，另外有 Dog 和 Cat 兩個子類別，這兩個子類別繼承了父類別的方法，如下圖。不過，由於狗和貓的叫聲與愛吃的食物不同，因此，我們必須在子類別內覆蓋這兩個方法，屆時只要物件收到愛吃的食物或叫聲的訊息，就會視物件所隸屬的子類別呼叫對應的方法來做處理，請根據題意使用繼承的方式實作多型。

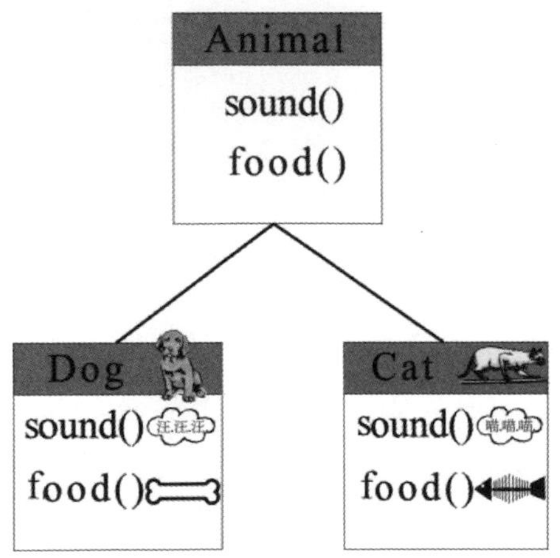

3. 名詞解釋：物件（object）、屬性（attribute）、方法（method）、類別（class）、封裝（encapsulation）、繼承（inheritance）、多型（polymorphism）。

4. 簡單說明 __init__() 方法有何用途？

5. 簡單說明何謂鏈狀繼承與多重繼承？

6. 下列程式的執行結果為何？

```
class A:
    def __init__(self, x):
        self.x = x
    def M1(self):
        self.x += 1

class B(A):
    def __init__(self, y):
        super().__init__(10)
        self.y = y
    def M1(self):
        self.x += 5
obj = B(3)
obj.M1()
print(obj.x, obj.y)
```

7. 下列程式的執行結果為何？

```
class A:
    def __init__(self, x = 0):
        self.__x = x

obj = A(100)
print(obj.__x)
```

模組與套件

10-1 模組

模組 (module) 是一個檔名為 ***modulename*.py** 的 Python 檔案，裡面定義了一些資料、函式或類別，當我們要使用模組所提供的功能時，必須使用 import 指令進行匯入，其語法如下，***modulename*** 為模組名稱：

```
import modulename
```

以 Python 內建的 calendar 模組為例，其檔名為 calendar.py，裡面定義了一些日曆函式，只要使用 import 指令匯入此模組，就可以呼叫日曆函式，例如：

```
In [1]: import calendar                       # 匯入 calendar 模組
In [2]: print(calendar.month(2024, 1))        # 呼叫 calendar 模組的 month() 函式
    January 2024
Mo Tu We Th Fr Sa Su
 1  2  3  4  5  6  7
 8  9 10 11 12 13 14
15 16 17 18 19 20 21
22 23 24 25 26 27 28
29 30 31

In [3]: calendar.isleap(2024)                 # 呼叫 calendar 模組的 isleap() 函式
Out[3]: True
```

- In [1]：匯入 calendar 模組。
- In [2]：在模組名稱 calendar 後面加上點運算子 (.) 和函式名稱 month，以呼叫 month() 函式取得 2024 年 1 月的月曆。
- In [3]：在模組名稱 calendar 後面加上點運算子 (.) 和函式名稱 isleap，以呼叫 isleap() 函式判斷 2024 年是否為閏年。

import … as …

若您覺得每次呼叫模組裡面的函式都要寫上模組名稱太過冗長，不妨在匯入模組的同時加上 as 替模組取個簡短的**別名**，其語法如下，*modulename* 為模組名稱，*alias* 為別名：

```
import modulename as alias
```

例如：

```
In [1]: import calendar as cal              # 匯入 calendar 模組並設定別名為 cal
In [2]: print(cal.month(2024, 1))           # 透過別名呼叫模組的 month() 函式
    January 2024
Mo Tu We Th Fr Sa Su
 1  2  3  4  5  6  7
 8  9 10 11 12 13 14
15 16 17 18 19 20 21
22 23 24 25 26 27 28
29 30 31

In [3]: cal.isleap(2024)                    # 透過別名呼叫模組的 isleap() 函式
Out[3]: True
```

❖ In [1]：在匯入 calendar 模組的同時加上 as cal，將 calendar 模組的別名設定為 cal。

❖ In [2]：在別名 cal 後面加上點運算子 (.) 和函式名稱 month，以呼叫 month() 函式取得 2024 年 1 月的月曆。

❖ In [3]：在別名 cal 後面加上點運算子 (.) 和函式名稱 isleap，以呼叫 isleap() 函式判斷 2024 年是否為閏年。

from … import …

為了方便存取，我們也可以使用 from … import … 從模組匯入特定的類別或函式，其語法如下，*modulename* 為模組名稱，*classname/functionname* 為類別名稱或函式名稱：

```
from modulename import classname/functionname
```

例如：

```
In [1]: from calendar import month        # 從 calendar 模組匯入 month() 函式
In [2]: print(month(2024, 1))             # 呼叫 month() 函式
    January 2024
Mo Tu We Th Fr Sa Su
 1  2  3  4  5  6  7
 8  9 10 11 12 13 14
15 16 17 18 19 20 21
22 23 24 25 26 27 28
29 30 31

In [3]: isleap(2024)                      # 呼叫 isleap() 函式會得到錯誤訊息
Traceback (most recent call last):
  Cell In[3], line 1
    isleap(2024)
NameError: name 'isleap' is not defined
```

- In [1]：從 calendar 模組匯入 month() 函式。
- In [2]：直接呼叫 month() 函式取得 2024 年 1 月的月曆。
- In [3]：企圖直接呼叫 isleap() 函式判斷 2024 年是否為閏年，卻得到錯誤訊息 NameError: name 'isleap' is not defined，原因出在第一個敘述只有從 calendar 模組匯入 month() 函式，所以無法呼叫該模組的其它函式。

若要呼叫 calendar 模組的其它函式，可以透過**星號 (*)** 匯入所有名稱，例如：

```
In [1]: dir()                              # 傳回目前存取範圍內的名稱
Out[1]: ['In', 'Out', '_', '__', '___', '__builtin__', '__builtins__',
 '__doc__', '__loader__', '__name__', '__package__', '__spec__',
 '_dh', '_i', '_i1', '_ih', '_ii', '_iii', '_oh', 'exit', 'get_ipython',
 'quit']
In [2]: from calendar import *             # 從 calendar 模組匯入所有名稱
In [3]: dir()                              # 傳回目前存取範圍內的名稱
Out[3]: ['Calendar', 'HTMLCalendar', 'IllegalMonthError',
 'IllegalWeekdayError', 'In', 'LocaleHTMLCalendar', 'LocaleTextCalendar',
 'Out', 'TextCalendar', '_', '_1', '__', '___', '__builtin__',
 '__builtins__', '__doc__', '__loader__', '__name__', '__package__',
 '__spec__', '_dh', '_i', '_i1', '_i2', '_i3', '_ih', '_ii', '_iii',
 '_oh', 'calendar', 'day_abbr', 'day_name', 'exit', 'firstweekday',
 'get_ipython', 'isleap', 'leapdays', 'month', 'month_abbr', 'month_name',
 'monthcalendar', 'monthrange', 'prcal', 'prmonth', 'quit',
 'setfirstweekday', 'timegm', 'weekday', 'weekheader']
In [4]: isleap(2024)                       # 呼叫 isleap() 函式
Out[4]: True
```

❖ In [1]：呼叫 Python 內建的 dir() 函式傳回目前存取範圍內的名稱，此時尚未包括 calendar 模組的名稱。

❖ In [2]：從 calendar 模組匯入所有名稱。

❖ In [3]：再次呼叫 dir() 函式傳回目前存取範圍內的名稱，此時已經包括 calendar 模組的名稱。

❖ In [4]：直接呼叫 isleap() 函式判斷 2024 年是否為閏年。

請注意，透過星號 (*) 匯入所有名稱雖然方便，但匯入愈多名稱，Python 的負荷就愈重，因此，建議您盡量只匯入需要使用的部分即可。

注意

若要查看模組的路徑與檔名，可以透過模組的 __file__ 屬性，例如下面的敘述會印出 calendar 模組的路徑與檔名：

```
In [1]: import calendar
In [2]: print(calendar.__file__)
C:\Users\Jean\anaconda3\Lib\calendar.py
```

只要開啟該檔案，就可以看到相關的程式碼，如下圖，您不妨藉此觀摩學習其它程式設計高手是如何撰寫出這些功能的。

calendar.py - 記事本

檔案(F) 編輯(E) 格式(O) 檢視(V) 說明

```
"""Calendar printing functions

Note when comparing these calendars to the ones printed by cal(1): By
default, these calendars have Monday as the first day of the week, and
Sunday as the last (the European convention). Use setfirstweekday() to
set the first day of the week (0=Monday, 6=Sunday)."""

import sys
import datetime
import locale as _locale
from itertools import repeat

__all__ = ["IllegalMonthError", "IllegalWeekdayError", "setfirstweekday",
           "firstweekday", "isleap", "leapdays", "weekday", "monthrange",
           "monthcalendar", "prmonth", "month", "prcal", "calendar",
           "timegm", "month_name", "month_abbr", "day_name", "day_abbr",
           "Calendar", "TextCalendar", "HTMLCalendar", "LocaleTextCalendar",
           "LocaleHTMLCalendar", "weekheader"]

# Exception raised for bad input (with string parameter for details)
error = ValueError

# Exceptions raised for bad input
class IllegalMonthError(ValueError):
    def __init__(self, month):
        self.month = month
    def __str__(self):
        return "bad month number %r; must be 1-12" % self.month


class IllegalWeekdayError(ValueError):
    def __init__(self, weekday):
        self.weekday = weekday
    def __str__(self):
        return "bad weekday number %r; must be 0 (Monday) to 6 (Sunday)" % self.weekday


# Constants for months referenced later
January = 1
February = 2
```

10-2 套件

相較於模組是一個檔案，**套件**（package）則是儲存了數個模組，就像一個資料夾。原則上，只要是包含 __init__.py 檔案的資料夾就會被視為 Python 的一個套件。

以 Python 內建的 tkinter 套件為例，tkinter (唸做 tk-inter) 是 Tool Kit Interface 的縮寫，這是一個跨平台的 GUI (圖形使用者介面) 套件，能夠在 UNIX、Linux、Windows、macOS 等平台開發 GUI 程式。我們可以透過下面的敘述取得 tkinter 的路徑：

```
In [1]: import tkinter
In [2]: print(tkinter.__file__)
C:\Users\Jean\anaconda3\Lib\tkinter\__init__.py
```

接下來只要使用檔案總管開啟類似 C:\Users\Jean\anaconda3\Lib\tkinter\ 的路徑，就可以看到 tkinter 套件所包含的模組，如下圖。

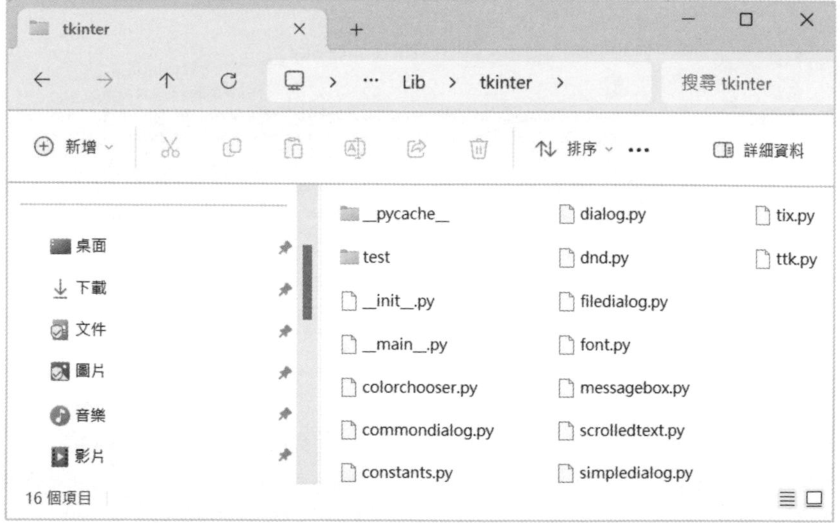

備註

我們在前幾章中曾經提過「函式庫」這個名詞，但一直沒有正式介紹。函式庫的英文是 library，圖書館的意思，只是它所提供的不是書，而是許多類別與函式，可以讓程式設計人員用來開發應用程式。

不過，Python 並沒有明確定義「函式庫」，通常是將它當成模組與套件的統稱。雖然如此，我們還是可以基於一般的習慣，將函式庫分為下列兩種類型：

- **標準函式庫** (standard library)：這指的是在安裝 Python 時一併安裝的模組與套件，又稱為「內建函式庫」(build-in library)。Python 有著豐富的標準函式庫，例如數學模組、檔案處理、資料壓縮、檔案格式、加密服務、作業系統服務、同步運算、網路通訊、網際網路資料處理、網際網路通訊協定、多媒體服務、圖形使用者介面、開發工具等，像前幾章所介紹的 math、random、time、calendar、datetime 等模組都是屬於標準函式庫。您無須牢記標準函式庫的用法，只要大概知道有哪些用途就好，等要使用時，再到 Python 官方網站 (https://docs.python.org/3/library/) 查看說明文件。

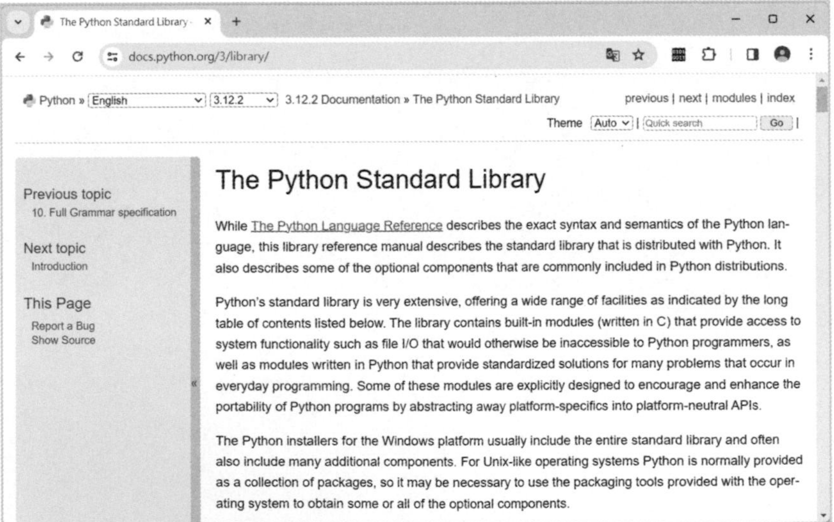

- **外部函式庫** (external library)：這指的是要另外安裝的模組與套件，又稱為「第三方函式庫」(third-party library)，網路上有針對不同用途所推出的外部函式庫，程式設計人員可以視實際需求加以安裝與使用。

10-3 第三方套件

相較於內建的模組與套件是在安裝 Python 時一併安裝，**第三方套件** (third-party package) 則是要另外安裝的套件。

隨著 Python 的使用者快速增加，網路上也出現愈來愈多針對特定功能所推出的第三方套件，但是要如何從中找到適合的套件呢？建議您可以使用 PyPI - the Python Package Index 網站 (https://pypi.org/)，這是 Python 的第三方套件集中地，登錄了數萬個第三方套件，任何您想得到的功能，幾乎都可以在這個網站找到適合的套件。

常見的第三方套件如下：

- NumPy：陣列與資料運算，例如矩陣運算、傅立葉變換、線性代數等。
- matplotlib：視覺化工具，可以用來繪製曲線圖、長條圖、直方圖、圓形圖、散佈圖、立體圖、頻譜圖、極座標圖、數學函式圖等圖表。
- SciPy：科學計算，例如最佳化與求解、稀疏矩陣、線性代數、插值、特殊函式、統計函式、積分、傅立葉變換、訊號處理、圖像處理等。
- pandas：進階的資料處理與分析。
- scikit-learn、TensorFlow、Keras：機器學習套件。
- pillow：圖片處理。
- Requests：存取網際網路資料。
- BeautifulSoup：HTML/XML 解析器。
- Scrapy：網路爬蟲套件，可以用來進行資料挖掘與統計。
- Django、Pyramid、Web2py、Flask：web 框架，可以用來快速開發網站。
- PyGame：多媒體與遊戲軟體開發。
- Kivy、PyQt、WxPython、Flexx、Pywin32：GUI 程式開發。

10-3-1 透過 pip 程式安裝第三方套件

pip 程式是 Python 的套件管理工具，可以用來查看、安裝、更新、解除安裝與管理套件。若您是在 Windows 平台安裝 Anaconda，那麼安裝資料夾內的 Scripts 資料夾就會有 pip 程式，路徑為 C:\Users\Jean\anaconda3\Scripts\pip.exe，其中 Jean 為使用者名稱，請根據您的實際情況做設定。

pip list 指令 (查看目前安裝的套件清單)

pip list 指令可以用來查看目前安裝的套件清單，其語法如下：

```
pip list
```

請開啟 Anaconda Prompt 視窗，在提示符號 > 後面輸入如下指令，然後按 [Enter] 鍵，就會顯示如下圖的結果，包含套件的名稱與版本。

```
(base) C:\Users\Jean>pip list
```

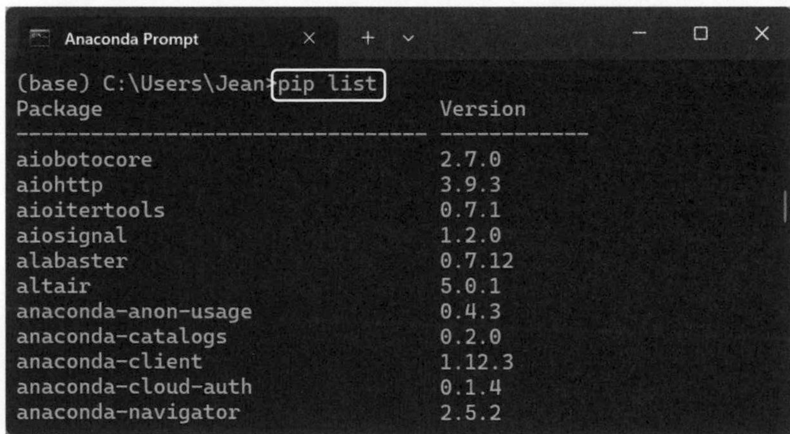

pip install 指令 (安裝或更新套件)

pip install 指令可以用來安裝套件，其語法如下：

```
pip install 套件名稱
```

舉例來說，若要安裝 NumPy 套件，請開啟 Anaconda Prompt 視窗，在提示符號 > 後面輸入如下指令，然後按 [Enter] 鍵，就會安裝 NumPy 套件，其中套件名稱沒有大小寫之分：

```
(base) C:\Users\Jean>pip install numpy
```

若要更新至最新版本的 NumPy 套件，可以加上 --upgrade 或 -U，如下：

```
(base) C:\Users\Jean>pip install --upgrade numpy
```

或

```
(base) C:\Users\Jean>pip install -U numpy
```

pip show 指令 (查看指定套件的資訊)

pip show 指令可以用來查看指定套件的資訊，其語法如下：

```
pip show 套件名稱
```

舉例來說，若要查看 NumPy 套件的資訊，請開啟 Anaconda Prompt 視窗，在提示符號 > 後面輸入如下指令，然後按 [Enter] 鍵，就會顯示版本、摘要、官方網站、作者 email、授權、安裝路徑等資訊：

```
(base) C:\Users\Jean>pip show numpy
```

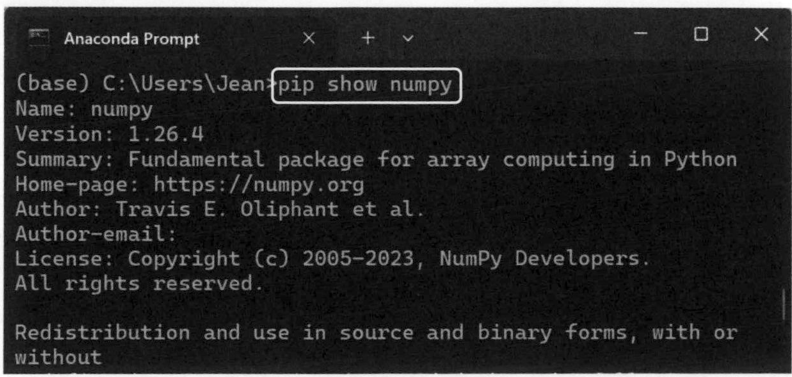

pip uninstall 指令 (解除安裝套件)

pip uninstall 指令可以用來解除安裝套件，其語法如下：

```
pip uninstall 套件名稱
```

舉例來說，若要解除安裝 NumPy 套件，請開啟 Anaconda Prompt 視窗，在提示符號 > 後面輸入如下指令，然後按 [Enter] 鍵，就會解除安裝 NumPy 套件：

```
(base) C:\Users\Jean>pip uninstall numpy
```

注意

- 若您的電腦上沒有安裝 pip 程式，別擔心，那就自行安裝，請到 pip 的官方文件網站 (https://pip.pypa.io/en/latest/installation/) 找到一個名稱為 get-pip.py 的檔案，然後下載該檔案，或開啟該檔案，然後複製內容再另存新檔。

  取得 get-pip.py 檔案後，請開啟 Anaconda Prompt 視窗，在提示符號 > 後面輸入如下指令，然後按 [Enter] 鍵，就會安裝 pip 程式：

  ```
  (base) C:\Users\Jean>python get-pip.py
  ```

- 我們在第 1-2-2 節介紹過如何在 Anaconda Prompt 視窗管理套件，有興趣的讀者可以翻回去看一下。

- from … import … 也可以用來從套件匯入特定的模組，其語法如下，*packagename* 為套件名稱，*modulename* 為模組名稱：

  ```
  from packagename import modulename
  ```

  例如下面的敘述是從 tkinter 套件匯入 messagebox 模組：

  ```
  from tkinter import messagebox
  ```

10-3-2 透過 PyPI 網站安裝第三方套件

PyPI - the Python Package Index 網站（https://pypi.org/）登錄了數萬個第三方套件，只要輸入套件的名稱進行搜尋，例如 numpy，就能找到相關的檔案，然後將檔案下載並安裝到電腦即可。

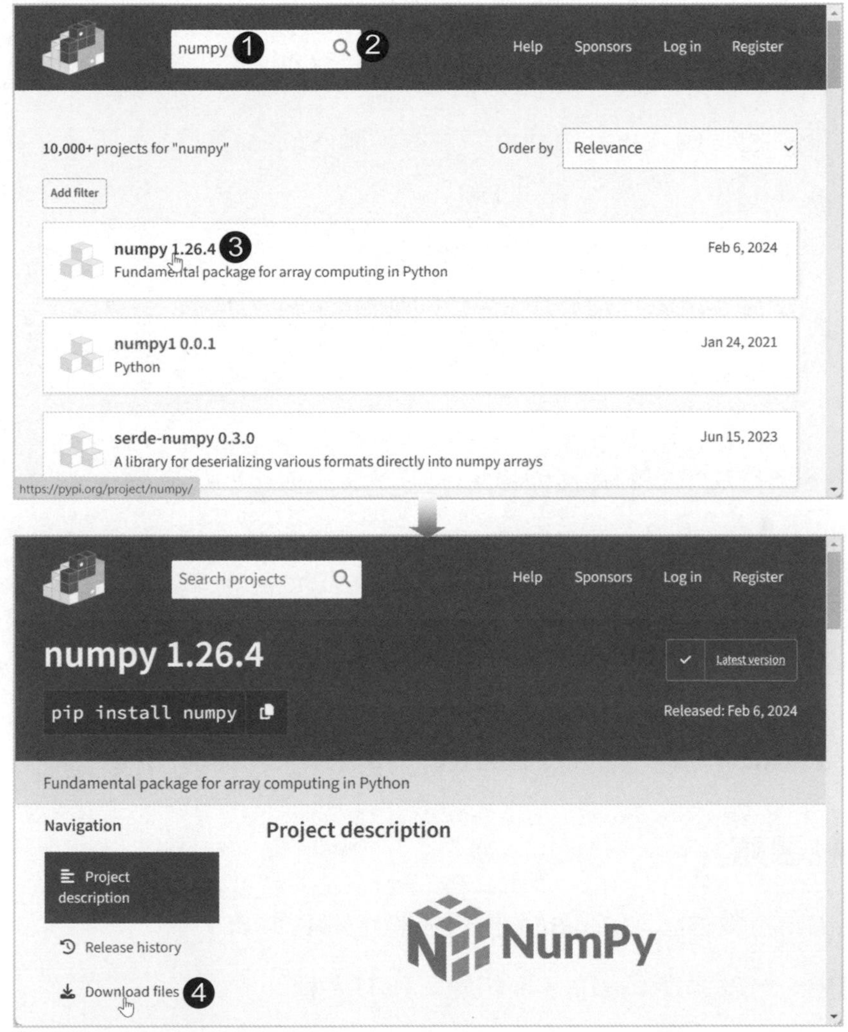

❶輸入套件的名稱 ❷按 [Search] ❸選取要安裝的套件 ❹按 [Download files]

\學習評量/

一、選擇題

(　)1. 若要使用模組所提供的功能，必須使用下列哪個指令進行匯入？

A. export　　B. lambda

C. except　　D. import

(　)2. 下列哪個函式可以傳回目前存取範圍內的名稱？

A. dir()　　B. list()

C. name()　　D. vars()

(　)3. 若要匯入所有名稱會使用到下列哪個符號？

A. $　　B. ?

C. !　　D. *

(　)4. 若要查看模組的路徑與檔名，可以透過模組的哪個屬性？

A. __file__　　B. __init__

C. __str__　　D. __module__

(　)5. 下列何者為 Python 的套件管理工具？

A. pip　　B. pillow

C. tkinter　　D. SciPy

二、練習題

1. 寫出一行敘述匯入 datetime 模組並設定別名為 dt。
2. 寫出一行敘述從 datetime 模組匯入所有名稱。
3. 簡單說明何謂第三方套件 (third-party package)？舉出三個常見的套件並說明其用途。

圖片處理與 QR 碼 －pillow、qrcode

11-1　使用 pillow 套件處理圖片

11-2　使用 qrcode 套件產生 QR code

11-1 使用 pillow 套件處理圖片

早期 Python 有個圖片處理套件叫做 PIL (Python Imaging Library)，該套件包含數個模組，廣泛支援 JPEG、PNG、BMP、GIF、TIFF 等常見的圖檔格式，以及黑白、灰階、自訂調色盤、RGB、CMYK 等色彩模式，同時還提供基本的圖片操作、圖片強化、色彩處理、濾鏡、繪圖等功能。不過，PIL 套件於 2009 年停止開發與維護，改由第三方套件 pillow 承襲 PIL，於 2010 年開始提供後續的開發與支援。

在使用 pillow 套件之前，必須使用 import 指令進行匯入，例如下面的敘述是從 pillow 套件匯入 Image 模組，由於 Anaconda 已經內建 pillow 套件，所以無須另外安裝：

```
In [1]: from PIL import Image
```

請注意，這個敘述的套件名稱是 PIL，而不是 pillow，原因在於 pillow 是承襲 PIL 的套件，為了顧及與 PIL 的相容性，讓使用 PIL 的程式不經修改也能正常運作，所以這個敘述就維持和原本匯入 PIL 相同的敘述。

pillow 套件包含數個模組，功能相當強大，我們會挑選一些常用的功能做介紹，至於其它功能與說明文件，有需要的讀者可以到 pillow 官方網站 (https://python-pillow.org/) 查看。

11-1-1 顯示圖片

首先，我們要準備一張圖片，例如 girl.png，這是以 Midjourney 生成的，然後在 Python 直譯器輸入如下敘述，就會啟動預設的程式顯示圖片，為了方便做示範，此例是將圖片儲存在 E: 磁碟：

```
In [1]: from PIL import Image
In [2]: im = Image.open("E:\\girl.png")
In [3]: im.show()
```

❖ In [2]：使用 Image 模組的 open() 函式開啟參數所指定的圖檔，然後將圖片物件指派給變數 im。

❖ In [3]：使用圖片物件的 show() 方法顯示變數 im 所參照的圖片。

圖片物件常用的屬性如下：

❖ Image.format：圖片的檔案格式。

❖ Image.mode：圖片的色彩模式（像素格式），例如 "1"、"L"、"RGB"、"CMYK" 分別表示黑白、灰階、RGB、CMYK。

❖ Image.width：圖片的寬度，以像素為單位。

❖ Image.height：圖片的高度，以像素為單位。

❖ Image.size：圖片的大小，傳回值是一個表示寬度與高度的 tuple，例如 (1221, 848) 表示寬度與高度分別為 1221、848 像素：

```
In [1]: im = Image.open("E:\\girl.png")
In [2]: print(im.format)
PNG
In [3]: print(im.size)
(1221, 848)
```

11-1-2 將圖片轉換成黑白或灰階

我們可以使用圖片物件的 convert() 方法將圖片轉換成只有黑或白兩色，例如：

```
In [1]: from PIL import Image
In [2]: im = Image.open("E:\\girl.png")
In [3]: out = im.convert("1")
In [4]: out.show()
```

- ❖ In [2]：使用 Image 模組的 open() 函式開啟參數所指定的圖檔，然後將圖片物件指派給變數 im。
- ❖ In [3]：使用圖片物件的 convert() 方法並加上參數 "1"，表示要轉換成黑白圖片，然後將轉換後的圖片物件指派給變數 out。
- ❖ In [4]：使用圖片物件的 show() 方法顯示變數 out 所參照的圖片。

執行結果如下圖，圖片的每個像素只有黑或白兩色。

若要轉換成灰階圖片，可以將 In [3] 中 convert() 方法的參數改成 "L"，就會得到如下圖的結果，圖片的每個像素除了有黑或白兩色，還有不同濃淡程度的灰色。

```
In [1]: from PIL import Image
In [2]: im = Image.open("E:\\girl.png")
In [3]: out = im.convert("L")
In [4]: out.show()
```

若要將轉換後的圖片存檔，可以使用圖片物件的 save() 方法，例如下面的敘述是將變數 out 所參照的圖片儲存在參數所指定的路徑與檔名：

```
In [1]: out.save("E:\\Jean\girl2.png")
```

此外，對於不再使用的圖片，建議使用圖片物件的 close() 方法關閉檔案指標，釋放圖片所佔用的記憶體，例如下面的敘述是關閉變數 out 的檔案指標：

```
In [1]: out.close()
```

11-1-3 旋轉圖片

我們可以使用圖片物件的 rotate() 方法旋轉圖片，例如 In [3] 是將圖片往順時針方向旋轉 20 度：

```
In [1]: from PIL import Image
In [2]: im = Image.open("E:\\girl.png")
In [3]: out = im.rotate(-20)
In [4]: out.show()
```

執行結果如下圖。

除了 rotate() 方法之外，還有另一個 transpose() 方法，只要加上 Image.FLIP_LEFT_RIGHT、Image.FLIP_TOP_BOTTOM、Image.ROTATE_90、Image.ROTATE_180、Image.ROTATE_270 等參數，就可以將圖片左右翻轉、上下翻轉或旋轉 90、180、270 度，例如下面的敘述是將變數 im 所參照的圖片左右翻轉，然後將翻轉後的圖片物件指派給變數 out：

```
In [1]: out = im.transpose(Image.FLIP_LEFT_RIGHT)
```

11-1-4 濾鏡效果

我們可以使用圖片物件的 **filter()** 方法將圖片加上濾鏡效果，例如：

```
In [1]: from PIL import Image
In [2]: from PIL import ImageFilter
In [3]: im = Image.open("E:\\girl.png")
In [4]: out = im.filter(ImageFilter.BLUR)
In [5]: out.show()
```

❖ In [2]：從 pillow 套件匯入 ImageFilter 模組，此模組提供了一組預先定義的濾鏡，如下：

- BLUR (模糊)
- CONTOUR (輪廓)
- DETAIL (細節)
- EDGE_ENHANCE (邊緣增強)
- EDGE_ENHANCE_MORE (邊緣更增強)
- EMBOSS (浮雕)
- FIND_EDGES (找邊)
- SMOOTH (平滑)
- SMOOTH_MORE (更平滑)
- SHARPEN (銳利化)

❖ In [4]：使用 filter() 方法並加上參數 ImageFilter.BLUR，表示將圖片加上 BLUR (模糊) 濾鏡，然後將加上濾鏡後的圖片物件指派給變數 out。

執行結果如下圖，圖片變得略為模糊。

您可以試著變換其它濾鏡，看看效果為何，下圖是加上 CONTOUR (輪廓) 濾鏡的結果。

11-1-5 在圖片上繪製文字

在圖片上繪製文字需要使用到 Image、ImageDraw、ImageFont 三個模組，下面是一個例子，它會在圖片上以紅色繪製文字「Hi!」：

```
In [1]: from PIL import Image, ImageDraw, ImageFont
In [2]: im = Image.open("E:\\girl.png")
In [3]: ttfont = ImageFont.truetype("C:\\Windows\\Fonts\\Arial\\arial.ttf", 100)
In [4]: draw = ImageDraw.Draw(im)
In [5]: draw.text((150,10), "Hi!", font = ttfont, fill = (255, 0, 0, 255))
In [6]: im.show()
```

❖ In [1]：從 pillow 套件匯入 Image、ImageDraw、ImageFont 三個模組。

❖ In [2]：使用 Image 模組的 open() 函式開啟參數所指定的圖檔，然後將圖片物件指派給變數 im。

❖ In [3]：使用 ImageFont 模組的 truetype() 函式載入參數所指定的字型檔及字型大小，然後將字型物件指派給變數 ttfont，此例的字型檔是 Windows 內建的 Arial，字型大小為 100 點，若沒有指定字型大小，則預設值為 10 點。

❖ In [4]：根據參數所參照的圖片建立一個 ImageDraw.Draw 物件，然後將繪圖物件指派給變數 draw。

❖ In [5]：使用繪圖物件的 text() 方法繪製文字，其語法如下：

```
ImageDraw.Draw.text(xy, text, font = None, fill = None, spacing = 0, align = "left")
```

- *xy*：設定文字的左上角座標。
- *text*：設定要繪製的文字。
- *font*：設定文字的字型，若省略不寫，表示採取預設的字型。

- *fill*：設定文字的色彩，若省略不寫，表示採取預設的色彩。請注意，選擇性參數 *fill* 有四個 0 ~ 255 的數值，分別表示色彩的紅、綠、藍級數及透明度，其中透明度 0 ~ 255 表示完全透明到完全不透明。
- *spacing*：設定文字的間距，若省略不寫，表示採取預設值 0。
- *align*：設定文字的對齊方式，若省略不寫，表示採取預設值 "left" (靠左)，其它設定值還有 "right" (靠右) 和 "center" (置中)。

❖ 06：使用圖片物件的 show() 方法顯示變數 im 所參照的圖片。

執行結果如下圖。

 注意

除了 text() 方法之外，ImageDraw.Draw 物件亦提供 arc() (弧線)、chord() (弦)、line() (線段)、ellipse() (橢圓)、point() (點)、rectangle() (矩形) 與 polygon() (多邊形) 等方法用來繪製幾何圖形，有興趣的讀者可以到 pillow 官方網站 (https://python-pillow.org/) 查看相關的語法。

11-1-6 建立空白圖片

我們可以使用圖片物件的 new() 方法建立空白圖片，下面是一個例子，它會先建立空白圖片，然後在圖片上以綠色繪製一個橢圓：

```
In [1]: from PIL import Image, ImageDraw
In [2]: im = Image.new("RGB", (400, 300))
In [3]: draw = ImageDraw.Draw(im)
In [4]: draw.ellipse([(0, 0), (100, 100)], fill = (0, 255, 0, 255))
In [5]: im.show()
```

- In [2]：使用 Image 模組的 new() 函式建立一個寬度 400 像素、高度 300 像素、採取 RGB 色彩模式的空白圖片，然後將圖片物件指派給變數 im。
- In [4]：使用繪圖物件的 ellipse() 方法繪製橢圓，第一個參數為框住橢圓之方框的左上角和右下角座標，第二個參數為橢圓的填滿色彩。

執行結果如下圖。

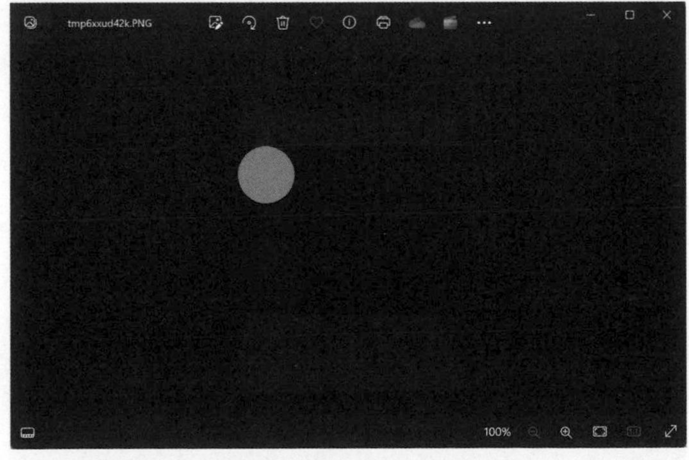

備註

ellipse() 方法的語法如下，其中參數 *xy* 為框住橢圓之方框的左上角和右下角座標，採取 [(*x0*, *y0*), (*x1*, *y1*)] 或 [*x0*, *y0*, *x1*, *y1*] 形式，選擇性參數 *fill* 為橢圓的填滿色彩，選擇性參數 *outline* 為橢圓的外框色彩：

```
ImageDraw.Draw.ellipse(xy, fill = None, outline = None)
```

11-1-7 變更圖片的大小

我們可以使用圖片物件的 **resize()** 方法變更圖片的大小，參數是一個表示寬度與高度的 tuple (序對)，例如 In [3] 是將圖片的大小設定為寬度 400 像素、高度 500 像素：

```
In [1]: from PIL import Image
In [2]: im = Image.open("E:\\girl.png")
In [3]: out = im.resize((400, 500))
In [4]: out.show()
```

執行結果如下圖，由於不是按比例縮放，所以圖片會有點變形。

11-2 使用 qrcode 套件產生 QR code

在本章的最後，我們要介紹一個可以用來產生 QR code 圖片的小套件－qrcode，只要搭配 pillow 套件，就能將 QR code 圖片存檔 (註：QR code 是一種二維條碼，比起傳統的一維條碼，QR code 可以儲存更多資料)。

安裝 qrcode 套件

我們可以在 Anaconda Prompt 視窗使用 pip 程式安裝 qrcode 套件，請開啟 Anaconda Prompt 視窗，在提示符號 > 後面輸入如下指令，然後按 [Enter] 鍵，就會安裝此套件：

```
(base) C:\Users\Jean>pip install qrcode
```

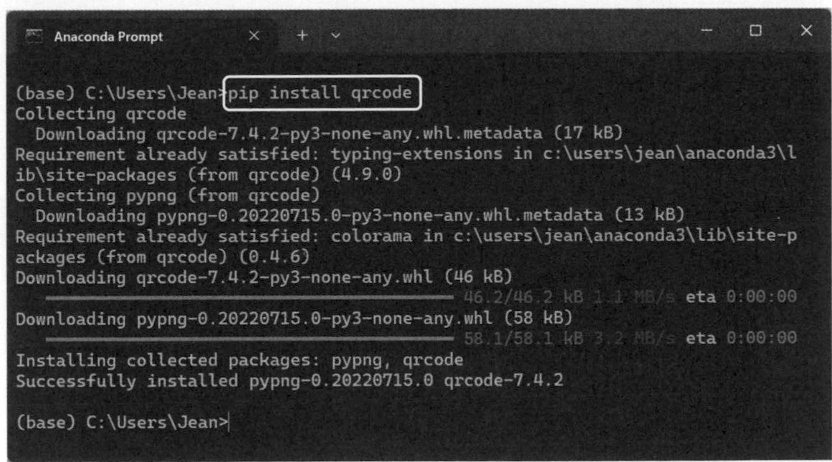

產生 QR code 圖片

在安裝 qrcode 套件後，我們可以試著產生 QR code 圖片，假設資料為 Python 官方網站的網址 https://www.python.org/，相關的指令如下，由於產生的 QR code 圖片為 PilImage 型別，所以會搭配 pillow 套件來顯示與存檔。

```
In [1]: import qrcode
In [2]: from PIL import Image
In [3]: im = qrcode.make("https://www.python.org/")
In [4]: type(im)
Out[4]: qrcode.image.pil.PilImage
In [5]: im.show()
In [6]: im.save("E:\\myqrcode.jpg")
```

❖ In [1]：匯入 qrcode 套件。

❖ In [3]：使用 qrcode 模組的 make() 函式將參數所指定的資料轉換成 QR code 圖片，然後將圖片物件指派給變數 im。

❖ In [4]、Out[4]：顯示變數 im 參照之圖片的型別，得到 PilImage 型別。

❖ In [5]：顯示變數 im 所參照的圖片。

❖ In [6]：將變數 im 所參照的圖片存檔。

執行結果如下圖。

學習評量

一、選擇題

(　)1. 在 pillow 套件中，圖片物件的哪個屬性可以傳回圖片的色彩模式？

A. format　　B. mode

C. size　　D. width

(　)2. 在 pillow 套件中，圖片物件的哪個方法可以將圖片轉換成灰階？

A. convert()　　B. open()

C. resize()　　D. transpose()

(　)3. 在 pillow 套件中，圖片物件的哪個方法可以將圖片做上下翻轉？

A. filter()　　B. transpose()

C. converse()　　D. resize()

(　)4. 在 pillow 套件中，下列哪個函式可以用來載入字型檔？

A. text()　　B. font()

C. show()　　D. truetype()

(　)5. 在 pillow 套件中，下列哪個函式可以用來繪製橢圓？

A. arc()　　B. line()

C. ellipse()　　D. point()

(　)6. 在 pillow 套件中，下列哪個函式可以用來建立空白圖片？

A. open()　　B. new()

C. save()　　D. show()

(　)7. 在 qrcode 套件中，下列哪個函式可以用來將資料轉換成 QR code 圖片？

A. make()　　B. convert()

C. transpose()　　D. generate()

二、練習題

1. 撰寫一些 Python 敘述將圖片 girl.png 套用 BLUR 濾鏡 5 次，下面的執行結果供您參考。

2. 撰寫一些 Python 敘述將 Google 台灣的網址 https://www.google.com.tw/ 轉換成 QR code 圖片，然後以智慧型手機的 QR code 掃描器讀取該圖片，看是否會得到相同的資料，下面的執行結果供您參考。

陣列與資料運算－NumPy

12-1 認識 NumPy

在本章以及接下來的三個章節中，我們將介紹四個能夠幫助 Python 有效率地進行資料運算與分析的套件－NumPy、matplotlib、SciPy、pandas，分別負責高速資料運算、分析結果視覺化、科學計算、進階資料分析等功能，Anaconda 已經內建這些套件，無須另外安裝。

根據 NumPy 官方網站（https://numpy.org/）的說明指出，NumPy (Numeric Python，唸做 num pie）是一個在 Python 進行科學運算的基本套件，提供多維陣列和遮罩陣列、矩陣等衍生物件，並針對陣列提供大量的運算函式，例如：

- ❖ 陣列建立與操作函式
- ❖ 二元運算、字串運算
- ❖ C-Types 外部函式介面（numpy.ctypeslib）
- ❖ 日期時間函式
- ❖ 資料型別函式
- ❖ SciPy 加速函式（numpy.dual）
- ❖ 數學函式、浮點數錯誤處理
- ❖ 離散傅立葉變換（numpy.fft）
- ❖ 財務函式
- ❖ 索引函式
- ❖ 輸入/輸出
- ❖ 線性代數（numpy.linalg）
- ❖ 邏輯函式

- 遮罩陣列運算
- 矩陣函式（numpy.matlib）
- 多項式
- 隨機取樣（numpy.random）
- 集合函式
- 排序、搜尋與計數
- 統計
- 測試支援（numpy.testing）
- 視窗函式
- 其它函式

在本章中，我們會介紹陣列運算、常用的數學函式、矩陣函式、隨機取樣函式、統計函式、檔案資料輸入/輸出等，其它函式可以參考 NumPy 官方網站的說明文件。

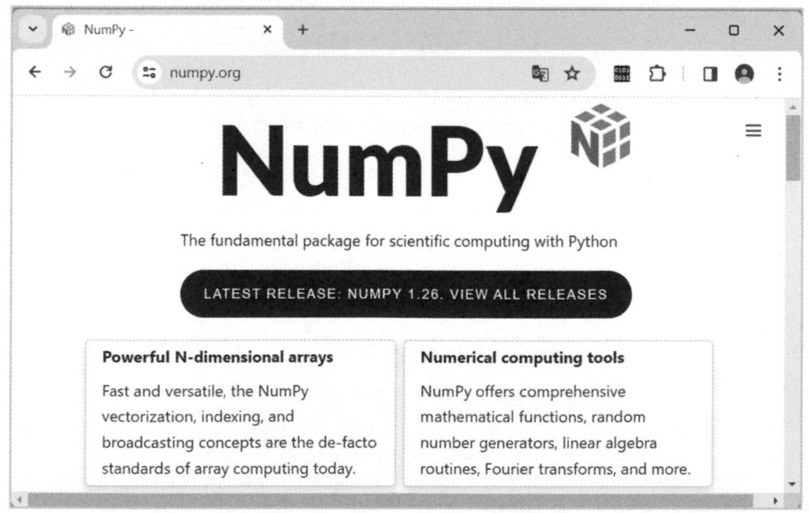

12-2 NumPy 的資料型別

NumPy 內建了比 Python 更多的資料型別，如下，建議您先瀏覽這些型別，再進一步學習陣列運算。

資料型別	說明	字元碼
布林		
bool_、bool8	和 Python bool 相容 (True 或 False)	'?'
整數		
byte	和 C char 相容	'b'
short	和 C short 相容	'h'
intc	和 C int 相容	'i'
int_	和 Python int 相容	'l'
longlong	和 C longlong 相容	'q'
intp	足以儲存指標的大小	'p'
int8	8bits 整數 (-128 ~ 127)	
int16	16bits 整數 (-32768 ~ 32767)	
int32	32bits 整數 (-2147483648 ~ 2147483647)	
int64	64bits 整數 (-9223372036854775808 ~ 9223372036854775807)	
無號整數		
ubyte	和 C unsigned char 相容	'B'
ushort	和 C unsigned short 相容	'H'
uintc	和 C unsigned int 相容	'I'
uint	和 Python int 相容	'L'
ulonglong	和 C long long 相容	'Q'
uintp	足以儲存指標的大小	'P'

資料型別	說明	字元碼
uint8	8bits 無號整數 (0 ~ 255)	
uint16	16bits 無號整數 (0 ~ 65535)	
uint 32	32bits 無號整數 (0 ~ 4294967295)	
uint64	64bits 無號整數 (0 ~ 18446744073709551615)	
浮點數		
half	半精確浮點數 (16bits)	'e'
single	單倍精確浮點數 (32bits)，和 C float 相容	'f'
double	雙倍精確浮點數 (64bits)，和 C double 相容	
float_	和 Python float 相容	'd'
longfloat	和 C long float 相容	'g'
float16、float32、float64、 float96、float128	16、32、64、96、128bits 浮點數	
複數浮點數		
csingle		'F'
complex_	和 Python complex 相容	'D'
clongfloat		'G'
complex64、complex128、 complex192、complex256	以兩個 32、64、96、128bits 浮點數表示實部與虛部	
其它		
object_	任何 Python 物件	'O'
bytes_	和 Python bytes 相容	'S#'
unicode_	和 Python unicode/str 相容	'U#'
void		'V#'
註：後面三種資料型別的大小取決於所儲存的資料，字元碼中的 # 是一個數字，表示資料是由幾個元素所組成，例如 'U6' 表示資料包含 6 個字元。		

12-3 一維陣列運算

陣列 (array) 是一種資料結構，可以用來儲存多個資料。陣列所儲存的資料叫做**元素** (element)，每個元素有各自的**值** (value)。至於陣列是如何區分它所儲存的元素呢？答案是透過**索引** (index)，多數程式語言是以索引 0 代表陣列的第 1 個元素，索引 1 代表陣列的第 2 個元素，…，索引 n - 1 代表陣列的第 n 個元素。

當陣列最多能儲存 n 個元素時，表示它的**長度** (length) 為 n，而且除了**一維陣列** (one-dimension array) 之外，多數程式語言亦支援**多維陣列** (multi-dimension array)，並規定合法的維度上限。此外，若陣列的元素被限制必須是相同的型別，則稱為**同質陣列** (homogeneous array)。

NumPy 所提供的陣列型別叫做 ndarray (n-dimension array，n 維陣列)，這是一個 n 維、同質且固定大小的陣列物件，n 可以是一維、二維或更多維，而同質表示每個元素必須是相同的型別。

例如下面的第二個敘述會呼叫 NumPy 的 array() 函式建立一個型別為 ndarray，包含 10、20、30 三個元素的一維陣列並指派給變數 A：

```
In [1]: import numpy as np
In [2]: A = np.array([10, 20, 30])
```

我們可以透過陣列的名稱與索引存取陣列的元素，例如 A[0]、A[1]、A[2] 分別可以用來取得 10、20、30 等元素。

元素	值
A[0]	10
A[1]	20
A[2]	30

備註

或許您會問，為何不直接使用 Python 內建的 list 或 tuple 型別進行陣列運算呢？最大的理由是它們處理大量資料的速度不夠快，list 或 tuple 會將元素儲存在記憶體中分散的位置，因而影響到存取速度，而 NumPy 的 ndarray 型別會將元素儲存在記憶體中連續的位置，存取速度自然較快，另外還有一些差異如下：

- NumPy 陣列在建立的當下具有固定大小，而 Python list 的大小是動態的。
- NumPy 陣列的元素必須是相同型別，Python list 的元素則無此限制。
- NumPy 陣列針對大量資料提供進階且高速的數學運算。
- 愈來愈多科學運算套件支援 NumPy 陣列，且效率高於 Python list。

12-3-1 ndarray 型別的屬性

ndarray 型別比較重要的屬性如下：

- ndarray.ndim：陣列的維度，NumPy 將維度稱為 axis (軸)。
- ndarray.shape：陣列的形狀，這是一個整數序對 (tuple)，每個整數表示各個維度的元素個數。
- ndarray.size：陣列的元素個數。
- ndarray.dtype：陣列的元素型別，可以是 Python 或 NumPy 內建的資料型別。
- ndarray.itemsize：陣列的元素大小，以位元組為單位，例如 numpy.int32 型別的元素大小為 32 / 8 = 4 位元組，而 numpy.float64 型別的元素大小為 64 / 8 = 8 位元組。
- ndarray.data：真正包含元素的緩衝區，通常我們不會使用到這個屬性，因為可以透過陣列的名稱與索引存取陣列的元素。

例如：

```
In [1]: import numpy as np                # 匯入 NumPy 並設定別名為 np
In [2]: A = np.array([1, 3, 5, 7, 9])  # 建立包含 5 個元素的一維陣列 A
In [3]: A                              # 陣列 A 的值
Out[3]: array([1, 3, 5, 7, 9])
In [4]: print(A)                       # 印出陣列 A
[1 3 5 7 9]
In [5]: type(A)                        # 陣列 A 的型別
Out[5]: numpy.ndarray
In [6]: A.ndim                         # 陣列 A 的維度
Out[6]: 1
In [7]: A.shape                        # 陣列A的形狀（5表示第一維的元素個數）
Out[7]: (5,)
In [8]: A.size                         # 陣列 A 的元素個數
Out[8]: 5
In [9]: A.dtype                        # 陣列 A 的元素型別
Out[9]: dtype('int32')
In [10]: A.itemsize                    # 陣列 A 的元素大小
Out[10]: 4
```

我們可以使用第 3-2-8 節介紹的索引與片段運算子存取陣列的元素，例如：

```
In [11]: A[0]                          # 陣列 A 的第一個元素
Out[11]: 1
In [12]: A[2:]                         # 陣列 A 中索引 2 和之後的元素
Out[12]: array([5, 7, 9])
In [13]: A[:2]                         # 陣列 A 中索引 2 之前的元素（不含索引 2）
Out[13]: array([1, 3])
In [14]: A[2:5]                        # 陣列 A 中索引 2 到 4 的元素（不含索引 5）
Out[14]: array([5, 7, 9])
In [15]: A[-2]                         # 陣列 A 的倒數第二個元素
Out[15]: 7
```

12-3-2 建立一維陣列

建立一維陣列的方式有好幾種，常用的如下：

❖ 使用 array() 函式從 Python 的串列 (list) 或序對 (tuple) 建立一維陣列，例如下面的第二個敘述會建立整數陣列：

```
In [1]: import numpy as np
In [2]: A = np.array([1, 6, 8, 3, 9])          # 建立包含 5 個整數的陣列 A
In [3]: A.dtype                                # 陣列 A 的元素型別
Out[3]: dtype('int32')
In [4]: print(A)                               # 印出陣列 A
[1 6 8 3 9]
```

由於陣列 A 的元素為 1、6、8、3、9，所以 NumPy 會將元素型別預設為 int32，若要自行指定為其它型別，例如 int16，可以將上面的第二個敘述改寫成如下，透過 dtype 參數指定元素型別：

```
In [1]: A = np.array([1, 6, 8, 3, 9], dtype = np.int16)
In [2]: A.dtype                                # 陣列 A 的元素型別
Out[2]: dtype('int16')
```

我們也可以建立浮點數陣列，例如：

```
In [1]: B = np.array([1.2, -3.5, 7.6])         # 建立包含 3 個浮點數的陣列 B
In [2]: B.dtype                                # 陣列 B 的元素型別
Out[2]: dtype('float64')
```

我們還可以建立字串陣列，例如：

```
In [1]: C = np.array(["cat", "dog", "pig"])    # 建立包含 3 個字串的陣列 C
In [2]: C.dtype                                # 陣列 C 的元素型別
Out[2]: dtype('<U3')
```

❖ 使用 zeros() 函式建立都是 0 的陣列，型別預設為 float64，例如：

```
In [1]: np.zeros(10)                          # 建立包含 10 個 0 的一維陣列
Out[1]: array([0., 0., 0., 0., 0., 0., 0., 0., 0., 0.])
```

❖ 使用 ones() 函式建立都是 1 的陣列，型別預設為 float64，例如：

```
In [1]: np.ones(10)                           # 建立包含 10 個 1 的一維陣列
Out[1]: array([1., 1., 1., 1., 1., 1., 1., 1., 1., 1.])
```

❖ 使用 empty() 函式建立初始值取決於記憶體狀態的陣列，例如：

```
In [1]: np.empty(3)                           # 建立包含 3 個隨機值的一維陣列
Out[1]: array([1.2, 3.5, 7.6])
```

❖ 使用 arange() 函式建立數列，例如：

```
In [1]: # 建立起始值為 1、終止值為 10 (不含 10)、間隔值為 3、型別為 int32 的數列
In [2]: np.arange(start = 1, stop = 10, step = 3, dtype = int)
Out[2]: array([1, 4, 7])
In [3]: # 建立起始值為 0、終止值為 5 (不含 5)、間隔值為 1、型別為 int32 的數列
In [4]: np.arange(5, dtype = int)
Out[4]: array([0, 1, 2, 3, 4])
In [5]: # 建立起始值為 0、終止值為 2 (不含 2)、間隔值為 0.3 的數列
In [6]: np.arange(0, 2, 0.3)
Out[6]: array([0. , 0.3, 0.6, 0.9, 1.2, 1.5, 1.8])
```

❖ 使用 linspace() 函式建立平均分佈的數值，例如：

```
In [1]: np.linspace(0, 2, 9)                  # 建立 0 到 2 之間 9 個平均分佈的數值
Out[1]: array([0.  , 0.25, 0.5 , 0.75, 1.  , 1.25, 1.5 , 1.75, 2.  ])
```

12-3-3 一維陣列的基本操作

我們可以針對一維陣列進行一些基本操作，常見的如下：

❖ 使用算術運算子 (+、-、*、/、//、%、**) 或比較運算子 (>、<、>=、<=、==、!=) 逐一作用在陣列的每個元素，例如：

```
In [1]: A = np.array([10, 20, 30, 40, 50])
In [2]: B = np.array([1, 2, 3, 4, 5])
In [3]: A * 2                          # 陣列 A 乘以 2
Out[3]: array([ 20,  40,  60,  80, 100])
In [4]: A ** 2                         # 陣列 A 的 2 次方
Out[4]: array([ 100,  400,  900, 1600, 2500], dtype=int32)
In [5]: A < 35                         # 陣列 A 是否小於 35
Out[5]: array([ True,  True,  True, False, False])
In [6]: A + B                          # 陣列 A 加上陣列 B
Out[6]: array([11, 22, 33, 44, 55])
In [7]: A - B                          # 陣列 A 減去陣列 B
Out[7]: array([ 9, 18, 27, 36, 45])
In [8]: A * B                          # 陣列 A 乘以陣列 B
Out[8]: array([ 10,  40,  90, 160, 250]
In [9]: A / B                          # 陣列 A 除以陣列 B
Out[9]: array([10., 10., 10., 10., 10.])
In [10]: A > B                         # 陣列 A 是否大於陣列 B
Out[10]: array([ True,  True,  True,  True,  True])
```

❖ 變更陣列的元素，例如：

```
In [11]: A[0] = 100                    # 將陣列 A 中索引 0 的元素變更為 100
In [12]: print(A)                      # 印出陣列 A (索引 0 的元素被變更為 100)
[100  20  30  40  50]
In [13]: A[[0, 1]] = 70                # 將陣列 A 中索引 0 和 1 的元素變更為 70
In [14]: print(A)                      # 印出陣列 A (索引 0 和 1 的元素被變更為 70)
[70 70 30 40 50]
```

❖ 使用 insert() 函式在陣列中插入元素，例如：

```
In [1]: A = np.array([10, 20, 30, 40, 50])
In [2]: C = np.insert(A, 1, 100)         # 在陣列 A 中索引 1 處插入 100 並指派給 C
In [3]: C
Out[3]: array([ 10, 100,  20,  30,  40,  50])
In [4]: D = np.insert(A, [1, 3], 7)      # 在陣列 A 中索引 1、3 處插入 7 並指派給 D
In [5]: D
Out[5]: array([10,  7, 20, 30,  7, 40, 50])
```

❖ 使用 delete() 函式在陣列中刪除元素，例如：

```
In [1]: A = np.array([10, 20, 30, 40, 50])
In [2]: C = np.delete(A, 2)              # 在陣列 A 中刪除索引 2 的元素並指派給 C
In [3]: C
Out[3]: array([10, 20, 40, 50])
In [4]: D = np.delete(A, [1, 3])         # 在陣列 A 中刪除索引 1、3 的元素並指派給 D
In [5]: D
Out[5]: array([10, 30, 50])
```

❖ 使用 concatenate() 函式結合兩個陣列或加入元素，例如：

```
In [1]: A = np.array([1, 2, 3])
In [2]: B = np.array([4, 5])
In [3]: C = np.concatenate((A, B))       # 結合陣列 A 和陣列 B 並指派給 C
In [4]: C
Out[4]: array([1, 2, 3, 4, 5])
In [5]: D = np.concatenate((A, [10, 20])) # 在陣列 A 的後面加入 10、20 並指派給 D
In [6]: D
Out[6]: array([ 1,  2,  3, 10, 20])
```

12-3-4 向量運算 (內積、叉積、外積)

我們可以使用 NumPy 的一維陣列和相關的函式進行向量運算，假設三維空間中有兩個向量 U (u1, u2, u3) 與 V (v1, v2, v3)，常見的運算如下：

❖ 使用 inner() 或 dot() 函式計算**向量內積** (inner product)，又稱為**純量積** (scalar product) 或**點積** (dot product)，向量U與向量V的內積如下，結果是一個純量：

$$U \cdot V = u1v1 + u2v2 + u3v3$$

❖ 使用 cross() 函式計算**向量叉積** (outer product)，又稱為**向量積** (vector product)，向量 U 與向量 V 的叉積如下，結果是一個向量：

$$U \times V = (u2v3 - u3v2, u3v1 - u1v3, u1v2 - u2v1)$$

❖ 使用 outer() 函式計算**向量外積** (outer product)，向量 U 與向量 V 的外積如下，結果是一個矩陣：

$$U \otimes V = \begin{bmatrix} u1 \\ u2 \\ u3 \end{bmatrix} [v1 \quad v2 \quad v3] = \begin{bmatrix} u1v1 & u1v2 & u1v3 \\ u2v1 & u2v2 & u2v3 \\ u3v1 & u3v2 & u3v3 \end{bmatrix}$$

```
In [1]: U = np.array([1, 2, 3])          # 建立向量 U
In [2]: V = np.array([1, 0, 1])          # 建立向量 V
In [3]: np.inner(U, V)                   # 計算向量內積，亦可寫成 np.dot(U, V)
Out[3]: 4
In [4]: np.cross(U, V)                   # 計算向量叉積
Out[4]: array([ 2,  2, -2])
In [5]: np.outer(U, V)                   # 計算向量外積
Out[5]:
array([[1, 0, 1],
       [2, 0, 2],
       [3, 0, 3]])
```

12-4 二維陣列運算

二維陣列 (two-dimension array) 是一維陣列的延伸，若說一維陣列是呈線性的一度空間，那麼二維陣列就是呈平面的二度空間，而且任何平面的二維表格或矩陣都可以使用二維陣列來儲存。

舉例來說，下圖是一個 5 列 3 行的成績單，我們可以透過下面的敘述定義一個名稱為 grades、5×3 的二維陣列來儲存成績單，array() 函式的參數是一個巢狀串列 (nested list)，它的每個元素都是一個串列，儲存一位學生的三科分數：

```
In [1]: grades = np.array([[95, 100, 100], [86, 90, 75], [98, 98, 96], [78, 90, 80], [70, 68, 72]])
```

	國文	英文	數學
學生 1	95	100	100
學生 2	86	90	75
學生 3	98	98	96
學生 4	78	90	80
學生 5	70	68	72

若要存取這個二維陣列，必須使用兩個索引，以上圖的成績單為例，我們可以使用兩個索引將它表示成如下圖，第一個索引是**列索引** (row index)，0 表示第 1 列，1 表示第 2 列，…，依此類推；而第二個索引是**行索引** (column index)，0 表示第 1 行，1 表示第 2 行，…，依此類推。

	國文	英文	數學
學生 1	[0, 0]	[0, 1]	[0, 2]
學生 2	[1, 0]	[1, 1]	[1, 2]
學生 3	[2, 0]	[2, 1]	[2, 2]
學生 4	[3, 0]	[3, 1]	[3, 2]
學生 5	[4, 0]	[4, 1]	[4, 2]

由此可知，學生 1 的國文、英文、數學分數是儲存在索引為 [0, 0]、[0, 1]、[0, 2] 的位置，學生 2 的國文、英文、數學分數是儲存在索引為 [1, 0]、[1, 1]、[1, 2] 的位置，…，依此類推，我們馬上來驗證一下：

```
In [1]: import numpy as np
In [2]: grades = np.array([[95, 100, 100], [86, 90, 75], [98, 98, 96], [78, 90, 80], [70, 68, 72]])
In [3]: print(grades)       # 印出二維陣列
[[ 95 100 100]
 [ 86  90  75]
 [ 98  98  96]
 [ 78  90  80]
 [ 70  68  72]]
In [4]: grades[0, ]         # 學生 1 的三科分數，亦可寫成 grades[0]
Out[4]: array([ 95, 100, 100])
In [5]: grades[0, 0]        # 學生 1 的第 1 科分數 (國文)，亦可寫成 grades[0][0]
Out[5]: 95
In [6]: grades[1, 2]        # 學生 2 的第 3 科分數 (數學)，亦可寫成 grades[1][2]
Out[6]: 75
```

12-4-1 建立二維陣列

建立二維陣列最常見的方式是使用 **array()** 函式從 Python 串列 (list) 或序對 (tuple) 建立二維陣列，例如下面的敘述會建立型別為 int32、4×3 (4 列 3 行) 的二維陣列，若要指定型別，可以加上 dtype 參數：

```
In [1]: A = np.array([[1, 2, 3], [4, 5, 6], [7, 8, 9], [10, 11, 12]])
In [2]: print(A)
[[ 1  2  3]
 [ 4  5  6]
 [ 7  8  9]
 [10 11 12]]
```

我們也可以使用 array() 函式搭配 reshape() 函式建立前述的二維陣列，此時 array() 函式的參數是一個包含所有元素的串列，而 reshape() 函式的參數則是用來指定陣列的形狀為 4×3 (4 列 3 行)：

```
In [1]: A = np.array([1, 2, 3, 4, 5, 6, 7, 8, 9, 10, 11, 12]).reshape(4, 3)
```

同樣的，我們可以使用 zeros()、ones()、empty() 等函式建立二維陣列，例如：

```
In [1]: np.zeros((3, 5))                    # 建立 3×5、包含 0 的二維陣列
array([[0., 0., 0., 0., 0.],
       [0., 0., 0., 0., 0.],
       [0., 0., 0., 0., 0.]])
In [2]: np.ones((3, 5))                     # 建立 3×5、包含 1 的二維陣列
array([[1., 1., 1., 1., 1.],
       [1., 1., 1., 1., 1.],
       [1., 1., 1., 1., 1.]])
In [3]: np.empty((2, 3))                    # 建立 2×3、包含隨機值的二維陣列
array([[0., 0., 0.],
       [0., 0., 0.]])
```

或者，我們也可以使用 arange() 和 linsapce() 函式搭配 reshape() 函式建立二維陣列，例如：

```
In [1]: np.arange(15).reshape(3, 5)                # 建立 3×5 的二維陣列
array([[ 0,  1,  2,  3,  4],
       [ 5,  6,  7,  8,  9],
       [10, 11, 12, 13, 14]])
In [2]: np.linspace(0, 2, 9).reshape(3, 3)         # 建立 3×3 的二維陣列
array([[0.  , 0.25, 0.5 ],
       [0.75, 1.  , 1.25],
       [1.5 , 1.75, 2.  ]])
```

12-4-2 二維陣列的基本操作

我們可以針對二維陣列進行一些基本操作，常見的如下：

❖ 透過 ndarray 型別的屬性存取二維陣列的屬性，例如：

```
In [1]: import numpy as np
In [2]: A = np.array([1, 2, 3, 4, 5, 6, 7, 8, 9, 10, 11, 12]).reshape(4, 3)
In [3]: print(A)                        # 印出二維陣列 A
[[ 1  2  3]
 [ 4  5  6]
 [ 7  8  9]
 [10 11 12]]
In [4]: A.ndim                          # 陣列 A 的維度
Out[4]: 2
In [5]: A.shape                         # 陣列 A 的形狀（此例為 4 列 3 行）
Out[5]: (4, 3)
In [6]: A.shape[0]                      # 陣列 A 的列維度（此例為 4 列）
Out[6]: 4
In [7]: A.shape[1]                      # 陣列 A 的行維度（此例為 3 行）
Out[7]: 3
In [8]: A.size                          # 陣列 A 的元素個數
Out[8]: 12
In [9]: A.dtype                         # 陣列 A 的型別
Out[9]: dtype('int32')
In [10]: A.itemsize                     # 陣列 A 的元素大小
Out[10]: 4
```

❖ 二維陣列的兩個軸各有一個索引，中間以逗號隔開，例如：

```
In [11]: A[0, 0]                        # 第 1 列第 1 行的元素，亦可寫成 A[0][0]
Out[11]: 1
In [12]: A[0, :]                        # 第 1 列的元素，亦可寫成 A[0, ] 或 A[0]
Out[12]: array([1, 2, 3])
```

```
In [13]: A[:, 0]                    # 第 1 行的元素
Out[13]: array([ 1,  4,  7, 10])
In [14]: A[1:3, 0]                  # 元素 A[1, 0] 和 A[2, 0] (不含索引 3)
Out[14]: array([4, 7])
In [15]: A[2:]                      # 第 3 列和之後的元素
array([[ 7,  8,  9],
       [10, 11, 12]])
In [16]: A[:2]                      # 第 3 列之前的元素 (不含第 3 列)
array([[1, 2, 3],
       [4, 5, 6]])
In [17]: A[-1]                      # 最後一列的元素
Out[17]: array([10, 11, 12])
In [18]: for i in A:                # 針對陣列 A 進行迭代運算
   ...:     print(i + 10)
   ...:
[11 12 13]
[14 15 16]
[17 18 19]
[20 21 22]
```

❖ 使用算術運算子或比較運算子逐一作用在二維陣列的每個元素，例如：

```
In [1]: A = np.array([[1, 2], [3, 4]])
In [2]: B = np.array([[2, 2], [1, 1]])
In [3]: A * 2                       # 陣列 A 乘以 2
array([[2, 4],
       [6, 8]])
In [4]: A > 2                       # 陣列 A 是否大於 2
array([[False, False],
       [ True,  True]])
```

```
In [5]: A + B                              # 陣列 A 加上陣列 B
array([[3, 4],
       [4, 5]])
In [6]: A - B                              # 陣列 A 減去陣列 B
array([[-1,  0],
       [ 2,  3]])
In [7]: A * B                              # 陣列 A 乘以陣列 B
array([[2, 4],
       [3, 4]])
In [8]: A / B                              # 陣列 A 除以陣列 B
array([[0.5, 1. ],
       [3. , 4. ]])
```

請注意，乘法運算子 (*) 只會將兩個陣列中對應的元素相乘，這和「矩陣相乘」的定義不同，若要進行矩陣相乘，必須改用 @ 運算子或 dot() 函式，第 12-4-4 節會介紹矩陣運算。

此外，在進行陣列運算時，有時會遇到形狀 (維度) 不符的情況，例如 4×2 陣列無法和 2×3 陣列相加，將會產生 ValueError: operands could not be broadcast together with shapes (4,2) (2,3) 錯誤，NumPy 提供了一個**廣播** (broadcast) 機制用來處理不同形狀的陣列如何進行算術運算，第 12-6 節有進一步的說明。

❖ 變更二維陣列的元素，例如：

```
In [1]: A = np.array([[1, 2], [3, 4]])
In [2]: A[0, 0] = 7                        # 將第 1 列第 1 行的元素變更為 7
In [3]: print(A)                           # 印出陣列 A (第 1 列第 1 行的元素被變更為 7)
[[7 2]
 [3 4]]
```

12-4-3 處理陣列的形狀

改變陣列的形狀

我們可以使用 **ravel()** 函式將多維陣列轉換成一維陣列，或使用 **reshape()** 函式改變陣列的維度，例如：

```
In [1]: A = np.array([[0, 1, 2], [3, 4, 5]])
In [2]: A.ravel()                          # 傳回將陣列 A 轉換成一維陣列的新陣列
Out[2]: array([0, 1, 2, 3, 4, 5])
In [3]: A.reshape(3, 2)                    # 傳回將陣列 A 轉換成 3×2 陣列的新陣列
array([[0, 1],
       [2, 3],
       [4, 5]])
```

請注意，這兩個函式都會傳回一個新陣列，不會改變陣列 A 本身，若真的要改變陣列 A 的形狀，必須使用 **resize()** 函式，例如：

```
In [4]: A.resize(3, 2)                     # 將陣列 A 本身轉換成 3×2 陣列
In [5]: A
array([[0, 1],
       [2, 3],
       [4, 5]])
```

將陣列分割成子陣列

我們可以使用 **hsplit()** 和 **vsplit()** 函式將陣列水平或垂直分割成子陣列，例如：

```
In [1]: A = np.arange(16).reshape(2, 8)
In [2]: A
array([[ 0,  1,  2,  3,  4,  5,  6,  7],
       [ 8,  9, 10, 11, 12, 13, 14, 15]])
```

```
In [3]: np.hsplit(A, 4)                    # 將陣列 A 水平分割成 4 個子陣列
[array([[0, 1], [8, 9]]),
 array([[ 2,  3], [10, 11]]),
 array([[ 4,  5], [12, 13]]),
 array([[ 6,  7], [14, 15]])]

In [4]: np.vsplit(A, 2)                    # 將陣列 A 垂直分割成 2 個子陣列
[array([[0, 1, 2, 3, 4, 5, 6, 7]]), array([[ 8,  9, 10, 11, 12, 13, 14, 15]])]
```

將陣列堆疊在一起

我們可以使用 hstack() 和 vstack() 函式將陣列水平堆疊或垂直堆疊，或使用 column_stack() 和 row_stack() 函式將一維陣列當作一行或一列堆疊到二維陣列，例如：

```
In [1]: A = np.array([[0, 1], [2, 3]])
In [2]: B = np.array([[4, 5], [6, 7]])
In [3]: C = np.array([8, 9])
In [4]: np.hstack((A, B))                  # 將陣列 A 和陣列 B 水平堆疊
array([[0, 1, 4, 5],
       [2, 3, 6, 7]])
In [5]: np.vstack((A, B))                  # 將陣列 A 和陣列 B 垂直堆疊
array([[0, 1],
       [2, 3],
       [4, 5],
       [6, 7]])
In [6]: np.column_stack((A, C))            # 將陣列 C 當作一行堆疊到陣列 A
array([[0, 1, 8],
       [2, 3, 9]])
In [7]: np.row_stack((A, C))               # 將陣列 C 當作一列堆疊到陣列 A
array([[0, 1],
       [2, 3],
       [8, 9]])
```

12-4-4 矩陣運算 (轉置、相加、相乘)

在本節中，我們將說明如何以二維陣列進行矩陣轉置、相加、相乘等常見的矩陣運算。

矩陣轉置 (matrix transposition)

假設 A 為 m×n 矩陣，則 A 的轉置矩陣 B 為 n×m 矩陣，且 B 的第 i 列第 j 行元素等於 A 的第 j 列第 i 行元素，即 $b_{ij} = a_{ji}$，如下圖。

$$A = \begin{bmatrix} a_{00} & a_{01} & \cdots & a_{0(n-1)} \\ a_{10} & a_{11} & \cdots & a_{1(n-1)} \\ \cdots & \cdots & \cdots & \cdots \\ a_{(m-1)0} & a_{(m-1)1} & \cdots & a_{(m-1)(n-1)} \end{bmatrix}_{m \times n}$$

$$B = A^t = \begin{bmatrix} a_{00} & a_{10} & \cdots & a_{(m-1)0} \\ a_{01} & a_{11} & \cdots & a_{(m-1)1} \\ \cdots & \cdots & \cdots & \cdots \\ a_{0(n-1)} & a_{1(n-1)} & \cdots & a_{(m-1)(n-1)} \end{bmatrix}_{n \times m}$$

我們可以使用二維陣列和 transpose() 函式進行矩陣轉置，例如：

```
In [1]: A = np.array([1, 2, 3, 4, 5, 6]).reshape(2, 3)
In [2]: print(A)
[[1 2 3]
 [4 5 6]]
In [3]: B = np.transpose(A)
In [4]: print(B)
[[1 4]
 [2 5]
 [3 6]]
```

$$A = \begin{bmatrix} 1 & 2 & 3 \\ 4 & 5 & 6 \end{bmatrix}_{2 \times 3} \qquad B = A^t = \begin{bmatrix} 1 & 4 \\ 2 & 5 \\ 3 & 6 \end{bmatrix}_{3 \times 2}$$

矩陣相加 (matrix addition)

假設 A、B 均為 m×n 矩陣，則 A 與 B 相加得出的 C 亦為 m×n 矩陣，且 C 的第 i 列第 j 行元素等於 A 的第 i 列第 j 行元素加上 B 的第 i 列第 j 行元素，即 $c_{ij} = a_{ij} + b_{ij}$。

同樣的，我們可以使用二維陣列和加法運算子 (+) 進行矩陣相加，例如：

```
In [1]: A = np.array([1, 2, 3, 4, 5, 6]).reshape(2, 3)
In [2]: print(A)
[[1 2 3]
 [4 5 6]]
In [3]: B = A + A
In [4]: print(B)
[[ 2  4  6]
 [ 8 10 12]]
```

矩陣相乘 (matrix multiplication)

假設 A 為 m×n 矩陣、B 為 n×p 矩陣，則 A 與 B 相乘得出的 C 為 m×p 矩陣，且 C 的第 i 列第 j 行元素等於 A 的第 i 列乘上 B 的第 j 行 (兩個向量內積)，即 $c_{ij} = \sum_{k=0}^{n-1} a_{ik} \times b_{kj}$，如下圖。

$$\begin{bmatrix} a_{00} & a_{01} & \cdots & a_{0(n-1)} \\ a_{10} & a_{11} & \cdots & a_{1(n-1)} \\ \cdots & \cdots & \cdots & \cdots \\ a_{(m-1)0} & a_{(m-1)1} & \cdots & a_{(m-1)(n-1)} \end{bmatrix}_{m \times n} \times \begin{bmatrix} b_{00} & b_{01} & \cdots & b_{0(p-1)} \\ b_{10} & b_{11} & \cdots & b_{1(p-1)} \\ \cdots & \cdots & \cdots & \cdots \\ b_{(n-1)0} & b_{(n-1)1} & \cdots & b_{(n-1)(p-1)} \end{bmatrix}_{n \times p}$$

$$= \begin{bmatrix} c_{00} & c_{01} & \cdots & c_{0(p-1)} \\ c_{10} & c_{11} & \cdots & c_{1(p-1)} \\ \cdots & \cdots & \cdots & \cdots \\ c_{(m-1)0} & c_{(m-1)1} & \cdots & c_{(m-1)(p-1)} \end{bmatrix}_{m \times p}$$

c_{ij} 等於 A 的第 i 列乘上 B 的第 j 行 (兩個向量內積)：

$$
\begin{aligned}
c_{ij} &= [a_{i0} \quad a_{i1} \quad \cdots \quad a_{i(n-1)}] \times \begin{bmatrix} b_{0j} \\ b_{1j} \\ \vdots \\ b_{(n-1)j} \end{bmatrix} \\
&= a_{i0} \times b_{0j} + a_{i1} \times b_{1j} + \ldots + a_{i(n-1)} \times b_{(n-1)j} \\
&= \sum_{k=0}^{n-1} a_{ik} \times b_{kj}
\end{aligned}
$$

例如：

$$
\begin{aligned}
c_{00} &= [a_{00} \quad a_{01} \quad \cdots \quad a_{0(n-1)}] \times \begin{bmatrix} b_{00} \\ b_{10} \\ \vdots \\ b_{(n-1)0} \end{bmatrix} \\
&= a_{00} \times b_{00} + a_{01} \times b_{10} + \ldots + a_{0(n-1)} \times b_{(n-1)0}
\end{aligned}
$$

我們可以使用二維陣列和 @ 運算子或 dot() 函式進行矩陣相乘，例如：

```
In [1]: A = np.array([1, 2, 3, 4, 5, 6]).reshape(3, 2)
In [2]: print(A)
[[1 2]
 [3 4]
 [5 6]]
In [3]: B = np.array([1, 2, 3, 4, 5, 6]).reshape(2, 3)
In [4]: print(B)
[[1 2 3]
 [4 5 6]]
In [5]: C = A @ B                   # 亦可寫成 C = np.dot(A, B)
In [6]: print(C)
[[ 9 12 15]
 [19 26 33]
 [29 40 51]]
```

12-5 通用函式

NumPy 提供了諸如 sin()、cos()、exp()、square()、add() 等常見的數學函式，並稱為**通用函式** (ufunc，universal functions)，因為這些函式會逐一作用在陣列的每個元素，然後傳回一個陣列。

以下面的敘述為例，B = np.square(A) 中的 square() 函式就是一個通用函式，它會逐一作用在陣列 A 的每個元素，然後傳回一個儲存著平方值的陣列：

```
In [1]: import numpy as np
In [2]: A = np.array([1, 2, 3])
In [3]: B = np.square(A)
In [4]: B
Out[4]: array([1, 4, 9], dtype=int32)
```

除了數學函式之外，其它還有一些浮點數運算函式、位元運算函式或比較函式也是通用函式，至於我們要如何判斷一個函式是否為通用函式，可以在 Python 直譯器輸入類似 help(np.square) 的指令查看說明文件，若有標示 ufunc，就是通用函式，如下圖。

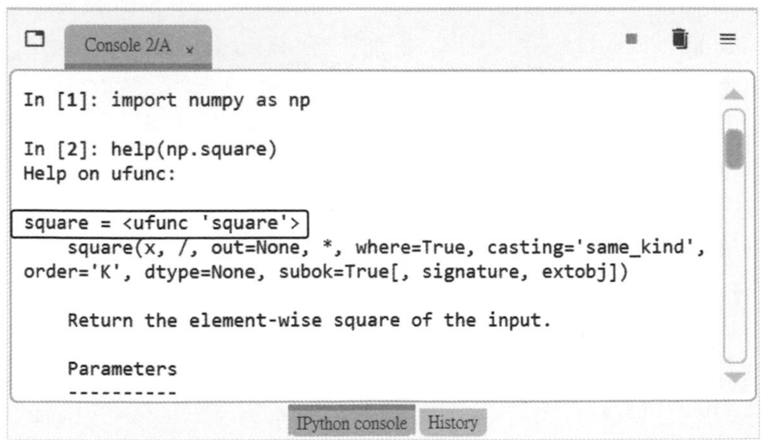

\ 隨 堂 練 習 /

[矩陣轉置、相加與相乘] 使用 NumPy 完成下列題目：

(1) 產生三個陣列代表下圖的矩陣 A、B、C。

$$A = \begin{bmatrix} 1 & 2 \\ 3 & 4 \\ 5 & 6 \\ 7 & 8 \end{bmatrix} \quad B = \begin{bmatrix} 1 & 1 \\ 1 & 1 \\ 1 & 1 \\ 1 & 1 \end{bmatrix} \quad C = \begin{bmatrix} 1 & 2 & 3 \\ 4 & 5 & 6 \end{bmatrix}$$

(2) 印出第一個陣列 A 的維度、形狀、列維度、行維度與元素個數。

(3) 印出第一個陣列 A 與第二個陣列 B 垂直堆疊在一起的結果。

(4) 令陣列 D 等於陣列 A 的形狀由 4×2 變更為 2×4，然後印出 D 的值。

(5) 印出矩陣 A 的轉置矩陣。

(6) 印出矩陣 A 與矩陣 B 相加、矩陣 A 與矩陣 B 相減的結果。

(7) 印出矩陣 A 與矩陣 C 相乘的結果。

【解答】

```
In [1]: A = np.array([1, 2, 3, 4, 5, 6, 7, 8]).reshape(4, 2)  # (1)
In [2]: B = np.ones((4, 2))
In [3]: C = np.array([1, 2, 3, 4, 5, 6]).reshape(2, 3)
In [4]: A.ndim                                                 # (2)
Out[4]: 2
In [5]: A.shape
Out[5]: (4, 2)
In [6]: A.shape[0]
Out[6]: 4
In [7]: A.shape[1]
Out[7]: 2
```

```
In [8]: A.size
Out[8]: 8
In [9]: np.vstack((A, B))                                    # (3)
array([[1., 2.],
       [3., 4.],
       [5., 6.],
       [7., 8.],
       [1., 1.],
       [1., 1.],
       [1., 1.],
       [1., 1.]])
In [10]: D = A.reshape(2, 4)                                 # (4)
In [11]: D
array([[1, 2, 3, 4],
       [5, 6, 7, 8]])
In [12]: np.transpose(A)                                     # (5)
array([[1, 3, 5, 7],
       [2, 4, 6, 8]])
In [13]: A + B                                               # (6)
array([[2., 3.],
       [4., 5.],
       [6., 7.],
       [8., 9.]])
In [14]: A - B
array([[0., 1.],
       [2., 3.],
       [4., 5.],
       [6., 7.]])
In [15]: A @ C                                               # (7)
array([[ 9, 12, 15],
       [19, 26, 33],
       [29, 40, 51],
       [39, 54, 69]])
```

12-6 廣播

原則上，兩個陣列的形狀必須相容才能進行算術運算，當形狀不同時，較小的陣列會根據 NumPy 提供的**廣播** (broadcast) 機制擴張成和較大的陣列相容的形狀。以下面的敘述為例，A 是形狀為 (3,) 的一維陣列，B 是純量 (scalar)，那麼在進行 A + B 之前，B 必須先擴張成和 A 相容的形狀，也就是 [10, 10, 10]，才能按元素進行加法運算，得到結果為 [11, 12, 13]：

```
In [1]: A = np.array([1, 2, 3])
In [2]: B = 10
In [3]: A + B
Out[3]: array([11, 12, 13])
```

同理，A 是形狀為 (3,) 的一維陣列，C 是形狀為 (2, 3) 的二維陣列，那麼在進行 A + C 之前，A 必須先擴張成和 C 相容的形狀，也就是 [[1, 2, 3], [1, 2, 3]]，才能按元素進行加法運算，得到結果為 [[11, 22, 33], [41, 52, 63]]：

```
In [4]: C = np.array([[10, 20, 30], [40, 50, 60]])
In [5]: A + C
array([[11, 22, 33],
       [41, 52, 63]])
```

不過，形狀並無法隨意擴張，以下面的敘述為例，D 是形狀為 (2,) 的一維陣列，無法擴張成和 A 相容的形狀，A + D 將會得到如下的錯誤訊息：

```
In [6]: D = np.array([10, 20])
In [7]: A + D
Traceback (most recent call last):
  Cell In[7], line 1
    A + D
ValueError: operands could not be broadcast together with shapes (3,) (2,)
```

至於 NumPy 如何判斷兩個陣列的形狀是否相容呢？它會從後面的維度開始比較，當該維度相等或其中一個為 1 時，表示該維度相容，以下面的陣列 M、N 為例，最後一維分別為 5 和 1，表示該維度相容且會擴張成 5，接著往前比較倒數第二維均為 3，表示該維度相容，再來往前比較第一維，陣列 M 為 15，陣列 N 沒有，故 N 會擴張成 15，因此，陣列 M、N 進行算術運算的結果將是一個 15×3×5 陣列。

```
M            (三維陣列)：15×3×5
N            (二維陣列)：    3×1
算術運算結果 (三維陣列)：15×3×5
```

最後，我們要介紹 newaxis 索引運算子，它可以在陣列插入新的軸 (axis)，以下面的敘述為例，W 和 X 是形狀分別為 (4,)、(3,) 的一維陣列，W + X 將會得到如下的錯誤訊息：

```
In [1]: W = np.array([0, 1, 2, 3])
In [2]: X = np.array([1, 2, 3])
In [3]: W + X
Traceback (most recent call last):
  Cell In[3], line 1
    W + X
ValueError: operands could not be broadcast together with shapes (4,) (3,)
```

不過，若在陣列 W 插入新的軸，也就是透過 W[:, np.newaxis] 將 W 變成形狀為 (4, 1) 的二維陣列，W + X 就會得到形狀為 (4, 3) 的二維陣列，如下：

```
In [1]: W[:, np.newaxis] + X
array([[1, 2, 3],
       [2, 3, 4],
       [3, 4, 5],
       [4, 5, 6]])
```

12-7 視點 (view) 與複本 (copy)

當我們在處理陣列時，有時資料會被複製到新的陣列，有時又不會，對初學者來說實在有點困擾，所以我們將這個問題分成下列三種情況來做討論。

完全不複製

簡單的指派動作並不會複製陣列的資料，以下面的敘述為例，B = A 只會令 B 參照 A 所參照的物件，不會建立新的物件，換句話說，A 和 B 是參照相同的陣列物件，一旦改變 B 的資料，就等於改變 A 的資料：

```
In [1]: A = np.array([1, 2, 3])
In [2]: B = A                          # 令 B 參照 A 所參照的物件，不會建立新的物件
In [3]: B is A                         # A 和 B 是參照相同的陣列物件
Out[3]: True
In [4]: B[0] = 7                       # 將 B 的第一個元素變更為 7
In [5]: A                              # A 的第一個元素亦變成 7
Out[5]: array([7, 2, 3])
```

淺複製 (shallow copy)

不同的陣列物件可以共享相同的資料，以下面的敘述為例，C = A.view() 是呼叫 view() 方法建立新的陣列物件 C，且該物件會共享 A 的資料，我們將 C 稱為 A 的**視點** (view)，而 A 是 C 的**基底物件** (base object)：

```
In [1]: A = np.array([1, 2, 3])
In [2]: C = A.view()                   # 建立新的陣列物件 C 並共享 A 的資料
In [3]: C is A                         # C 和 A 是不同的陣列物件
Out[3]: False
In [4]: C.base is A                    # 透過 C 的 base 屬性判斷其基底物件是否為 A
Out[4]: True
```

一旦改變 C 的資料，A 的資料也會改變，因為兩者共享相同的資料，如下：

```
In [5]: C[0] = 7                          # 將 C 的第一個元素變更為 7
In [6]: C                                 # C 的第一個元素變成 7
Out[6]: array([7, 2, 3])
In [7]: A                                 # A 的第一個元素亦變成 7
Out[7]: array([7, 2, 3])
```

深複製 (deep copy)

相較於使用 view() 方法進行淺複製，我們還可以使用 copy() 方法進行深複製，也就是複製整個陣列物件和資料，不僅會建立新的陣列物件，且該物件擁有獨立的資料。以下面的敘述為例，D = A.copy() 是呼叫 copy() 方法建立新的陣列物件 D，且該物件會複製 A 的資料，我們將 D 稱為 A 的**複本** (copy)：

```
In [1]: A = np.array([1, 2, 3])
In [2]: D = A.copy()                      # 建立新的陣列物件 D 並複製 A 的資料
In [3]: D is A                            # D 和 A 是不同的陣列物件
Out[3]: False
In [4]: D.base is A                       # D 是 A 的複本，擁有獨立的資料
Out[4]: False
```

即使改變 D 的資料，A 的資料仍保持不變，因為兩者不僅是不同的陣列物件，也擁有獨立的資料，如下：

```
In [5]: D[0] = 7                          # 將 D 的第一個元素變更為 7
In [6]: D                                 # D 的第一個元素變成 7
Out[6]: array([7, 2, 3])
In [7]: A                                 # A 的第一個元素仍保持不變
Out[7]: array([1, 2, 3])
```

12-8 數學函式

NumPy 提供了大量的數學函式，包括三角函式、雙曲線、四捨五入、和/積/差、指數與對數、浮點數、算術運算、複數與其它，以下列出一些常用的數學函式，標示星號者（*）為通用函式，NumPy 官方網站有完整的說明與範例（https://numpy.org/doc/stable/reference/routines.math.html）。

函式	說明
三角函式（*）	
cos(*x*)、sin(*x*)、tan(*x*)、acos(*x*)、asin(*x*)、atan(*x*)	傳回參數 *x* 的餘弦值 (cosine)、正弦值 (sine)、正切值 (tangent)、反餘弦值 (arccosine)、反正弦值 (arcsine)、反正切值 (arctangent)，參數 *x* 為弳度，例如 np.sin(30 * np.pi / 180) 會傳回 0.49999999999999994。
四捨五入（*）	
round_(*x*, *decimals*=0)	傳回參數 *x* 四捨五入至選擇性參數 *decimals* 指定之小數位數的數值，例如 np.round_([1.23, 0.78]) 會傳回 array([1., 1.])，np.round_([1.23, 0.78], 1) 會傳回 array([1.2, 0.8])。
rint(*x*)	傳回最接近參數 *x* 的整數，例如 np.rint([1.1, 1.6, 1.8]) 會傳回 array([1., 2., 2.])。
floor(*x*)	傳回小於或等於參數 *x* 的最大整數，例如 np.floor([-1.1, 1.6, 5.78]) 會傳回 array([-2., 1., 5.])。
ceil(*x*)	傳回大於或等於參數 *x* 的最小整數，例如 np.ceil([-1.1, 1.6, 5.78]) 會傳回 array([-1., 2., 6.])。
trunc(*x*)	傳回參數 *x* 無條件捨去小數的整數，例如 np.trunc([-1.1, 1.6, 5.78]) 會傳回 array([-1., 1., 5.])。
和/積/差	
prod(*a*, *axis*=None)	傳回陣列 *a* 中指定軸 *axis* 的元素乘積，例如 np.prod(np.array([[1, 2], [3, 4]])) 會傳回 24，np.prod(np.array([[1, 2], [3, 4]]), 1) 會傳回 array([2, 12])。
cumprod(*a*, *axis*=None)	傳回陣列 *a* 中指定軸 *axis* 的元素累積乘積，例如 np.cumprod(np.array([[1, 2],[3, 4]])) 會傳回 array([1, 2, 6, 24], dtype=int32)。

函式	說明
sum(*a*, *axis*=None)	傳回陣列 *a* 中指定軸 *axis* 的元素總和，例如 np.sum(np.array([[1, 2],[3, 4]])) 會傳回 10，np.sum(np.array([[1, 2],[3, 4]]), 1) 會傳回 array([3, 7])。
cumsum(*a*, *axis*=None)	傳回陣列 *a* 中指定軸 *axis* 的元素累積總和，例如 np.cumsum(np.array([[1, 2],[3, 4]])) 會傳回 array([1, 3, 6, 10], dtype=int32)。
diff(*a*, *n*=1, *axis*=-1)	傳回陣列 *a* 中指定軸 *axis* 的每隔 *n* 個元素差，例如 np.diff(np.array([1, 2, 4, 7])) 會傳回 array([1, 2, 3])。
cross(*a*, *b*)	傳回兩個向量 *a*、*b* 的外積。
指數與對數（*）	
exp(*x*)	傳回自然對數之底數 e 的參數 *x* 次方，例如 np.exp([1, 2]) 會傳回 array([2.71828183, 7.3890561])。
exp2(*x*)	傳回 2 的參數 *x* 次方，例如 np.exp2([1, 2]) 會傳回 array([2., 4.])。
log(*x*)	傳回參數 *x* 的自然對數值，例如 np.log([1, 2]) 會傳回 array([0. , 0.69314718])。
log2(*x*)	傳回參數 *x* 的基底 2 對數值，例如 np.log2([1, 2]) 會傳回 array([0., 1.])。
log10(*x*)	傳回參數 *x* 的基底 10 對數值，例如 np.log10([1, 2]) 會傳回 array([0. , 0.30103])。
算術運算（*）	
add(*x1*, *x2*)	傳回參數 *x1* 加上參數 *x2*，例如 np.add([4, 6], [2, 4]) 會傳回 array([6, 10])。
subtract(*x1*, *x2*)	傳回參數 *x1* 減去參數 *x2*，例如 np.subtract([4, 6], [2, 4]) 會傳回 array([[2, 2]])。
multiply(*x1*, *x2*)	傳回參數 *x1* 乘以參數 *x2*，例如 np.multiply([4, 6], [2, 4]) 會傳回 array([[8, 24]])。
divide(*x1*, *x2*)	傳回參數 *x1* 除以參數 *x2*，例如 np.divide([4, 6], [2, 4]) 會傳回 array([[2. , 1.5]])。
power(*x1*, *x2*)	傳回參數 *x1* 的參數 *x2* 次方，例如 np.power([4, 6], [2, 4]) 會傳回 array([[16, 1296]], dtype=int32)。

函式	說明
mod(*x1*, *x2*) remainder(*x1*, *x2*)	傳回參數 *x1* 除以參數 *x2* 的餘數，且餘數的正負符號和參數 *x2* 相同，例如 np.mod([-3, -2, -1, 1, 2], 2) 會傳回 array([1, 0, 1, 1, 0], dtype=int32)，np.mod([-3, -2, -1, 1, 2], -2) 會傳回 array([-1, 0, -1, -1, 0], dtype=int32)。
fmod(*x1*, *x2*)	傳回參數 *x1* 除以參數 *x2* 的餘數，且餘數的正負符號和參數 *x1* 相同，例如 np.fmod([-3, -2, -1, 1, 2], 2) 會傳回 array([-1, 0, -1, 1, 0], dtype=int32)，np.fmod([-3, -2, -1, 1, 2], -2) 會傳回 array([-1, 0, -1, 1, 0], dtype=int32)。
divmod(*x1*, *x2*)	傳回參數 *x1* 除以參數 *x2* 的商數與餘數，例如 np.divmod(np.arange(5), 3) 會傳回 (array([0, 0, 0, 1, 1], dtype=int32), array([0, 1, 2, 0, 1], dtype=int32))。
negative(*x*)	傳回參數 *x* 的負數，例如 np.negative([-3, -2, -1, 1, 2]) 會傳回 array([3, 2, 1, -1, -2])。
其它（*）	
sign(*x*)	傳回參數 *x* 的符號，-1 表示參數 *x* 小於 0，0 表示參數 *x* 等於 0，1 表示參數 *x* 大於 0，例如 np.sign([-5., 4.5, 0]) 會傳回 array([-1., 1., 0.])。
absolute(*x*)	傳回參數 *x* 的絕對值，例如 np.absolute([-5., 4.5, 0]) 會傳回 array([5. , 4.5, 0.])。
sqrt(*x*)	傳回參數 *x* 的平方根，例如 np.sqrt([1, 2]) 會傳回 array([1. , 1.41421356])。
cbrt(*x*)	傳回參數 *x* 的立方根，例如 np.cbrt([1, 8]) 會傳回 array([1., 2.])。
square(*x*)	傳回參數 *x* 的平方，例如 np.square([1, 8]) 會傳回 array([1, 64], dtype=int32)
maximum(*x1*, *x2*)	按元素比較參數 *x1* 和 *x2*，傳回包含最大元素的陣列，例如 np.maximum([2, 3, 4], [1, 5, 2]) 會傳回 array([2, 5, 4])。
minimum(*x1*, *x2*)	按元素比較參數 *x1* 和 *x2*，傳回包含最小元素的陣列，例如 np.minimum([2, 3, 4], [1, 5, 2]) 會傳回 array([1, 3, 2])。
gcd(*x1*, *x2*)	傳回參數 *x1* 和 *x2* 的最大公因數，例如 np.gcd([1, 2, 3, 4], 20) 會傳回 array([1, 2, 1, 4])。

除了前面的數學函式之外，下列幾個函式亦相當實用。

函式	說明
isinf(*x*)	傳回參數 *x* 是否為無限，例如 np.isinf([np.nan, 1, np.inf]) 會傳回 array([False, False, True])。
isfinite(*x*)	傳回參數 *x* 是否為有限，例如 np.isfinite([np.nan, 1, np.inf]) 會傳回 array([False, True, False])。
isnan(*x*)	傳回參數 *x* 是否為 NaN (not a number)，例如 np.isnan([np.nan, 1, np.inf]) 會傳回 array([True, False, False])。
max(*x*)	傳回參數 *x* 的最大值，例如 np.max([0.5, 0.7, 0.2, 1.5]) 會傳回 1.5。
min(*x*)	傳回參數 *x* 的最小值，例如 np.min([0.5, 0.7, 0.2, 1.5]) 會傳回 0.2。
sort(*x*)	傳回參數 *x* 排序完畢的結果 (由小到大)，例如 np.sort([2, 1, 5, 4, 3, 7, 6]) 會傳回 array([1, 2, 3, 4, 5, 6, 7])，np.sort(np.array([[1, 4, 2],[3, 7, 5]])) 會傳回 array([[1, 2, 4], [3, 5, 7]])。

隨堂練習

[三角函式] 使用 NumPy 計算sin 0°、sin 30°、sin 45°、cos 30°、cos 45°、cos6 0°、tan 30°、tan 45°、tan6 0° 的值。

【解答】

```
In [1]: np.sin(np.array([0, 30, 45]) * np.pi / 180.)
Out[1]: array([0.        , 0.5       , 0.70710678])
In [2]: np.cos(np.array([30, 45, 60]) * np.pi / 180.)
Out[2]: array([0.8660254 , 0.70710678, 0.5       ])
In [3]: np.tan(np.array([30, 45, 60]) * np.pi / 180.)
Out[3]: array([0.57735027, 1.        , 1.73205081])
```

隨堂練習

使用 NumPy 計算下列題目的結果：

(1) **[開根號]** $\sqrt{3}+\sqrt[3]{5}$

(2) **[總和]** $1+\frac{1}{2}+\frac{1}{3}+\frac{1}{4}+\frac{1}{5}+\frac{1}{6}+\frac{1}{7}+\frac{1}{8}$

(3) **[乘積]** $1\times\frac{1}{2}\times\frac{1}{3}\times\frac{1}{4}\times\frac{1}{5}\times\frac{1}{6}\times\frac{1}{7}\times\frac{1}{8}$

(4) **[指數與對數]** 假設 $x=\log_2 3$，則2^x+4^{-x} 的值為何？

(5) **[最大公因數]** 找出 1、8、10、15、20、50、210、980 等整數與 100 的最大公因數。

(6) **[排序]** 將矩陣 M 的元素由小到大排序：

$$M=\begin{bmatrix}5 & 3 & 2 & 6\\ 1 & 7 & 8 & 4\end{bmatrix}$$

(7) **[四捨五入]**

(7.1) 將 -5.4789 四捨五入至小數點後面兩位

(7.2) 最接近 -5.4789 的整數

(7.3) 小於或等於-5.4789 的最大整數

(7.4) 大於或等於-5.4789 的最小整數

(7.5) 將 -5.4789 無條件捨去小數的整數

(8) **[向量內積/叉積/外積]** 假設三維空間中有兩個向量 U(0, 2, 4) 和 V(1, 3, 5)，則 U 和 V 的內積、叉積與外積為何？

【解答】

```
In [1]: np.sqrt(3) + np.cbrt(5)                                   # (1)
Out[1]: 3.4420267542455742
In [2]: A = np.array([1, 1/2, 1/3, 1/4, 1/5, 1/6, 1/7, 1/8])
In [3]: np.sum(A)                                                 # (2)
Out[3]: 2.7178571428571425
In [4]: np.prod(A)                                                # (3)
Out[4]: 2.4801587301587298e-05
In [5]: x = np.log2(3)
In [6]: np.power(2, x) + np.power(4, -x)                          # (4)
Out[6]: 3.111111111111111
In [7]: np.gcd([1, 8, 10, 15, 20, 50, 210, 980], 100)             # (5)
Out[7]: array([ 1,  4, 10,  5, 20, 50, 10, 20])
In [8]: np.sort(np.array([[5, 3, 2, 6], [1, 7, 8, 4]]))           # (6)
array([[2, 3, 5, 6],
       [1, 4, 7, 8]])
In [9]: np.round_(-5.4789, 2)                                     # (7.1)
Out[9]: -5.48
In [10]: np.rint(-5.4789)                                         # (7.2)
Out[10]: -5.0
In [11]: np.floor(-5.4789)                                        # (7.3)
Out[11]: -6.0
In [12]: np.ceil(-5.4789)                                         # (7.4)
Out[12]: -5.0
In [13]: np.trunc(-5.4789)                                        # (7.5)
Out[13]: -5.0
In [14]: U = np.array([0, 2, 4])
In [15]: V = np.array([1, 3, 5])
In [16]: np.inner(U, V)                                           # (8) (內積)
Out[16]: 26
In [17]: np.cross(U, V)                                           # (8) (叉積)
Out[17]: array([-2,  4, -2])
In [18]: np.outer(U, V)                                           # (8) (外積)
array([[ 0,  0,  0],
       [ 2,  6, 10],
       [ 4, 12, 20]])
```

12-9 隨機取樣函式

NumPy 提供了大量的隨機取樣函式，以下列出一些常用的函式，並簡單示範從常態分佈取樣和從三角形分佈取樣，由於這需要統計學的基礎，有興趣的讀者可以自行研讀相關資料，NumPy 官方網站有完整的說明與範例 (https://numpy.org/doc/stable/reference/random/index.html)。

函式	說明
簡單亂數資料	

rand(*d0*, *d1*, ..., *dn*)	傳回指定形狀的陣列，裡面有範圍介於 [0, 1) 的亂數 (包含 0，不包含 1)，每次執行的結果都不一樣，例如：
	`In [1]: np.random.rand(3)`
	`Out[1]: array([0.09775498, 0.79512627, 0.01798413])`

randn(*d0*, *d1*, ..., *dn*)	傳回指定形狀的陣列，裡面有從標準常態分佈傳回的亂數，每次執行的結果都不一樣，例如：
	`In [1]: np.random.randn(3)`
	`Out[1]: array([ 0.06204117,  0.37994186, -0.78625453])`

randint(*low*[, *high*, *size*, *dtype*])	傳回範圍介於 [*low*, *high*) 的隨機整數 (包含 *low*，不包含 *high*)，每次執行的結果都不一樣，例如：
	`In [1]: np.random.randint(5, 10, size = 3)`
	`Out[1]: array([9, 6, 6])`

random_integers(*low*[, *high*, *size*])	傳回範圍介於 [*low*, *high*] 的隨機整數。

random_sample([*size*])
random([*size*])
ranf([*size*])
sample([*size*])
	傳回範圍介於 [0.0, 1.0) 的隨機浮點數，例如：
	`In [1]: np.random.random(2)`
	`Out[1]: array([0.51616807, 0.76672148])`

choice(*a*[, *size*, *replace*, *p*])	從指定的一維陣列傳回亂數，例如：
	`In [1]: np.random.choice(5, 3)`
	`Out[1]: array([4, 3, 1])`
	相當於從 np.arange(5) 陣列傳回 3 個亂數。

<table>
<tr><th>函式</th><th>說明</th></tr>
<tr><td colspan="2">變更順序</td></tr>
<tr><td>shuffle(x)</td><td>將陣列的內容隨機重排，例如：
<code>In [1]: A = np.array([0, 1, 2, 3, 4])</code>
<code>In [2]: np.random.shuffle(A)</code>
<code>In [3]: A</code>
<code>Out[3]: array([2, 3, 1, 4, 0])</code></td></tr>
<tr><td>permutation(x)</td><td>傳回一個隨機重排的陣列，例如：
<code>In [1]: np.random.permutation(np.array([0, 1, 2, 3, 4]))</code>
<code>Out[1]: array([3, 1, 0, 2, 4])</code></td></tr>
<tr><td colspan="2">亂數產生器</td></tr>
<tr><td>seed(seed=None)</td><td>設定亂數產生器的種子，例如:
<code>In [1]: np.random.seed(100)</code>
<code>In [2]: np.random.randn(2)</code>
<code>Out[2]: array([-1.74976547, 0.3426804])</code>
同樣的指令再執行一次會得到相同的結果。</td></tr>
<tr><td colspan="2">分佈 (distribution)</td></tr>
<tr><td>beta(a, b[, size])</td><td>從 Beta 分佈取樣。</td></tr>
<tr><td>binomial(n, p[, size])</td><td>從二項 (binomial) 分佈取樣。</td></tr>
<tr><td>chisquare(df[, size])</td><td>從卡方 (Chi-Square) 分佈取樣。</td></tr>
<tr><td>dirichlet(alpha[, size])</td><td>從狄利克雷 (Dirichlet) 分佈取樣。</td></tr>
<tr><td>exponential([scale, size])</td><td>從指數分佈 (exponential) 取樣。</td></tr>
<tr><td>f(dfnum, dfden[, size])</td><td>從 F 分佈取樣。</td></tr>
<tr><td>gamma(shape[, scale, size])</td><td>從 Gamma 分佈取樣。</td></tr>
<tr><td>geometric(p[, size])</td><td>從幾何 (geometric) 分佈取樣。</td></tr>
<tr><td>gumbel([loc, scale, size])</td><td>從甘貝爾 (Gumbel) 分佈取樣。</td></tr>
<tr><td>hypergeometric(ngood, nbad, nsample[, size])</td><td>從超幾何 (hypergeometric) 分佈取樣。</td></tr>
<tr><td>laplace([loc, scale, size])</td><td>從拉普拉斯 (Laplace) 分佈取樣。</td></tr>
</table>

函式	說明
logistic([*loc*, *scale*, *size*])	從羅吉斯 (logistic) 分佈取樣。
lognormal([*mean*, *sigma*, *size*])	從對數常態 (log-normal) 分佈取樣。
logseries(*p*[, *size*])	從對數分佈取樣。
multinomial(*n*, *pvals*[, *size*])	從多項 (multinomial) 分佈取樣。
multivariate_normal(*mean*, *cov*[, *size*, ...)	從多變量常態 (multivariate normal) 分佈取樣。
negative_binomial(*n*, *p*[, *size*])	從負二項 (negative binomial) 分佈取樣。
noncentral_chisquare(*df*, *nonc*[, *size*])	從非中心卡方 (noncentral chi-square) 分佈取樣。
noncentral_f(*dfnum*, *dfden*, *nonc*[, *size*])	從非中心 F 分佈取樣。
normal([*loc*, *scale*, *size*])	從常態 (normal) 分佈取樣。
pareto(*a*[, *size*])	從 Pareto II 或 Lomax 分佈取樣。
poisson([*lam*, *size*])	從卜瓦松 (Poisson) 分佈取樣。
power(*a*[, *size*])	從次方 (power) 分佈取樣。
rayleigh([*scale*, *size*])	從瑞利 (Rayleigh) 分佈取樣。
standard_cauchy([*size*])	從 mode = 0 的標準柯西 (Cauchy) 分佈取樣。
standard_exponential([*size*])	從標準指數分佈 (standard exponential) 取樣。
standard_gamma(*shape*[, *size*])	從標準 Gamma 分佈取樣。
standard_normal([*size*])	從標準常態分佈 (mean = 0, stdev = 1) 取樣。
standard_t(*df*[, *size*])	從標準的學生 t 分佈取樣。
triangular(*left*, *mode*, *right*[, *size*])	從三角形 (triangular) 分佈取樣。
uniform([*low*, *high*, *size*])	從均勻 (uniform) 分佈取樣。
vonmises(*mu*, *kappa*[, *size*])	從 von Mises 分佈取樣。
wald(*mean*, *scale*[, *size*])	從 Wald 或逆高斯分佈取樣。
weibull(*a*[, *size*])	從韋伯 (Weibull) 分佈取樣。
zipf(*a*[, *size*])	從齊夫 (Zipf) 分佈取樣。

隨堂練習

[從常態分佈取樣] 從常態分佈隨機抽取 1 萬個樣本，然後以直方圖繪製出來，結果將呈現類似常態分佈的鐘形曲線。

【解答】我們會在第 13 章介紹 matplotlib 套件，以及如何繪製直方圖。

\Ch12\hist.py

```
import numpy as np
import matplotlib.pyplot as plt

# 從常態分佈取樣
samples = np.random.normal(size = 10000)
# 繪製直方圖（分成 30 組）
plt.hist(samples, bins = 30)
# 顯示直方圖
plt.show()
```

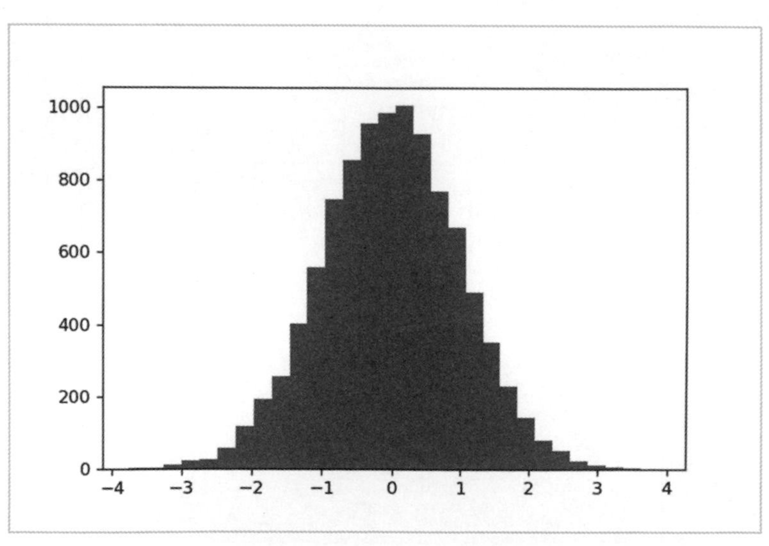

隨堂練習

[從三角形分佈取樣] 從三角形分佈隨機抽取 1 萬個樣本，然後以直方圖繪製出來。

【解答】三角形分佈是下限為 a、眾數為 c、上限為 b 的連續機率分佈，此處是將 a、c、b 設定為 -3、0、8。我們會在第 13 章介紹 matplotlib 套件，以及如何繪製直方圖。

\Ch12\triangular.py

```
import numpy as np
import matplotlib.pyplot as plt

# 從三角形分佈取樣
samples = np.random.triangular(-3, 0, 8, 10000)
# 繪製直方圖（分成 100 組）
plt.hist(samples, bins = 100)
# 顯示直方圖
plt.show()
```

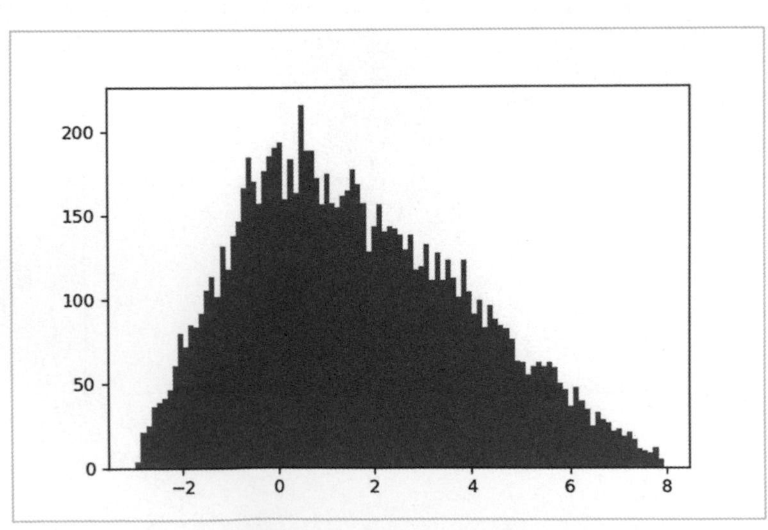

12-10 統計函式

NumPy 亦提供了統計函式可以用來計算加權平均、中位數、算術平均、標準差、變異數等，以下列出一些常用的統計函式，NumPy 官方網站有完整的說明與範例（https://numpy.org/doc/stable/reference/routines.statistics.html）。

函式	說明
amin(*a*, *axis*=None)	傳回參數 *a* 的最小值，選擇性參數 *axis* 用來指定軸，例如 np.amin([[5, 8], [3, 6]]) 會傳回 3，np.amin([[5, 8], [3, 6]], axis = 0) 會傳回 array([3, 6])，np.amin([[5, 8], [3, 6]], axis = 1) 會傳回 array([5, 3])。
amax(*a*, *axis*=None)	傳回參數 *a* 的最大值，選擇性參數 *axis* 用來指定軸。
nanmin(*a*, *axis*=None)	傳回參數 *a* 的最小值，忽略任何 NaN，選擇性參數 *axis* 用來指定軸。
nanmax(*a*, *axis*=None)	傳回參數 *a* 的最大值，忽略任何 NaN，選擇性參數 *axis* 用來指定軸。
average(*a*, *axis*=None, *weights*=None)	傳回參數 *a* 的加權平均，選擇性參數 *axis* 用來指定軸，選擇性參數 *weights* 用來指定權重。
median(*a*, *axis*=None)	傳回參數 *a* 的中位數，選擇性參數 *axis* 用來指定軸。
mean(*a*, *axis*=None)	傳回參數 *a* 的算術平均，選擇性參數 *axis* 用來指定軸。
std(*a*, *axis*=None)	傳回參數 *a* 的標準差，選擇性參數 *axis* 用來指定軸。
var(*a*, *axis*=None)	傳回參數 *a* 的變異數，選擇性參數 *axis* 用來指定軸。
nanmedian(*a*, *axis*=None)	傳回參數 *a* 的中位數，忽略任何 NaN，選擇性參數 *axis* 用來指定軸。
nanmean(*a*, *axis*=None)	傳回參數 *a* 的算術平均，忽略任何 NaN，選擇性參數 *axis* 用來指定軸。
nanstd(*a*, *axis*=None)	傳回參數 *a* 的標準差，忽略任何 NaN，選擇性參數 *axis* 用來指定軸。
nanvar(*a*, *axis*=None)	傳回參數 *a* 的變異數，忽略任何 NaN，選擇性參數 *axis* 用來指定軸。

隨堂練習

(1) **[算術平均]** 假設音樂班的招生成績如下，請印出每位學生的平均分數。

	主修	副修	視唱	樂理	聽寫
學生 1	80	75	88	80	78
學生 2	88	86	90	95	86
學生 3	92	85	92	98	90
學生 4	81	88	80	82	85
學生 5	75	80	78	80	70

(2) **[加權平均]** 承題 (1)，但五個科目的權重為 50%、20%、10%、10%、10%，請印出每位學生的加權平均分數。

(3) **[中位數、標準差、變異數]** 請印出每位學生成績的中位數、標準差與變異數。

【解答】

```
In [1]: score = np.array([[80, 75, 88, 80, 78], [88, 86, 90, 95, 86], [92, 85, 92, 98,
90], [81, 88, 80, 82, 85], [75, 80, 78, 80, 70]])
In [2]: np.mean(score, axis = 1)                                          # 算術平均
Out[2]: array([80.2, 89. , 91.4, 83.2, 76.6])
In [3]: np.average(score, axis = 1, weights = [0.5, 0.2, 0.1, 0.1, 0.1]) # 加權平均
Out[3]: array([79.6, 88.3, 91. , 82.8, 76.3])
In [4]: np.median(score, axis = 1)                                        # 中位數
Out[4]: array([80., 88., 92., 82., 78.])
In [5]: np.std(score, axis = 1)                                           # 標準差
Out[5]: array([4.30813185, 3.34664011, 4.1761226 , 2.92574777, 3.77359245])
In [6]: np.var(score, axis = 1)                                           # 變異數
Out[6]: array([18.56, 11.2 , 17.44,  8.56, 14.24])
```

12-11 檔案資料輸入/輸出

當我們進行資料運算時，免不了要從檔案讀取資料，或將運算完畢的資料寫入檔案，因此，NumPy 也針對文字檔和二進位檔提供了輸入/輸出函式，其中比較常用的是 loadtxt() 和 savetxt() 函式，其它函式可以參考 NumPy 官方網站 (https://numpy.org/doc/stable/reference/routines.io.html)。

使用 loadtxt() 函式讀取檔案資料

我們可以使用 loadtxt() 函式從 *.txt、*.csv 等文字檔讀取資料，其語法如下，傳回值是一個陣列，參數 *fname*、*dtype*、*delimiter*、*comments*、*encoding* 用來設定檔案名稱、資料型別、分隔字元、註解符號和檔案編碼方式，參數 *skiprows* 用來設定要忽略前幾列，參數 *usecols* 用來設定要讀取哪幾行（欄）：

```
loadtxt(fname, dtype = 'float', delimiter = None, comments = '#',
encoding = 'bytes', skiprows = 0, usecols = None, 其它選擇性參數)
```

舉例來說，假設文字檔 E:\data.txt 的內容如下圖，我們可以撰寫下面的敘述讀取這個文字檔：

data.txt - 記事本

檔案(F) 編輯(E) 格式(O) 檢視(V) 說明(H)

```
15, 160, 48
14, 175, 66
15, 153, 50
15, 162, 44
```

```
In [1]: np.loadtxt("E:\\data.txt", delimiter = ',')  # 指定分隔字元為逗號
array([[ 15., 160.,  48.],
       [ 14., 175.,  66.],
       [ 15., 153.,  50.],
       [ 15., 162.,  44.]])
```

或者，我們也可以忽略前幾列或只讀取某幾行 (欄)，例如：

```
In [1]: np.loadtxt("E:\\data.txt", delimiter = ',', skiprows = 2)     # 忽略前2列
array([[ 15., 153.,  50.],
       [ 15., 162.,  44.]])
In [2]: np.loadtxt("E:\\data.txt", delimiter = ',', usecols = (0, 2)) # 讀取第1、3行
array([[15., 48.],
       [14., 66.],
       [15., 50.],
       [15., 44.]])
```

使用 savetxt() 函式寫入檔案資料

我們可以使用 **savetxt()** 函式將陣列寫入文字檔，其語法如下，參數 *fname*、*X*、*delimiter*、*comments*、*encoding* 用來設定檔案名稱、陣列、分隔字元、註解符號和檔案編碼方式，參數 *header*、*footer* 用來設定要在檔案開頭和結尾寫入的字串，參數 *fmt* 用來設定資料格式：

```
savetxt(fname, X, delimiter = ' ', comments = '# ', encoding = None,
header = '', footer = '', fmt = '%.18e', 其它選擇性參數)
```

例如下面的敘述會建立 x、y、z 三個陣列，然後將它們寫入文字檔 E:\test.txt，格式化字串 "%1.2f" 表示最少印出 1 個字元和小數點後面 2 位的浮點數：

```
In [1]: x = y = z = np.arange(0, 5, 1)
In [2]: np.savetxt("E:\\test.txt", (x, y, z), delimiter = ',', fmt = "%1.2f")
```

我們可以打開這個文字檔驗證看看，內容如下圖。

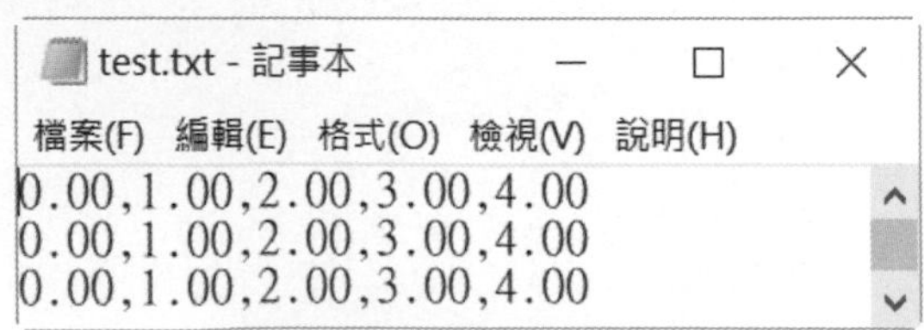

學習評量

練習題

1. [一維陣列操作] 使用 NumPy 完成下列題目：

   (1) 將 0～5 等 6 個整數建立為陣列 A，然後印出陣列 A。

   (2) 印出陣列 A 的維度、形狀、元素個數與元素大小。

   (3) 將陣列 A 的第一個元素變更為 9，然後印出陣列 A。

   (4) 在陣列 A 中刪除索引 0、2 的元素並指派給 B，然後印出陣列 B。

   (5) 結合陣列 A 和陣列 B 並指派給 C，然後印出 C。

   (6) 印出陣列 C 除以 3 的餘數。

   (7) 印出陣列 A 與陣列 B 相加的結果。

2. [二維陣列操作] 使用 NumPy 完成下列題目：

   (1) 將 1～11 之間 6 個平均分佈的數值建立為陣列 A，然後印出陣列 A。

   (2) 印出陣列 A 的維度、形狀、元素個數與元素大小。

   (3) 印出陣列 A 的最大元素與最小元素。

   (4) 令陣列 B 等於陣列 A 的轉置矩陣，然後印出陣列 B。

   (5) 令陣列 C 等於陣列 A 與陣列 A 進行「矩陣相加」的結果，然後印出陣列 C。

   (6) 令陣列 D 等於陣列 A 與陣列 B 進行「矩陣相乘」的結果，然後印出陣列 D。

   (7) 令陣列 E 等於陣列 A 乘以 3 的結果，然後印出陣列 E。

   (8) 印出陣列 A 和陣列 E 垂直堆疊的結果。

3. 使用 NumPy 計算下列題目的結果：

   (1) **[三角函式]** $\sin 30° + \cos 60°$

   (2) **[對數與開根號]** $\log_2\sqrt{2}$

   (3) **[對數與指數]** $(\log 2)^3+(\log 5)^3+(\log 5)(\log 8)$

   (4) **[一元二次方程式公式解]** 假設 a、b、c 的值分別為 2、8、6，則 $\frac{-b\pm\sqrt{b^2-4ac}}{2a}$ 的值為何？

   (5) **[最大公因數]** 找出 330、70、99、63、128、36、25 等整數與 3150 的最大公因數。

   (6) **[排序]** 將 330、70、99、63、128、36、25 等整數由小到大排序。

   (7) **[四捨五入]** 印出 1.235、2.7834、-99.9999、-100.1234 等數值四捨五入至小數點後面兩位。

4. **[隨機取樣]** 使用 NumPy 完成下列題目：

   (1) 產生 5 個範圍介於 [0.0, 1.0) 的隨機浮點數，每次執行的結果都不一樣。

   (2) 產生 5 個範圍介於 [1, 10) 的隨機整數，每次執行的結果都一樣。

   (3) 從下限為 -10、眾數為 0、上限為 10 的三角形分佈隨機抽取 5 個樣本。

   (4) 從平均數為 0、標準差為 0.1 的常態分佈隨機抽取 5 個樣本。

   (5) 從期望值為 10 的卜瓦松 (Poisson) 分佈隨機抽取 5 個樣本。

5. **[體重統計分析]** 已知棒球隊 9 位球員的體重為 70、68、82、65、76、71、62、74、90 公斤，請印出球員體重的最大值、最小值、平均數、中位數、標準差與變異數。

繪製圖表－matplotlib

13-1 認識 matplotlib

根據 matplotlib 官方網站 (https://matplotlib.org/) 的說明指出，matplotlib (唸做 /mæt'plɑtlib/) 是一個視覺化工具，使用者只要撰寫幾行簡短的程式碼，就可以繪製高品質的圖表，例如曲線圖、長條圖、直方圖、圓形圖、散佈圖、立體圖、頻譜圖、極座標圖、數學函式圖、等高線圖等，下面是 matplotlib 官方網站所提供的範例。

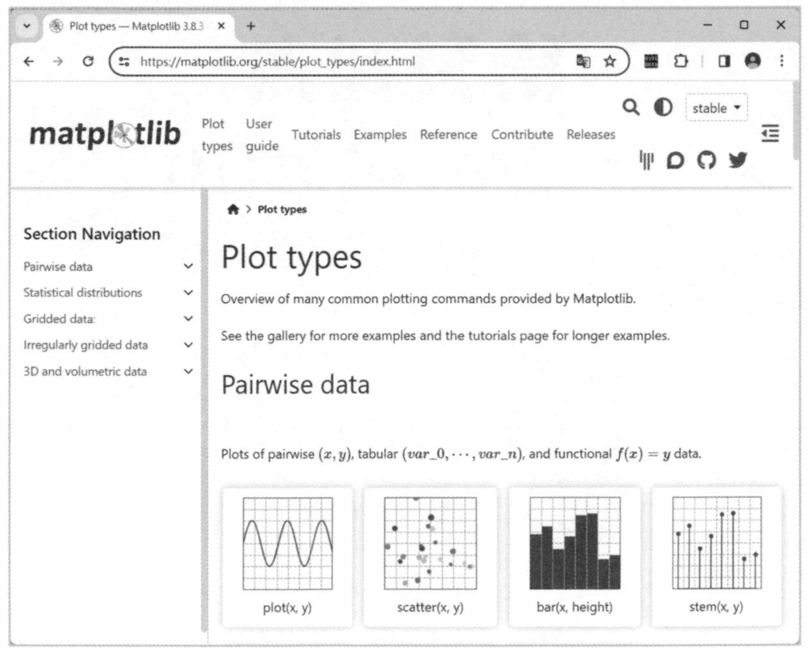

Anaconda 已經內建 matplotlib 套件，無須另外安裝。若要查詢 matplotlib 套件，可以在 Anaconda Prompt 視窗的提示符號 > 後面輸入如下指令，然後按 [Enter] 鍵，就會顯示版本、摘要、官方網站、作者 email、授權、安裝路徑等資訊：

```
(base) C:\Users\Jean>pip show matplotlib
```

13-2 繪製線條或標記

我們可以使用 matplotlib.pyplot 模組的 plot() 函式在座標系統繪製線條或標記，其語法如下：

```
plot(*args, 選擇性參數 1 = 值 1, 選擇性參數 2 = 值 2, …)
```

❖ ***args**：不限定個數的參數，可以包含多對 x, y 和一個選擇性的格式化字串，例如：

```
plot(x, y)                # 使用預設的線條樣式與色彩繪製 x 與 y
plot(x, y, "ro")          # 使用紅色圓形標記繪製 x 與 y ("ro"表示紅色圓形標記)
plot(y)                   # 使用預設的線條樣式與色彩繪製 y (x 為陣列索引)
```

❖ *選擇性參數 1= 值 1, 選擇性參數 2= 值 2,* …：設定線條樣式與色彩、標記樣式與色彩等選擇性參數，例如：

```
plot(x, y, color = "red")    # 使用紅色線條繪製 x 與 y
plot(x, y, linewidth = 2.0)  # 使用寬度為 2.0 點的線條繪製 x 與 y
```

下面是一個例子，它會在座標系統根據 $y = x^2$ 畫線，x 是起始值為 0、終止值為 5、間隔值為 0.1 的數列。

\Ch13\mat1.py

```
import numpy as np
import matplotlib.pyplot as plt

x = np.arange(0, 5, 0.1)
y = np.square(x)
plt.plot(x, y)
plt.show()
```

- ❖ 01：匯入 NumPy 套件並設定別名為 np。
- ❖ 02：匯入 matplotlib.pyplot 模組並設定別名為 plt。
- ❖ 04：使用 NumPy 套件的 arange() 函式建立起始值為 0、終止值為 5、間隔值為 0.1 的數列，然後將這個陣列物件指派給變數 x。數列的間隔值愈小，所繪製的曲線就愈平滑。
- ❖ 05：使用 NumPy 套件的 square() 函式傳回參數指定之數列的平方，然後將這個陣列物件指派給變數 y。
- ❖ 06：使用 matplotlib.pyplot 模組的 plot() 函式繪製 x 與 y。
- ❖ 07：使用 matplotlib.pyplot 模組的 show() 函式顯示第 06 行所繪製的圖表。

執行結果如下圖，預設的線條色彩為藍色。

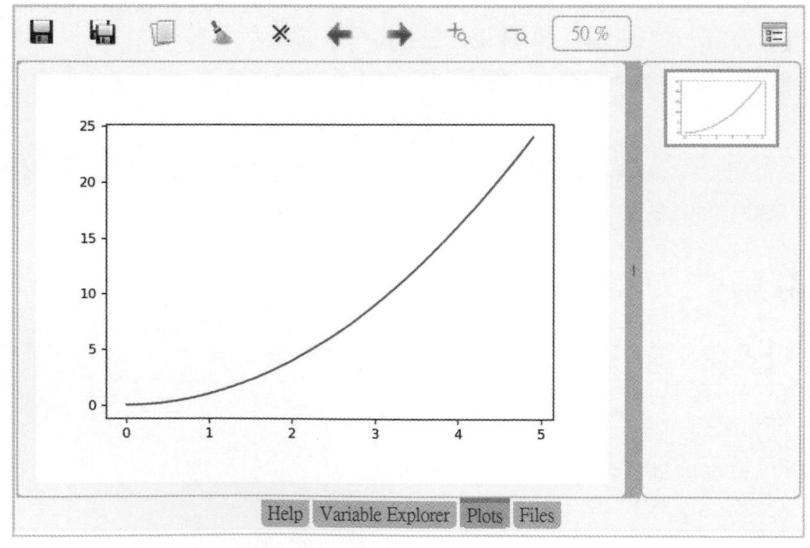

下面是另一個例子，它和前一個例子的差別在於第 06 行加入第三個參數 "ro"，改用紅色圓形標記繪製 x 與 y。

\Ch13\mat2.py

```
01 import numpy as np
02 import matplotlib.pyplot as plt
03
04 x = np.arange(0, 5, 0.1)
05 y = np.square(x)
06 plt.plot(x, y, "ro")       # 加入第三個參數 "ro"，改用紅色圓形標記繪製 x 與 y
07 plt.show()
```

執行結果如下圖，請注意，上方有一排按鈕，依序用來儲存圖表、儲存所有圖表、複製、刪除圖表、刪除所有圖表、上一個圖表、下一個圖表、放大、縮小、設定縮放比例，我們通常會點取第一個按鈕將圖表存檔為 PNG 格式，然後將圖表插入到自己的文件或簡報。

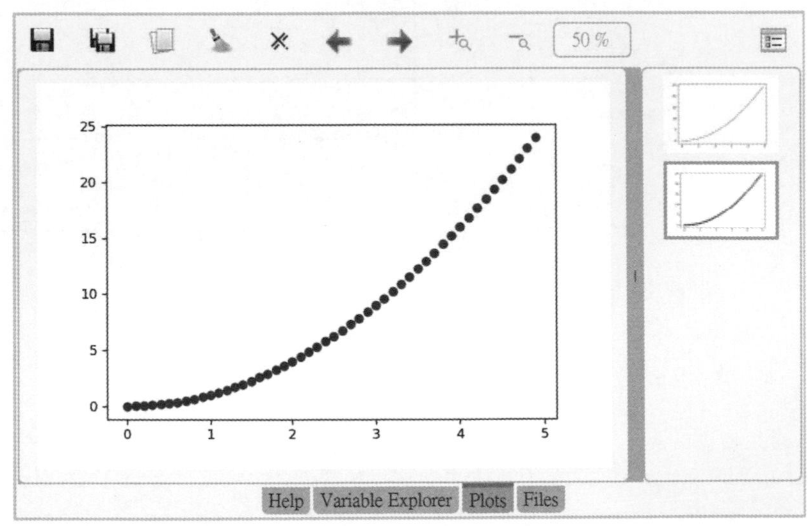

13-2-1 設定線條或標記樣式

我們可以使用下面的格式化字串設定線條樣式。

字元	說明
'-'	solid line style (實線)
'--'	dashed line style (虛線)
'-.'	dash-dot line style (點虛線)
':'	dotted line style (點線)

舉例來說，假設將 \Ch13\mat2.py 中第 06 行的第三個參數分別改為 '-'、'--'、'-.'、':'，會得到如下圖 (a)、(b)、(c)、(d) 的結果。

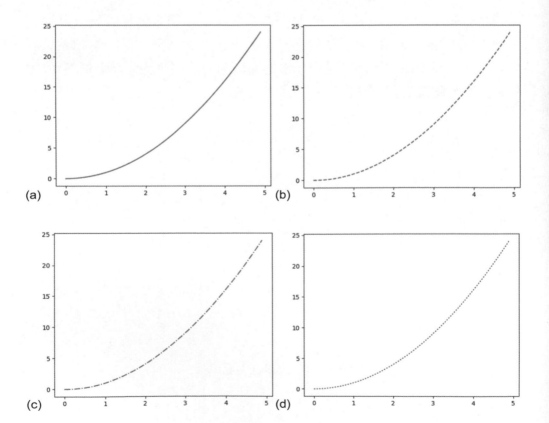

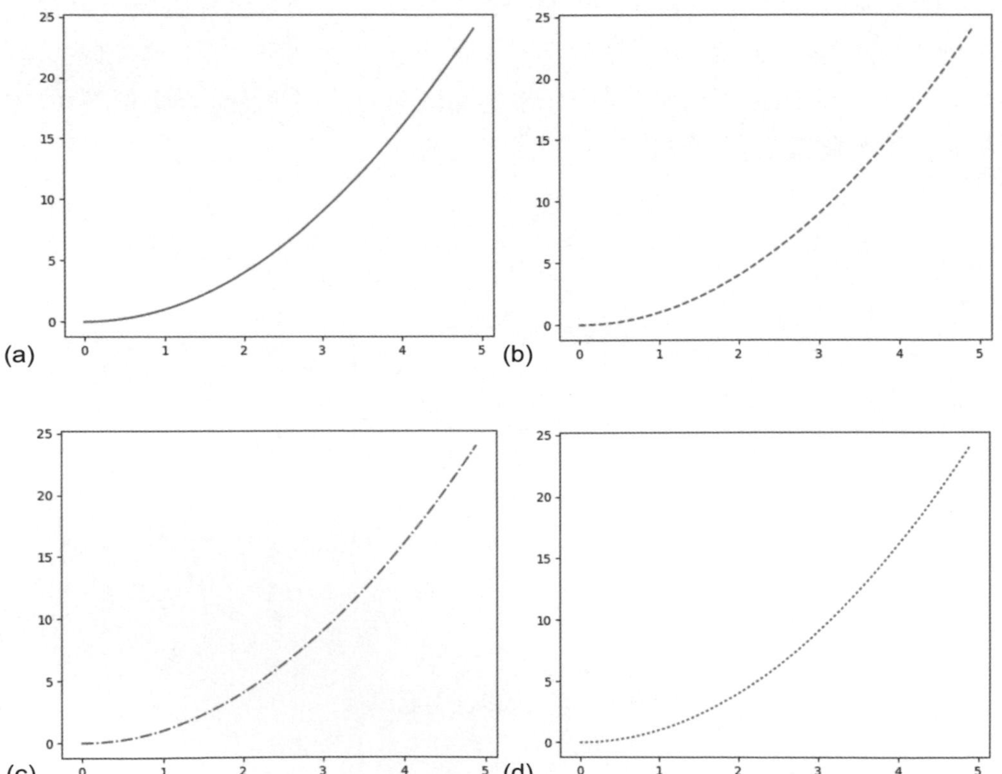

我們可以使用下面的格式化字串設定標記樣式。

<table>
<tr><th>字元</th><th>說明</th></tr>
<tr><td>'.'</td><td>point marker (點)</td></tr>
<tr><td>','</td><td>pixel marker (像素)</td></tr>
<tr><td>'o'</td><td>circle marker (圓形)</td></tr>
<tr><td>'v'</td><td>triangle_down marker (下三角形)</td></tr>
<tr><td>'^'</td><td>triangle_up marker (上三角形)</td></tr>
<tr><td>'<'</td><td>triangle_left marker (左三角形)</td></tr>
<tr><td>'>'</td><td>triangle_right marker (右三角形)</td></tr>
<tr><td>'1'</td><td>tri_down marker (下三叉形)</td></tr>
<tr><td>'2'</td><td>tri_up marker (上三叉形)</td></tr>
<tr><td>'3'</td><td>tri_left marker (左三叉形)</td></tr>
<tr><td>'4'</td><td>tri_right marker (右三叉形)</td></tr>
<tr><td>'s'</td><td>square marker (正方形)</td></tr>
<tr><td>'p'</td><td>pentagon marker (五角形)</td></tr>
<tr><td>'*'</td><td>star marker (星號)</td></tr>
<tr><td>'h'</td><td>hexagon1 marker (六邊形 1)</td></tr>
<tr><td>'H'</td><td>hexagon2 marker (六邊形 2)</td></tr>
<tr><td>'+'</td><td>plus marker (加號)</td></tr>
<tr><td>'x'</td><td>x marker (x 號)</td></tr>
<tr><td>'D'</td><td>diamond marker (鑽石形)</td></tr>
<tr><td>'d'</td><td>thin_diamond marker (細鑽石形)</td></tr>
<tr><td>'|'</td><td>vline marker (直線)</td></tr>
<tr><td>'_'</td><td>hline marker (橫線)</td></tr>
</table>

舉例來說，假設將 \Ch13\mat2.py 中第 06 行的第三個參數分別改為 'o'、'^'、'D'、'x'，會得到如下圖 (a)、(b)、(c)、(d) 的結果。

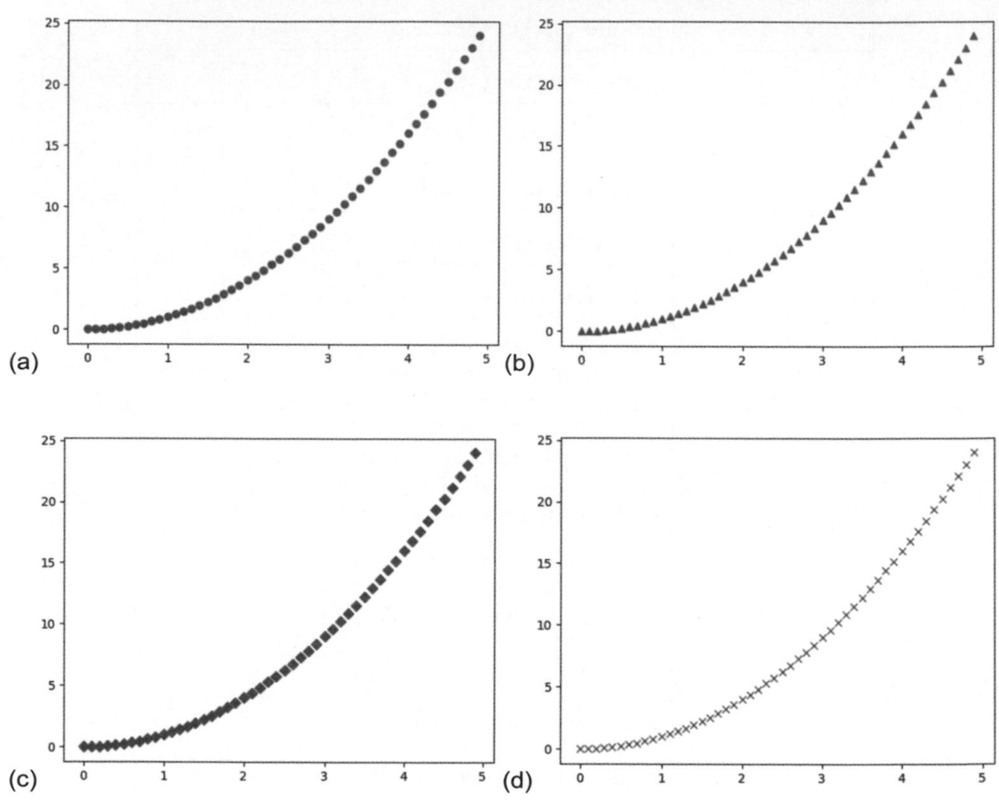

(a) (b) (c) (d)

至於線條或標記色彩則有數種設定方式，常用的如下：

❖ 色彩名稱，例如 "red" (紅)、"green" (綠)、"blue" (藍)、"black" (黑)、"white" (白) 等。

❖ 十六進位表示法，例如 "#ff0000" (紅)、"#00ff00" (綠)、"#0000ff" (藍)、"#ffffff" (黑)、"#000000" (白) 等。

❖ RGB 序對，例如 (1, 0, 0) 為紅色、(0, 1, 0) 為綠色、(0, 0, 1) 為藍色、(1, 1, 1) 為黑色、(0, 0, 0) 為白色等。

❖ 色彩縮寫，如下。更多色彩名稱和其對應的紅、綠、藍級數可以參考 https://www.tcl.tk/man/tcl8.4/TkCmd/colors.html。

字元	色彩
'r'	red (紅)
'g'	green (綠)
'b'	blue (藍)
'c'	cyan (青)
'm'	magenta (洋紅)
'y'	yellow (黃)
'k'	black (黑)
'w'	white (白)

舉例來說，假設將 \Ch13\mat2.py 中第 06 行的第三個參數分別改為 'ro'、'g^'、'bD'、'cx'，會得到和上一頁相同的圖 (a)、(b)、(c)、(d)，只是標記色彩分別為紅色、綠色、藍色、青色。

或者，我們可以合併使用線條與標記樣式，舉例來說，假設將 \Ch13\mat2.py 中第 06 行的第三個參數分別改為 'ro-'、'g--+'，會得到如下圖 (a)、(b) 的結果，前者是紅色圓形和實線的組合，而後者是綠色加號和虛線的組合。

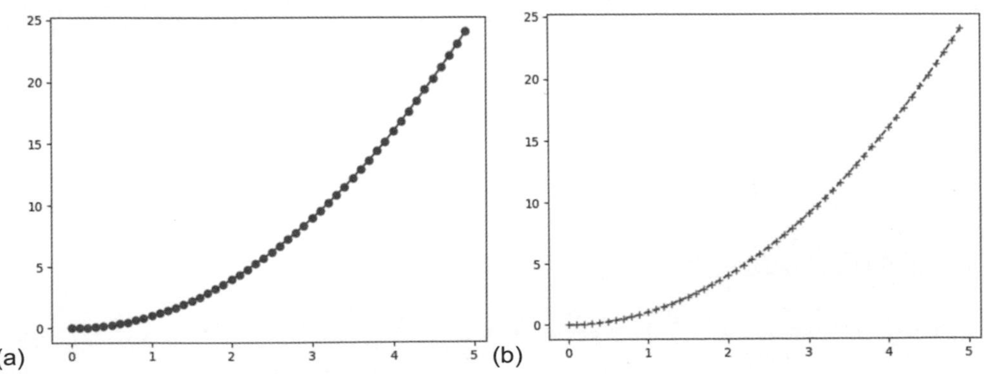

透過選擇性參數設定線條或標記樣式

除了前面介紹的格式化字串，我們也可以透過選擇性參數設定線條或標記樣式，例如下面的敘述是使用綠色加號和虛線的組合繪製 **x** 與 **y**：

```
plot(x, y, color = "green", linestyle = "dashed", marker = '+')
```

該敘述就相當於如下縮寫：

```
plot(x, y, 'g--+')
```

plot() 函式常用的選擇性參數如下，其它可以參考 **matplotlib** 官方網站。

選擇性參數	說明
alpha	透明度，0.0 (透明) ~ 1.0 (不透明)
color	色彩
linestyle	線條樣式 ('solid'、'dashed'、'dashdot'、'dotted'、(offset, on-off-dash-seq)、'-'、'--'、'-.'、':'、'None'、' '、'')
linewidth	線條寬度，以點為單位
marker	標記樣式
markeredgecolor	標記邊緣色彩
markeredgewidth	標記邊緣寬度
markerfacecolor	標記色彩
markersize	標記大小

例如下面的敘述是使用寬度為 5 點的虛線繪製 **x** 與 **y**：

```
plot(x, y, linestyle = "dashed", linewidth = 5)
```

而下面的敘述是使用大小為 5 的鑽石形標記繪製 **x** 與 **y**：

```
plot(x, y, marker = 'D', markersize = 5)
```

隨堂練習

[繪製數學函數] 繪製如下三條曲線，由下往上分別是根據 $y = x$、$y = x^2$、$y = x^3$ 繪製紅色虛線、藍色正方形、綠色上三角形，x 是起始值為 0、終止值為 5、間隔值為 0.1 的數列。

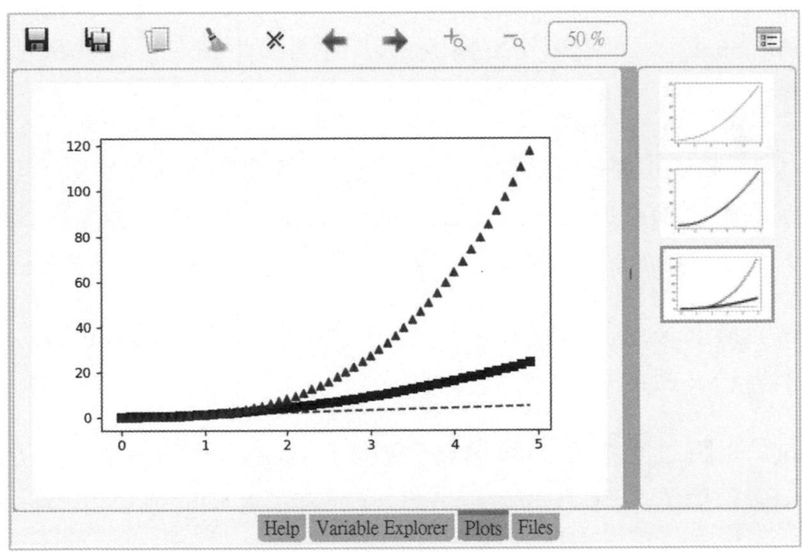

【解答】

\Ch13\mat3.py

```
import numpy as np
import matplotlib.pyplot as plt

x = np.arange(0, 5, 0.1)
plt.plot(x, x, "r--", x, x ** 2 , "bs", x, x ** 3, "g^")
plt.show()
```

13-2-2 設定座標軸的範圍、標籤與刻度

在本節中，我們將介紹如何使用 matplotlib.pyplot 模組所提供的函式設定座標軸的範圍、標籤與刻度、顯示格線與子刻度。

取得或設定座標軸的範圍與顯示格線

- axis()：傳回座標軸的範圍，這是一個包含四個數值的串列 [*xmin, xmax, ymin, ymax*]，分別表示 X 軸的最小值與最大值、Y 軸的最小值與最大值。
- axis(*v*)：將座標軸的範圍設定為參數 *v* 所指定的範圍，參數 *v* 是一個包含四個數值的串列 [*xmin, xmax, ymin, ymax*]，分別表示 X 軸的最小值與最大值、Y 軸的最小值與最大值。
- xlim()：傳回 X 軸的範圍，這是一個包含兩個數值的序對 (*xmin, xmax*)，分別表示 X 軸的最小值與最大值。
- xlim(*v*)：將 X 軸的範圍設定為參數 *v* 所指定的範圍，參數 *v* 是一個包含兩個數值的序對 (*xmin, xmax*)，分別表示 X 軸的最小值與最大值。
- ylim()：傳回 Y 軸的範圍，這是一個包含兩個數值的序對 (*ymin, ymax*)，分別表示 Y 軸的最小值與最大值。
- ylim(*v*)：將 Y 軸的範圍設定為參數 *v* 所指定的範圍，參數 *v* 是一個包含兩個數值的序對 (*ymin, ymax*)，分別表示 Y 軸的最小值與最大值。
- grid()：顯示 X 軸與 Y 軸的格線。若只要顯示 X 軸的格線，可以使用 grid(axis = 'x')；若只要顯示 Y 軸的格線，可以使用 grid(axis = 'y')；若要取消格線，可以使用 grid(0)。

下面是一個例子，它會使用紅色圓形繪製 x 與 y，其中第 07 行是使用 axis() 函式設定座標軸的範圍，第 08 行是使用 grid() 函式顯示 X 軸與 Y 軸的格線。

\Ch13\mat4.py

```
01 import numpy as np
02 import matplotlib.pyplot as plt
03
04 x = np.array([1, 2, 3, 4, 5])          # x 是包含 1, 2, 3, 4, 5 的陣列
05 y = x * 2                              # y 是 x 乘以 2 的陣列
06 plt.plot(x, y, "ro")                   # 使用紅色圓形繪製 x 與 y
07 plt.axis([-10, 10, -50, 50])           # 設定座標軸的範圍
08 plt.grid()                             # 顯示 X 軸與 Y 軸的格線
09 plt.show()
```

執行結果如下圖，請您仔細觀察座標軸的範圍。

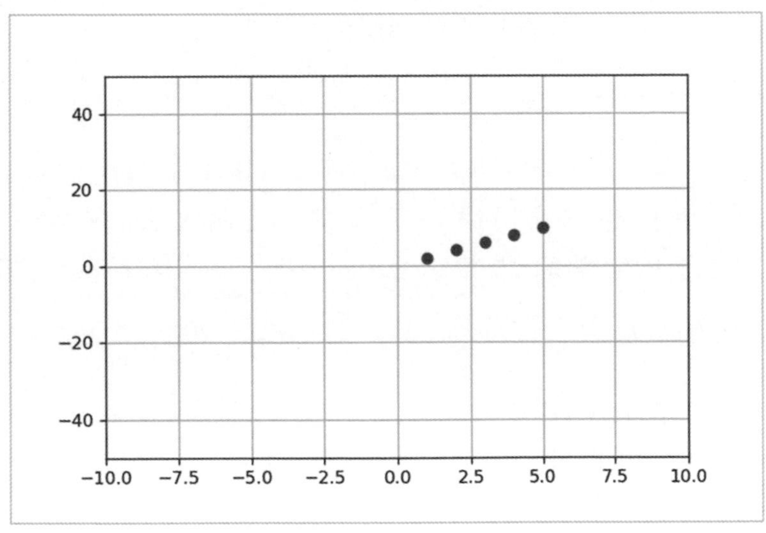

我們也可以使用 **xlim()** 和 **ylim()** 兩個函式將第 07 行改寫成如下：

```
plt.xlim((-10, 10))
plt.ylim((-50, 50))
```

取得或設定座標軸的標籤與刻度

❖ xlabel(*s*)：將 X 軸的標籤設定為參數 *s* 所指定的字串，例如下面的敘述是將 X 軸的標籤設定為 "Age"：

```
xlabel("Age")
```

❖ ylabel(*s*)：將 Y 軸的標籤設定為參數 *s* 所指定的字串，例如下面的敘述是將 Y 軸的標籤設定為 "Monthly Salary"：

```
ylabel("Monthly Salary")
```

❖ xticks()：取得 X 軸的刻度位置與刻度標籤，例如下面的敘述是將 xticks() 函式的傳回值指派給 locs 和 labels 兩個變數，前者是儲存目前刻度位置的陣列，而後者是儲存目前刻度標籤的陣列：

```
locs, labels = xticks()
```

❖ xticks(*locs, labels*)：將 X 軸的刻度位置與刻度標籤設定為 *locs* 和 *labels* 兩個參數所指定的陣列，例如下面的敘述是將 X 軸的刻度位置平均分配成 7 個，刻度標籤則是第二個參數所指定的 7 個字串：

```
xticks(np.arange(7), ("", "20", "30", "40", "50", "60", ""))
```

❖ yticks(*locs, labels*)：將 Y 軸的刻度位置與刻度標籤設定為 *locs* 和 *labels* 兩個參數所指定的陣列，例如下面的敘述是將 Y 軸的刻度位置平均分配成 6 個，刻度標籤則是第二個參數所指定的 6 個字串：

```
yticks(np.arange(6), ("", "25K", "30K", "40K", "50K", ""))
```

❖ minorticks_on()：顯示子刻度。

❖ minorticks_off()：取消子刻度。

下面是一個例子，其中第 04、05 行是設定 X 軸和 Y 軸的標籤，第 06、07 行是設定 X 軸和 Y 軸的刻度位置與刻度標籤，第 08 行是設定要顯示子刻度。

\Ch13\mat5.py

```
01 import numpy as np
02 import matplotlib.pyplot as plt
03
04 plt.xlabel("Age")                   # 將 X 軸的標籤設定為 "Age"（年齡）
05 plt.ylabel("Monthly Salary")  # 將Y軸的標籤設定為 "Monthly Salary"（月薪）
06 plt.xticks(np.arange(7), ("", "20", "30", "40", "50", "60", ""))
07 plt.yticks(np.arange(6), ("", "25K", "30K", "40K", "50K", ""))
08 plt.minorticks_on()             # 顯示子刻度
09 plt.show()
```

執行結果如下圖，請您仔細觀察刻度位置與刻度標籤。

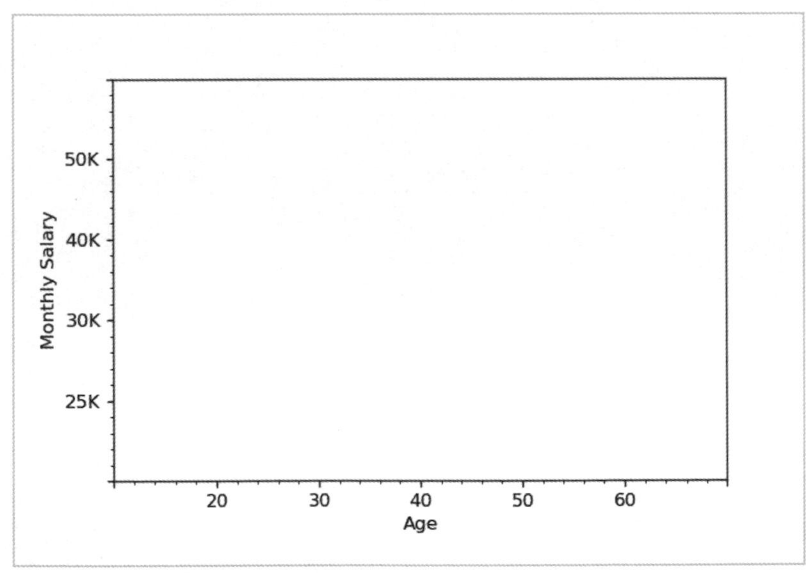

13-2-3 設定標題

我們可以使用 matplotlib.pyplot 模組的 title(*s*) 函式在圖表上方顯示參數 *s* 所指定的標題，若要設定標題位置，可以加上選擇性參數 loc，有 "left" (靠左)、"center" (置中)、"right" (靠右) 等設定值，預設值為 "center"。下面是一個例子，它會在圖表上方顯示標題 "Y = X * 2" 且位置為靠右。

\Ch13\mat6.py

```
import numpy as np
import matplotlib.pyplot as plt

x = np.array([1, 2, 3, 4, 5])
y = x * 2
plt.plot(x, y, "ro")
# 在圖表上方顯示標題且位置為靠右
plt.title("Y = X * 2", loc = "right")
plt.show()
```

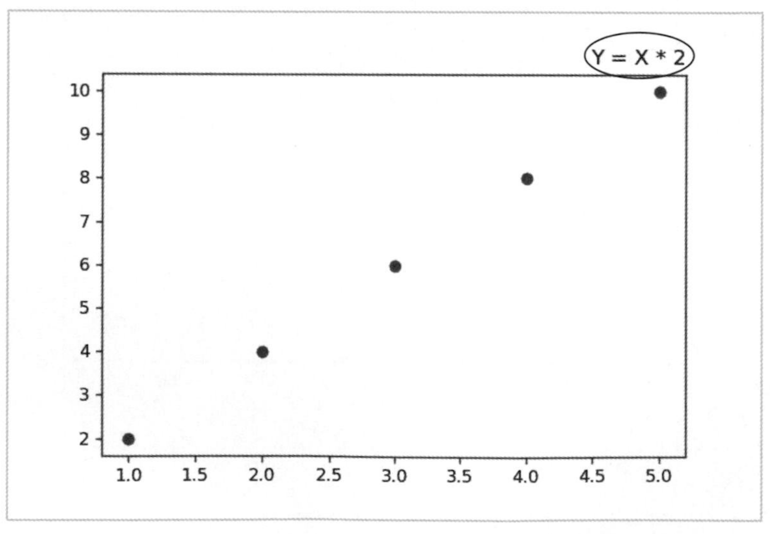

13-2-4 加入文字

我們可以使用 matplotlib.pyplot 模組的 **text**(*x*, *y*, *s*) 函式在圖表內座標為 (*x*, *y*) 處顯示參數 *s* 所指定的文字，下面是一個例子，它會在圖表內座標為 (1, 10) 處顯示文字 "Y = X * 2"。

\Ch13\mat7.py

```
import numpy as np
import matplotlib.pyplot as plt

x = np.array([1, 2, 3, 4, 5])
y = x * 2
plt.plot(x, y, "ro")
# 在座標為 (1, 10) 處顯示文字
plt.text(1, 10, "Y = X * 2")
plt.show()
```

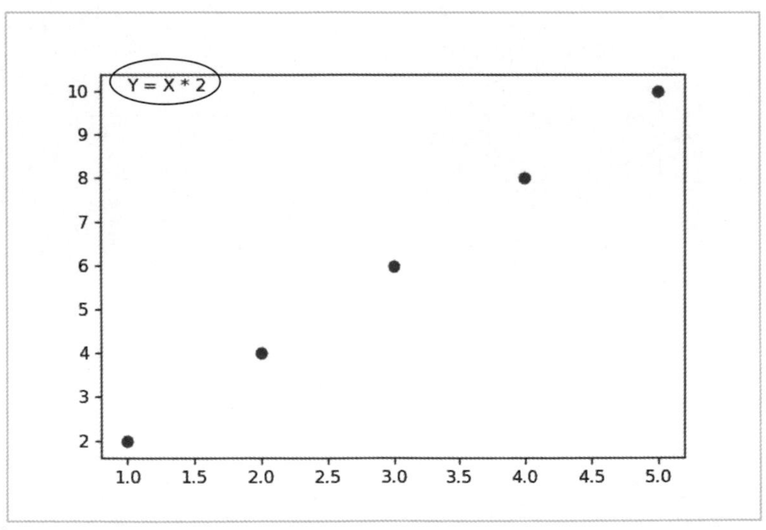

13-2-5 放置圖例

我們可以使用 matplotlib.pyplot 模組的 legend() 函式在圖表內顯示圖例，至於圖例的文字則可以透過 plot() 函式的選擇性參數 label 來指定。下面是一個例子，它會在圖表內顯示如下圖所圈起來的圖例。

\Ch13\mat8.py

```
import numpy as np
import matplotlib.pyplot as plt

x = np.array([1, 2, 3, 4, 5])
y = x * 2
# 透過選擇性參數 label 指定圖例的文字
plt.plot(x, y, "ro", label = "Y = X * 2")
# 在圖表內顯示圖例
plt.legend()
plt.show()
```

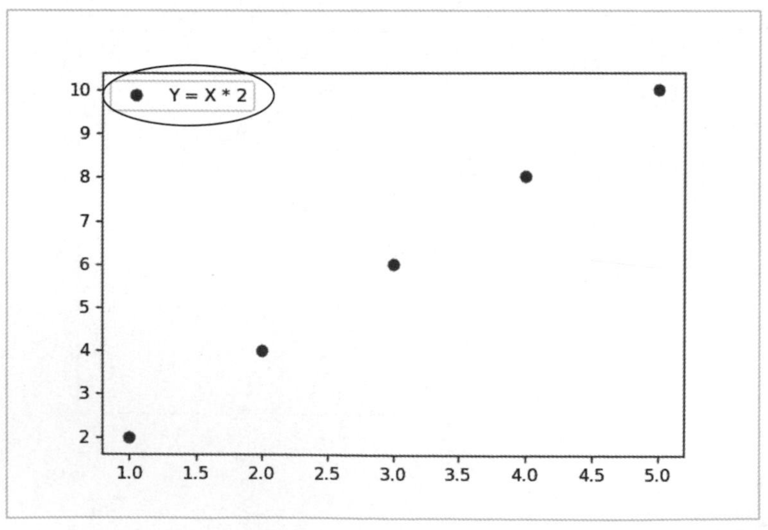

13-2-6 建立新圖表

在前面的例子中，我們是使用預設的圖表設定來繪製圖表，但有時可能需要配合文書處理軟體設定圖表的大小或樣式，此時可以使用 matplotlib.pyplot 模組的 **figure()** 函式建立新圖表，其語法如下：

```
figure(選擇性參數 1 = 值 1, 選擇性參數 2 = 值 2, …)
```

常用的選擇性參數如下：

- num：設定將圖表存檔時的預設檔名，可以是整數或字串，例如 num = 5 表示預設檔名為 figure_5.png，而 num = "5" 表示預設檔名為 5.png，若沒有設定此選擇性參數，就將目前的圖表編號遞增 1。
- figsize：設定圖表的寬度與高度，以英吋為單位，例如 figsize = (6, 4) 表示圖表的寬度為 6 英吋、高度為 4 英吋。
- dpi：設定圖表的解析度。
- facecolor：設定圖表的背景色彩。

下面是一個例子，它會建立寬度為 6 英吋、高度為 4 英吋、背景色彩為淺藍色的新圖表。

\Ch13\mat9.py

```
import numpy as np
import matplotlib.pyplot as plt

x = np.array([1, 2, 3, 4, 5])
y = x * 2
plt.figure(figsize = (6, 4), facecolor = "lightblue")    # 建立新圖表
plt.plot(x, y, "ro")
plt.show()
```

執行結果如下圖，若點取視窗左上方的 [Save plot as ...] (存檔) 按鈕，就會出現 [Save Figure] 對話方塊，我們可以將圖表儲存為 PNG 格式。

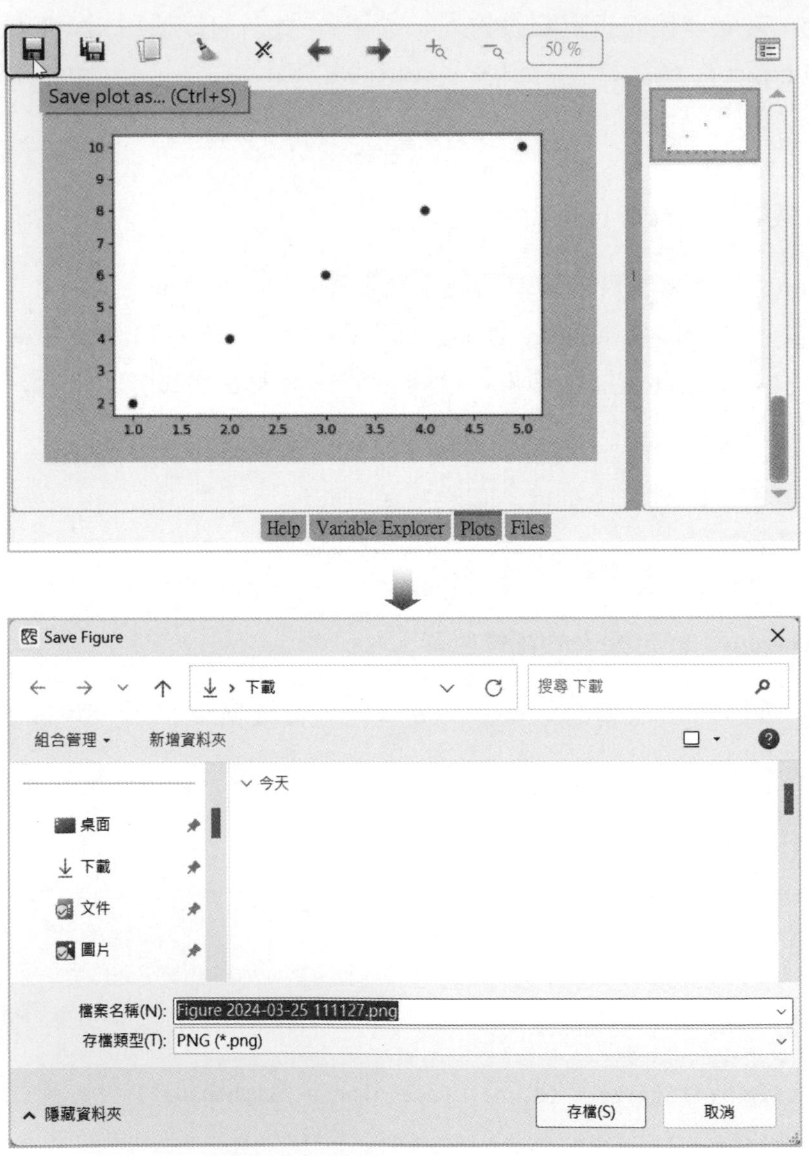

13-2-7 多張圖表

我們可以使用 matplotlib.pyplot 模組的 subplot() 函式在視窗內繪製多張圖表，其語法如下：

```
subplot(nrows, ncols, plot_number)
```

- ❖ *nrows*：設定有幾列的子圖表。
- ❖ *ncols*：設定有幾行的子圖表。
- ❖ *plot_number*：設定要在第幾張子圖表進行繪圖，子圖表的編號從 1 開始，先依列再依行的順序。

例如 subplot(2, 1, 1) 和 subplot(211) 都是在 2 列 1 行的第 1 張子圖表進行繪圖，而 subplot(2, 1, 2) 和 subplot(212) 都是在 2 列 1 行的第 2 張子圖表進行繪圖。

下面是一個例子，它會在視窗內根據 $y1 = 20 * \sin(x)$ 和 $y2 = x^2 * \cos(x) + 0.5$ 兩個函數繪製兩張圖表，x 的範圍為 -10 ~ 10。

\Ch13\mat10.py

```
import numpy as np
import matplotlib.pyplot as plt

x = np.linspace(-10,10,100)          # 建立 -10到10之間100個平均分佈的數值
y1 = 20 * np.sin(x)                  # 設定函數 y1 = 20 * sin(x)
y2 = x * x * np.cos(x) + 0.5         # 設定函數 y2 = x² * cos(x) + 0.5
plt.subplot(211)                     # 在 2 列 1 行的第 1 張子圖表進行繪圖
plt.plot(x, y1, "b-")                # 繪製函數 y1 = 20 * sin(x)
plt.subplot(212)                     # 在 2 列 1 行的第 2 張子圖表進行繪圖
plt.plot(x, y2, "r--")               # 繪製函數 y2 = x² * cos(x) + 0.5
plt.show()
```

執行結果如下圖。

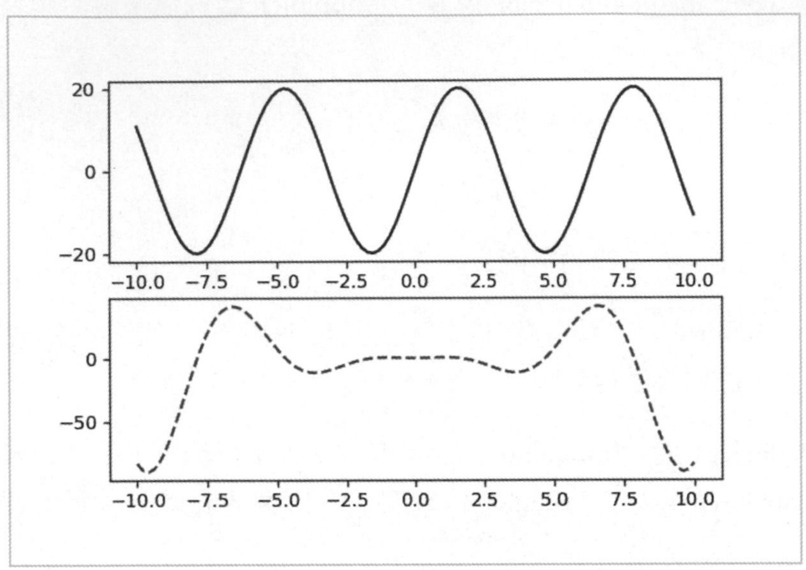

隨堂練習

[繪製數學函數] 在視窗內根據下列四個函數繪製四張圖表，**x** 的範圍為 -10 ~ 10：

- ❖ $y1 = x^1$
- ❖ $y2 = x^2$
- ❖ $y3 = x^3$
- ❖ $y4 = x^4$

【解答】

\Ch13\mat11.py

```
import numpy as np
import matplotlib.pyplot as plt

x = np.linspace(-10,10,100)
plt.subplot(221)
plt.plot(x, np.power(x, 1))
plt.subplot(222)
plt.plot(x, np.power(x, 2))
plt.subplot(223)
plt.plot(x, np.power(x, 3))
plt.subplot(224)
plt.plot(x, np.power(x, 4))
plt.show()
```

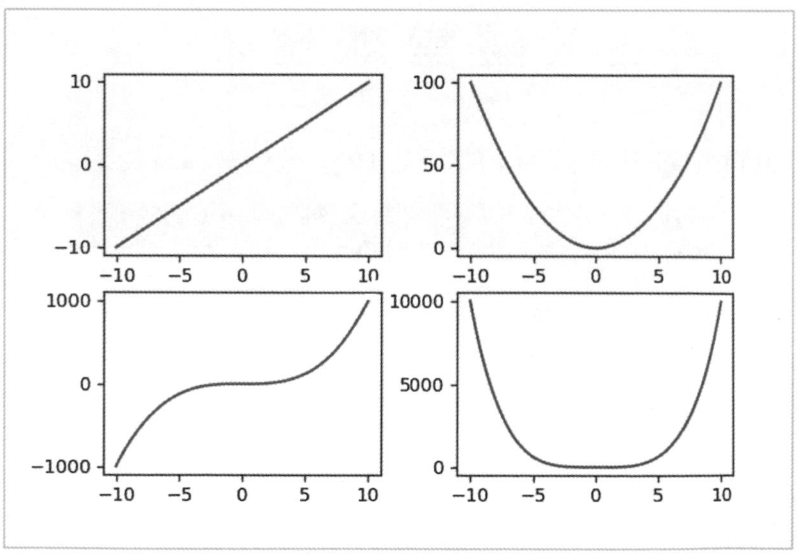

13-3 繪製長條圖

我們可以使用 matplotlib.pyplot 模組的 bar() 函式繪製長條圖，其語法如下：

```
bar(x, height, 選擇性參數 1 = 值 1, 選擇性參數 2 = 值 2, …)
```

❖ *x*、*height*：設定長條圖的 X 座標與 Y 座標。

❖ *選擇性參數*：這個函式有數個選擇性參數，常用的如下：

- width：設定長條圖的寬度，預設值為 0.8。
- color：設定長條圖的色彩，預設值為藍色。
- tick_label：設定長條圖的刻度標籤，預設值為 None (無)。
- orientation：設定長條圖的方向，預設值為 "vertical" (垂直)。
- label：設定圖例的文字。

隨堂練習

[IQ 統計資料長條圖] 根據如下的智商 (IQ) 統計資料繪製長條圖。

智商 (IQ) 分組	人數百分比 (%)
低於 75	2.2
75 ～ 84	5.3
85 ～ 94	11.5
95 ～ 104	19.7
105 ～ 114	22.9
115 ～ 124	19.6
125 ～ 134	11.2
135 ～144	5.5
高於 144	2.1

【解答】

\Ch13\mat12.py

```
import matplotlib.pyplot as plt

# 此變數用來儲存長條圖的 X 座標，根據智商分組所設定
x = [70, 80, 90, 100, 110, 120, 130, 140, 150]
# 此變數用來儲存長條圖的 Y 座標，根據人數百分比所設定
y = [2.2, 5.3, 11.5, 19.7, 22.9, 19.6, 11.2, 5.5, 2.1]
# 此變數用來儲存長條圖的刻度標籤，根據智商分組所設定
tl = ["<75", "75~84", "85~94", "95~104", "105~114", "115~124", "125~134", "135~144", ">144"]
# 建立寬度為 8 英吋、高度為 4 英吋的新圖表
plt.figure(figsize = (8, 4))
# 繪製長條圖
plt.bar(x = x, height = y, width = 5, tick_label = tl, label = "Sample1")
plt.legend()                                # 放置圖例
plt.xlabel("Smarts")                        # 設定 X 軸的標籤
plt.ylabel("Probability (%)")               # 設定 Y 軸的標籤
plt.title("Bar of IQ")                      # 設定標題
plt.show()
```

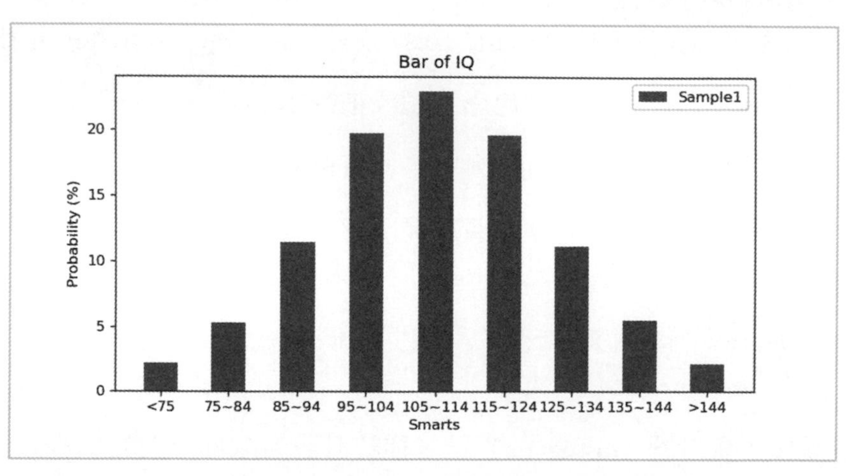

13-4 繪製直方圖

我們可以使用 matplotlib.pyplot 模組的 hist() 函式繪製直方圖，其語法如下：

```
hist(x, 選擇性參數 1 = 值 1, 選擇性參數 2 = 值 2, …)
```

❖ *x*：設定要用來繪製直方圖的資料。

❖ *選擇性參數*：這個函式有數個選擇性參數，常用的如下：

- bins：設定直方圖的組距，預設值為 None (無)。
- range：設定組距的最小與最大範圍，預設值為 None (無)。
- weights：設定資料的權重，預設值為 None (無)。
- histtype：設定直方圖的類型，有 "bar" (長條，若有多組資料會並排顯示)、"barstacked" (長條，若有多組資料會疊到上面)、"step" (線條)、"stepfilled" (填滿的線條) 等設定值，預設值為 "bar"。
- align：設定直方圖的對齊方式，預設值為 "mid" (置中)。
- orientation：設定直方圖的方向，預設值為 "vertical" (垂直)。
- rwidth：設定直方圖的長條寬度，以組距的相對寬度來指定，例如 0.8 表示長條寬度為組距的 0.8，預設值為 None，表示和組距相同。
- color：設定直方圖的色彩，預設值為 None (無)。
- label：設定直方圖的圖例文字，預設值為 None (無)。
- stacked：設定當有多組資料時，後一組資料是否會疊到前一組資料的上面，預設值為 False。
- density：設定將直方圖的長條標準化成總和為 1 的機率密度，預設值為 None (無)。

在統計學中，**直方圖** (histogram) 是一種統計資料分佈情況的二維圖表，它的兩個座標分別是統計樣本和該樣本所對應的某個屬性度量。

隨堂練習

[考試分數直方圖] 假設有個班級的期中考數學分數為 10, 15, 80, 22, 93, 55, 88, 62, 45, 75, 81, 34, 99, 84, 85, 55, 58, 63, 68, 82, 84, 77, 69, 90, 100, 75, 65, 54, 34, 38, 48, 88, 71, 72, 5，根據這些資料繪製直方圖，X 軸為分數範圍（組距），Y 軸為落在該分數範圍內的人數。

【解答】

\Ch13\mat13.py

```
import matplotlib.pyplot as plt
# 此變數用來儲存資料
scores = [10, 15, 80, 22, 93, 55, 88, 62, 45, 75, 81, 34, 99, 84, 85, 55, 58, 63,
68, 82, 84, 77, 69, 90, 100, 75, 65, 54, 34, 38, 48, 88, 71, 72, 5]
# 此變數用來儲存組距
bins = [0, 10, 20, 30, 40, 50, 60, 70, 80, 90, 100]
plt.hist(scores, bins, histtype = "bar")                  # 繪製直方圖
plt.xlabel("Scores")                                      # 設定 X 軸的標籤
plt.ylabel("Students")                                    # 設定 Y 軸的標籤
plt.show()
```

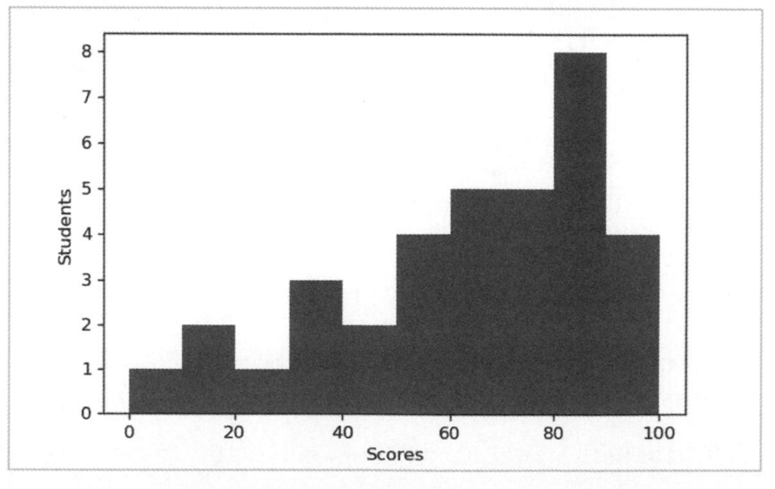

13-5 繪製圓形圖

我們可以使用 matplotlib.pyplot 模組的 pie() 函式繪製圓形圖，其語法如下：

```
pie(x, 選擇性參數 1 = 值 1, 選擇性參數 2 = 值 2, …)
```

❖ *x*：設定要用來繪製圓形圖的資料，每筆資料在圓形圖中的比例是該資料除以所有資料的總和。

❖ *選擇性參數*：這個函式有數個選擇性參數，常用的如下：

- explode：設定圓形圖的哪些扇形會分離開來，預設值為 None (無)。
- colors：設定扇形的色彩，預設值為 None (無)。
- labels：設定扇形的標籤，預設值為 None (無)。
- autopct：設定扇形的比例格式，可以使用格式化字串或格式化函式，預設值為 None (無)，表示不顯示。
- shadow：設定是否在扇形下方顯示陰影，預設值為 False。
- startangle：設定圓形圖的起始角度，預設值為 None (無)，表示從 X 軸往逆時針方向開始繪製圓形圖。
- radius：設定圓形圖的半徑，預設值為 None (無)，表示 1。
- counterclock：設定扇形是否為逆時針方向，預設值為 True。
- center：設定圓形圖的中心點座標，預設值為 (0, 0)。
- frame：設定是否在圓形圖的四周顯示座標軸，預設值為 False。

在統計學中，**圓形圖** (pie chart) 又稱為圓餅圖、餅狀圖或派形圖，它是一個劃分為幾個扇形的圓形統計圖表，用來描述量、頻率或百分比之間的相對關係，這些扇形拚在一起就是一個圓形。

隨堂練習

[作息時間圓形圖] 假設小明每天工作、睡覺、上網和其它活動的時間分別為 8、7、2、7 小時，根據這些資料繪製圓形圖，裡面會自動算出每個活動所佔用的時間比例。

【解答】

\Ch13\mat14.py

```
import matplotlib.pyplot as plt
activities = ["work", "sleep", "Internet", "others"]        # 活動的名稱
hours = [8, 7, 2, 7]                                         # 活動的時間
colors = ["lightgreen", "lightblue", "yellow", "pink"]      # 扇形的色彩
# 繪製圓形圖，其中 explode 參數會令第三個扇形分離開來，表示強調的意思
plt.pie(hours, labels = activities, colors = colors, shadow = True,
explode = (0, 0, 0.1, 0), autopct = "%1.1f%%")
# 設定以相同的寬高比例繪製圓形圖會比較美觀
plt.axis("equal")
plt.show()
```

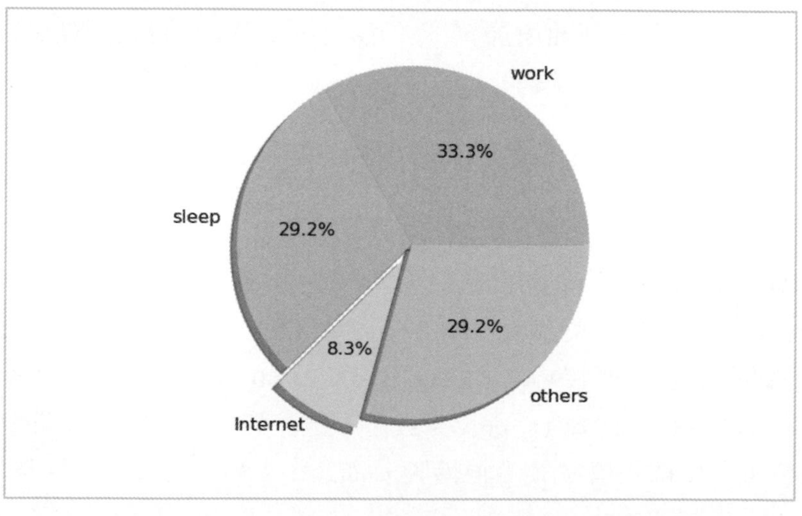

13-6 繪製散佈圖

我們可以使用 matplotlib.pyplot 模組的 scatter() 函式繪製散佈圖，其語法如下：

```
scatter(x, y, 選擇性參數 1 = 值 1, 選擇性參數 2 = 值 2, …)
```

❖ *x*、*y*：設定要用來繪製散佈圖的資料，*x* 為自變數，*y* 為應變數。

❖ *選擇性參數*：這個函式有數個選擇性參數，常用的如下：

- s：設定標記的大小，預設值為 None (無)。
- c：設定標記的色彩，預設值為 None (無)。
- marker：設定標記的樣式，預設值為 None (無)。
- linewidths：設定標記邊緣的線條寬度，預設值為 None (無)。
- edgecolors：設定標記邊緣的色彩，預設值為 None (無)。

在統計學中，**散佈圖** (scatter diagram) 可以用來表示兩個計量變數之間的關係，其中自變數列於橫軸 (X 軸)，應變數列於縱軸 (Y 軸)，兩者可能呈現正相關 (y 隨著 x 的增加而增加)、負相關 (y 隨著 x 的增加而減少) 或零相關 (無法察覺兩者的變化趨勢)。

隨堂練習

[身高體重散佈圖] 假設有個班級 25 位同學的身高為 160, 175, 153, 162, 158, 165, 170, 180, 172, 170, 155, 171, 182, 160, 170, 175, 165, 154, 163, 173, 168, 178, 150, 172, 190 公分，體重為 48, 66, 50, 44, 47, 50, 60, 68, 60, 70, 45, 67, 69, 51, 70, 71, 55, 42, 44, 58, 58, 72, 41, 66, 73 公斤，這些資料儲存在本書範例程式的 HW.txt 檔案，根據該檔案的資料繪製散佈圖，X 軸為身高，Y 軸為體重。

【解答】由結果可以看出同學的身高與體重呈現正相關，此處使用了 NumPy 提供的 loadtxt() 函式從 HW.txt 檔案載入身高與體重資料，選擇性參數 delimiter 用來指定身高與體重資料是以逗號 (,) 隔開。

\Ch13\mat15.py

```
import numpy as np
import matplotlib.pyplot as plt

HW = np.loadtxt("HW.txt", delimiter = ",")   # 從 HW.txt 檔案載入身高與體重資料
Heights = HW[:, 0]                           # 將第一行的身高資料指派給 Heights
Weights = HW[:, 1]                           # 將第二行的體重資料指派給 Weights
plt.scatter(Heights, Weights)                # 根據身高與體重資料繪製散佈圖
plt.xlabel("Heights (cm)")
plt.ylabel("Weights (kg)")
plt.show()
```

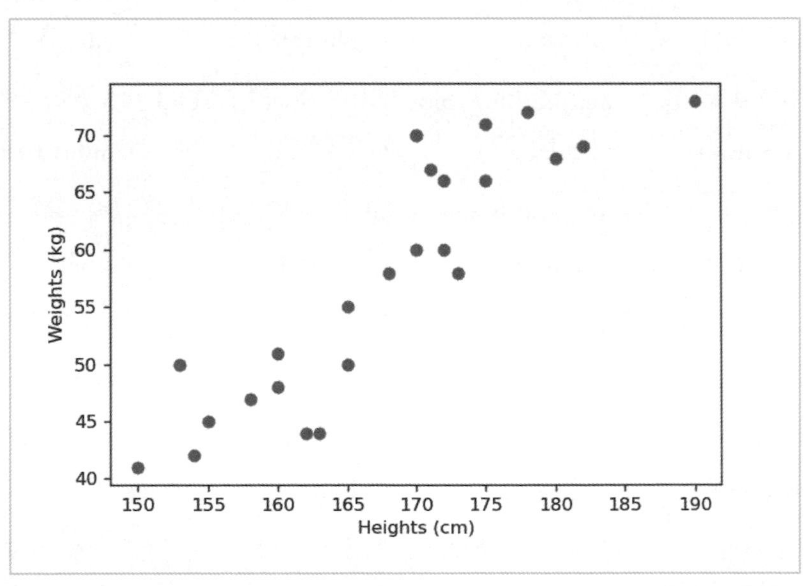

學習評量

一、選擇題

(　)1. 我們可以使用 matplotlib.pyplot 模組的哪個函式繪製線條或標記？
A. plot()　B. hist()　C. bar()　D. pie()

(　)2. 我們可以使用 matplotlib.pyplot 模組的哪個函式繪製直方圖？
A. pie()　B. hist()　C. bar()　D. scatter()

(　)3. 若要將線條樣式設定為點線，可以使用下列哪個格式化字串？
A. '-'　B. '--'　C. '-.'　D. ':'

(　)4. 若要將標記樣式設定為下三角形，可以使用下列哪個格式化字串？
A. 'x'　B. 'D'　C. '2'　D. 'v'

(　)5. 我們可以使用 matplotlib.pyplot 模組的哪個函式顯示座標系統的格線？
A. grid()　B. axis()　C. xlim()　D. ylim()

(　)6. 我們可以使用 matplotlib.pyplot 模組的哪個函式顯示 X 軸的標籤？
A. xlim()　B. xlabel()　C. xticks()　D. minorticks_on()

(　)7. 我們可以使用 matplotlib.pyplot 模組的哪個函式在圖表內顯示圖例？
A. text()　B. title()　C. legend()　D. label()

(　)8. 我們可以使用 matplotlib.pyplot 模組的哪個函式建立新圖表？
A. plot()　B. subplot()　C. figure()　D. new()

(　)9. 我們可以使用 matplotlib.pyplot 模組的哪個函式繪製圓形圖？
A. pie()　B. hist()　C. bar()　D. scatter()

(　)10. 當我們想呈現兩個計量變數之間是正相關、負相關或零相關時，可以使用下列哪種圖表？
A. 長條圖　B. 圓形圖　C. 直方圖　D. 散佈圖

二、練習題

1. **[繪製數學函式]** 在座標系統中繪製下列兩個數學函數：

    - $y1 = 20 * \sin(x)$, $x = -10 \sim 10$
    - $y2 = x^2 * \cos(x) + 0.5$, $x = -10 \sim 10$

    下面的執行結果供您參考。

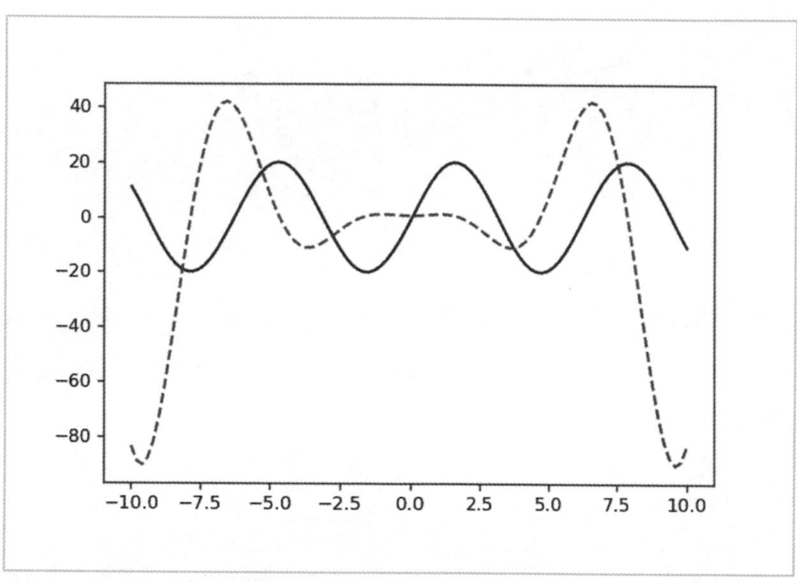

2. **[牧場動物飼養比例]** 假設快樂牧場飼養下列動物，繪製一個圓形圖統計這些動物的頭數/隻數比例。

動物	頭數/隻數
cow (乳牛)	10
sheep (綿羊)	15
duck (鴨子)	28
chicken (雞)	12
others (其它)	7

下面的執行結果供您參考。

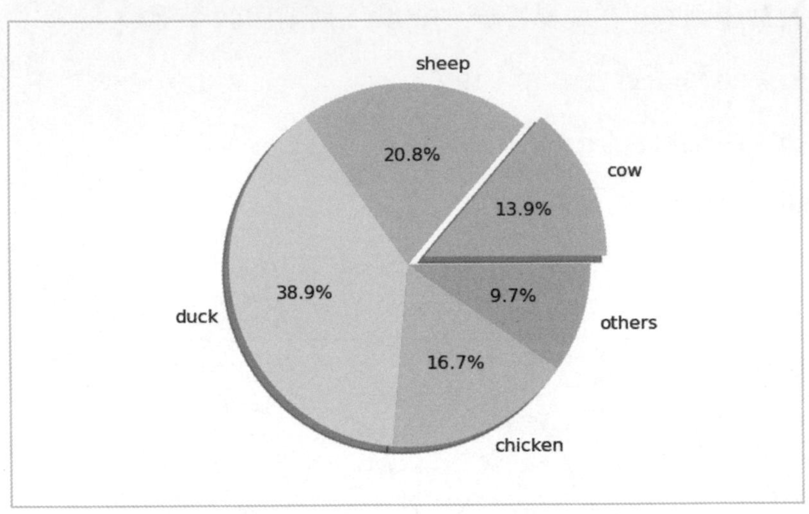

3. **[擲骰子次數統計]** 撰寫一個程式模擬擲骰子 101 次，然後繪製長條圖統計各個點數出現的次數，下面的執行結果供您參考。由於是隨機擲骰子，所以每次的執行結果可能會有些微不同。

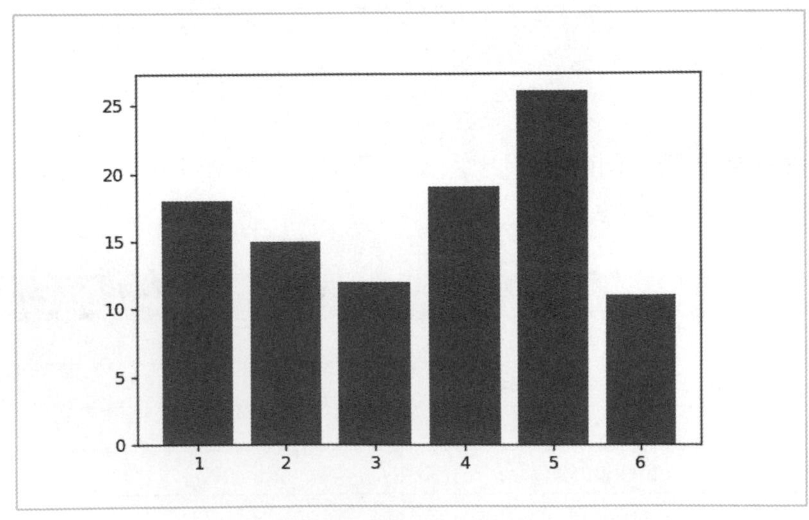

14

CHAPTER

科學計算－SciPy

14-1 認識 SciPy

SciPy (唸做 sigh pie) 是一個建構在 NumPy 之上、用來進行科學計算的套件，提供了最佳化與求根、稀疏矩陣、線性代數、插值、特殊函式、統計函式、積分、傅立葉變換、訊號處理、圖像處理，以及其它科學與工程常用的計算功能，正因為有 SciPy 的協助，使得 Python 在科學計算與數值分析領域足以媲美 MATLAB、GNU Octave、Scilab 等專業軟體。

SciPy 包含許多子套件，例如：

- ❖ 分群演算 Clustering package (scipy.cluster)
- ❖ 數理常數 Constants (scipy.constants)
- ❖ 離散傅立葉變換 Discrete Fourier transforms (scipy.fftpack)
- ❖ 積分 Integration and ODEs (scipy.integrate)
- ❖ 插值 Interpolation (scipy.interpolate)
- ❖ 輸入與輸出 Input and output (scipy.io)
- ❖ 線性代數 Linear algebra (scipy.linalg)
- ❖ 其它函式 Miscellaneous routines (scipy.misc)
- ❖ 多維影像處理 Multi-dimensional image processing (scipy.ndimage)
- ❖ 正交距離迴歸 Orthogonal distance regression (scipy.odr)
- ❖ 最佳化與求根 Optimization and Root Finding (scipy.optimize)
- ❖ 訊號處理 Signal processing (scipy.signal)
- ❖ 稀疏矩陣 Sparse matrices (scipy.sparse)
- ❖ 稀疏線性代數 Sparse linear algebra (scipy.sparse.linalg)

- ❖ 壓縮稀疏圖形函式 Compressed Sparse Graph Routines (scipy.sparse.csgraph)
- ❖ 空間演算法與資料結構 Spatial algorithms and data structures (scipy.spatial)
- ❖ 特殊函式 Special functions (scipy.special)
- ❖ 統計函式 Statistical functions (scipy.stats)
- ❖ 遮罩陣列統計函式 Statistical functions for masked arrays (scipy.stats.mstats)
- ❖ Low-level callback functions

在本章中，我們會介紹統計、插值、最佳化與求根等子套件，其它子套件或函式可以參考 SciPy 官方網站（https://scipy.org/）的說明文件。

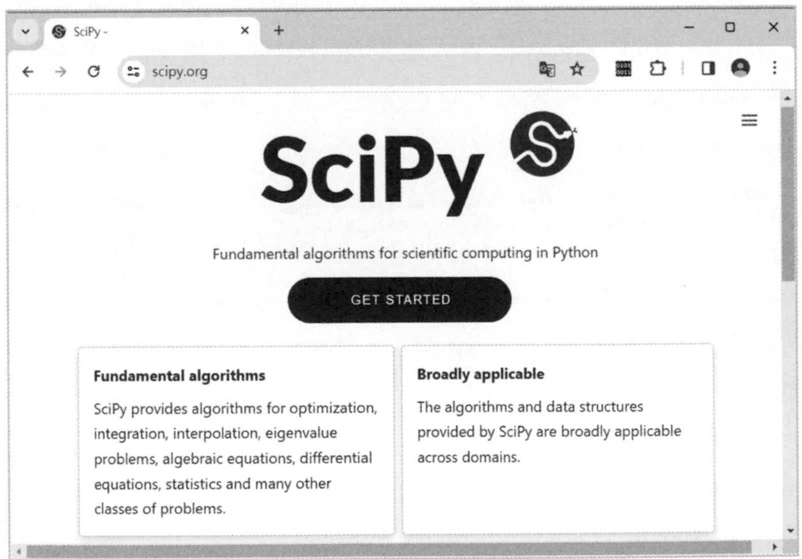

同樣的，Anaconda 已經內建 SciPy 套件，無須另外安裝。若要查詢 SciPy 套件，可以在 Anaconda Prompt 視窗的提示符號 > 後面輸入 pip show SciPy，然後按 [Enter] 鍵，就會顯示版本、摘要、官方網站、作者 email、授權、安裝路徑等資訊。

14-2 統計子套件 scipy.stats

scipy.stats 子套件包含大量的機率分佈與統計函式，由於這需要統計學的基礎，而且數量龐大無法一一列舉，因此，我們會先列出摘要讓您有初步的認識，然後示範離散型均勻分佈和連續型常態分佈，至於其它範例可以參考說明文件 (https://docs.scipy.org/doc/scipy/reference/stats.html)。

- **離散型分佈** (discrete distribution)：這是一些繼承自 rv_discrete 類別的物件，例如 randint 代表一個整數均勻分佈的離散型隨機變數，poisson 代表一個卜瓦松分佈的離散型隨機變數，其它還有 bernoulli、binom、boltzmann、dlaplace、geom、hypergeom、logser、nbinom、planck、skellam、zipf 等。

- **連續型分佈** (continuous distribution)：這是一些繼承自 rv_continuous 類別的物件，例如 norm 代表一個常態分佈的連續型隨機變數，rayleigh 代表一個瑞利分佈的連續型隨機變數，其它還有 alpha、angli、arcsine、argus、beta、betaprime、bradford、burr、burr12、cauchy、chi、chi2、cosine、crystalball、dgamma、dweibull、erlang、expon、exponnorm、exponweib、exponpow、f、fatiguelife、fisk、foldcauchy、foldnorm、frechet_r、frechet_l、gamma、genlogistic、gennorm、genpareto、genexpon、genextreme、gausshyper、gengamma、genhalflogistic、gilbrat、gompertz、gumbel_r、gumbel_l、halfcauchy 、halflogistic、halfnorm、halfgennorm、hypsecant、invgamma、invgauss、invweibull、johnsonsb、johnsonsu、kappa4、kappa3、ksone、kstwobign、laplace、levy、levy_l、levy_stable、logistic、loggamma、loglaplace、lognorm、lomax、maxwell、mielke、moyal、nakagami、ncx2、ncf、nct、norminvgauss、pareto、pearson3、powerlaw、powerlognorm、powernorm、rdist、reciprocal、rice、recipinvgauss、semicircular、skewnorm、t、trapz、triang、truncexpon、truncnorm、tukeylambda、uniform、vonmises、vonmises_line、wald、weibull_min、weibull_max、wrapcauchy 等。

- ❖ **多變量分佈** (multivariate distribution)：包括 multivariate_normal、matrix_normal、dirichlet、invwishart、multinomial、special_ortho_group、ortho_group、unitary_group、random_correlation、wishart 等。

- ❖ **統計函式** (statistical function)：scipy.stats 子套件亦包含統計函式可以用來計算幾何平均數、調和平均數、描述性統計、峰態係數 (kurtosis)、偏態係數 (skewness)、截尾平均數 (trimmed mean)、變異數、累積頻率分佈、相對頻率分佈、標準分數 (z-分數)、1-way ANOVA (單因子變異數分析)、皮爾森相關係數 (Pearson's correlation coefficient)、迴歸分析 (regression analysis)、常態檢定 (normal test)、T 檢定 (T-test)、Kolmogorov-Smirnov test、卡方檢定、Kruskal-Wallis 檢定、Friedman test、曼惠二氏 U 檢定 (Mann-Whitney test)、中位數檢定等。

14-2-1 離散型均勻分佈

在本節中，我們將使用 randint 物件建立一個離散型均勻分佈的機率模型 (probabilistic model)，randint 物件的機率質量函數 (probability mass function) 如下：

$$\mathrm{f}(k) = \frac{1}{high - low}$$

$$\text{for } k = low, \dots, high - 1$$

首先，匯入 scipy.stats 子套件並設定別名為 stats：

```
In [1]: import scipy.stats as stats
```

接著，假設要建立一個範圍介於 [1, 11) 整數均勻分佈的機率模型 (包含 1，不包含 11)，可以寫成如下：

```
In [2]: rv = stats.randint(low = 1, high = 11)
```

在建立機率模型後，我們可以使用 randint 物件提供的方法進行計算，常見的如下：

❖ rvs(*low, high, loc* = 0, *size* = 1, *random_state* = None)：這個方法用來傳回亂數，例如下面的敘述會從剛才建立的機率模型傳回 5 個亂數：

```
In [3]: rv.rvs(size = 5)             # 傳回 5 個亂數
Out[3]: array([2, 7, 4, 8, 5])
```

❖ pmf(*k, low, high, loc* = 0)、cdf(*k, low, high, loc* = 0)、ppf(*q, low, high, loc* = 0)：這三個方法用來傳回機率質量函數（probability mass function）、累積分佈函數（cumulative distribution function）和百分位函數（percent point function），例如：

```
In [4]: rv.pmf([5, 7, 9, 11])         # 傳回機率質量函數的機率值
Out[4]: array([0.1, 0.1, 0.1, 0. ])
In [5]: rv.cdf([1, 2, 3, 4, 5])       # 傳回累積分佈函數的機率值
Out[5]: array([0.1, 0.2, 0.3, 0.4, 0.5])
In [6]: rv.ppf([0.2, 0.5, 0.7])       # 傳回第 20%, 50%, 70% 百分位的值
Out[6]: array([2., 5., 7.])
```

❖ median(*low, high, loc* = 0)、mean(*low, high, loc* = 0)、var(*low, high, loc* = 0)、std(*low, high, loc* = 0)：這四個方法用來傳回機率模型的中位數、算術平均、變異數和標準差，例如：

```
In [7]: rv.median()      # 傳回中位數，亦可寫成 stats.randint.median(1, 11)
Out[7]: 5.0
In [8]: rv.mean()        # 傳回算術平均，亦可寫成 stats.randint.mean(1, 11)
Out[8]: 5.5
In [9]: rv.var()         # 傳回變異數，亦可寫成 stats.randint.var(1, 11)
Out[9]: 8.25
In [10]: rv.std()        # 傳回標準差，亦可寫成 stats.randint.std(1, 11)
Out[10]: 2.8722813232690143
```

最後，我們來繪製 randint 物件的機率質量函數，其中 vlines() 函式用來繪製垂直線，其語法為 vlines(*x*, *ymin*, *ymax*, *colors* = 'k', *linestyles* = 'solid', *label* = '' [, *其它選擇性參數*])。

\Ch14\randint.py

```
import numpy as np
import matplotlib.pyplot as plt
import scipy.stats as stats

# 建立一個範圍介於 [1, 11) 整數均勻分佈的機率模型
rv = stats.randint(low = 1, high = 11)
# 變數 x 是用來繪製機率質量函數的資料（從 1% ~ 99%（不含）之間的值）
x = np.arange(rv.ppf(0.01), rv.ppf(0.99))
# 以藍色圓點繪製均勻分佈的機率質量函數
plt.plot(x, rv.pmf(x), "bo", label = "randint pmf")
# 以透明度 0.5 的藍色虛線繪製垂直線
plt.vlines(x, 0, rv.pmf(x), "b", linestyles = "dashed", alpha = 0.5)
plt.legend()
plt.show()
```

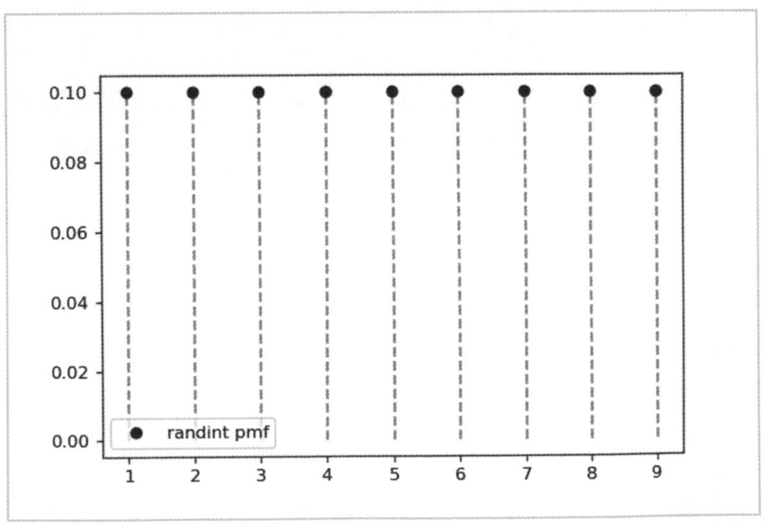

14-2-2 連續型常態分佈

在本節中，我們將使用 norm 物件建立一個連續型常態分佈的機率模型，norm 物件的機率密度函數（probability density function）如下：

$$f(x) = \frac{\exp(-x^2/2)}{\sqrt{2\pi}}$$

首先，匯入 scipy.stats 子套件並設定別名為 stats：

```
In [1]: import scipy.stats as stats
```

已知標準常態分佈的期望值為 0、標準差為 1，假設要建立一個標準常態分佈的機率模型，可以寫成如下，參數 loc 和 scale 表示期望值與標準差：

```
In [2]: rv = stats.norm(loc = 0, scale = 1)
```

由於參數 loc 和 scale 的預設值為 0, 1，所以上面的敘述亦可寫成如下：

```
In [3]: rv = stats.norm()
```

成功建立機率模型後，我們可以使用 norm 物件提供的方法進行計算，常見的如下：

❖ rvs(*loc* = 0, *scale* = 1, *size* = 1, *random_state* = None)：這個方法用來傳回亂數，例如下面的敘述會從剛才建立的機率模型傳回 3 個亂數：

```
In [4]: rv.rvs(size = 3)                    # 傳回 3 個亂數
Out[4]: array([ 0.48288867,  1.29707693, -0.27847141])
```

❖ pdf(*x*, *loc* = 0, *scale* = 1)、cdf(*x*, *loc* = 0, *scale* = 1)、ppf(*q*, *loc* = 0, *scale* = 1)：這三個方法用來傳回機率密度函數（probability density function）、累積分佈函數（cumulative distribution function）和百分位函數（percent point function），例如：

```
In [5]: rv.pdf([0, 0.5])                     # 傳回機率密度函數的機率值
Out[5]: array([0.39894228, 0.35206533])
In [6]: rv.cdf([0, 0.5])                     # 傳回累積分佈函數的機率值
Out[6]: array([0.5       , 0.69146246])
In [7]: rv.ppf([0.5, 0.75])                  # 傳回第 50%, 75% 百分位的值
Out[7]: array([0.        , 0.67448975])
```

❖ median(*loc* = 0, *scale* = 1)、mean(*loc* = 0, *scale* = 1)、var(*loc* = 0, *scale* = 1)、std((*loc* = 0, *scale* = 1)：這四個方法用來傳回機率模型的中位數、算術平均、變異數和標準差，例如：

```
In [8]: rv.median()                 # 傳回中位數，亦可寫成 stats.norm.median()
Out[8]: 0.0
In [9]: rv.mean()                   # 傳回算術平均，亦可寫成 stats.norm.mean()
Out[9]: 0.0
In [10]: rv.var()                   # 傳回變異數，亦可寫成 stats.norm.var()
Out[10]: 1.0
In [11]: rv.std()                   # 傳回標準差，亦可寫成 stats.norm.std()
Out[11]: 1.0
```

最後，我們來繪製 norm 物件的機率密度函數，其中第 05 ~ 10 行是以紅色實線繪製標準常態分佈的機率密度函數，而第 12 ~ 15 行是從標準常態分佈中取出 1000 個亂數並繪製成直方圖。

\Ch14\norm.py (下頁續 1/2)

```
01 import numpy as np
02 import matplotlib.pyplot as plt
03 import scipy.stats as stats
04 
05 # 將常態分佈的期望值與標準差設定為 0, 1 (即標準常態分佈)
06 loc, scale = 0, 1
```

\Ch14\norm.py（接上頁 2/2）

```
# 變數 x 是用來繪製機率密度函數的資料（從 1% ~ 99% 之間平均取出 100 個值）
x = np.linspace(stats.norm.ppf(0.01, loc, scale), stats.norm.ppf(0.99, loc, scale), 100)
# 以紅色實線繪製標準常態分佈的機率密度函數
plt.plot(x, stats.norm.pdf(x), "r-", label = "norm pdf")

# 產生 1000 個標準常態分佈亂數
r = stats.norm.rvs(size = 1000)
# 將 1000 個亂數繪製成直方圖（透明度設定為 0.2）
plt.hist(r, density = True, histtype = "stepfilled", alpha = 0.2)
# 顯示圖例
plt.legend()
plt.show()
```

執行結果如下圖，代表標準常態分佈的紅線實線和直方圖的分佈幾乎是一致的，呈現鐘型曲線。

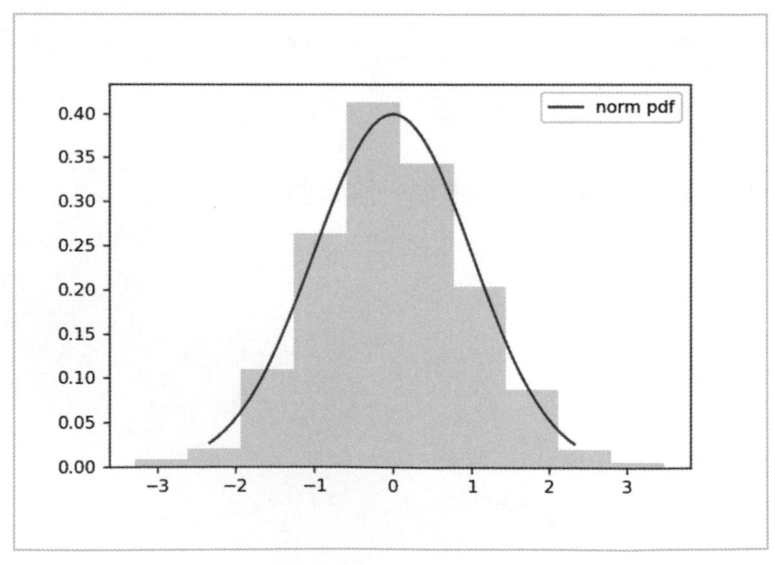

隨堂練習

繪製三個常態分佈的機率密度函數，如下圖，紅色實線、綠色虛線、藍色點線的期望值和標準差分別為 0, 1、2, 1、0, 2。

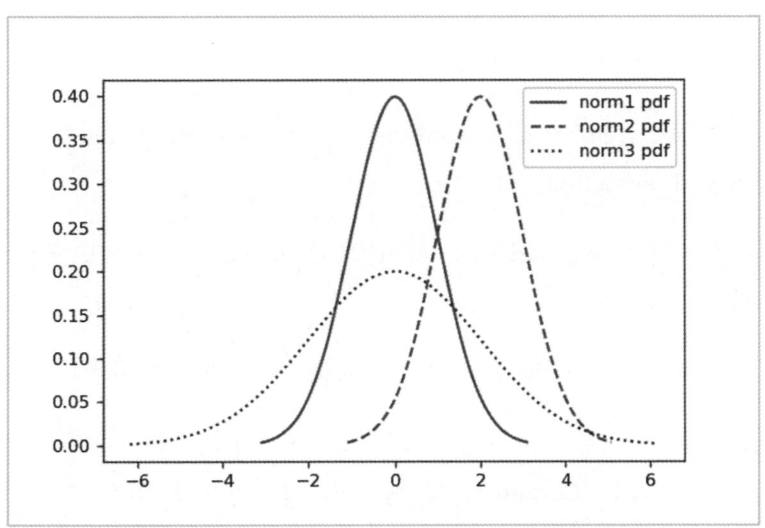

【提示】\Ch14\norm2.py

```
loc1, scale1 = 0, 1
x1 = np.linspace(stats.norm.ppf(0.001, loc1, scale1), stats.norm.ppf(0.999, loc1, scale1), 1000)
plt.plot(x1, stats.norm.pdf(x1), "r-", label = "norm1 pdf")
loc2, scale2 = 2, 1
x2 = np.linspace(stats.norm.ppf(0.001, loc2, scale2), stats.norm.ppf(0.999, loc2, scale2), 1000)
plt.plot(x2, stats.norm.pdf(x2, loc2, scale2), "g--", label = "norm2 pdf")
loc3, scale3 = 0, 2
x3 = np.linspace(stats.norm.ppf(0.001, loc3, scale3), stats.norm.ppf(0.999, loc3, scale3), 1000)
plt.plot(x3, stats.norm.pdf(x3, loc3, scale3), "b:", label = "norm3 pdf")
plt.legend()
plt.show()
```

14-3 最佳化子套件 scipy.optimize

scipy.optimize 子套件提供了數個常用的最佳化演算法，例如：

- 使用數種演算法進行多變量純量函數（multivariate scalar function）的非約束與約束最小化，例如 BFGS、Nelder-Mead simplex、Newton Conjugate Gradient、COBYLA、SLSQP。
- 全域最佳化（global optimization），例如 basinhopping、差分進化法（differential_evolution）。
- 最小平方法（least-squares algorithm）與曲線擬合法（curve fitting algorithm）。
- 純量單變量函數（scalar univariate function）的最小值與求根（牛頓法）。
- 使用數種演算法解多變量聯立方程式（multivariate equation system），例如 hybrid Powell、Levenberg-Marquardt、Newton-Krylov。

由於這需要最佳化演算法（optimization algorithm）的基礎，因此，我們僅簡單示範函數的求根與最小值，至於其它範例可以參考說明文件 https://docs.scipy.org/doc/scipy/reference/optimize.html#module-scipy.optimize。

[範例] 函數的根

在這個例子中，我們將使用 scipy.optimize 子套件提供的 root() 函式找出函數 $f(x)=2x^2-4x+1$ 的根。

root() 函式的語法如下，其中參數 *fun* 是要求根的函數，參數 *x0* 是初始猜測值，傳回值是 OptimizeResult 物件，該物件最重要的屬性是 x，代表最佳化的結果：

```
scipy.optimize.root(fun, x0[, 選擇性參數])
```

\Ch14\root1.py

```
from scipy.optimize import root

def f(x):
    return (2 * x ** 2 - 4 * x + 1)

sol1 = root(f, 0)                  # 將初始猜測值設定為 0 去求根
print(sol1.x)                      # 印出最佳化的結果
sol2 = root(f, 1)                  # 將初始猜測值設定為 1 去求根
print(sol2.x)                      # 印出最佳化的結果
sol3 = root(f, 2)                  # 將初始猜測值設定為 2 去求根
print(sol3.x)                      # 印出最佳化的結果
```

從執行結果可以看到給定不同的初始猜測值可能會有不同的結果，例如初始猜測值為 0 所找到的根是 0.29289322，而初始猜測值為 1 和 2 所找到的根是 1.70710678。

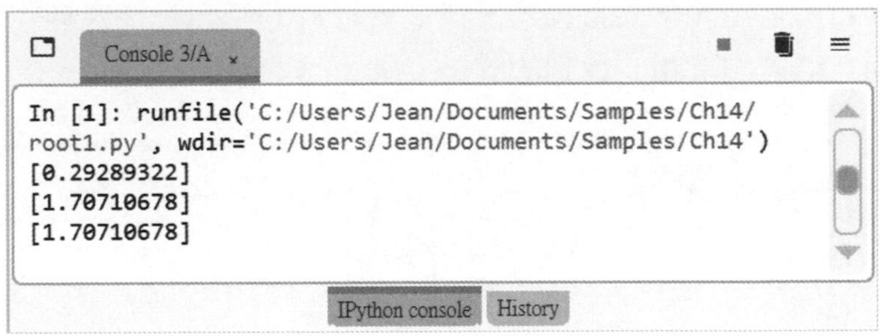

我們可以使用 NumPy 提供的 roots() 函式找出這個函數的所有根來做驗證，如下，結果找到 1.70710678 和 0.29289322 兩個根：

```
In [1]: import numpy as np
In [2]: r = np.roots([2, -4, 1])    # 參數為函數的係數（降冪排列），缺項為 0
In [3]: print(r)                    # 找到兩個根
[1.70710678 0.29289322]
```

[範例] 解聯立方程式

在這個例子中，我們將使用 root() 函式找出下列聯立方程式的解：

$$2x + y - 5 = 0$$

$$x - 3y + 1 = 0$$

\Ch14\root2.py

```
01 from scipy.optimize import root
02
03 def fun(x):
04     return [2 * x[0] + x[1] - 5, x[0] - 3 * x[1] + 1]
05
06 sol = root(fun, [0, 0])      # 將 x[0], x[1] 的初始猜測值設定為 0, 0 去求解
07 print(sol.x)                 # 印出最佳化的結果
```

第 03、04 行用來定義聯立方程式，其中變數 x[0]、x[1] 代表聯立方程式的 x 和 y。執行結果如下圖，找到的解是 x 為 2，y 為 1。

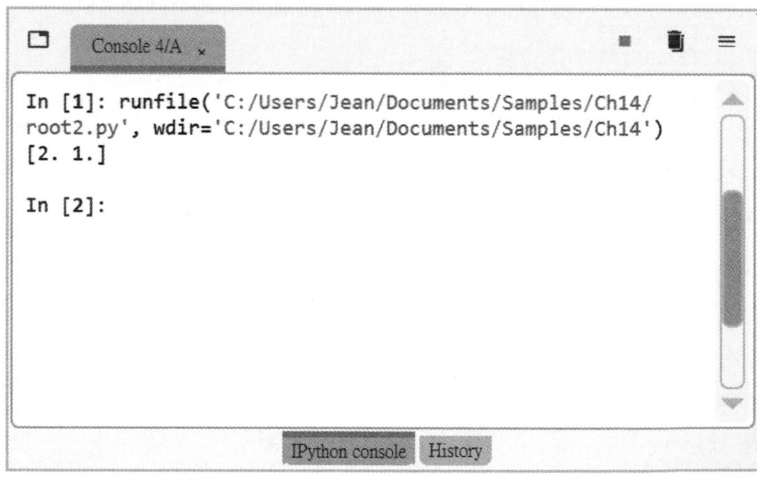

[範例] 兩個函數的交點

在這個例子中，我們將使用 root() 函式找出下列兩個函數的交點：

$$f(x) = 2x^2 - 4x + 1，g(x) = x - 2$$

\Ch14\root3.py

```
from scipy.optimize import root

def f(x):
    return (2 * x ** 2 - 4 * x + 1)

def g(x) :
    return (x - 2)

sol = root(lambda x : f(x) - g(x), 0)   # 將初始猜測值設定為 0 去找交點
print(sol.x)                            # 印出最佳化的結果
print(f(sol.x))                         # 將找到的 x 代入 f(x)
print(g(sol.x))                         # 將找到的 x 代入 g(x)
```

執行結果如下圖，找到的解是 x 為 1，分別代入 f(x) 和 g(x) 均會得到結果為 -1，表示此解是正確的。

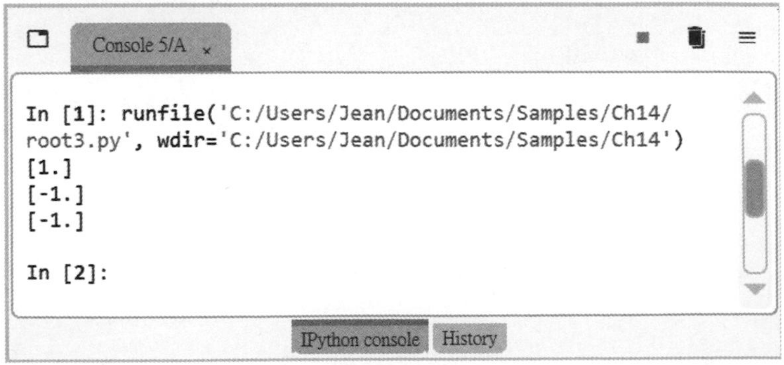

[範例] 函數的最小值

在這個例子中，我們將使用 scipy.optimize 子套件提供的 minimize_scalar() 函式找出函數 $f(x)=2x^2-4x+1$ 的最小值。

minimize_scalar() 函式的語法如下，其中參數 *fun* 是要找出最小值的純量單變量函數 (scalar univariate function)，傳回值是 OptimizeResult 物件，該物件最重要的屬性是 x，代表最佳化的結果：

```
minimize_scalar(fun[, 選擇性參數])
```

\Ch14\min.py

```
from scipy.optimize import minimize_scalar

def f(x):
    return (2 * x ** 2 - 4 * x + 1)

# 找出最小值
res = minimize_scalar(f)
print("當 x 為{0}時，函數 f(x)有最小值為{1}。".format(res.x, f(res.x)))
```

執行結果如下圖，當 x 為 1.0 時，函數 f(x) 有最小值為 -1.0。

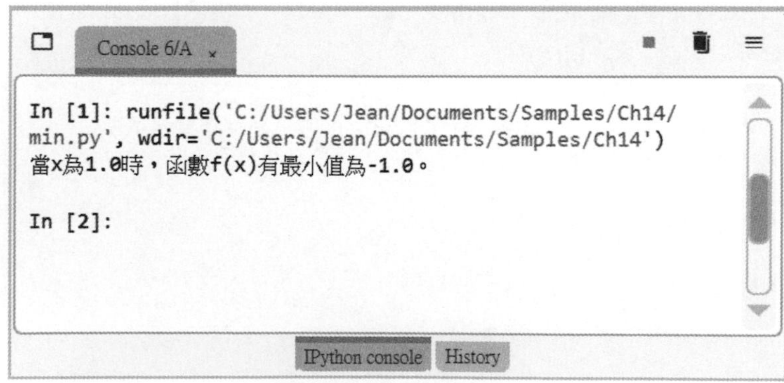

14-4 插值子套件 scipy.interpolate

scipy.interpolate 子套件針對一維、二維或多維資料提供了數個常用的插值函式，由於這需要插值法的基礎，因此，我們僅簡單示範一維資料的內插函式 interp1d()，至於其它範例可以參考說明文件 https://docs.scipy.org/doc/scipy/reference/interpolate.html。

「插值法」(interpolation，又稱為「內插法」) 是一種通過已知的、離散的點，在範圍內推求新點的方法，當我們在呈現資料時，經常會需要比實際測量更多的點或預測其它的點，例如在繪製一天的溫度變化圖時，氣象站可能每小時測量溫度一次，但溫度變化圖是連續的圖，此時就可以透過插值法來完成繪製的工作。

[範例] 使用 interp1d() 函式繪製預測函數

在這個例子中，我們將使用 scipy.interpolate 子套件提供的 interp1d() 函式針對一維資料繪製預測函數。

interp1d() 函式的語法如下，其中參數 *x*、*y* 是用來逼近函數 y=f(x) 的一維資料，而參數 *kind* 是插值法的種類，有 "linear"、"nearest"、"zero"、"slinear"、"quadratic"、"cubic"、"previous"、"next" 等值，預設值為 "linear" (線性插值法)：

```
interp1d(x, y, kind="linear" [, 其它選擇性參數])
```

假設真實函數 f(x) 為 $\cos(-x^2 / 9)$，首先，建立函數 f(x)：

```
In [1]: import numpy as np
In [2]: import matplotlib.pyplot as plt
In [3]: from scipy.interpolate import interp1d
In [4]: f = lambda x: np.cos(-x ** 2 / 9.0)
```

接著，產生原始資料，這是在 -12 ~ 12 之間均勻產生 25 個點做為插值之前的輸入資料 x，然後將 x 代入 f(x) 做為插值之前的輸出資料 y：

```
In [5]: x = np.linspace(-12, 12, num = 25)
In [6]: y = f(x)
```

再來，使用 interp1d() 函式建立兩個插值函數，其中 g1(x) 採取線性插值法 (linear interpolation)，g2(x) 採取三次插值法 (cubic interpolation)：

```
In [7]: g1 = interp1d(x, y)
In [8]: g2 = interp1d(x, y, kind = "cubic")
```

繼續，產生比較密集的預測資料，這是在 -12 ~ 12 之間均勻產生 49 個點做為進行插值的輸入資料 xnew，然後將 xnew 分別代入 g1(x) 和 g2(x) 做為進行插值的輸出資料 ynew1 和 ynew2：

```
In [9]: xnew = np.linspace(-12, 12, num = 49)
In [10]: ynew1 = g1(xnew)
In [11]: ynew2 = g2(xnew)
```

最後，將原始資料和預測資料描繪出來，其中藍色圓點為原始資料，紅色實線為採取線性插值法的預測函數，而綠色虛線為採取三次插值法的預測函數：

```
In [12]: plt.plot(x, y, "bo", label = "data")
In [13]: plt.plot(xnew, ynew1, "r-", label = "linear")
In [14]: plt.plot(xnew, ynew2, "g--", label = "cubic")
In [15]: plt.legend(loc = "lower center")
In [16]: plt.show()
```

執行結果如下圖，由此圖可以看出，g1(x) 和 g2(x) 兩個預測函數都很接近真實函數 f(x)。為了方便練習，我們將這個例子存檔為 \Ch14\inter.py，您可以自行使用。

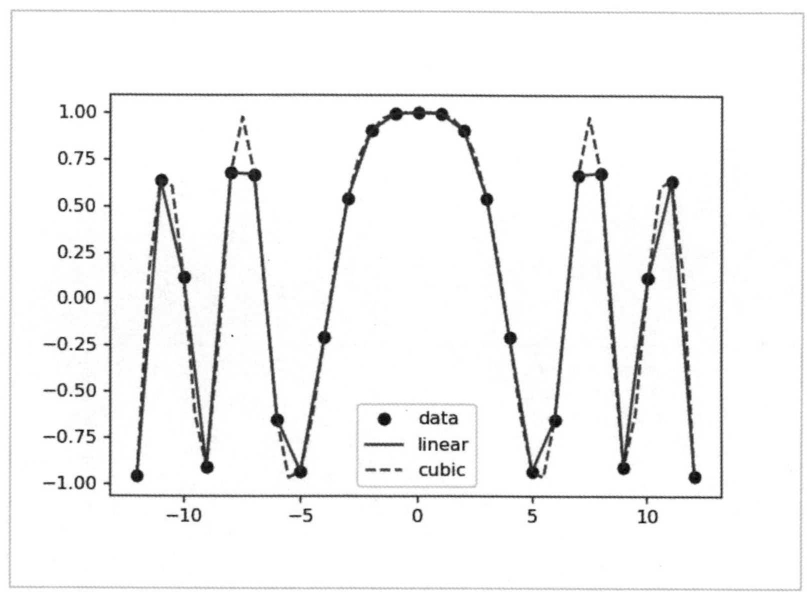

練習題

1. **[常態分佈的累積密度函數]** 我們在第 14-2 節的隨堂練習中繪製了三個常態分佈的機率密度函數，請改成繪製累積密度函數，下面的執行結果供您參考。

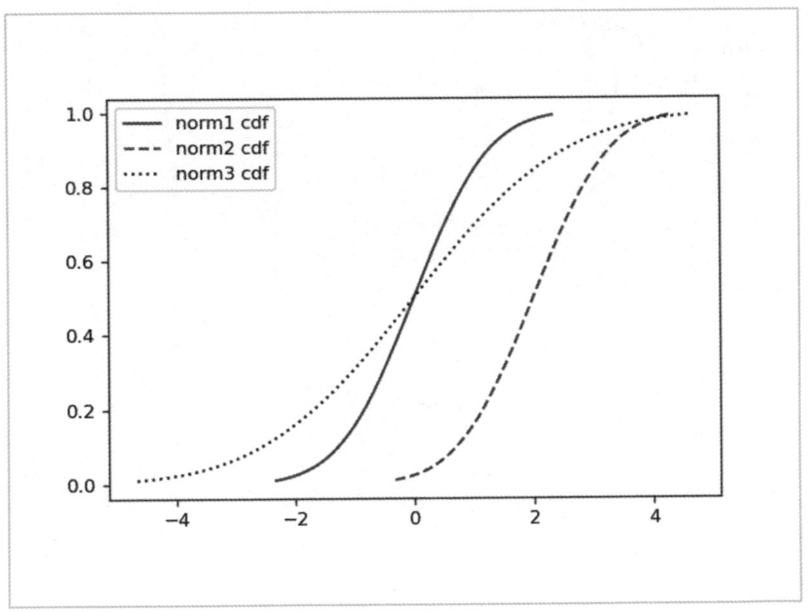

2. **[函式的根]** 找出函數 f(x)＝x＋cos(x) 的根（假設初始猜測值為 0）。
3. **[解方程式]** 找出下列非線性方程式的解（假設初始猜測值為 1, 1）：

$$x0\cos(x1) = 4$$

$$x1x0 - x1 = 5$$

4. **[函數的最小值]** 找出下列函數的最小值：

   (1) $f(x) = 3x^4 - x^2 + 5$

   (2) $f(x) = x(x-2)(x+2)^2$

5. **[插值]** 假設真實函數 f(x) 為 (x－1)(x－2)(x－3)，原始資料如下，請使用 interp1d() 函式繪製兩個預測函數，分別採取線性插值法和二次插值法，下面的執行結果供您參考。

```
f = lambda x: (x - 1) * (x - 2) * (x - 3)
x = np.linspace(0, 5, num = 11)
y = f(x)
```

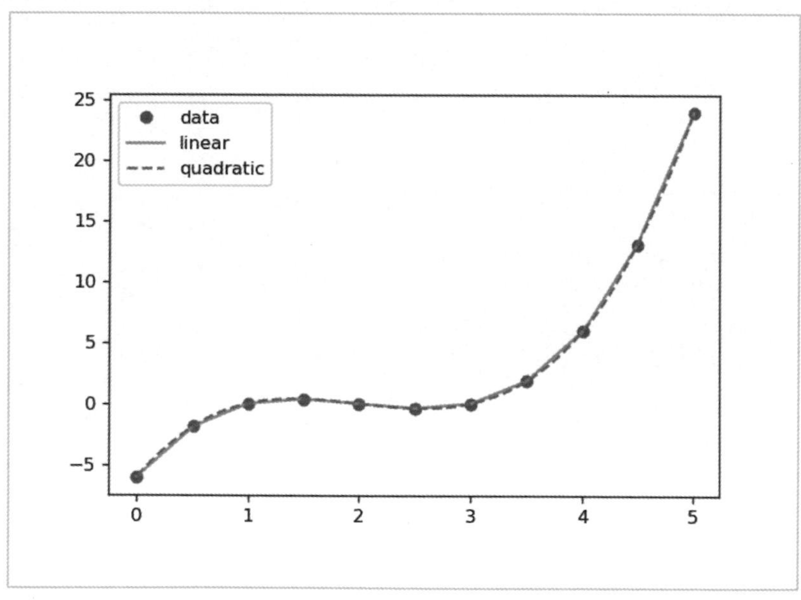

資料分析－pandas

15-1 認識 pandas

pandas 是一個開放原始碼的 Python 第三方套件，提供了高效能、簡易使用的資料結構與資料分析工具。一直以來 Python 都非常適合應用在資料整理與準備，卻不善於資料分析與模型建立，而 pandas 剛好彌補了此不足，讓使用者可以透過 Python 進行資料分析的整個過程，無須切換到其它更專精的語言，例如 R 語言。

事實上，根據統計指出，Python 生態系統已經超越 R 語言，成為資料分析、資料科學與機器學習的第一大語言。

pandas 主要的特色如下，pandas 官方網站（https://pandas.pydata.org/）有更完整的介紹：

- pandas 有 Series、DataFrame 和 Panel 三種資料結構，分別用來處理一維、二維與多維資料，而且可以存放異質資料（不同資料型別），有別於 NumPy 提供的 ndarray 只能存放同質資料（相同資料型別）。
- 使用者可以快速讀取、轉換及處理異質資料，透過資料結構物件所提供的方法進行資料的前置處理，例如資料補值、去除或取代空值等。
- 更多的資料輸入/輸出，例如 TXT、CSV、剪貼簿、Excel 試算表、JSON、HTML、關聯式資料庫等。

備註

Anaconda 已經內建 pandas 套件，無須另外安裝。若要查詢 pandas 套件，可以在 Anaconda Prompt 視窗的提示符號 > 後面輸入如下指令，然後按 [Enter] 鍵，就會顯示版本、摘要、官方網站、作者 email、授權、安裝路徑等資訊：

```
(base) C:\Users\Jean>pip show pandas
```

15-2 pandas 的資料結構

誠如前面所言，pandas 有 Series、DataFrame 和 Panel 三種資料結構，分別用來處理一維、二維與多維資料，不過，由於 DataFrame 亦提供了處理多維資料的機制，使得 Panel 並不常用，因此，本節將介紹 Series 和 DataFrame。

15-2-1 Series

Series 是一個可以用來存放整數、字串、浮點數、Python 物件等資料型別的一維陣列，在使用 Series 之前，我們要匯入 pandas 並設定別名為 pd，如下：

```
In [1]: import pandas as pd
```

接著，我們可以使用 Series() 函式建立 Series，其語法如下，參數 *data* 用來指定 Series 的資料，可以來自 Python list、dict、NumPy ndarray 或純量，參數 *index* 用來指定 Series 的索引，又稱為「列標籤」(row label)，而參數 *name* 用來指定 Series 的名稱：

```
pd.Series(data = None, index = None, name = None, 其它選擇性參數)
```

從 Python list 建立 Series

例如下面的敘述是從 Python list 建立一個 Series 並指派給變數 s1，資料可以是不同資料型別，由於沒有指定列標籤，所以採取預設的列編號 0、1、2：

```
In [2]: s1 = pd.Series(['Tom', 92, 88])      # 從串列建立 Series
In [3]: s1                                   # 採取預設的列編號 0、1、2
Out[3]:
0    Tom
1     92
2     88
dtype: object
In [4]: s1[0]                                # 透過列編號 0 顯示第一個資料
Out[4]: 'Tom'
```

我們也可以指定列標籤，例如下面的敘述是透過參數 index 將 Series 的列標籤指定為 'name', 'math', 'english'：

```
In [5]: s2 = pd.Series(['Tom', 92, 88], index = ['name', 'math', 'english'])
In [6]: s2
Out[6]:
name       Tom
math        92
english     88
dtype: object
In [7]: s2['name']                         # 透過列標籤 'name' 顯示對應的資料
Out[7]: 'Tom'
In [8]: s2[0]                              # 仍可透過列編號 0 顯示第一個資料
Out[8]: 'Tom'
```

從 Python dict 建立 Series

例如下面的敘述是從 Python dict 各自建立一個 Series 並指派給變數 s3、s4，若沒有對應的資料，就配置 NaN，例如變數 s4 的列標籤 '鳥' 會配置 NaN：

```
In [9]: dict1 = {'貓' : 'cat', '狗' : 'dog'}
In [10]: s3 = pd.Series(dict1)
In [11]: s3
Out[11]:
貓    cat
狗    dog
dtype: object
In [12]: s4 = pd.Series(dict1, index = ['貓', '狗', '鳥'])
In [13]: s4
Out[13]:
貓    cat
狗    dog
鳥    NaN
dtype: object
```

從 NumPy ndarray 建立 Series

例如下面的敘述是從 NumPy ndarray 建立一個 Series 並指派給變數 s5：

```
In [14]: import numpy as np
In [15]: s5 = pd.Series(np.arange(1, 10, 3)) # 從 ndarray 建立 Series
In [16]: s5
Out[16]:
0    1
1    4
2    7
dtype: int32
In [17]: s5[0]                              # 透過列編號 0 顯示第一個資料
Out[17]: 1
```

從純量建立 Series

例如下面的敘述是從純量建立一個 Series 並指派給變數 s6：

```
In [18]: s6 = pd.Series(5, index = ['a', 'b', 'c'])
In [19]: s6
Out[19]:
a    5
b    5
c    5
dtype: int64
```

我們也可以在建立 Series 的同時透過參數 name 指定 Series 的名稱，或透過 Series 的 name 與 index 屬性取得名稱和列標籤，例如：

```
In [20]: s7 = pd.Series(5, name = 'num', index = ['a', 'b', 'c'])
In [21]: s7.name                            # 透過 name 屬性取得名稱
Out[21]: 'num'
In [22]: s7.index                           # 透過 index 屬性取得列標籤
Out[22]: Index(['a', 'b', 'c'], dtype='object')
```

Series 的操作方式

Series 的操作方式和 NumPy ndarray 類似，例如：

```
In [23]: s = pd.Series([1, 3, 5, 7])    # 從串列建立 Series
In [24]: s
0    1
1    3
2    5
3    7
dtype: int64
In [25]: s[2:]                          # 列編號 2 和之後的資料
2    5
3    7
dtype: int64
In [26]: s[:2]                          # 列編號 2 之前的資料（不含列編號 2）
0    1
1    3
dtype: int64
In [27]: s + s                          # 將兩個 Series 對應的資料相加
0     2
1     6
2    10
3    14
dtype: int64
In [28]: s > 2                          # Series 的資料大於 2
0    False
1     True
2     True
3     True
dtype: bool
In [29]: np.square(s)                   # 將 Series 的資料平方
0     1
1     9
2    25
3    49
dtype: int64
```

15-2-2 DataFrame

DataFrame 是一個可以用來存放整數、字串、浮點數、Python 物件等資料型別的二維陣列，您可以將它想像成試算表、SQL 資料表或由 Series 物件所組成的字典，同樣的，在使用 DataFrame 之前，我們要匯入 pandas 並設定別名為 pd，如下：

```
In [1]: import pandas as pd
```

接著，我們可以使用 **DataFrame()** 函式建立一個 DataFrame，其語法如下，參數 *data* 用來指定 DataFrame 的資料，參數 *index* 用來指定 DataFrame 的列標籤，而參數 *columns* 用來指定 DataFrame 的行標籤 (欄位名稱)：

```
pd.DataFrame(data = None, index = None, columns = None, 其它選擇性參數)
```

DataFrame 的資料來源相當多，包括：

- Python dict 所組成的串列
- Python list、tuple、dict、Series 或一維的 ndarray 所組成的字典
- 二維的 ndarray、Series 或其它 DataFrame

從 Python dict 所組成的串列建立 DataFrame

例如下面的敘述是從 Python dict 所組成的串列建立一個 DataFrame 並指派給變數 df1，若沒有對應的資料，就配置 NaN：

```
In [2]: data1 = [{'a': 1., 'b': 2., 'c': 3.}, {'a': 4., 'b': 5., 'c': 6., 'd': 7.}]
In [3]: df1 = pd.DataFrame(data1)
In [4]: df1
Out[4]:
     a    b    c    d
0  1.0  2.0  3.0  NaN
1  4.0  5.0  6.0  7.0
```

我們可以透過 DataFrame 的 index 與 columns 屬性取得列標籤和行標籤，亦可透過列標籤和行標籤存取資料，例如：

```
In [5]: df1.index                          # 取得列標籤
Out[5]: RangeIndex(start=0, stop=2, step=1)
In [6]: df1.columns                        # 取得行標籤
Out[6]: Index(['a', 'b', 'c', 'd'], dtype='object')
In [7]: df1[['a', 'c']]                    # 行標籤為 'a' 和 'c' 的資料
Out[7]:
     a    c
0  1.0  3.0
1  4.0  6.0
In [8]: df1['a'][0]                        # 行標籤為 'a'、列標籤為 0 的資料
Out[8]: 1.0
In [9]: df1[:1]                            # 列標籤 1 之前的列（不含列標籤 1）
Out[9]:
     a    b    c   d
0  1.0  2.0  3.0 NaN
```

我們也可以在建立DataFrame的同時透過參數index與columns指定列標籤、行標籤或兩者，這樣資料就會依照指定的列標籤和行標籤排序，例如：

```
In [10]: pd.DataFrame(data1, index = ['first', 'second'])
Out[10]:
          a    b    c    d
first   1.0  2.0  3.0  NaN
second  4.0  5.0  6.0  7.0
In [11]: pd.DataFrame(data1, index = ['first', 'second'], columns = ['d', 'b', 'a'])
Out[11]:
          d    b    a
first   NaN  2.0  1.0
second  7.0  5.0  4.0
```

從 Python list 所組成的字典建立 DataFrame

例如下面的敘述是從 Python list 所組成的字典建立 DataFrame：

```
In [12]: data = {'drink' : ['啤酒', '咖啡', '紅茶'], 'dessert' : ['蛋糕', '餅乾', '泡芙']}
In [13]: pd.DataFrame(data)
Out[13]:
  drink dessert
0    啤酒      蛋糕
1    咖啡      餅乾
2    紅茶      泡芙
```

從 Series 所組成的字典建立 DataFrame

例如下面的敘述是從 Series 所組成的字典建立 DataFrame，若沒有對應的資料，就配置 NaN：

```
In [14]: data = {'one' : pd.Series([1., 2.], index = ['a', 'b']), 'two' :
pd.Series([3., 4., 5.], index = ['a', 'b', 'c'])}
In [15]: pd.DataFrame(data)
   one  two
a  1.0  3.0
b  2.0  4.0
c  NaN  5.0
In [16]: pd.DataFrame(data, index = ['c', 'b'])
   one  two
c  NaN  5.0
b  2.0  4.0
In [17]: pd.DataFrame(data, index = ['c', 'b'], columns = ['two', 'three'])
   two three
c  5.0   NaN
b  4.0   NaN
```

15-3 pandas 的基本功能

pandas 提供了大量的 API (Application Programming Interface，應用程式介面)，讓使用者透過 pandas 的物件、函式和方法進行資料處理與分析。

在本節中，我們會介紹一些常用的基本功能，例如索引參照、算術與比較運算、通用函式運算、統計函式、處理 NaN、檔案資料輸入/輸出等，更多的說明與範例可以參考 pandas 官方網站 (https://pandas.pydata.org/)。事實上，pandas 的功能非常強大，市面上亦有專門介紹 pandas 的書籍，有興趣進一步學習的讀者可以自行參考。

我們將 pandas 提供的 API 分類簡單歸納如下，完整的函式列表可以參考說明文件 https://pandas.pydata.org/pandas-docs/stable/reference/index.html。

分類	說明
輸入/輸出	從 TXT、CSV、剪貼簿、Excel 試算表、JSON、HTML、HDF5、Feather、Parquet、SAS、SQL、Google BigQuery、STATA 等格式輸入資料，或將資料輸出為前述格式。 例如 read_table()、read_csv()、read_fwf()、read_excel()、read_json()、read_html()、read_hdf()、read_sas()、read_sql() 等輸入函式，以及 to_csv()、to_json()、to_html()、to_excel()、to_hdf()、to_sql() 等輸出函式。
通用函式	處理資料、轉換型別、計算值、測試等，例如 melt()、merge()、concat()、pivot()、crosstab()、isna()、isnull()、notna()、notnull()、to_numeric()、eval()、test() 等函式。
處理 Series 與 DataFrame	建立 Series，例如 Series() 函式。
	建立 DataFrame，例如 DataFrame() 函式。
	Series 的屬性，例如 name (名稱)、index (列標籤)、ndim (維度)、size (資料個數)、dtype (資料型別)、shape (資料形狀) 等。
	DataFrame 的屬性，例如 name (名稱)、index (列標籤)、columns (行標籤)、ndim (維度)、size (資料個數)、dtype (資料型別)、shape (資料形狀) 等。

	轉換，例如 astype()、convert_objects()、copy()、bool()、to_period()、tolist() 等函式。
	索引與迭代，例如 at、iat、loc、iloc、get()、iteritems()、items()、keys()、item()、pop()、xs() 等函式。
	二元運算，例如 add()、sub()、mul()、div()、mod()、pow()、combine()、round()、product()、dot()、lt()、gt()、le()、ge()、ne()、eq() 等函式。
	函式應用與分組，例如 apply()、map()、groupby()、expanding()、pipe() 等函式。
	計算、統計與描述狀態，例如 abs()、all()、any()、between()、clip()、count()、cov()、cummax()、cummin()、cumprod()、cumsum()、describe()、diff()、kurt()、mad()、max()、min()、mean()、median()、prod()、std()、sum()、skew()、var()、kurtosis()、unique() 等函式。
	變更索引、選取、處理標籤，例如 drop()、first()、last()、head()、tail()、rename()、reindex()、select()、filter()、where() 等函式。
	處理空值，例如 isna()、notna()、dropna()、fillna() 等函式。
	排序與改變形狀，例如 argsort()、sort_values()、sort_index()、ravel()、swaplevel() 等函式。
	結合、取代與合併，例如 append()、join()、replace()、update() 等函式。
	Time Series 相關，例如 asfreq()、asof()、shift() 等函式。
	字串處理，例如 capitalize()、contains()、count()、endswith()、find()、get()、index()、join()、len()、ljust()、lower()、lstrip()、replace()、rjust()、rstrip()、split()、swapcase()、title()、isalpha()、isdigit()、isspace()、islower()、isupper()、istitle()、isnumeric()、isdecimal() 等函式。
	繪圖，例如 plot()、plot.area()、plot.bar()、plot.barh()、plot.box()、plot.density()、plot.hist()、plot.kde()、plot.line()、plot.pie()、plot.scatter()、hist() 等函式。
	稀疏矩陣運算，例如 SparseSeries.to_coo()、SparseSeries.from_coo() 等函式。

15-3-1 索引參照

我們可以透過 pandas 提供的索引參照屬性取得 Series 或 DataFrame 的部分資料，例如：

索引參照屬性	說明
at	透過列/行標籤取得單一值，和 loc 屬性類似，若只要取得單一值，可以使用 at。
iat	透過列/行編號取得單一值，和 iloc 屬性類似，若只要取得單一值，可以使用 iat。
loc	透過列/行標籤取得一組列/行。
iloc	透過列/行編號取得一組列/行。

```
In [1]: import pandas as pd
In [2]: df = pd.DataFrame([[1, 3, 5], [2, 4, 6], [2, 5, 7]], index = ['x', 'y',
'z'], columns = ['a', 'b', 'c'])
In [3]: df
   a  b  c
x  1  3  5
y  2  4  6
z  2  5  7
In [4]: df.at['x', 'b']       # 透過 at 屬性取得列標籤為 'x'、行標籤為 'b' 的資料
Out[4]: 3
In [5]: df.iat[0, 1]          # 透過 iat 屬性取得列編號為 0、行編號為 1 的資料
Out[5]: 3
In [6]: df.loc['x']           # 透過 loc 屬性取得列標籤為 'x' 的資料
a    1
b    3
c    5
Name: x, dtype: int64
In [7]: df.loc[['x', 'y']]  # 透過 loc 屬性取得列標籤為 'x' 和 'y' 的資料
   a  b  c
x  1  3  5
y  2  4  6
```

```
In [8]: # 取得列標籤為 'y' 到 'z' 、行標籤為 'b' 到 'c' 的資料
In [9]: df.loc['y' : 'z', 'b' : 'c']
   b  c
y  4  6
z  5  7
In [10]: df.iloc[0]                # 透過 iloc 屬性取得列編號為 0 的資料
a    1
b    3
c    5
Name: x, dtype: int64
```

除了使用索引參照屬性之外，我們也可以透過直接索引參照取得 Series 或 DataFrame 的部分資料，例如：

```
In [11]: df['a']                   # 取得行標籤為 'a' 的資料
x    1
y    2
z    2
Name: a, dtype: int64
In [12]: df['a']['x']              # 取得行標籤為 'a'、列標籤為 'x' 的資料
Out[12]: 1
In [13]: df[['a', 'c']]            # 取得行標籤為 'a' 和 'c' 的資料
   a  c
x  1  5
y  2  6
z  2  7
In [14]: df[:2]                    # 取得列編號 2 之前的列（不含列編號 2）
   a  b  c
x  1  3  5
y  2  4  6
In [15]: df[df['b'] > 3]           # 取得行標籤為 'b' 之資料大於 3 的列
   a  b  c
y  2  4  6
z  2  5  7
```

15-3-2 基本運算

我們可以透過Series或DataFrame物件的二元運算函式進行加減乘除、比較、餘數、指數、乘積、四捨五入、矩陣相乘等基本運算，以下就為您示範下列幾個函式的用法，其它函式可以參考說明文件。

四則運算函式	說明	比較函式	說明
add()	加法運算	lt()、gt()	小於、大於
sub()	減法運算	le()、ge()	小於等於、大於等於
mul()	乘法運算	ne()	不等於
div()	除法運算	eq()	等於

下面是一些關於 Series 的四則運算，亦可套用至 DataFrame：

```
In [1]: s1 = pd.Series([6, 2, 4], index = ['a', 'b', 'c'])
In [2]: s2 = pd.Series([1, 5, 3], index = ['a', 'b', 'c'])
In [3]: s1.add(s2)              # 亦可寫成 s1 + s2
a    7
b    7
c    7
dtype: int64
In [4]: s1.sub(s2)              # 亦可寫成 s1 - s2
a    5
b   -3
c    1
dtype: int64
In [5]: s1.mul(s2)              # 亦可寫成 s1 * s2
a     6
b    10
c    12
dtype: int64
```

```
In [6]: s1.div(s2)                # 亦可寫成 s1 / s2
a    6.000000
b    0.400000
c    1.333333
dtype: float64
```

下面是一些關於 Series 的比較運算，亦可套用至 DataFrame：

```
In [7]: s1.lt(s2)                 # 亦可寫成 s1 < s2
a    False
b     True
c    False
dtype: bool
In [8]: s1.gt(s2)                 # 亦可寫成 s1 > s2
a     True
b    False
c     True
dtype: bool
In [9]: s1.le(s2)                 # 亦可寫成 s1 <= s2
a    False
b     True
c    False
dtype: bool
In [10]: s1.ge(s2)                # 亦可寫成 s1 >= s2
a     True
b    False
c     True
dtype: bool
In [11]: s1.ne(s2)                # 亦可寫成 s1 != s2
a    True
b    True
c    True
dtype: bool
In [12]: s1.eq(s2)                # 亦可寫成 s1 == s2
a    False
b    False
c    False
dtype: bool
```

此外，由於 pandas 是建構在 NumPy 之上，所以 NumPy 提供的通用函式亦適用於 Series 和 DataFrame，例如：

```
In [13]: import numpy as np
In [14]: np.sqrt(s1)                          # 平方根
a    2.449490
b    1.414214
c    2.000000
dtype: float64
```

在前面的例子中，我們並沒有示範到包含 NaN 的 Series，假設 s3 和 s4 兩個 Series 包含 NaN，如下：

```
In [15]: s3 = pd.Series([6, 2, np.nan], index = ['a', 'b', 'c'])
In [16]: s4 = pd.Series([1, np.nan, 3], index = ['a', 'b', 'c'])
```

那麼 s3 和 s4 相加的結果如下，凡涉及 NaN 的結果都是 NaN：

```
In [17]: s3.add(s4)
a    7.0
b    NaN
c    NaN
dtype: float64
```

我們可以使用特定的值代替 NaN，例如下面的敘述是透過參數 fill_value 以 0 代替 NaN，則相加的結果如下：

```
In [18]: s3.add(s4, fill_value = 0)      # 以 0 代替 NaN 進行加法運算
a    7.0
b    2.0
c    3.0
dtype: float64
```

15-3-3 NaN 的處理

對於 Series 或 DataFrame 裡面若包含像 NaN 這樣的空值，pandas 也提供了一些處理函式，常用的如下。

函式	說明
isna()	判斷是否為 NaN，NaN 就傳回 True，否則傳回 False。
notna()	判斷是否為非 NaN，非 NaN 就傳回 True，否則傳回 False。
fillna(*value*)	以參數 *value* 指定的值代替 NaN，然後傳回新的 Series 或 DataFrame。
dropna()	移除 NaN，然後傳回新的 Series 或 DataFrame。

例如下面的敘述是建立一個 DataFrame 並指派給變數 df，然後使用 isna() 和 notna() 函式檢查裡面的 NaN：

```
In [1]: df = pd.DataFrame([[1, np.nan, 5], [np.nan, np.nan, 6], [2, 5, 7]],
index = ['x', 'y', 'z'], columns = ['a', 'b', 'c'])
In [2]: df
     a    b  c
x  1.0  NaN  5
y  NaN  NaN  6
z  2.0  5.0  7
In [3]: df.isna()                           # 判斷是否為 NaN
       a      b      c
x  False   True  False
y   True   True  False
z  False  False  False
In [4]: df.notna()                          # 判斷是否為非 NaN
       a      b      c
x   True  False   True
y  False  False   True
z   True   True   True
```

下面的敘述是使用 fillna() 函式以 0 代替 NaN：

```
In [5]: df.fillna(0)                       # 以 0 代替 NaN
     a    b  c
x  1.0  0.0  5
y  0.0  0.0  6
z  2.0  5.0  7
```

至於下面的敘述則是使用 dropna() 函式移除 NaN：

```
In [6]: df
     a    b  c
x  1.0  NaN  5
y  NaN  NaN  6
z  2.0  5.0  7
In [7]: df.dropna()                        # 移除包含 NaN 的列
     a    b  c
z  2.0  5.0  7
In [8]: df.dropna(axis = "columns")        # 移除包含 NaN 的行
   c
x  5
y  6
z  7
In [9]: df.dropna(subset = ['a', 'c'])     # 移除 'a', 'c' 行包含 NaN 的列
     a    b  c
x  1.0  NaN  5
z  2.0  5.0  7
In [10]: df.dropna(thresh = 2)             # 保留有至少兩個非 NaN 的列
     a    b  c
x  1.0  NaN  5
z  2.0  5.0  7
```

15-3-4 統計函式

身為一個強大的資料分析套件，pandas 自然也提供了計算、統計與描述狀態相關的函式，常用的如下，這些函式適用於 Series 和 DataFrame，只是後者需要加上參數 *axis* 指定要進行計算的軸。

函式	說明
abs()	傳回 Series 或 DataFrame 的絕對值。
all(*axis*=0)	傳回 Series 或 DataFrame 中指定軸是否全部為 True。
any(*axis*=0)	傳回 Series 或 DataFrame 中指定軸是否存在著 True。
count(*axis*=0)	傳回 Series 或 DataFrame 中指定軸有幾個非 NaN。
cummax(*axis*=None)	傳回 Series 或 DataFrame 中指定軸的累積最大值。
cummin(*axis*=None)	傳回 Series 或 DataFrame 中指定軸的累積最小值。
cumprod(*axis*=None)	傳回 Series 或 DataFrame 中指定軸的累積乘積。
cumsum(*axis*=None)	傳回 Series 或 DataFrame 中指定軸的累積總和。
max(*axis*=None)	傳回 Series 或 DataFrame 中指定軸的最大值。
min(*axis*=None)	傳回 Series 或 DataFrame 中指定軸的最小值。
prod(*axis*=None)	傳回 Series 或 DataFrame 中指定軸的乘積。
sum(*axis*=None)	傳回 Series 或 DataFrame 中指定軸的總和。
diff(*axis*=0)	傳回 Series 或 DataFrame 中指定軸的相鄰資料差。
describe()	傳回 Series 或 DataFrame 的統計描述。
cov()	傳回 Series 或 DataFrame 的共變異數。
kurt(*axis*=None)	傳回 Series 或 DataFrame 中指定軸的峰度。
median(*axis*=None)	傳回 Series 或 DataFrame 中指定軸的中位數。
mean(*axis*=None)	傳回 Series 或 DataFrame 中指定軸的平均值。
std(*axis*=None)	傳回 Series 或 DataFrame 中指定軸的標準差。
skew(*axis*=None)	傳回 Series 或 DataFrame 中指定軸的偏度。

\ 隨堂練習 /

[平均值與中位數] 假設音樂班的招生成績如下，請印出每位學生的平均分數與各科成績中位數。

	主修	副修	視唱	樂理	聽寫
學生 1	80	75	88	80	78
學生 2	88	86	90	95	86
學生 3	92	85	92	98	90
學生 4	81	88	80	82	85
學生 5	75	80	78	80	70

【解答】

```
In [1]: scores = pd.DataFrame(np.array([[80, 75, 88, 80, 78], [88, 86, 90, 95, 86], [92, 85, 92, 98, 90], [81, 88, 80, 82, 85], [75, 80, 78, 80, 70]]), index = ["學生 1", "學生 2", "學生 3", "學生 4", "學生 5"], columns = ["主修", "副修", "視唱", "樂理", "聽寫"])
In [2]: scores.mean(axis = 1)          # 平均分數
學生 1    80.2
學生 2    89.0
學生 3    91.4
學生 4    83.2
學生 5    76.6
dtype: float64
In [3]: scores.median(axis = 0)        # 各科成績中位數
主修    81.0
副修    85.0
視唱    88.0
樂理    82.0
聽寫    85.0
dtype: float64
```

15-3-5 檔案資料輸入/輸出

pandas 提供了比 NumPy 更多的檔案資料輸入/輸出函式，可以從 TXT、CSV、剪貼簿、Excel 試算表、JSON、HTML、HDF5、Feather、Parquet、SAS、SQL、Google BigQuery、STATA 等格式輸入資料，或將資料輸出為前述格式，例如 read_table()、read_csv()、read_fwf()、read_excel()、read_json()、read_html()、read_hdf()、read_sas()、read_sql() 等輸入函式，以及 to_csv()、to_json()、to_html()、to_excel()、to_hdf()、to_sql() 等輸出函式。

在本節中，我們將介紹比較常用的 to_csv() 和 read_csv() 函式，其它函式可以參考說明文件。

to_csv() 函式

我們可以使用 to_csv() 函式將 DataFrame 寫入文字檔，其語法如下：

```
to_csv(path = None, encoding = None, sep = ',', header = True, index = True,
na_rep = '', float_format = None, line_terminator = '\n', 其它選擇性參數)
```

參數	說明
path	設定檔案名稱。
encoding	設定檔案編碼方式。
sep	設定分隔字元，預設值為逗號 (,)。
header	設定是否保留行標籤 (欄位名稱)。
index	設定是否保留列標籤。
names	設定行標籤 (欄位名稱)。
na_rep	設定取代空值。
float_format	設定浮點數格式。
line_terminator	設定換行字元。

例如下面的敘述會建立一個 DataFrame，然後將它寫入文字檔 E:\df.csv，其中參數 header 與 index 用來設定不保留行標籤和列標籤：

```
In [1]: df = pd.DataFrame(np.array([[15, 160, 48], [14, 175, 66], [15, 153, 50], [15, 162, 44]]))
In [2]: df
    0    1   2
0  15  160  48
1  14  175  66
2  15  153  50
3  15  162  44
In [3]: df.to_csv("E:\\df.csv", header = 0, index = 0)
```

我們可以打開這個文字檔驗證看看，內容如下圖。

```
df.csv - 記事本
檔案(F) 編輯(E) 格式(O) 檢視(V) 說明(H)
15,160,48
14,175,66
15,153,50
15,162,44
```

read_csv() 函式

我們可以使用 read_csv() 函式從 *.csv、*.txt 等文字檔讀取資料，其語法如下，傳回值是一個 DataFrame：

```
read_csv(filepath_or_buffer, encoding = None, sep = ',', delimiter = None, dtype = None, names = None, header = 'infer', usecols = None, nrows = None, 其它選擇性參數)
```

參數	說明
filepath_or_buffer	設定檔案名稱。
encoding	設定檔案編碼方式。

參數	說明
sep、*delimiter*	設定分隔字元。
dtype	設定資料型別。
names	設定行標籤 (欄位名稱)。
header	設定哪一列為行標籤，預設值為 0 表示第一列，當有設定參數 *names* 時，參數 *header* 的預設值則為 None。
nrows	設定要讀取前幾列。
usecols	設定要讀取哪幾行 (欄)。

例如我們可以撰寫下面的敘述讀取剛才寫入的文字檔 E:\df.csv，其中參數 names 用來將行標籤設定為 "年齡","身高","體重"：

```
In [4]: pd.read_csv("E:\\df.csv", names = ["年齡", "身高", "體重"])
  年齡 身高 體重
0  15  160  48
1  14  175  66
2  15  153  50
3  15  162  44
```

我們也可以讀取前幾列或讀取某幾行 (欄)，例如：

```
In [5]: pd.read_csv("E:\\df.csv", names = ["年齡", "身高", "體重"], nrows = 2)
  年齡 身高 體重
0  15  160  48
1  14  175  66
In [6]: pd.read_csv("E:\\df.csv", names = ["年齡", "身高", "體重"], usecols = [0, 2])
  年齡 體重
0  15  48
1  14  66
2  15  50
3  15  44
```

15-3-6 繪圖

pandas 提供了 plot()、plot.area()、plot.bar()、plot.barh()、plot.box()、plot.density()、plot.hist()、plot.kde()、plot.line()、plot.pie()、plot.scatter()、hist() 等函式，可以用來將 Series 或 DataFrame 繪製成圖表，和 matplotlib 相比，這些函式的語法比較精簡，但 matplotlib 的函式可以對圖表做更多設定。在本節中，我們將介紹比較常用的 plot() 函式，其語法如下：

```
plot(x = None, y = None, kind = 'line', title = None, legend = True, 其它選擇性參數)
```

參數	說明
x、*y*	設定標籤或位置。
kind	設定圖表的類型，有 'line' (線圖)、'bar' (長條圖)、'barh' (水平長條圖)、'hist' (直方圖)、'box' (盒鬚圖)、'kde' (核密度估計圖)、'density' (和 'kde' 相同)、'pie' (圓形圖)、'scatter' (散佈圖)、'hexbin' (六角形圖)。
title	設定圖表的標題。
legend	設定是否顯示圖例。

舉例來說，假設有個國家的人口資料檔案 E:\country.csv 如下圖，這三行資料分別代表年份 (year)、平均壽命 (life)、人口總數 (pop)。

country.csv - 記事本

檔案(F) 編輯(E) 格式(O) 檢視(V) 說明

```
1955, 56, 1000000
1960, 58, 1200000
1965, 62, 1500000
1970, 63, 1800000
1975, 66, 2200000
1980, 70, 2300000
1985, 71, 2380000
1990, 75, 2500000
1995, 76, 3000000
2000, 77, 3100000
2005, 78, 3150000
2010, 80, 3200000
2015, 81, 3280000
2020, 85, 3400000
```

首先，匯入 pandas 並設定別名為 pd，如下：

```
In [1]: import pandas as pd
```

接著，從檔案讀取資料，如下：

```
In [2]: country = pd.read_csv("E:\\country.csv", names = ["year", "life", "pop"])
```

繼續，根據年份與人口總數繪製線圖，如下：

```
In [3]: country[['year', 'pop']].plot(x='year', y='pop', kind='line', legend = False)
Out[3]: <Axes: xlabel='year'>
```

執行結果如下圖，發現人口總數有逐年成長的趨勢。

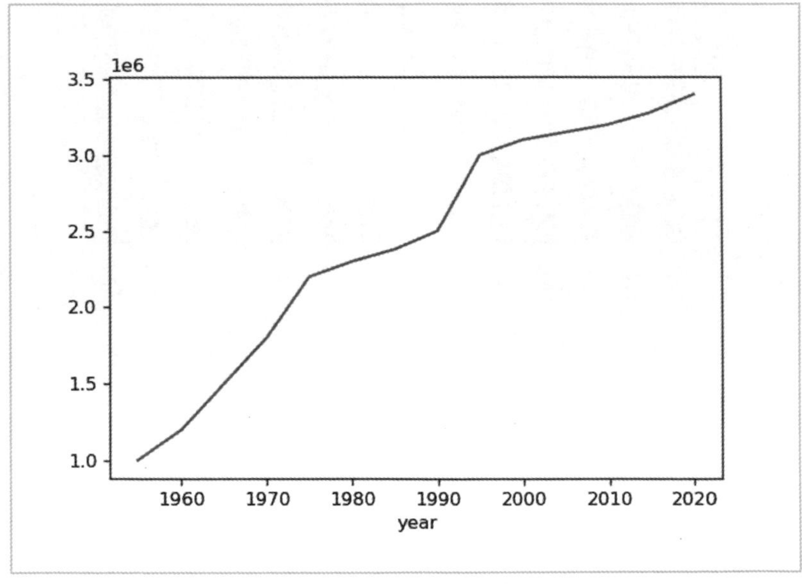

再來，根據年份與平均壽命繪製長條圖，如下：

```
In [4]: country[['year', 'life']].plot(kind = 'bar', x = 'year', y = 'life',
legend = False)
Out[4]: <Axes: xlabel='year'>
```

執行結果如下圖，發現平均壽命亦有逐年成長的趨勢。

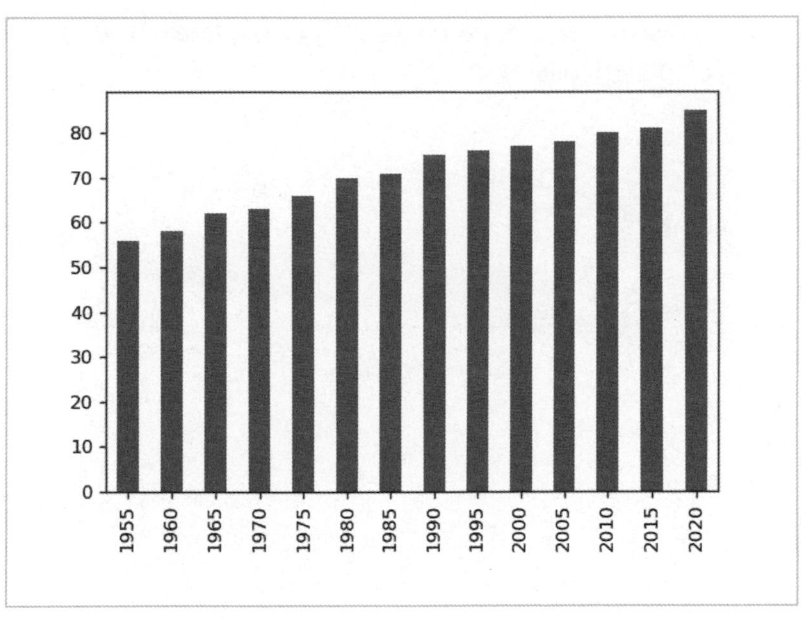

最後，根據人口總數與平均壽命繪製散佈圖，如下：

```
In [5]: country[['pop', 'life']].plot(kind = 'scatter', x = 'pop', y = 'life',
legend = False)
Out[5]: <Axes: xlabel='pop', ylabel='life'>
```

執行結果如下圖，發現人口總數與平均壽命呈現正相關。

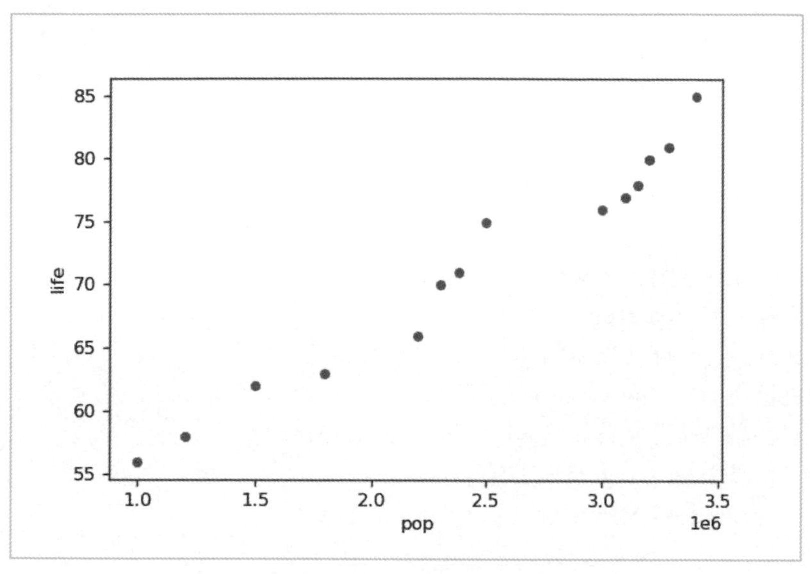

隨堂練習

[鳶尾花資料集] 本書範例程式有一個鳶尾花資料集 iris.csv，這是加州大學歐文分校的機器學習資料庫，裡面有 150 筆資料，共 5 個欄位－花萼長度 (Sepal Length)、花萼寬度 (Sepal Width)、花瓣長度 (Petal Length)、花瓣寬度 (Petal Width)、分類 (Class，有 setosa、versicolor、virginica 三個品種)，部分內容如下圖，請針對三個品種的花萼長度和花萼寬度繪製散佈圖。

iris.csv - 記事本

檔案(F) 編輯(E) 格式(O) 檢視(V) 說明(H)

```
5.1,3.5,1.4,0.2,Iris-setosa
4.9,3.0,1.4,0.2,Iris-setosa
4.7,3.2,1.3,0.2,Iris-setosa
4.6,3.1,1.5,0.2,Iris-setosa
5.0,3.6,1.4,0.2,Iris-setosa
5.4,3.9,1.7,0.4,Iris-setosa
4.6,3.4,1.4,0.3,Iris-setosa
5.0,3.4,1.5,0.2,Iris-setosa
4.4,2.9,1.4,0.2,Iris-setosa
```

【解答】

\Ch15\iris.py

```
import matplotlib.pyplot as plt
import pandas as pd

iris = pd.read_csv("iris.csv", names = ["SepalL", "SepalW", "PetalL", "PetalW", "Class"])
# 取出品種為 Iris-setosa 的資料
iris1 = iris[iris["Class"] == "Iris-setosa"]
# 取出品種為 Iris-versicolor 的資料
iris2 = iris[iris["Class"] == "Iris-versicolor"]
# 取出品種為 Iris-virginica 的資料
iris3 = iris[iris["Class"] == "Iris-virginica"]
plt.scatter(iris1["SepalL"], iris1["SepalW"], c = "red", marker = 'o', label = "setosa")
plt.scatter(iris2["SepalL"], iris2["SepalW"], c = "green", marker = 'D', label = "versicolor")
plt.scatter(iris3["SepalL"], iris3["SepalW"], c = "blue", marker = 'x', label = "virginica")
plt.xlabel("Sepal Length (cm)")
plt.ylabel("Sepal Width (cm)")
plt.legend()
plt.show()
```

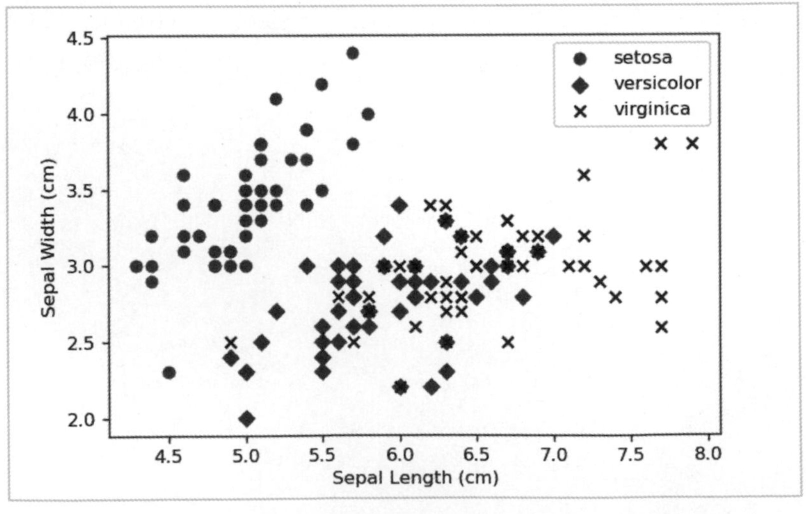

\ 學習評量 /

練習題

1. [Series 操作] 使用 pandas 完成下列題目：

   (1) 將 0 到 2 之間 9 個平均分佈的數值建立為 ndarray 陣列，然後根據該陣列的資料建立一個 Series 並指派給變數 s。

   (2) 印出 s 中列編號 5 和之後的資料。

   (3) 印出 s 中列編號 3 之前的資料 (不含列編號 3)

   (4) 印出 s 的資料總和、中位數與平均值。

   (5) 印出 s 除以 10 的結果。

2. [DataFrame 操作] 使用 pandas 完成下列題目：

   (1) 根據下面的期中考分數建立一個 DataFrame 並指派給變數 scores，其中學生 1 ~ 5 的編號 ('ID1' ~ 'ID5') 為列標籤，國英數分數 ('Chinese'、'English'、'Math') 為行標籤。

	Chinese	English	Math
ID1	NaN	92	83
ID2	85	78	60
ID3	80	NaN	72
ID4	60	NaN	NaN
ID5	98	88	91

   (2) 印出所有學生的國文分數 ('Chinese') 和英文分數 ('English')。

   (3) 印出學生 5 ('ID5') 的國英數分數。

   (4) 印出每位學生的總分，缺考 (NaN) 視為 0 分。

3. **[城市人口成長線圖]** 本書範例程式有一個城市人口資料檔案 city.csv，裡面有 28 筆資料，共 4 個欄位－城市（city）、年份（year）、平均壽命（life）、人口總數（pop），部分內容如下圖，請針對 city1、city2 兩個城市的年份和人口總數繪製線圖，下面的執行結果供您參考。

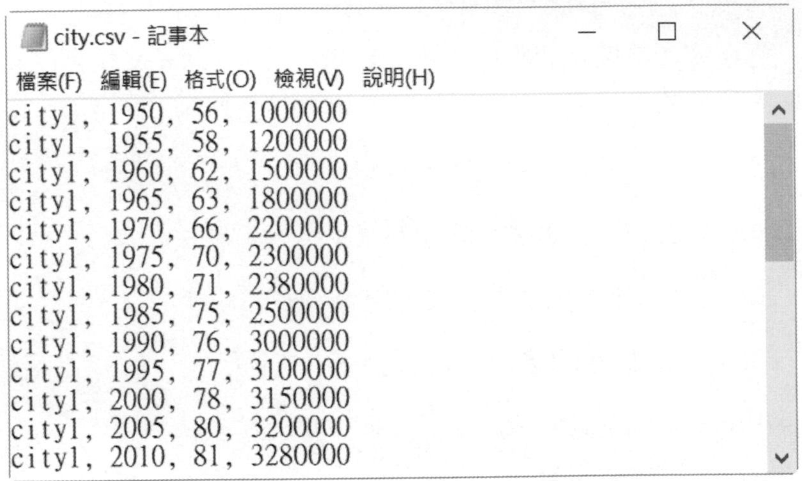
city.csv - 記事本
檔案(F) 編輯(E) 格式(O) 檢視(V) 說明(H)

```
city1, 1950, 56, 1000000
city1, 1955, 58, 1200000
city1, 1960, 62, 1500000
city1, 1965, 63, 1800000
city1, 1970, 66, 2200000
city1, 1975, 70, 2300000
city1, 1980, 71, 2380000
city1, 1985, 75, 2500000
city1, 1990, 76, 3000000
city1, 1995, 77, 3100000
city1, 2000, 78, 3150000
city1, 2005, 80, 3200000
city1, 2010, 81, 3280000
```

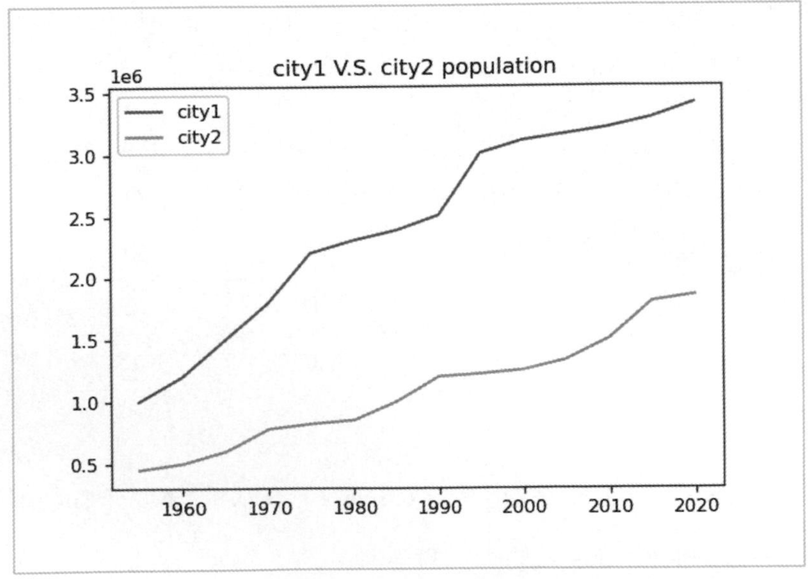

機器學習 — scikit-learn

16-1 認識機器學習

機器學習 (machine learning) 是人工智慧 (AI) 的一個分支，指的是讓 AI 自動學習的技術。由於 AI 無法像人類一樣可以透過觀察、觸摸或自我體驗等方式來學習，因此，科學家先設計好讓機器能夠自動學習的演算法，接著提供大量資料讓機器進行分析，從中找出規則或模型，然後利用這些規則或模型對未知的資料進行預測，下面是一些應用。

- 郵件軟體利用機器學習過濾垃圾郵件。
- 金融機構利用機器學習進行信用評等、客戶分類、智慧客服、財富管理及詐欺偵測。
- Netflix 利用機器學習分析影片的類型、導演、演員、主題等內容，然後提供個人化的影片推薦名單。
- 醫療院所利用機器學習分析 X 光、CT (電腦斷層)、MRI (磁振造影) 等醫學影像，協助醫生診斷疾病。

機器學習源自統計學，但統計學著重於收集、分析、解釋與陳述資料，透過資料來說明某些現象，而機器學習著重於自動分析資料以建立模型，並利用模型對未知的資料進行預測。

機器學習可以分成下列幾種類型：

- **監督式學習** (supervised learning)：這是利用已知答案的大量資料來訓練機器，讓機器學習如何解決問題。舉例來說，下圖 (a) 屬於標記資料，它們都帶有一個**標籤** (label)，用來指出該照片是「貓」或「狗」，而下圖 (b) 屬於未標記資料，也就是不帶有標籤的照片，不知道其為貓或狗，監督式學習就是提供像下圖 (a) 的標記資料讓機器進行分析，從中找出規則或模型，然後利用這些規則或模型來預測像下圖 (b) 的未標記資料是貓或狗 (圖片來源：DALL-E 生成)。

監督式學習可以從訓練資料中建立一個函數或模型，並依此函數或模型來預測新資料，函數或模型的輸出可以是一個連續的值，稱為**迴歸** (regression)，或是一個離散的值，稱為**分類** (classification)，例如預測股票走勢、預測房價走勢是迴歸問題，而預測照片中的動物是貓或狗、預測腫瘤是良性或惡性是分類問題。

以機器學習普遍使用的「鳶尾花資料集」為例，裡面包含 150 筆資料，每筆資料有四個**特徵** (feature)，分別是「花萼長度」(sepal length)、「花萼寬度」(sepal width)、「花瓣長度」(petal length) 和「花瓣寬度」(petal width)，同時每筆資料也會帶有一個**標籤** (label) 或**目標值** (target)，用來指出這朵花是屬於「山鳶尾」、「變色鳶尾」或「維吉尼亞鳶尾」等分類。在以監督式學習針對鳶尾花資料集完成訓練找出模型後，只要輸入鳶尾花的特徵，就能預測它是屬於哪個分類。

❖ **非監督式學習** (unsupervised learning)：這是利用沒有答案的大量資料來訓練機器，讓機器學習如何解決問題。對人類來說，這聽起來或許很奇怪，要如何解決一個沒有答案的問題呢？但是對機器來說，這並不奇怪，因為它可以從大量資料中找出關聯性、相似性或差異性。

舉例來說，假設給機器一個資料集，裡面有很多貓或狗的照片，但不標記哪個是貓或哪個是狗，在經過非監督式學習後，就可以根據相似性對這些照片做分群，即使機器仍不知道什麼是貓或狗，卻能夠將貓與狗的照片分開。

- **強化學習** (reinforcement learning)：這是代理程式在環境中行動，透過所獲得的獎勵或懲罰來學習如何達到目標，如下圖，其中**環境** (environment) 是代理程式採取行動的場景，例如走迷宮中的迷宮；**代理程式** (agent) 是在環境中採取行動的主體，例如走迷宮中的機器人；**狀態** (state) 是環境的當前狀態，例如機器人所在的位置；**行動** (action) 是代理程式針對某個狀態所採取的操作或決策，例如機器人在當前位置所選擇的移動方向；**獎勵** (reward) 是環境對於代理程式所採取之行動的評價，例如找到出口就給予正的獎勵，撞到牆壁就給予負的獎勵。

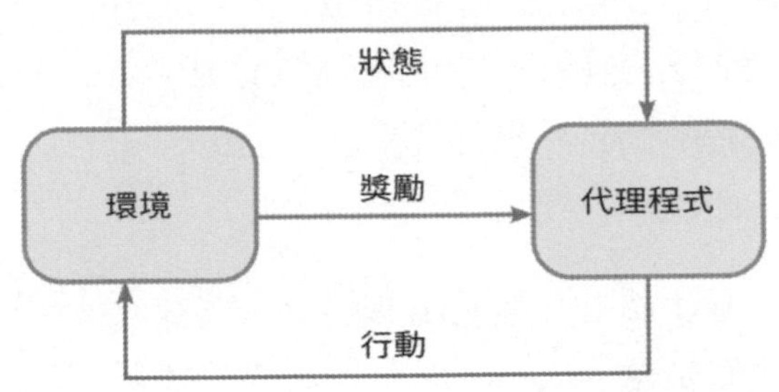

強化學習適合應用在圍棋、將棋、西洋棋、走迷宮、找出最短路徑等規則固定、有評估準則的情況，以走迷宮為例，第一次先讓電腦隨機找出一個解答，並將這次的解答時間做為第二次的基準；第二次也是讓電腦隨機找出一個解答，若解答時間比第一次短就加分，比第一次長就扣分；第三次會根據第二次的經驗，為了要加分而找出更快抵達終點的解答，…，依此類推。

在本章中，我們會介紹幾個常見的演算法，例如線性迴歸、邏輯迴歸、K-近鄰演算法、決策樹、隨機森林等，然後利用 scikit-learn 機器學習套件進行實作，讓您對機器學習的實際操作有更深的體驗。

同樣的，Anaconda 已經內建 scikit-learn 套件，無須另外安裝。若要查詢 scikit-learn 套件，可以在 Anaconda Prompt 視窗的提示符號 > 後面輸入 pip show scikit-learn，然後按 [Enter] 鍵，就會顯示版本、摘要、授權等資訊。

16-2 線性迴歸

線性迴歸 (linear regression) 是用來探討**獨立變數** (independent variable，自變數) 與**相依變數** (dependent variable，**應變數**) 之間的關係並建立模型，適合用來預測連續性的目標值，例如股票走勢、房價走勢、溫度變化、累積雨量等。

我們將只有一個獨立變數與一個相依變數的情況稱為**簡單線性迴歸** (simple linear regression)，而多個獨立變數與一個相依變數的情況則稱為**多元迴歸** (multiple regression)。線性迴歸可以使用函數 y = f(x) 來表示，其中 x 為獨立變數，y 為相依變數，只要將 x 輸入到這個函數，就可以預測 y 的值。

簡單線性迴歸的 y = f(x) 是一條直線，我們可以使用 y = a * x + b 表示這條直線，其中 a 為**斜率** (slope)，b 為**截距** (intercept)。舉例來說，人的身高與體重有著一定的關係，通常身高較高的人，其體重也會相對較重一些，下圖是我們試著在 5 個資料點中找出規律並畫出一條直線所製作出來的線性迴歸模型，有了這條直線，我們就可以預測不同身高的人可能的體重。

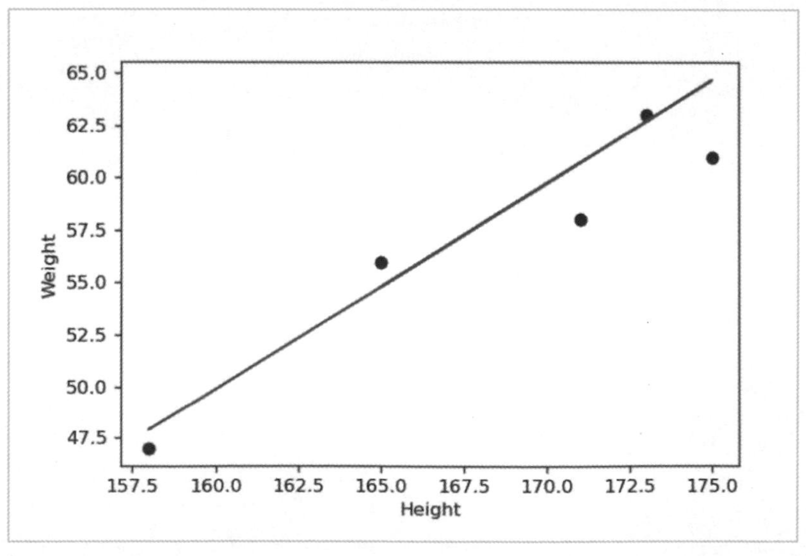

在上圖的二維空間中，我們可以找到無數條直線，而迴歸分析的目的就是找出一條最佳直線做為預測模型，所謂最佳直線指的是它與上圖五個資料點的差距愈小愈好，那麼這條直線要如何找呢？首先要定義**損失函數** (loss funciton)，線性迴歸常用的損失函數為**均方差** MSE (Mean Square Error)，其公式如下，也就是預測值（$\hat{y}_i$）與目標值（y_i）差平方和的平均：

$$\text{MSE} = \frac{\sum_{i=1}^{n}(y_i - \hat{y}_i)^2}{n}$$

MSE 愈小，表示預測值（$\hat{y}_i$）與目標值（y_i）愈接近，至於要如何找出 MSE 最小的直線，其中一個解法是最小平方法，有興趣的讀者可以自行查閱。

使用 scikit-learn 實作簡單線性迴歸

在這個例子中，我們製作了一個資料集 data.csv，如下圖，裡面包含 25 個學生的身高與體重，我們想藉此探討身高與體重之間的關係並建立線性迴歸模型，屆時就能根據身高去預測體重。

	A	B	C	D	E	F	G	H	I
1	Height	Weight							
2	162	50							
3	160	48							
4	175	61							
5	154	44							
6	162	55							
7	158	47							
8	162	50							
9	169	60							
10	180	68							
11	170	65							
12	155	45							
13	171	58							
14	182	69							
15	160	51							
16	171	62							
17	175	65							
18	165	56							
19	157	46							
20	163	51							
21	173	63							
22	168	58							
23	178	66							
24	153	42							
25	172	66							
26	172	60							

操作步驟如下：

1. **匯入套件與函式**：

```
import pandas as pd
import matplotlib.pyplot as plt
from sklearn.model_selection import train_test_split
from sklearn.linear_model import LinearRegression
from sklearn.metrics import mean_squared_error
```

2. **匯入資料**：首先，將資料集 data.csv 讀取到 DataFrame；接著，取出身高資料做為獨立變數 (自變數)，並令變數 X 參照到此結果；最後，取出體重資料做為相依變數 (應變數)，並令變數 y 參照到此結果。

```
df = pd.read_csv("data.csv")
X = df.drop('Weight', axis = 1)
y = df['Weight']
```

3. **準備機器學習的訓練集與測試集**：使用 train_test_split() 函式將資料集隨機拆成訓練集與測試集，其中參數 test_size = 0.2 表示資料集的 80% 為訓練集，20% 為測試集，而參數 random_state = 0 為隨機種子 (指定值可以產生相同的結果)，至於傳回值則有四個，分別是訓練集的特徵、測試集的特徵、訓練集的目標值和測試集的目標值。

```
X_train, X_test, y_train, y_test = train_test_split(X, y, test_size = 0.2,
random_state = 0)
print("訓練集的維度:", X_train.shape)
print("測試集的維度:", X_test.shape)
```

執行結果如下，表示訓練集有 20 筆資料，而測試集有 5 筆資料：

```
訓練集的維度: (20, 1)
測試集的維度: (5, 1)
```

4. **建立與訓練線性迴歸模型：**

```
01 model = LinearRegression()                          # 建立模型
02 model.fit(X_train, y_train)                         # 訓練模型
03 print("係數 (Coeficient):", model.coef_)            # 印出係數
04 print("截距 (Interception):", model.intercept_)     # 印出截距
```

- 01：使用 LinearRegression() 函式建立模型。
- 02：使用模型的 fit() 方法訓練模型，參數分別是身高與體重的訓練集。
- 03：印出模型的係數 (斜率)，其中 coef_ 屬性可以用來取得係數。
- 04：印出模型的截距，其中 intercept_ 屬性可以用來取得截距。

執行結果如下：

```
係數 (Coeficient): [0.98547467]
截距 (Interception): -107.7851634099949
```

5. **使用模型進行預測並計算 MSE (均方差)**：首先，使用模型的 predict() 方法預測測試集的值，並令變數 y_pred 參照到此結果；接著，使用 mean_squared_error() 函式計算目標值 y_test 與預測值 y_pred 的 MSE (均方差)；最後，印出 MSE。

```
y_pred = model.predict(X_test)
MSE = mean_squared_error(y_test, y_pred)
print("MSE:", MSE)
```

執行結果如下：

```
MSE: 4.6560570179387195
```

6. **繪製身高與體重散佈圖以及線性迴歸分析圖**：首先，使用 scatter() 函式以藍點繪製身高與體重散佈圖；接著，使用 plot() 函式以紅線繪製線性迴歸分析圖。

```
plt.scatter(X, y, color = "blue")
plt.plot(X_test, y_pred, color = "red")
plt.xlabel("Height")
plt.ylabel("Weight")
plt.show()
```

執行結果如下：

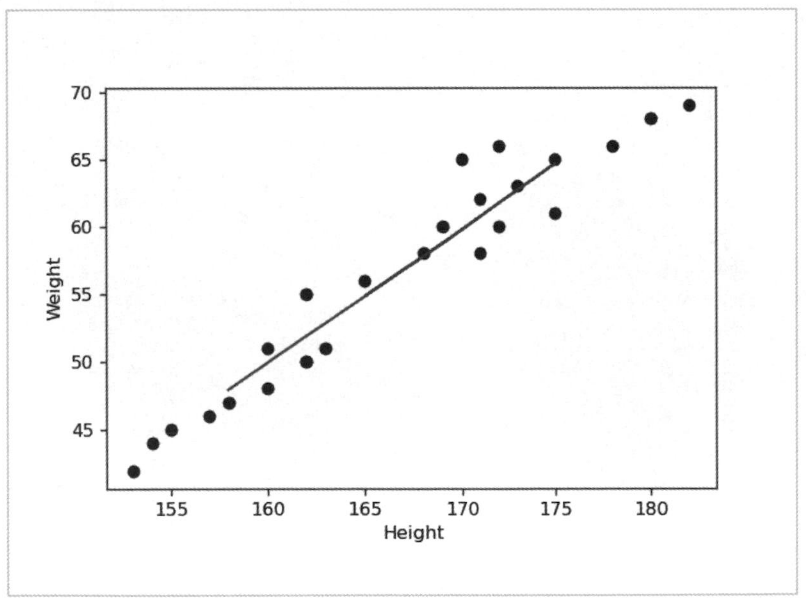

您可以在本書範例程式的 \Ch16 資料夾內找到資料集 data.csv 和完整程式碼 linear.py。提醒您，這個資料集的數據是我們編造的，純粹用來做教學示範，並不代表真實的情況。此外，若資料集的分布太過分散，就不容易找出能夠準確預測目標值的直線。

16-3 邏輯迴歸

邏輯迴歸 (logistic regression) 是一種分類模型，目的是要找出一條線將資料隔開成兩個分類，適合用來預測二分類的目標值，例如是或否、有或無、成功或失敗等，而線性迴歸的目的是要找出一條線逼近真實的資料，適合用來預測連續性的目標值，例如股價走勢、溫度變化。

舉例來說，假設資料集裡面有「山鳶尾」與「變色鳶尾」兩個分類，我們希望根據 sepal length (花萼長度) 和 petal length (花瓣長度) 兩個特徵來加以分類，此時可以透過邏輯迴歸找出一條分界線，又稱為**決策邊界** (decision boundary)，如下圖，該線的一側為山鳶尾 (圓點 0)，另一側為變色鳶尾 (三角形 1)。

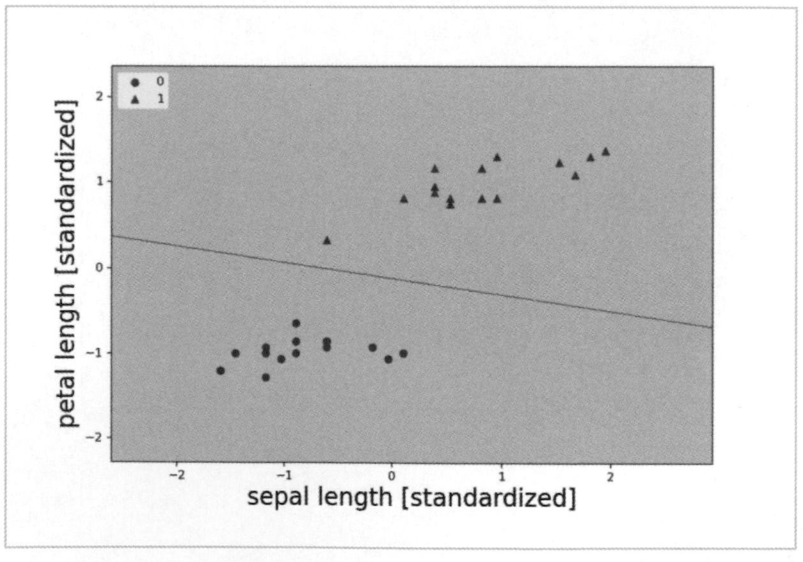

邏輯迴歸的目的就是要盡量區分這兩種鳶尾花，由於兩者的特徵相當不同，所以很容易就能找出一條分界線將資料一分為二，若資料之間很難一分為二，那麼使用邏輯迴歸的分類效果就會比較差。

假設每筆訓練資料有 m 個獨立變數 x_1、x_2、…、x_m 和一個相依變數 y，且 y 的值為 1 或 0，表示成功或失敗，邏輯迴歸的運作原理如下圖，獨立變數經由線性方程式 $w_1x_1 + w_2x_2 + \ldots + w_mx_m + b$ 得到一個運算結果 Z，其中數值 w_1、w_2、…、w_m 稱為 weight (權重)，常數 b 稱為 bias (偏移值)，然後將 Z 輸入 sigmoid 函數，就會得到一個介於 0 ~ 1 之間的機率值 $\hat{y}$，若 $\hat{y}$ 大於 0.5，表示成功，若 $\hat{y}$ 小於 0.5，表示失敗。

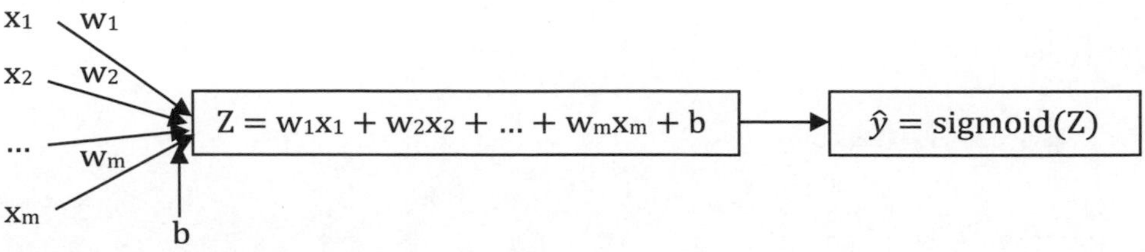

sigmoid 函數的定義與圖形如下，當 Z 等於 0 時，$\hat{y}$ 等於 0.5：

$$\text{sigmoid}(Z) = \frac{1}{1+e^{-Z}}$$

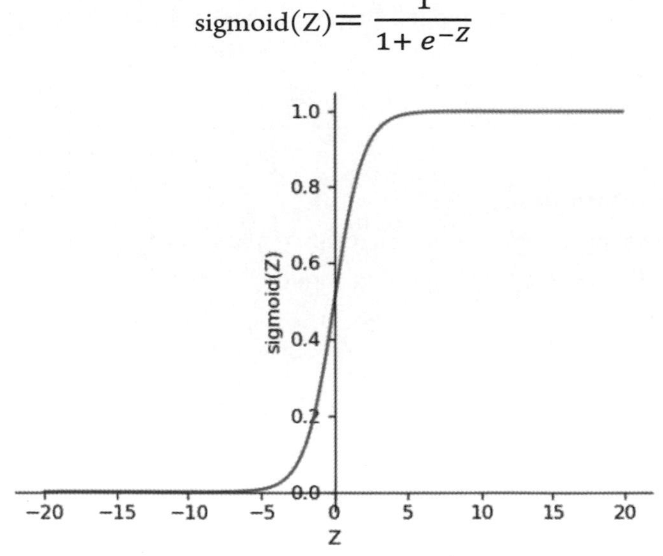

若相依變數 y 的值為 1 且 $\hat{y}$ 大於 0.5，或相依變數 y 的值為 0 且 $\hat{y}$ 小於 0.5，表示預測結果正確；相反的，若相依變數 y 的值為 1 且 $\hat{y}$ 小於 0.5，或相依變數 y 的值為 0 且 $\hat{y}$ 大於 0.5，表示預測結果錯誤。

使用 scikit-learn 實作邏輯迴歸

在這個例子中，我們會先匯入 scikit-learn 提供的鳶尾花資料集，裡面包含 150 筆資料，分別屬於山鳶尾 (0)、變色鳶尾 (1)、維吉尼亞鳶尾 (2) 三個品種，每個品種各有 50 筆資料；接著，我們會取出山鳶尾與變色鳶尾兩個品種的資料，然後根據資料的 sepal length (花萼長度) 和 petal length (花瓣長度) 兩個特徵，透過邏輯迴歸去預測資料為山鳶尾或變色鳶尾，操作步驟如下：

1. **匯入套件與函式：**

```
import pandas as pd
from sklearn import datasets
from sklearn.model_selection import train_test_split
from sklearn.preprocessing import StandardScaler
from sklearn.linear_model import LogisticRegression
```

2. **匯入資料：**

```
01 iris = datasets.load_iris()
02 X = pd.DataFrame(iris.data, columns = iris.feature_names)
03 y = pd.DataFrame(iris.target, columns = ['target'])
04 iris = pd.concat([X, y], axis = 1)
05 print(iris)
```

- 01：使用 load_iris() 函式匯入鳶尾花資料集。
- 02：將鳶尾花資料集的 data 屬性讀取到 DataFrame，以鳶尾花資料集的 feature_names 屬性做為行標籤，並令變數 X 參照到此結果。
- 03：將鳶尾花資料集的 target 屬性讀取到 DataFrame，以 target 做為行標籤，並令變數 y 參照到此結果。

- 04：以行為主的方式串接 X 與 y，並令變數 iris 參照到此結果。
- 05：印出變數 iris，執行結果如下，裡面包含 150 筆資料，每筆資料有五個欄位，分別代表花萼長度、花萼寬度、花瓣長度、花瓣寬度、品種，其中品種 0、1、2 分別是山鳶尾、變色鳶尾、維吉尼亞鳶尾。

```
     sepal length (cm)  sepal width (cm)  petal length (cm)  petal width (cm)  \
0                  5.1               3.5                1.4               0.2
1                  4.9               3.0                1.4               0.2
2                  4.7               3.2                1.3               0.2
3                  4.6               3.1                1.5               0.2
4                  5.0               3.6                1.4               0.2
..                 ...               ...                ...               ...
145                6.7               3.0                5.2               2.3
146                6.3               2.5                5.0               1.9
147                6.5               3.0                5.2               2.0
148                6.2               3.4                5.4               2.3
149                5.9               3.0                5.1               1.8

     target
0         0
1         0
2         0
3         0
4         0
..      ...
145       2
146       2
147       2
148       2
149       2

[150 rows x 5 columns]
```

3. **取出要進行邏輯迴歸的資料：**

```
01 iris = iris[['sepal length (cm)', 'petal length (cm)', 'target']]
02 iris = iris[iris['target'].isin([0, 1])]
03 print(iris)
```

- 01：取出 sepal length (cm)、petal length (cm)、target 三個欄位的資料。
- 02：取出 target 欄位為 0 與 1 的資料（即山鳶尾與變色鳶尾），屆時我們將根據 sepal length（花萼長度）和 petal length（花瓣長度）兩個特徵去預測資料為山鳶尾或變色鳶尾。
- 03：印出變數 iris，執行結果如下，裡面包含 100 筆資料，每筆資料有三個欄位。

```
    sepal length (cm)  petal length (cm)  target
0                 5.1                1.4       0
1                 4.9                1.4       0
2                 4.7                1.3       0
3                 4.6                1.5       0
4                 5.0                1.4       0
..                ...                ...     ...
95                5.7                4.2       1
96                5.7                4.2       1
97                6.2                4.3       1
98                5.1                3.0       1
99                5.7                4.1       1

[100 rows x 3 columns]
```

4. **準備機器學習的訓練集與測試集：**

```
01 X = iris[['sepal length (cm)', 'petal length (cm)']]
02 y = iris[['target']]
03 X_train, X_test, y_train, y_test = train_test_split(X, y, test_size = 0.3,
   random_state = 0)
04 print("訓練集的維度:", X_train.shape)
05 print("測試集的維度:", X_test.shape)
```

- 01：取出 sepal length (cm)、petal length (cm) 兩個欄位的資料，並令變數 X 參照到此結果。
- 02：取出 target 欄位的資料，並令變數 y 參照到此結果。
- 03：使用 train_test_split() 函式將資料集隨機拆成訓練集與測試集，其中參數 X 為資料集的特徵，參數 y 為資料集的目標值，參數 test_size = 0.3 表示資料集的 70% 為訓練集，30% 為測試集，而參數 random_state = 0 為隨機種子 (指定值可以產生相同的結果)，至於傳回值則有四個，分別是訓練集的特徵、測試集的特徵、訓練集的目標值和測試集的目標值。

執行結果如下，表示訓練集有 70 筆資料，而測試集有 30 筆資料：

```
訓練集的維度: (70, 2)
測試集的維度: (30, 2)
```

5. **將資料標準化：**使用 StandardScaler().fit_transform() 函式將訓練集和測試集標準化，令其平均值為 0、標準差為 1，這麼做的好處是可以加快模型的訓練速度，降低離群值影響，提高準確率。

```
X_train_std = StandardScaler().fit_transform(X_train)
X_test_std = StandardScaler().fit_transform(X_test)
```

6. **建立與訓練邏輯迴歸模型**：首先，使用 LogisticRegression() 函式建立模型；接著，使用模型的 fit() 方法訓練模型，參數分別是訓練集的特徵與目標值。

```
model = LogisticRegression()                        # 建立模型
model.fit(X_train_std, y_train['target'])           # 訓練模型
```

7. **分類預測結果**：

```
01 y_pred = model.predict(X_test_std)
02 print('目標值:', y_test['target'].values)
03 print('預測值:', y_pred)
04 print('準確率:', model.score(X_test_std, y_test))
```

- 01：使用模型的 predict() 方法預測測試集的值。
- 02：印出目標值。
- 03：印出預測值，從執行結果可以看到預測值和目標值完全相同。
- 04：使用模型的 score() 方法計算模型針對測試集的預測準確率，參數分別是測試集的特徵與目標值。從執行結果可以看到 1.0，也就是 100% 準確。

執行結果如下，您可以在本書範例程式的 \Ch16 資料夾內找到完整程式碼 logic.py：

```
目標值: [0 1 0 1 1 1 0 1 1 1 1 1 1 0 0 0 0 0 0 0 0 1 0 1 0 0 0 1 1 1]
預測值: [0 1 0 1 1 1 0 1 1 1 1 1 1 0 0 0 0 0 0 0 0 1 0 1 0 0 0 1 1 1]
準確率: 1.0
```

16-4 K-近鄰演算法

K-近鄰演算法（KNN，K-Nearest Neighbors）屬於監督式學習的分類演算法，當我們要預測某筆新資料屬於哪個分類時，可以先找出與新資料最靠近的 K 筆資料，接著檢查這 K 筆資料中出現最多的是哪個分類，然後判斷新資料屬於該分類。

使用 K-近鄰演算法預測分類的步驟如下：

1. 計算訓練集的每筆資料與新資料的距離，常見的距離計算方式如下：

   - $x = (x_1, x2, ..., x_n)$ 與 $y = (y_1, y2, ..., y_n)$ 的**歐基里德距離**（Euclidean distance）為：

   $$D = \sqrt{(x_1 - y_1)^2 + (x_2 - y_2)^2 + \cdots + (x_n - y_n)^2} = \sqrt{\sum_{i=1}^{n}(x_i - y_i)^2}$$

   - $x = (x_1, x2, ..., x_n)$ 與 $y = (y_1, y2, ..., y_n)$ 的**曼哈頓距離**（Manhattan distance）為：

   $$D = |x_1 - y_1| + |x_2 - y_2| + \cdots + |x_n - y_n| = \sum_{i=1}^{n}|x_i - y_i|$$

   - $x = (x_1, x2, ..., x_n)$ 與 $y = (y_1, y2, ..., y_n)$ 的**明氏距離**（Minkowski distance）為：

   $$D = (\sum_{i=1}^{n}|x_i - y_i|^p)^{\frac{1}{p}}$$ ，p為任意常數

2. 找出前 K 筆與新資料距離最近的資料。

3. 檢查這 K 筆資料中出現最多的是哪個分類，然後將該分類做為新資料的預測結果。

以下圖為例，裡面有 ● 和 × 兩個分類，以及一筆新資料 ▲，當 K 值等於 3 時，表示找出前三筆與新資料距離最近的資料，如下圖圈起來的部分，其中有兩筆資料屬於 ● 分類，一筆資料屬於 × 分類，所以判斷新資料屬於 ● 分類。

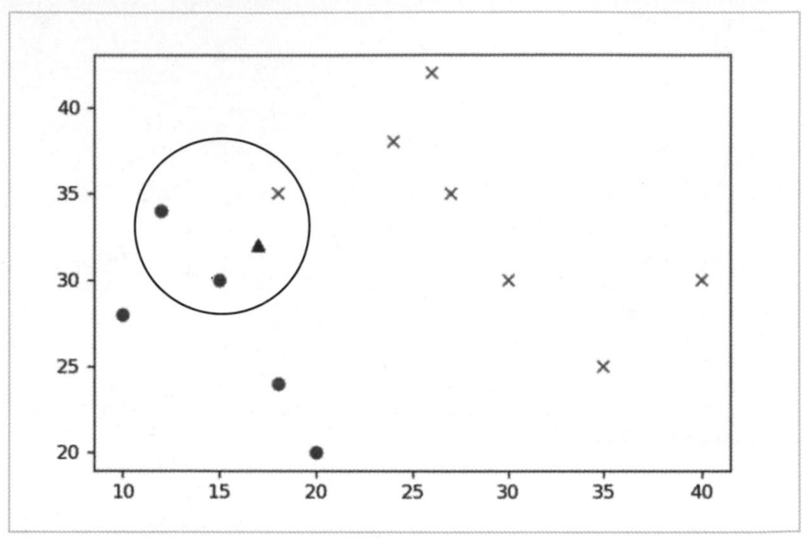

使用 scikit-learn 實作 K-近鄰演算法

在這個例子中，我們會先匯入 scikit-learn 提供的鳶尾花資料集，然後根據資料的花萼長度、花萼寬度、花瓣長度、花瓣寬度等特徵，透過 K-近鄰演算法去預測資料為山鳶尾、變色鳶尾或維吉尼亞鳶尾，操作步驟如下：

1. 匯入套件與函式：

```
from sklearn import datasets
from sklearn.model_selection import train_test_split
from sklearn.neighbors import KNeighborsClassifier
from sklearn import metrics
import matplotlib.pyplot as plt
```

2. 匯入資料：

```
01 iris = datasets.load_iris()
02 X = iris.data
03 y = iris.target
04 print(X)
05 print(y)
```

- 01：使用 load_iris() 函式匯入鳶尾花資料集。
- 02：讀取鳶尾花資料集的 data 屬性，並令變數 X 參照到此結果。
- 03：讀取鳶尾花資料集的 target 屬性，並令變數 y 參照到此結果。
- 04、05：印出變數 X 與變數 y 的值，執行結果如下，變數 X 有 150 筆資料，每筆資料有四個欄位，分別代表花萼長度、花萼寬度、花瓣長度、花瓣寬度等特徵，而變數 y 有 150 筆資料，代表品種，其中 0、1、2 分別是山鳶尾、變色鳶尾、維吉尼亞鳶尾。

```
[[5.1 3.5 1.4 0.2]
 [4.9 3.  1.4 0.2]
 [4.7 3.2 1.3 0.2]
 [4.6 3.1 1.5 0.2]
 ...
 [6.3 2.5 5.  1.9]
 [6.5 3.  5.2 2. ]
 [6.2 3.4 5.4 2.3]
 [5.9 3.  5.1 1.8]]
[0 0 0 0 0 0 0 0 0 0 0 0 0 0 0 0 0 0 0 0 0 0 0 0 0 0 0 0 0 0 0 0 0 0 0 0 0
 0 0 0 0 0 0 0 0 0 0 0 0 0 1 1 1 1 1 1 1 1 1 1 1 1 1 1 1 1 1 1 1 1 1 1 1 1
 1 1 1 1 1 1 1 1 1 1 1 1 1 1 1 1 1 1 1 1 1 1 1 1 1 2 2 2 2 2 2 2 2 2 2 2 2
 2 2 2 2 2 2 2 2 2 2 2 2 2 2 2 2 2 2 2 2 2 2 2 2 2 2 2 2 2 2 2 2 2 2 2 2 2
 2 2]
```

3. **準備機器學習的訓練集與測試集**：首先，使用 train_test_split() 函式將資料集隨機拆成訓練集與測試集，其中參數 test_size = 0.3 表示資料集的 70% 為訓練集，30% 為測試集，而參數 random_state = 0 為隨機種子；接著，印出訓練集和測試集的維度。

```
X_train, X_test, y_train, y_test = train_test_split(X, y, test_size = 0.3,
random_state = 0)
print("訓練集的維度:", X_train.shape)
print("測試集的維度:", X_test.shape)
```

執行結果如下，表示訓練集有 105 筆資料，而測試集有 45 筆資料：

```
訓練集的維度: (105, 4)
測試集的維度: (45, 4)
```

4. **建立與訓練 K-近鄰模型**：首先，使用 KNeighborsClassifier() 函式建立模型，其中參數 n_neighbors = 3 表示將 K 值設定為 3；接著，使用模型的 fit() 方法訓練模型。

```
model = KNeighborsClassifier(n_neighbors = 3)      # 建立模型
model.fit(X_train, y_train)                        # 訓練模型
```

5. **分類預測結果**：首先，使用模型的 predict() 方法預測測試集的值；接著，印出目標值和預測值；最後，使用模型的 score() 方法計算模型針對測試集的預測準確率。

```
y_pred = model.predict(X_test)
print('目標值:', y_test)
print('預測值:', y_pred)
print('準確率:', model.score(X_test, y_test))
```

執行結果如下，裡面有一個預測值和目標值不同，表示有一筆資料預測錯誤，至於模型針對測試集的預測準確率則高達 97.8%：

```
目標值: [2 1 0 2 0 2 0 1 1 1 2 1 1 1 1 0 1 1 0 0 2 1 0 0 2 0 0 1 1 0 2 1 0
2 2 1 0 1 1 1 2 0 2 0 0]
預測值: [2 1 0 2 0 2 0 1 1 1 2 1 1 1 1 0 1 1 0 0 2 1 0 0 2 0 0 1 1 0 2 1 0
2 2 1 0 2 1 1 2 0 2 0 0]
準確率: 0.9777777777777777
```

6. **找出適當的 K 值**：K-近鄰演算法的原理簡單，預測準確率也很高，不過，準確率會受到 K 值的影響，而且若 K 值太大，也會增加計算時間，因此，我們可以透過下面的程式碼來找出適當的 K 值。

```
01 accuracy = []
02 for K in range(3, 100):
03     model = KNeighborsClassifier(n_neighbors = K)
04     model.fit(X_train, y_train)
05     y_pred = model.predict(X_test)
06     accuracy.append(metrics.accuracy_score(y_test, y_pred))
07 K = range(3, 100)
08 plt.plot(K, accuracy)
09 plt.show()
```

- 01：令變數 accuracy 參照到一個空串列。
- 02 ~ 06：使用 for 迴圈計算不同 K 值的準確率，然後將結果儲存在變數 accuracy 所參照的串列，其中第 06 行的 accuracy_score() 函式可以根據目標值與預測值計算準確率。此外，由於鳶尾花資料集有三個品種，所以第 02 行的 K 值是從 3 開始。
- 08：以 X 軸為 K 值、Y 軸為準確率進行繪圖。

執行結果如下，當 K 值等於 3 時，準確率就已經達到最高，之後隨著 K 值逐漸增大，超過 20 之後，準確率開始下降，您可以在本書範例程式的 \Ch16 資料夾內找到完整程式碼 knn.py。

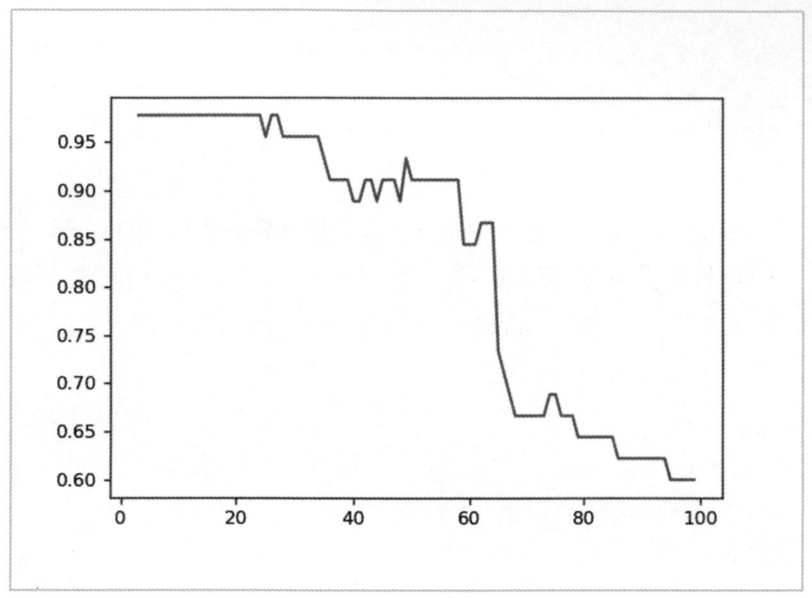

16-5 決策樹

決策樹（decision tree）也是屬於監督式學習的分類演算法，其原理是在訓練時建立一個樹狀的決策結構，裡面包含根節點、內部節點和葉節點，當要進行預測時，就將資料的特徵輸入根節點，然後根據節點提供的條件決定該走往哪個分支，直到抵達葉節點，此時，葉節點所代表的分類就是預測結果。

以下圖為例，這個決策樹會根據花瓣長度判斷鳶尾花的品種，首先，將資料的特徵輸入根節點，其條件是花瓣長度是否小於等於 1.9cm？是的話，就往左走，此時會抵達一個葉節點，於是得到預測結果為山鳶尾；否的話，就往右走，此時會碰到一個內部節點，其條件是花瓣長度是否小於等於 5cm？是的話，就往左走，此時會抵達一個葉節點，於是得到預測結果為變色鳶尾；否的話，就往右走，此時會抵達一個葉節點，於是得到預測結果為維吉尼亞鳶尾。

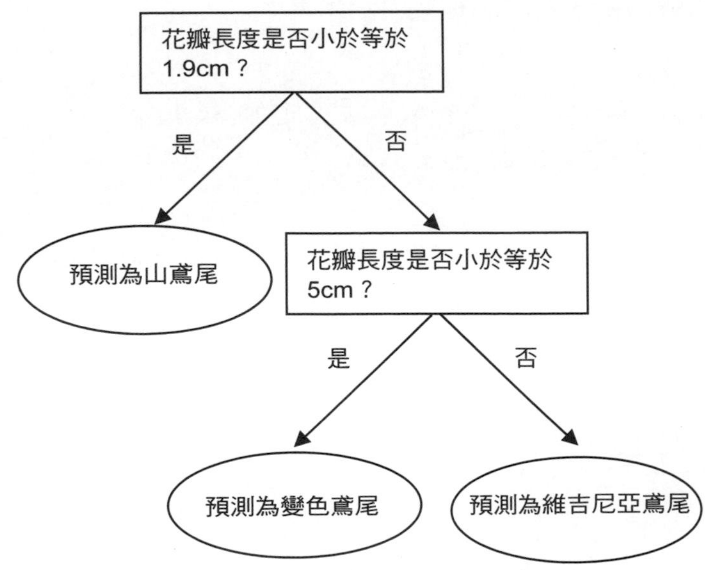

使用 scikit-learn 實作決策樹

在這個例子中，我們會先匯入 scikit-learn 提供的鳶尾花資料集，然後根據資料的花萼長度、花萼寬度、花瓣長度、花瓣寬度等特徵，透過決策樹去預測資料為山鳶尾、變色鳶尾或維吉尼亞鳶尾，操作步驟如下：

1. **匯入套件與函式：**

```
from sklearn import datasets
from sklearn.model_selection import train_test_split
from sklearn.tree import DecisionTreeClassifier
```

2. **匯入資料：**

```
iris = datasets.load_iris()
X = iris.data
y = iris.target
```

3. **準備機器學習的訓練集與測試集：**

```
X_train, X_test, y_train, y_test = train_test_split(X, y, test_size = 0.3,
random_state = 0)
```

4. **建立與訓練決策樹模型**：首先，使用 DecisionTreeClassifier() 函式建立模型；接著，使用模型的 fit() 方法訓練模型。

```
model = DecisionTreeClassifier()                    # 建立模型
model.fit(X_train, y_train)                         # 訓練模型
```

5. 分類預測結果：

```
y_pred = model.predict(X_test)
print('目標值:', y_test)
print('預測值:', y_pred)
print('準確率:', model.score(X_test, y_test))
```

執行結果如下，裡面有一個預測值和目標值不同，表示有一筆資料預測錯誤，至於模型針對測試集的預測準確率則高達 97.8%，您可以在本書範例程式的 **\Ch16** 資料夾內找到完整程式碼 **decision.py**。

```
目標值: [2 1 0 2 0 2 0 1 1 1 2 1 1 1 1 0 1 1 0 0 2 1 0 0 2 0 0 1 1 0 2 1 0
2 2 1 0 1 1 1 2 0 2 0 0]
預測值: [2 1 0 2 0 2 0 1 1 1 2 1 1 1 1 0 1 1 0 0 2 1 0 0 2 0 0 1 1 0 2 1 0
2 2 1 0 2 1 1 2 0 2 0 0]
準確率: 0.9777777777777777
```

16-6 隨機森林

隨機森林（random forest）是一個包含多棵決策樹的分類器，其輸出的分類取決於個別樹輸出之分類的眾數。之所以會發展出隨機森林，主要是因為決策樹在訓練時對資料變動較為敏感，容易產生過度擬合（overfitting）的現象，也就是模型對訓練資料的表現極佳，但是對預測資料的表現不佳，此時，可以從訓練資料隨機建立多棵決策樹，然後統計預測結果中出現最多的分類，藉此提高準確率。

使用 scikit-learn 實作隨機森林

在這個例子中，我們同樣是利用鳶尾花資料集，透過隨機森林去預測資料為山鳶尾、變色鳶尾或維吉尼亞鳶尾，操作步驟如下，程式碼和前一節的決策樹例子幾乎相同，差別在於步驟 1. 匯入 RandomForestClassifier() 函式，以及步驟 4. 改用隨機森林模型：

1. **匯入套件與函式：**

```
from sklearn import datasets
from sklearn.model_selection import train_test_split
from sklearn.ensemble import RandomForestClassifier
```

2. **匯入資料：**

```
iris = datasets.load_iris()
X = iris.data
y = iris.target
```

3. **準備機器學習的訓練集與測試集：**

```
X_train, X_test, y_train, y_test = train_test_split(X, y, test_size = 0.3,
random_state = 0)
```

4. **建立與訓練隨機森林模型**：首先，使用 RandomForestClassifier() 函式建立模型；接著，使用模型的 fit() 方法訓練模型。

```
model = RandomForestClassifier()            # 建立模型
model.fit(X_train, y_train)                 # 訓練模型
```

5. **分類預測結果**：

```
y_pred = model.predict(X_test)
print('目標值:', y_test)
print('預測值:', y_pred)
print('準確率:', model.score(X_test, y_test))
```

執行結果如下，裡面有一個預測值和目標值不同，表示有一筆資料預測錯誤，至於模型針對測試集的預測準確率則高達 97.8%，您可以在本書範例程式的 \Ch16 資料夾內找到完整程式碼 forest.py。

```
目標值: [2 1 0 2 0 2 0 1 1 1 2 1 1 1 1 0 1 1 0 0 2 1 0 0 2 0 0 1 1 0 2 1 0
2 2 1 0 1 1 1 2 0 2 0 0]
預測值: [2 1 0 2 0 2 0 1 1 1 2 1 1 1 1 0 1 1 0 0 2 1 0 0 2 0 0 1 1 0 2 1 0
2 2 1 0 2 1 1 2 0 2 0 0]
準確率: 0.9777777777777777
```

練習題

除了鳶尾花資料集，scikit-learn 還提供數個資料集，在這個練習題中，我們將以威斯康辛州乳腺癌資料集來實作 K-近鄰演算法，裡面包含 569 筆資料，每筆資料有 30 個特徵（feature），同時每筆資料也會對應一個標籤（label）或目標值（target），用來指出這筆資料是惡性還是良性，操作步驟如下：

1. 匯入套件與函式：

```
from sklearn import datasets
from sklearn.model_selection import train_test_split
from sklearn.neighbors import KNeighborsClassifier
from sklearn import metrics
```

2. 匯入並觀察資料：

```
cancer = datasets.load_breast_cancer()     # 匯入乳腺癌資料集
print(cancer.data.shape)                   # 印出資料集的維度
print(cancer.data[0])                      # 印出第一筆資料
print(cancer.target[0:20])                 # 印出前 20 筆資料的目標值
```

執行結果如下：

```
(569, 30)
[1.799e+01 1.038e+01 1.228e+02 1.001e+03 1.184e-01 2.776e-01 3.001e-01
 1.471e-01 2.419e-01 7.871e-02 1.095e+00 9.053e-01 8.589e+00 1.534e+02
 6.399e-03 4.904e-02 5.373e-02 1.587e-02 3.003e-02 6.193e-03 2.538e+01
 1.733e+01 1.846e+02 2.019e+03 1.622e-01 6.656e-01 7.119e-01 2.654e-01
 4.601e-01 1.189e-01]
[0 0 0 0 0 0 0 0 0 0 0 0 0 0 0 0 0 0 0 1]
```

3. 準備機器學習的訓練集與測試集：

```
X_train, X_test, y_train, y_test = train_test_split(cancer.data,
cancer.target, test_size = 0.2, random_state = 0)
print("訓練集的維度:", X_train.shape)
print("測試集的維度:", X_test.shape)
```

執行結果如下：

```
訓練集的維度: (455, 30)
測試集的維度: (114, 30)
```

接下來的步驟就要讓您自己來撰寫，請建立三個K-近鄰模型，K值分別為1、5、10，接著訓練這三個模型，然後計算它們針對測試集的預測準確率，看看結果為何。

17 CHAPTER

網路爬蟲－Requests、Beautiful Soup

17-1 認識網路爬蟲

網路爬蟲（Web crawler）又稱為**網路蜘蛛**（Web spider），指的是一種自動化程式，可以自動瀏覽全球資訊網，拜訪網站、檢索並提取資料，以做進一步的分析與應用，下面是一些例子：

- ❖ 搜尋引擎網站利用網路爬蟲來瀏覽和檢索其它網站，以提供準確的搜索結果。
- ❖ 使用者利用網路爬蟲來收集網站或網路資源的特定資訊，例如即時新聞、天氣預報資料、交通流量數據、商品價格、票價、股價、匯率、威力彩開獎號碼、統一發票中獎號碼等。
- ❖ 網路公司利用網路爬蟲來收集社交媒體的數據，以了解使用者的行為、偏好與位置，投放準確的線上廣告。
- ❖ 行銷人員利用網路爬蟲來收集競爭對手的產品資訊與廣告數據，以掌握競爭對手的廣告策略和市場趨勢，並調整自己的行銷方式。
- ❖ 公部門利用網路爬蟲來監控網路上的公共健康訊息，例如流感疫情通報或疫苗接種數據，以協助公衛機構做出即時反應。
- ❖ 網站擁有者利用網路爬蟲來檢查網站的索引情況、網站結構和內容，以優化其在搜索引擎上的排名，也就是「搜索引擎優化」(SEO)。

在本章中，我們將告訴您如何使用下列兩個套件來實作網路爬蟲：

- ❖ **Requests**：Python 的第三方套件，提供了用來抓取網頁資料的 API，官方網站為 https://requests.readthedocs.io/en/latest/。
- ❖ **Beautiful Soup**：Python 的第三方套件，提供了用來解析 HTML 或 XML 文件的 API，官方網站為 https://www.crummy.com/software/BeautifulSoup/。

17-2 使用 Requests 抓取網頁資料

Requests 套件是一個優雅而簡單的 Python HTTP 函式庫，提供了簡潔易用的 API，讓 HTTP 請求更簡單、更人性化。

在介紹如何使用 Requests 套件之前，我們先來說明 Web 的運作原理。Web 採取**主從式架構**，如下圖，其中**用戶端** (client) 可以透過網路連線存取另一部電腦的資源或服務，而提供資源或服務的電腦就叫做**伺服器** (server)。Web 用戶端只要安裝瀏覽器軟體 (例如 Chrome、Edge…)，就能透過該軟體連上全球各地的 Web 伺服器，進而瀏覽 Web 伺服器所提供的網頁。

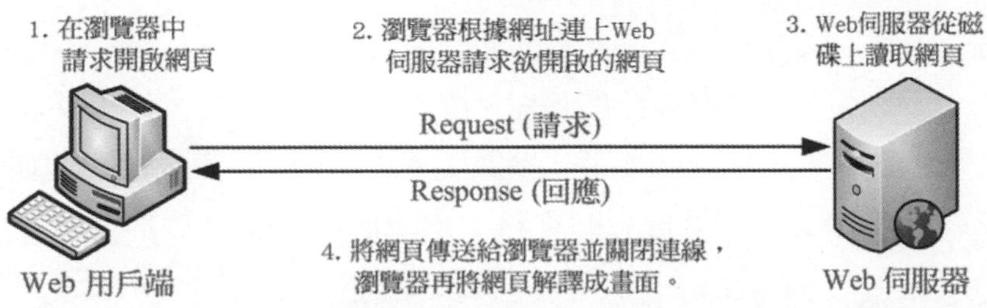

由上圖可知，當使用者在瀏覽器中輸入網址或點取超連結時，瀏覽器會根據該網址連上 Web 伺服器，並向 Web 伺服器請求使用者欲開啟的網頁，此時，Web 伺服器會從磁碟上讀取該網頁，然後傳送給瀏覽器並關閉連線，而瀏覽器一收到該網頁，就會將之解譯成畫面，呈現在使用者的眼前。

事實上，當瀏覽器向 Web 伺服器發送請求時，它並不只是將欲開啟之網頁的網址傳送給 Web 伺服器，還會連同自己的瀏覽器類型、版本等資訊一併傳送過去，這些資訊稱為 Request Header (請求標頭)。

相反的，當 Web 伺服器回應瀏覽器的請求時，它並不只是將欲開啟的網頁傳送給瀏覽器，還會連同該網頁的檔案大小、日期等資訊一併傳送過去，這些資訊稱為 Response Header (回應標頭)，而 Request Header 和 Response Header 則統稱為 HTTP Header (HTTP 標頭)。

17-2-1 get()、post() 方法和 Response 物件

Requests 套件提供了數個方法可以用來發送不同類型的 HTTP 請求，常用的如下：

- requests.get()：發送一個 GET 請求，以從指定的 URL 網址獲取資源，例如取得網頁的 HTML 文件、取得網站提供的 JSON 格式資料、向 Web API 發送請求以取得資料、從網站下載圖片、影片或 PDF 文件等，其語法如下，參數 *url* 表示欲獲取資源的網址，選擇性參數 *params* 表示欲附加在網址後面的查詢字串，預設值為 None (無)：

```
requests.get(url, params = None, 其它選擇性參數)
```

- requests.post()：發送一個 POST 請求，以提交資料給指定的 URL 網址，例如提交表單資料給伺服器、提交資料給 Web API、上傳文件或傳送敏感資料等，其語法如下，參數 *url* 表示欲提交資料給哪個網址，選擇性參數 *data* 表示欲提交的資料，預設值為 None (無)：

```
requests.post(url, data = None, 其它選擇性參數)
```

這兩個方法的傳回值都是一個 Response 物件，裡面有伺服器針對 HTTP 請求的回應，我們可以透過下面的屬性與方法來加以存取。

屬性	說明
url	回應的 URL 網址。
content	回應的內容 (bytes 形式)。
text	回應的內容 (unicode 字串)。
encoding	text 屬性的編碼方式。
headers	回應的標頭，例如 headers['content-encoding'] 會傳回 Response Header 中 'Content-Encoding' 的值。
history	請求的記錄。
status_code	HTTP 狀態碼，例如 requests.codes.ok (200) 表示成功。

方法	說明
close()	關閉回應的連線，一旦關閉，就無法再存取回應的訊息。
json()	當從伺服器所取得的資料為 JSON 格式時，可以使用 Response.json() 方法將其解析為 Python 的字典或序對，以做進一步的處理。
raise_for_status()	若 HTTP 狀態碼不是 requests.codes.ok (200)，就拋出例外。

17-2-2 【實例演練】發送 GET 請求抓取網頁資料

下面是一個例子，它會發送 GET 請求抓取「Yahoo 奇摩」(https://tw.yahoo.com/) 的網頁資料，由於資料很長，所以只印出前 500 個字元供您參考。

\Ch17\get.py

```
import requests

url = 'https://tw.yahoo.com/'
r = requests.get(url)
if r.status_code == requests.codes.ok:
    r.encoding = 'utf-8'
    print(r.text[:500])
```

❖ 01：Anaconda 已經內建 Requests 套件，無須另外安裝，直接使用 import 指令進行匯入即可。

❖ 03：將想要獲取資源的網址指派給變數 url，此例為「Yahoo 奇摩」的網址，您也可以換成其它網址試試看。

❖ 04：呼叫 requests.get() 方法發送 GET 請求，此例是要取得「Yahoo 奇摩」的網頁資料，然後將傳回值指派給變數 r，這是一個 Response 物件。

❖ 05：檢查 Response 物件的 status_code 屬性是否等於 requests.codes.ok，是的話，表示 GET 請求成功。requests.codes 物件針對 HTTP 狀態碼定義了數個數字與名稱，各有其代表意義，有些還會有數個同義的名稱，例如 codes.ok、codes.okay、codes.all_ok 都是對應到數字 200，表示成功。下面是一些例子，完整的列表可以查看官方網站的說明文件。

<table>
<tr><th>數字</th><th>名稱</th><th>數字</th><th>名稱</th></tr>
<tr><td>100</td><td>continue</td><td>202</td><td>accepted</td></tr>
<tr><td>102</td><td>processing</td><td>204</td><td>no_content</td></tr>
<tr><td rowspan="2">122</td><td rowspan="2">uri_too_long,
request_uri_too_long</td><td>400</td><td>bad_request, bad</td></tr>
<tr><td>401</td><td>unauthorized</td></tr>
<tr><td rowspan="2">200</td><td rowspan="2">ok, okay, all_ok, all_okay,
all_good, \o/, ✓</td><td>403</td><td>forbidden</td></tr>
<tr><td>404</td><td>not_found, -o-</td></tr>
</table>

❖ 06：當我們發送請求時，Requests 會根據 HTTP 標頭猜測回應的編碼方式，但這種猜測有時可能錯誤，為了正確解析回應的內容，避免產生亂碼，我們可以自行設定編碼方式，此例是透過 Response 物件的 encoding 屬性，將編碼方式設定為 UTF-8。

❖ 07：透過 Response 物件的 text 屬性取得網頁資料，此例加上索引範圍 [:500]，表示前 500 個字元。

17-2-3 【實例演練】發送 POST 請求提交資料給伺服器

下面是一個例子，它會發送 POST 請求提交資料給伺服器 (https://httpbin.org/post)。

\Ch17\post.py

```
01 import requests
02
03 url = 'https://httpbin.org/post'
04 payload = {'key1': 'value1', 'key2': 'value2'}
05 r = requests.post(url, data = payload)
06 print(r.status_code)
07 print(r.text)
```

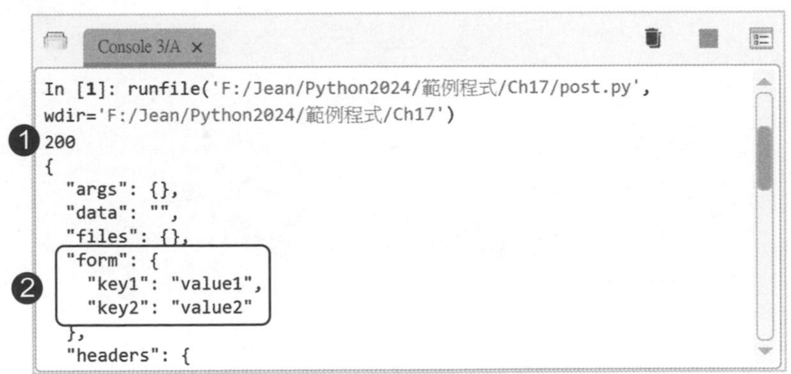

❶ HTTP 狀態碼　❷ 提交的資料在此

- ❖ 04：將想要提交的資料指派給變數 payload，這是一個 dict (字典)，裡面有兩個鍵:值對。
- ❖ 05：呼叫 requests.post() 方法發送 POST 請求，此例是提交資料給伺服器，然後將傳回值指派給變數 r，這是一個 Response 物件。
- ❖ 06：印出 Response 物件的 HTTP 狀態碼，200 表示成功。
- ❖ 07：印出 Response 物件的內容，第 05 行所提交的資料也在裡面。

17-2-4 【實例演練】抓取 JSON 資料 (36 小時天氣預報)

在本節中，我們要示範如何從「氣象資料開放平台」抓取今明 36 小時天氣預報資料，該平台是交通部中央氣象署為便利民眾共享及應用政府資料所成立，操作步驟如下：

1. **登入會員**：在使用該平台的資料之前，必須註冊並登入會員，請連線到 https://opendata.cwa.gov.tw/index，在首頁右上角點取 **[登入/註冊]**，然後點取 **[氣象會員登入]**，已經有帳號的人可以輸入自己的帳號與密碼進行登入，沒有帳號的人可以點取下方的 **[加入會員]** 進行註冊。

❶點取 [登入/註冊] ❷點取 [氣象會員登入] ❸點取 [加入會員] 進行註冊

2. **找出天氣預報資料**：依照下圖操作。

❶點取 [資料主題]\[預報] ❷搜尋 [36 小時] ❸點取 [36 小時天氣預報] ❹點取 [JSON]

3. **查看天氣預報資料**：開啟前面步驟下載回來的檔案，此資料採取 JSON 格式，這是透過物件來描述資料，物件的前後以大括號（{}）括起來，裡面包含數個鍵:值對，而每個鍵:值對的中間以逗號（,）隔開，若有多個物件，就以中括號（[]）將這些物件括起來，將之視為物件陣列，而物件與物件的中間以逗號（,）隔開，下圖是擷取部分內容供您參考。

```
{
 "cwaopendata": {
  "@xmlns": "urn:cwa:gov:tw:cwacommon:0.1",
  "identifier": "90088a37-005b-221b-860e-e7d0f298772e",
  "sender": "weather@cwa.gov.tw",
  "sent": "2024-04-06T11:03:02+08:00",
  "status": "Actual",
  "msgType": "Issue",
  "source": "MFC",
  "dataid": "C0032-001",
  "scope": "Public",
  "dataset": {
   "datasetInfo": {
    "datasetDescription": "三十六小時天氣預報",
    "issueTime": "2024-04-06T11:00:00+08:00",
    "update": "2024-04-06T11:03:02+08:00"
   },
   "location": [
    {
     "locationName": "臺北市",
     "weatherElement": [
      {
       "elementName": "Wx",
       "time": [
        {
         "startTime": "2024-04-06T12:00:00+08:00",
         "endTime": "2024-04-06T18:00:00+08:00",
         "parameter": {
          "parameterName": "陰天",
          "parameterValue": "7"
         }
        },
        {
         "startTime": "2024-04-06T18:00:00+08:00",
         "endTime": "2024-04-07T06:00:00+08:00",
```

"cwaopendata" 裡面有個 "dataset"，其中的 "location" 有臺北市、新北市、桃園市、臺中市、臺南市、高雄市、基隆市、新竹縣、新竹市、苗栗縣、彰化縣、南投縣、雲林縣、嘉義縣、嘉義市、屏東縣、宜蘭縣、花蓮縣、臺東縣、澎湖縣、金門縣、連江縣等縣市的今明 36 小時天氣預報，主要欄位則有 Wx (天氣現象)、MaxT (最高溫度)、MinT (最低溫度)、CI (舒適度) 和 PoP (降雨機率)。

4. **撰寫天氣預報程式**：在了解此資料的物件結構之後，我們可以撰寫如下程式來取得各縣市未來 6 小時的降雨機率。

\Ch17\weather.py

```
import requests
url = 'https://opendata.cwa.gov.tw/fileapi/v1/opendataapi/F-C0032-001?
Authorization=CWA-81173429-D8F5-453E-B992-A9D100EB2B83&downloadType=
WEB&format=JSON'
data = requests.get(url)
data.encoding = 'utf-8'
data_json = data.json()
location = data_json['cwaopendata']['dataset']['location']
for i in location:
    city = i['locationName']
    starttime = i['weatherElement'][4]['time'][0]['startTime']
    endtime = i['weatherElement'][4]['time'][0]['endTime']
    pop = i['weatherElement'][4]['time'][0]['parameter']['parameterName']
    print(f'{city}{starttime} ~ {endtime}的降雨機率為{pop}%')
```

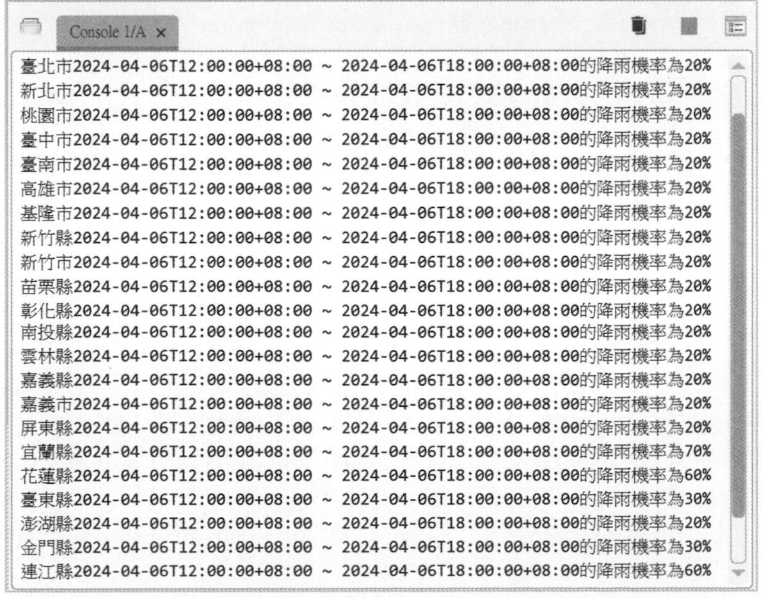

❖ 02：在今明 36 小時天氣預報的 JSON 圖示按一下滑鼠右鍵，接著選取 **[複製連結網址]**，就可以取得該檔案的網址，然後指派給變數 url。

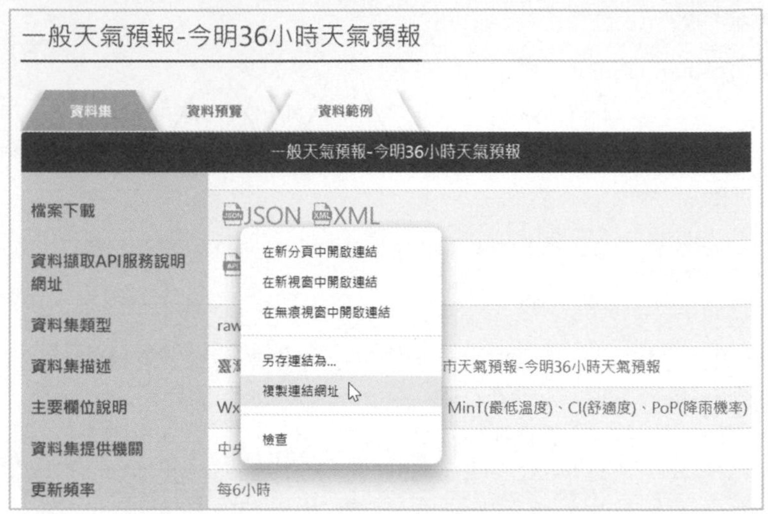

❖ 03：呼叫 requests.get() 方法取得天氣預報資料。

❖ 05：呼叫 Response 物件的 json() 方法將 JSON 格式的資料解析為 Python 的字典，以做進一步的處理。

❖ 06：將 "location" 包含的物件指派給變數 location。

❖ 07 ~ 12：使用 for 迴圈針對 "location" 包含的物件一一取出縣市名稱、開始時間、結束時間和降雨機率，然後印出結果。

除了降雨機率之外，若要取出「天氣現象」、「最高溫度」、「最低溫度」、「舒適度」等主要欄位，可以透過如下敘述：

```
wx   = i['weatherElement'][0]['time'][0]['parameter']['parameterName']
maxt = i['weatherElement'][1]['time'][0]['parameter']['parameterName']
mint = i['weatherElement'][2]['time'][0]['parameter']['parameterName']
ci   = i['weatherElement'][3]['time'][0]['parameter']['parameterName']
```

17-3 使用 Beautiful Soup 解析網頁資料

相較於 Requests 套件可以用來抓取網頁資料，Beautiful Soup 套件則是可以用來解析網頁資料，找出指定的內容，例如找出網頁標題、找出所有超連結、找出網址符合 "foo.com" 的超連結、找出 <h1> 元素的內容等。

17-3-1 認識網頁結構

在說明如何使用 Beautiful Soup 套件之前，我們先簡單介紹網頁結構，請在瀏覽器中開啟網頁，例如「Yahoo 奇摩」(https://tw.yahoo.com/)，然後在網頁空白處按一下滑鼠右鍵，選取 **[檢視網頁原始碼]**，就會出現如下圖的原始碼，而這也就是我們呼叫 requests.get() 方法所取得的網頁資料。

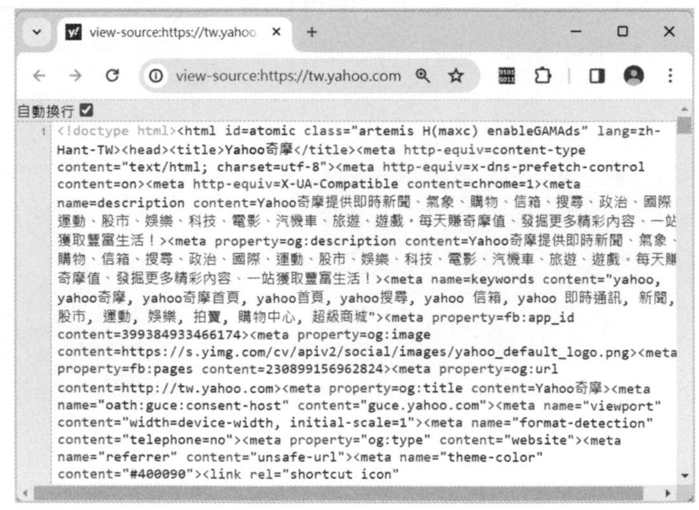

網頁相關的程式語言很多，例如 HTML、CSS、JavaScript 等，其中 HTML (HyperText Markup Language，超文字標記語言) 的用途是定義網頁的內容，讓瀏覽器知道哪裡有圖片或影片、哪些文字是標題、段落、超連結、表格或表單等。HTML 文件是由**標籤** (tag) 與**屬性** (attribute) 所組成，統稱為**元素** (element)，瀏覽器只要看到 HTML 原始碼，就能解譯成網頁。

「元素」和「標籤」兩個名詞經常被混用，但嚴格來說，兩者的意義並不完全相同，「元素」一詞包含「開始標籤」、「結束標籤」和這兩者之間的內容，例如下面的敘述是將「聖誕快樂」標示為段落，其中 <p> 是開始標籤，而 </p> 是結束標籤。

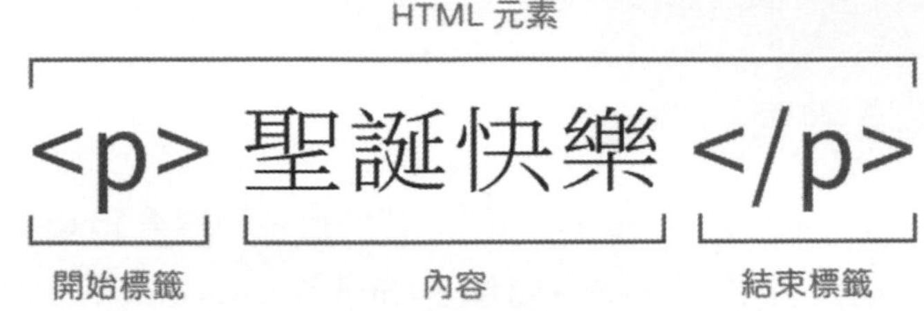

開始標籤的前後是以 **<**、**>** 兩個符號括起來，而結束標籤又比開始標籤多了一個 **/** (斜線)，例如 <body>...</body> (網頁主體)、<head>...</head> (網頁標頭)、<title>...</title> (網頁標題)、<h1>...</h1> (標題 1)、<a>...</a> (超連結) 等元素。不過，並不是每個元素都有結束標籤，例如
 (換行)、<img> (嵌入圖片)、<input> (表單輸入欄位) 等元素就沒有結束標籤。

除了 HTML 元素本身所能描述的特性之外，大部分元素還會包含「屬性」，以提供更多資訊，而且一個元素裡面可以加上數個屬性，只要注意標籤與屬性及屬性與屬性之間以空白字元隔開即可。

舉例來說，假設要將「ABC」幾個字標示為連結到 ABC 網站的超連結，那麼除了要在這幾個字的前後分別加上開始標籤 <a> 和結束標籤 </a>，還要加上 href 屬性用來設定 ABC 的網址。

當瀏覽器載入 HTML 文件時，它會建立該網頁的文件模型，稱為 **DOM 樹** (DOM tree)。以下面的 HTML 文件為例，瀏覽器會建立如下圖的 DOM 樹，文件中的每個元素、屬性和內容都有對應的 **DOM 節點** (DOM node)。DOM (Document Object Model，文件物件模型) 是 W3C 制定的應用程式介面，用來存取以 HTML、XML 等標記語言所撰寫的文件，而 DOM 樹是由多個物件所構成的集合，每個物件代表 HTML 文件中的一個元素。

```
<html>
  <head>
    <meta charset="utf-8">
  </head>
  <body>
    <h1>美食推薦</h1>
    <ul>
      <li id="one">珠寶盒</li>
      <li id="two">法朋</li>
    </ul>
  </body>
</html>
```

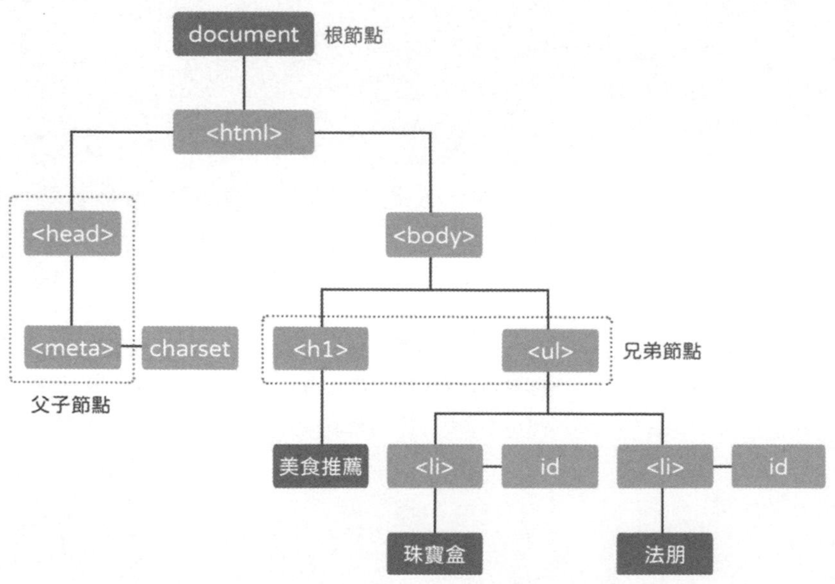

17-3-2 Beautiful Soup 常用的屬性與方法

在本節中，我們將透過下面的例子（\Ch17\bs.py）示範如何使用 Beautiful Soup 常用的屬性與方法，從網頁資料中取得指定的 HTML 元素與內容：

1. **準備網頁資料**：為了方便做解說，我們先設計一個網頁（\Ch17\threepigs.html)，這是一個純文字檔，瀏覽結果如下圖，然後在 Python 直譯器中利用多行字串的方式將網頁原始碼指派給變數 html_doc。

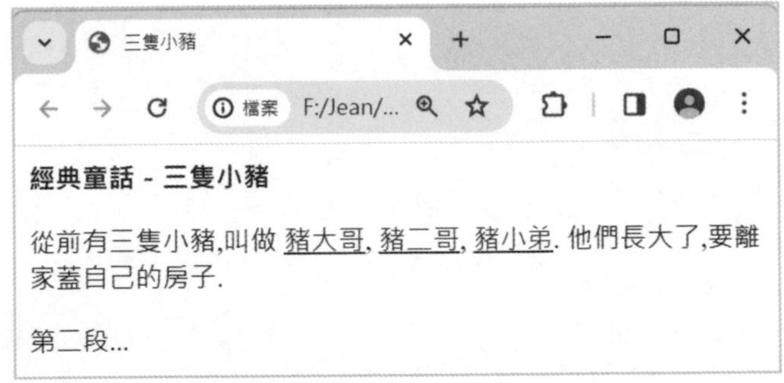


```
In [1]: html_doc = """
   ...: <html>
   ...:   <head>
   ...:     <meta charset="utf-8">
   ...:     <title>三隻小豬</title>
   ...:   </head>
   ...:   <body>
   ...:     <p class="storytitle"><b>經典童話－三隻小豬</b></p>
   ...:     <p class="storycontent">從前有三隻小豬,叫做
   ...:       <a class="pig" href="pig1.html" id="link1">豬大哥</a>,
   ...:       <a class="pig" href="pig2.html" id="link2">豬二哥</a>,
   ...:       <a class="pig" href="pig3.html" id="link3">豬小弟</a>.
   ...:       他們長大了,要離家蓋自己的房子.</p>
   ...:     <p class="storycontent">第二段...</p>
   ...:   </body>
   ...: </html>
   ...: """
```

2. **匯入 Beautiful Soup**：Anaconda 已經內建 Beautiful Soup 套件，無須另外安裝，直接使用 import 指令進行匯入即可。

```
In [2]: from bs4 import BeautifulSoup
```

3. **建立 BeautifulSoup 物件**：透過如下敘述建立 BeautifulSoup 物件，然後將物件指派給變數 soup，第一個參數是要進行解析的網頁資料，此例為變數 html_doc 所存放的網頁原始碼，而第二個參數是解析器，Beautiful Soup 支援多種解析器，例如 lxml、html5lib、html.parser 等，其中 lxml 用於解析大型或複雜的 HTML 文件，速度快、效率高；html5lib 用於需要 HTML5 相容性的情況，速度慢、較寬鬆；html.parser 用於解析簡單的 HTML 文件，速度介於前兩者之間。

```
In [3]: soup = BeautifulSoup(html_doc, 'html.parser')
```

4. **取得 HTML 元素**：透過「**BeautifulSoup 物件.HTML 標籤名稱**」的形式取得網頁資料中的 HTML 元素，例如 soup.title、soup.p、soup.a 分別可以取得第一個 <title> 元素、<p> 元素和 <a> 元素，它們都是 Tag 物件，包含 HTML 標籤與內容。

```
In [4]: soup.title                          # 第一個 <title> 元素
Out[4]: <title>三隻小豬</title>
In [5]: soup.p                              # 第一個 <p> 元素
Out[5]: <p class="storytitle"><b>經典童話－三隻小豬</b></p>
In [6]: soup.a                              # 第一個 <a> 元素
Out[6]: <a class="pig" href="pig1.html" id="link1">豬大哥</a>
```

5. 透過 Tag 物件的 name 屬性取得 HTML 元素的標籤名稱，例如：

```
In [7]: soup.title.name                     # 第一個 <title> 元素的標籤名稱
Out[7]: 'title'
```

6. 透過 Tag 物件的 string 屬性取得 HTML 元素的內容，例如：

```
In [8]: soup.title.string                  # 第一個 <title> 元素的內容
Out[8]: '三隻小豬'
In [9]: soup.p.string
Out[9]: '經典童話－三隻小豬'               # 第一個 <p> 元素的內容
```

7. 透過 Tag 物件的屬性名稱取得 HTML 元素的屬性值，例如：

```
In [10]: soup.p['class']                   # 第一個 <p> 元素的 class 屬性值
Out[10]: ['storytitle']
In [11]: soup.a['id']                      # 第一個 <a> 元素的 id 屬性值
Out[11]: 'link1'
```

8. 呼叫 Tag 物件的 get_text() 方法取得 HTML 元素的內容，例如：

```
In [12]: soup.title.get_text()             # 第一個 <title> 元素的內容
Out[12]: '三隻小豬'
In [13]: soup.p.get_text()                 # 第一個 <p> 元素的內容
Out[13]: '經典童話－三隻小豬'
```

9. 呼叫 BeautifulSoup 物件的 find() 方法，以根據參數指定的標籤名稱和選擇性條件取得第一個符合的HTML元素，其中選擇性參數id、class_、string 分別用來篩選 id 屬性值、class 屬性值和包含的內容，例如：

```
In [14]: soup.find('a')                    # 第一個 <a> 元素
Out[14]: <a class="pig" href="pig1.html" id="link1">豬大哥</a>
In [15]: soup.find('a', id='link2')        # 第一個 id 屬性為 'link2' 的 <a> 元素
Out[15]: <a class="pig" href="pig2.html" id="link2">豬二哥</a>
In [16]: soup.find('a', class_='pig')      # 第一個 class 屬性為 'pig' 的 <a> 元素
Out[16]: <a class="pig" href="pig1.html" id="link1">豬大哥</a>
In [17]: soup.find('a', string='豬小弟')   # 第一個內容為 '豬小弟' 的 <a> 元素
Out[17]: <a class="pig" href="pig3.html" id="link3">豬小弟</a>
```

10. 呼叫 BeautifulSoup 物件的 find_all() 方法，以根據參數指定的標籤名稱和選擇性條件取得所有符合的HTML元素，其中選擇性參數id、class_、string 分別用來篩選 id 屬性值、class 屬性值和包含的內容，無論符合的元素有多個或一個，傳回值都是串列，例如：

```
In [18]: soup.find_all('a')                     # 所有 <a> 元素
Out[18]:
[<a class="pig" href="pig1.html" id="link1">豬大哥</a>,
 <a class="pig" href="pig2.html" id="link2">豬二哥</a>,
 <a class="pig" href="pig3.html" id="link3">豬小弟</a>]
In [19]: soup.find_all('a', class_='pig')       # 所有class屬性為 'pig' 的 <a> 元素
Out[19]:
[<a class="pig" href="pig1.html" id="link1">豬大哥</a>,
 <a class="pig" href="pig2.html" id="link2">豬二哥</a>,
 <a class="pig" href="pig3.html" id="link3">豬小弟</a>]
In [20]: soup.find_all('a', string='豬小弟') # 所有內容為 '豬小弟' 的 <a> 元素
Out[20]: [<a class="pig" href="pig3.html" id="link3">豬小弟</a>]
```

11. 呼叫 BeautifulSoup 物件的 select() 方法，以根據參數指定的 CSS 選擇器取得所有符合的 HTML 元素，CSS 選擇器有多種表示方式，下面是幾種用法，注意 class 選擇器的前面要加上小數點 (.)，而 id 選擇器的前面要加上井號 (#)，有興趣的讀者可以參考 HTML 與 CSS 專書。

```
In [21]: soup.select('title')                   # <title> 元素
Out[21]: [<title>三隻小豬</title>]
In [22]: soup.select('head meta')               # <head> 元素裡面的 <meta> 元素
Out[22]: [<meta charset="utf-8"/>]
In [23]: soup.select('.storytitle')             # class 屬性為 storytitle 的元素
Out[23]: [<p class="storytitle"><b>經典童話－三隻小豬</b></p>]
In [24]: soup.select('#link3')                  # id 屬性為 link3 的元素
Out[24]: [<a class="pig" href="pig3.html" id="link3">豬小弟</a>]
```

17-3-3 【實例演練】抓取統一發票中獎號碼

在學會如何解析網頁資料之後，我們來試著從「財政部稅務入口網」抓取統一發票中獎號碼，操作步驟如下：

1. 首先要找出中獎號碼的位置，請在瀏覽器中開啟「財政部稅務入口網」(https://invoice.etax.nat.gov.tw/index.html)，然後在網頁空白處按一下滑鼠右鍵，選取 **[檢視網頁原始碼]**，就會出現如下圖的原始碼，找到在 class 屬性為 "container-fluid" 的 <div> 元素，裡面有 class 屬性為 "etw-tbiggest" 的 <p> 元素，中獎號碼就在其中。

```
<!-- content -->
<div class="container-fluid etw-bgbox mb-4">
  <div class="etw-web">
    <table class="etw-table-bgbox etw-tbig">
      <thead>
        <tr>
          <th id="th01" width="30%">獎別</th>
          <th id="th02">中獎號碼</th>
        </tr>
      </thead>
      <tbody>
        <tr>
          <td headers="th01" class="text-center">特別獎</td>
          <td headers="th02">

              <p class="etw-tbiggest"><span class="font-weight-bold etw-color-red">16620962</span>

            <p class="mb-0">同期統一發票收執聯8位數號碼與特別獎號碼相同者獎金1,000萬元</p>
          </td>
        </tr>
        <tr>
          <td headers="th01" class="text-center">特獎</td>
          <td headers="th02">

              <p class="etw-tbiggest"><span class="font-weight-bold etw-color-red">50008017</span>

            <p class="mb-0">同期統一發票收執聯8位數號碼與特獎號碼相同者獎金200萬元</p>
          </td>
        </tr>
        <tr>
          <td headers="th01" class="text-center">頭獎</td>
          <td headers="th02">

              <p class="etw-tbiggest mb-md-4">
                <span class="font-weight-bold">73705</span><span
                class="font-weight-bold etw-color-red">743</span></p>

              <p class="etw-tbiggest mb-md-4">
                <span class="font-weight-bold">90315</span><span
                class="font-weight-bold etw-color-red">047</span></p>

              <p class="etw-tbiggest mb-md-4">
                <span class="font-weight-bold">10604</span><span
                class="font-weight-bold etw-color-red">429</span></p>

            <p class="mb-0">同期統一發票收執聯8位數號碼與頭獎號碼相同者獎金20萬元</p>
          </td>
        </tr>
```

2. 撰寫程式抓取中獎號碼，由於第 18 行所抓取的頭獎號碼前面會有換行符號 (\n)，所以加上索引範圍 [-8:]，表示只取出後面 8 個數字。

\Ch17\invoice.py

```
01 import requests
02 from bs4 import BeautifulSoup
03
04 # 取得網頁資料並設定編碼方式
05 url = 'https://invoice.etax.nat.gov.tw/index.html'
06 r = requests.get(url)
07 r.encoding = 'utf-8'
08
09 # 建立 BeautifulSoup 物件
10 soup = BeautifulSoup(r.text, 'lxml')
11 # 取得中獎號碼所在的位置
12 num = soup.select('.container-fluid')[0].select('.etw-tbiggest')
13 # 取得特別獎
14 special_prize = num[0].get_text()
15 # 取得特獎
16 grand_prize = num[1].get_text()
17 # 取得頭獎（三組）
18 first_prizes = [num[2].get_text()[-8:], num[3].get_text()[-8:],
   num[4].get_text()[-8:]]
19 # 印出中獎號碼
20 print("特別獎：", special_prize)
21 print("特　獎：", grand_prize)
22 print("頭　獎：", first_prizes)
```

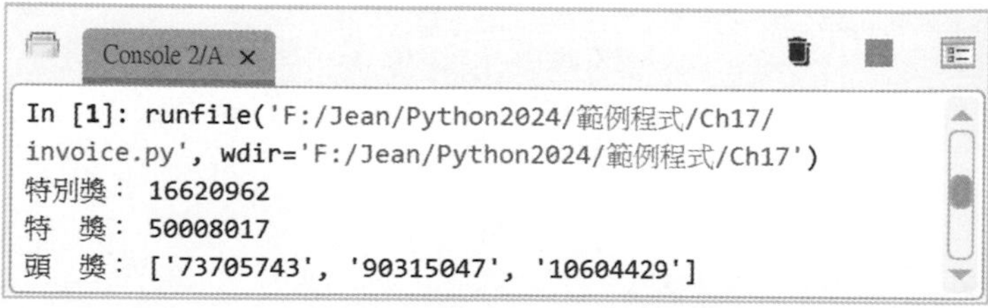

練習題

1. **[抓取「Yahoo 奇摩」的網頁標題]** 撰寫一個 Python 程式抓取「Yahoo 奇摩」(https://tw.yahoo.com/) 的網頁標題 (即 <title> 元素的內容)。

2. **[抓取天氣預報]** 改寫第 17-2-4 節的實例演練，令它顯示各縣市未來 6 小時的天氣現象、最高溫度、最低溫度及降雨機率，下面的執行結果供您參考。

AI 輔助寫碼－ChatGPT

18-1 開始使用 ChatGPT

如果您以為「AI 輔助寫碼」只是搶搭生成式 AI 工具的熱潮，噱頭而已，那麼在看過本章之後，可就要改觀了，因為 ChatGPT 不但真的會寫程式，而且程式碼簡潔乾淨，不輸給程式設計高手。

或許您會問，「既然如此，我還看這本書做什麼，通通交給 ChatGPT 寫不就好了？！」，事實上，如果您完全不懂程式設計，甚至沒有程式設計基礎，您要如何對 ChatGPT 提問呢？怎樣才能讓 ChatGPT 寫出心裡面想要的程式呢？再者，您又要如何判斷 ChatGPT 所寫出來的程式對不對呢？品質好不好呢？

畢竟 ChatGPT 所提供的回答無法保證百分之百正確，因此，ChatGPT 就是一個很厲害的小幫手，可以幫助您快速撰寫程式，但您還是需要一本有系統的好書帶您學會程式設計，才能勝任產品經理或程式碼審查員的工作。原則上，本章所介紹的技巧並不限定於 ChatGPT，您也可以靈活運用在 Copilot、Colab AI 等 AI 助理。

使用 ChatGPT 的方式很簡單，請連線到 ChatGPT 官方網站 (https://chatgpt.com/auth/login)，尚未註冊的人可以按 **[註冊]**，然後依照畫面上的提示進行註冊，已經註冊的人可以按 **[登入]**，然後輸入帳號與密碼進行登入。

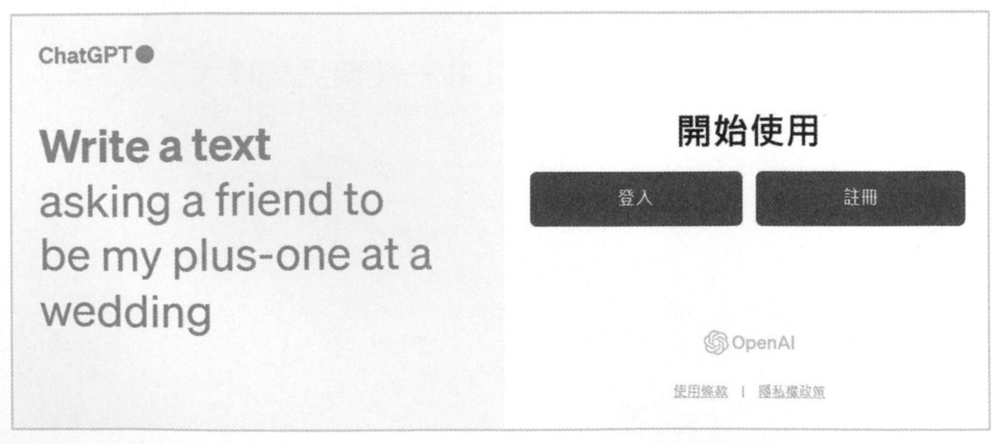

18-1-1　請 ChatGPT 扮演 Python 程式設計專家的角色

在登入 ChatGPT 後，請輸入「**你是一個 Python 程式設計專家，熟悉 Python 語法和撰寫相關的程式，你的任務就是幫助我撰寫 Python 程式。**」，然後按 ，將 ChatGPT 所要扮演的角色告訴它。

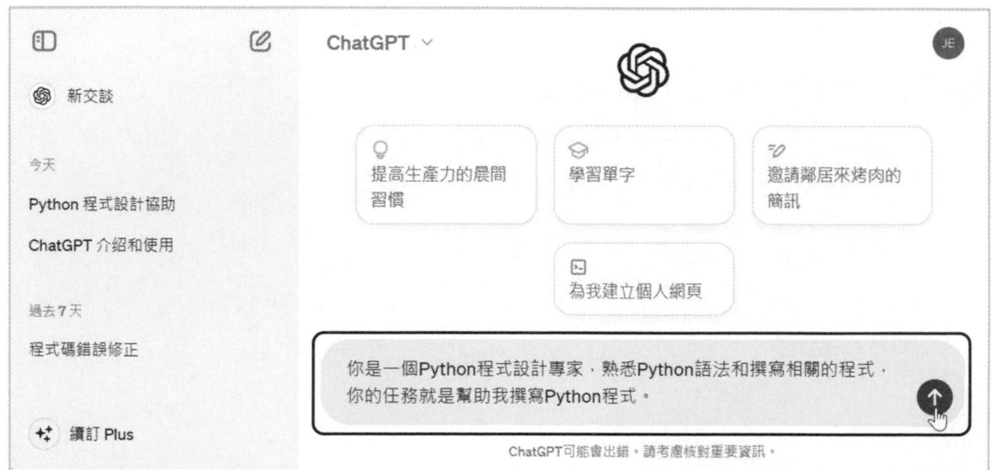

ChatGPT 的回答如下，由於它每次生成的對話不一定相同，所以您看到的畫面可能跟書上不同。側邊欄有目前對話的名稱，您可以按 輸入新名稱，也可以按 刪除對話，或按 新交談 開啟新對話。

18-1-2　使用 ChatGPT 撰寫程式的注意事項

在您使用 ChatGPT 撰寫程式時，請注意下列事項：

- **隨機生成內容**：ChatGPT 針對相同的問題（稱為「提示詞」）所生成的回答往往不盡相同，建議您以詳細明確的提示詞、指定段落字數或分步驟提問的方式，來提高回答的準確度。
- **生成內容可能有錯**：ChatGPT 所生成的程式不一定正確，必須完整測試，如有錯誤，可以詳細描述問題，並將錯誤訊息貼給 ChatGPT，讓它進行修正，同時也可以進一步要求它優化程式。
- **資料時效性**：ChatGPT 對於一些有時效性的資料可能無法即時更新，例如統一發票兌獎規則、中獎號碼、天氣預報資料等，在這種情況下可能會拒絕回答或產生 AI 幻覺，編造錯誤的資料。

備註

除了 ChatGPT，Microsoft Copilot 也是知名的 AI 助理，其功能和 ChatGPT 類似，同樣能夠以自然語言的形式和人類對話，回答問題，即時翻譯，分析資料，生成文本、程式碼等，您在本章學到的提問技巧都可以在 Copilot 試試看。

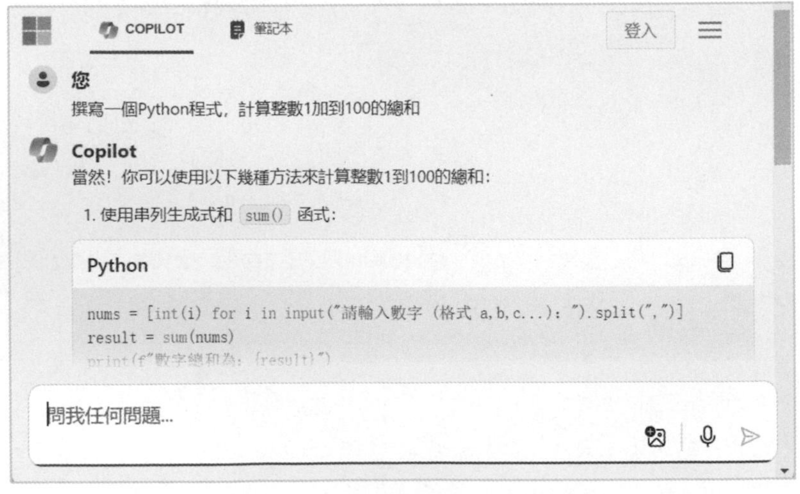

18-2 查詢 Python 語法與技術建議

您可以向 ChatGPT 提出任何有關 Python 的問題，就會得到相關的說明與程式範例，例如：

- ❖ Python 有哪些資料型別？
- ❖ print() 的語法與使用範例？
- ❖ try...except 的語法與使用範例？
- ❖ list 和 tuple 有何不同？
- ❖ 如何使用 Python 的 dict (字典)？
- ❖ 如何將一個數值四捨五入？
- ❖ 如何繪製長條圖，可以使用什麼方法？
- ❖ 如何進行機器學習，可以使用什麼套件？
- ❖ 撰寫一個 Python 程式，模擬大樂透電腦選號。
- ❖ 撰寫一個 Python 程式，將彩色圖片轉成灰階圖片。
- ❖ 什麼是遞迴？什麼是費氏數列？使用 Python 和遞迴的方式撰寫一個程式，印出費氏數列的前 10 個數字。
- ❖ 什麼是氣泡排序？使用 Python 撰寫一個氣泡排序程式。
- ❖ Python 程式出現 ZeroDivisionError: division by zero 錯誤訊息，為什麼？要如何解決？
- ❖ 如何撰寫一個效能良好的 Python 程式？
- ❖ 請推薦一些有關 Python 的學習資源。

以下面的對話為例，我們在 ChatGPT 輸入「for 的語法與使用範例？」，ChatGPT 就會提供語法說明和數個使用範例，若想查看更多使用範例，可以請 ChatGPT 繼續提供。

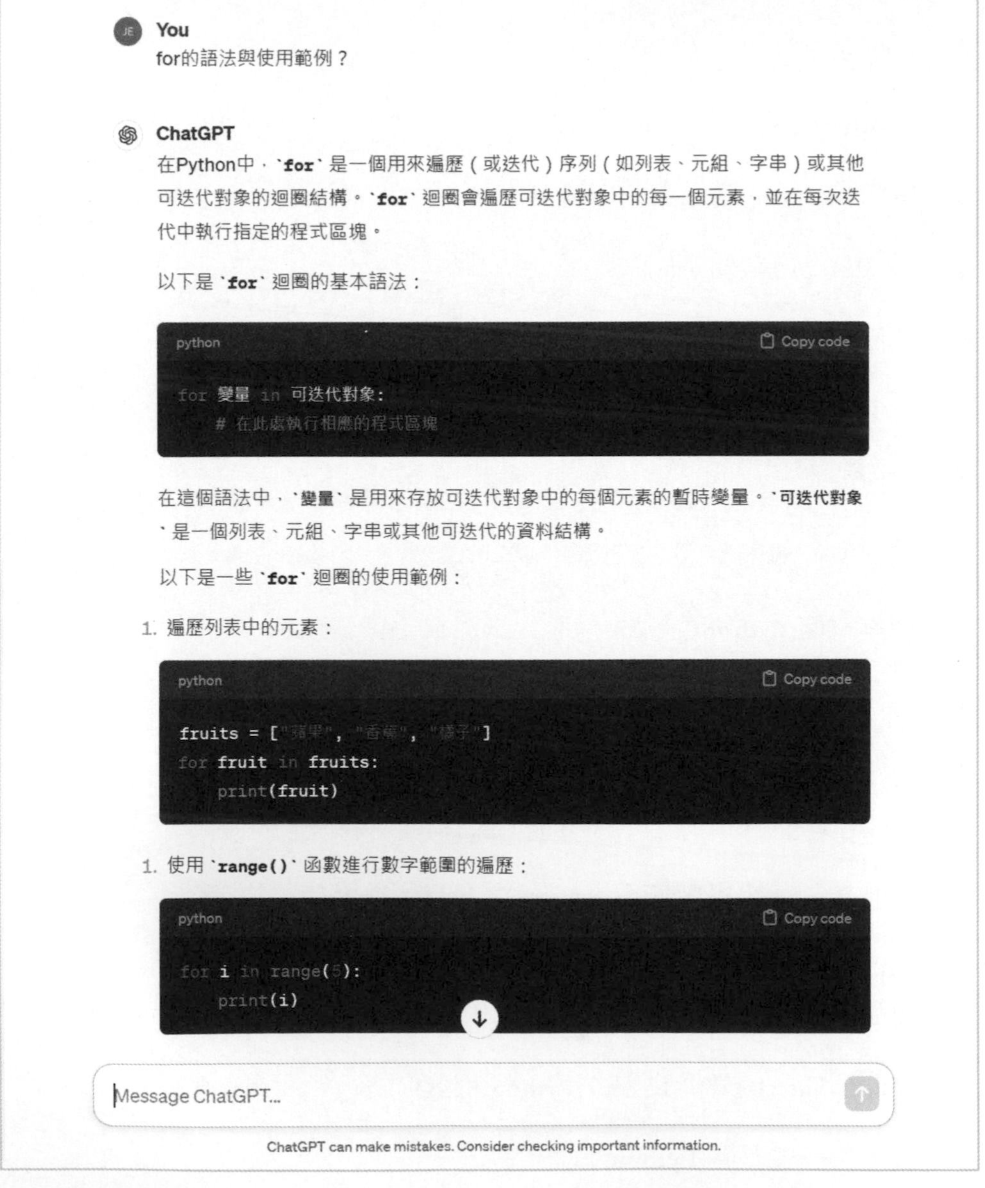

18-3 撰寫 Python 程式、除錯與註解

您可以請 ChatGPT 撰寫、修改與優化 Python 程式、解讀 Python 程式、加上註解或進行除錯，以下有進一步的說明。

18-3-1 撰寫、修改與優化 Python 程式

當您要請 ChatGPT 撰寫 Python 程式時，請詳細描述程式的用途，這樣它所撰寫的程式會更符合要求，例如「**撰寫一個 Python 程式，判斷使用者輸入的年份是否為閏年**」、「**請給我實現二元搜尋的 Python 程式**」等。

以下面的對話為例，我們在 ChatGPT 輸入「**撰寫一個 Python 程式，計算整數 1 加到 100 的總和**」，ChatGPT 就會提供程式碼和說明，您可以點取程式碼右上角的 Copy code，將程式碼複製到 Spyder 或 Colab 做測試。

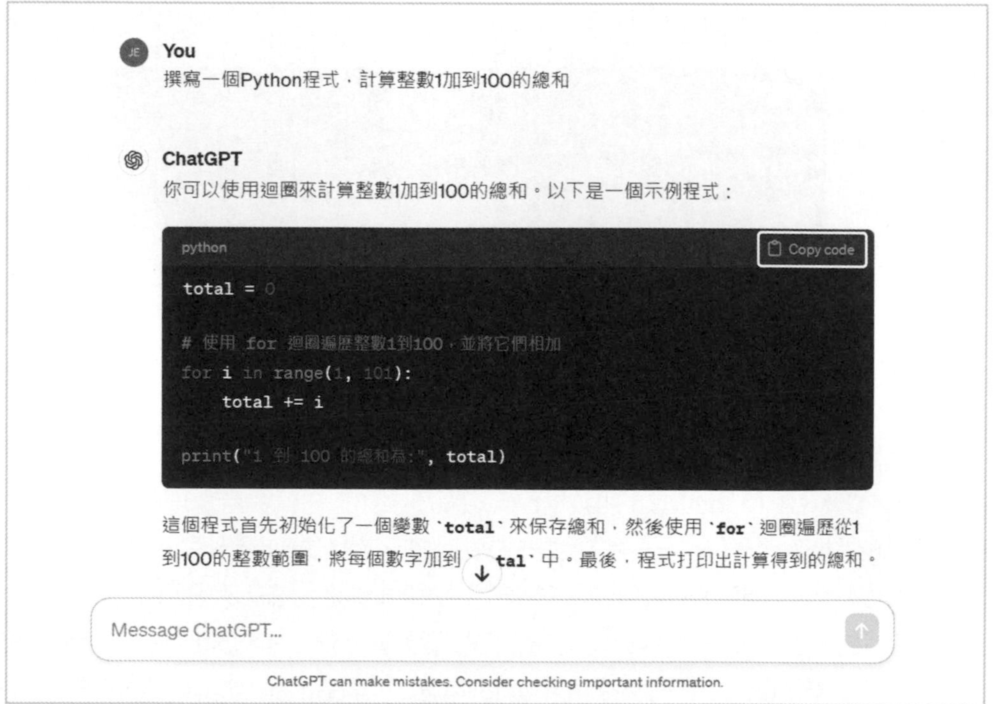

在這個例子中，ChatGPT 所提供的程式碼是使用 for 迴圈，重複執行 100 次來計算整數 1 加到 100 的總和。試想，若將 100 提高到 1 萬，甚至 100 萬、1000 萬、1 億或更大的數字，效率不就變差了，於是我們在 ChatGPT 輸入「**有沒有其它更快更好的寫法？**」，得到如下回答，它給了另一個寫法，改用總和的數學公式，果然很不錯！

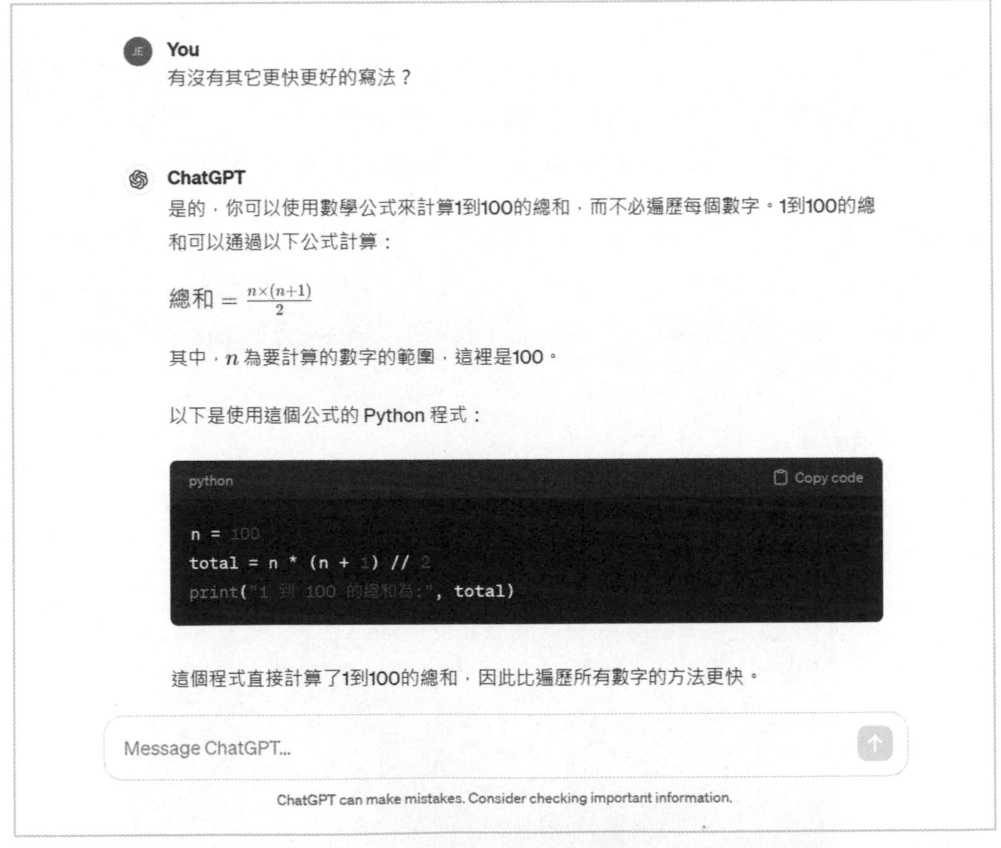

請注意，ChatGPT 所生成的程式不一定都是對的，必須詳加測試，若遇到錯誤，可以把執行時出現的錯誤訊息貼給它，然後請它修改，或乾脆跟它說「**程式不對，請重寫**」。另一種情況是程式雖然正確，但可能沒效率或太冗長，此時，可以透過類似「**這個程式效率不佳，請優化**」、「**這個程式太冗長，請精簡**」、「**請提供更好的寫法**」等提示詞來請它進行優化。

18-3-2 解決 Python 程式的錯誤 (除錯)

當您遇到 Python 程式執行錯誤時，可以向 ChatGPT 提問，讓它幫助您解決錯誤，也就是「除錯」，而且最好是連同執行時出現的錯誤訊息一起提供，這樣問題會更容易解決。

以下面的對話為例，我們在 ChatGPT 輸入「**這個程式在執行時出現 SyntaxError: expected ':'，該如何修正錯誤？**」，同時附上一段程式碼，ChatGPT 就會先說明這是什麼錯誤，然後提供修正完畢的程式碼。

為了方便截圖做示範，我們附上的程式碼相當簡短，您也可以自己試著提問更複雜的程式碼，看看 ChatGPT 是否能夠解決錯誤。

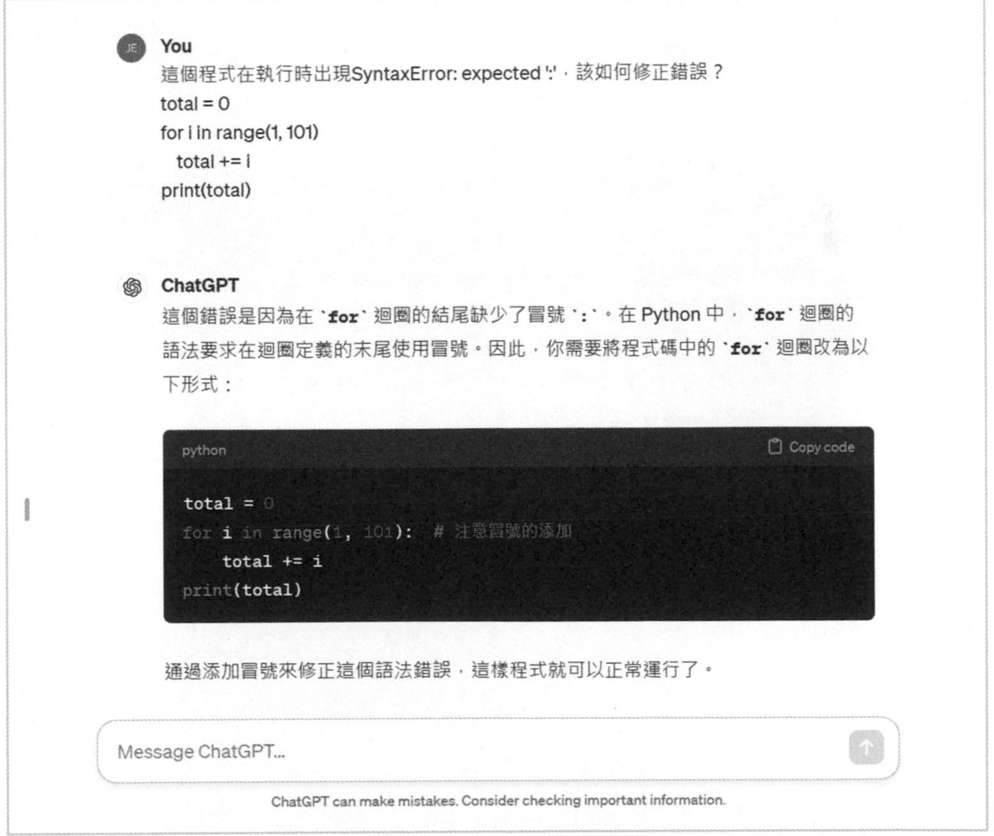

18-3-3 解讀 Python 程式的意義

除了撰寫程式之外，ChatGPT 也可以解讀 Python 程式的意義。以下面的對話為例，我們在 ChatGPT 輸入「**這段程式碼是什麼用途？**」，同時附上一段程式碼，ChatGPT 就會辨識出這段程式碼是以 Python 撰寫而成，並逐行講解，說得非常清楚。

同樣的，為了方便截圖做示範，我們附上的程式碼相當簡短，您也可以自己試著提問更複雜的程式碼，看看 ChatGPT 是否能夠正確解讀。

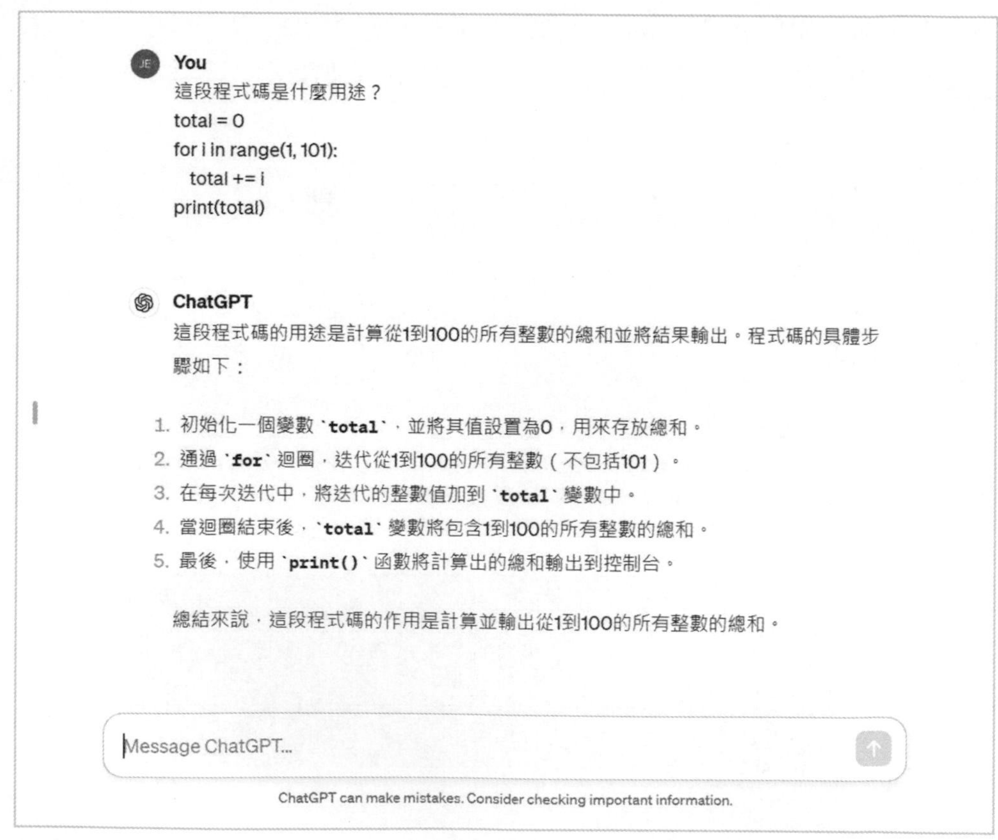

You
這段程式碼是什麼用途？
total = 0
for i in range(1, 101):
total += i
print(total)
ChatGPT
這段程式碼的用途是計算從1到100的所有整數的總和並將結果輸出。程式碼的具體步驟如下：
1. 初始化一個變數`total`，並將其值設置為0，用來存放總和。
2. 通過`for`迴圈，迭代從1到100的所有整數（不包括101）。
3. 在每次迭代中，將迭代的整數值加到`total`變數中。
4. 當迴圈結束後，`total`變數將包含1到100的所有整數的總和。
5. 最後，使用`print()`函數將計算出的總和輸出到控制台。
總結來說，這段程式碼的作用是計算並輸出從1到100的所有整數的總和。
Message ChatGPT...
ChatGPT can make mistakes. Consider checking important information.

18-3-4 幫 Python 程式加上註解

適當的註解可以增加程式的可讀性，有助於其它共同開發者或未來的自己瞭解程式。以下面的對話為例，我們在 ChatGPT 輸入「**請幫這段程式碼加上註解**」，同時附上一段程式碼，ChatGPT 就會詳細的加上註解，不過，裡面有些用語可能跟我們平常習慣的不同，建議您稍微修改一下會更順暢。

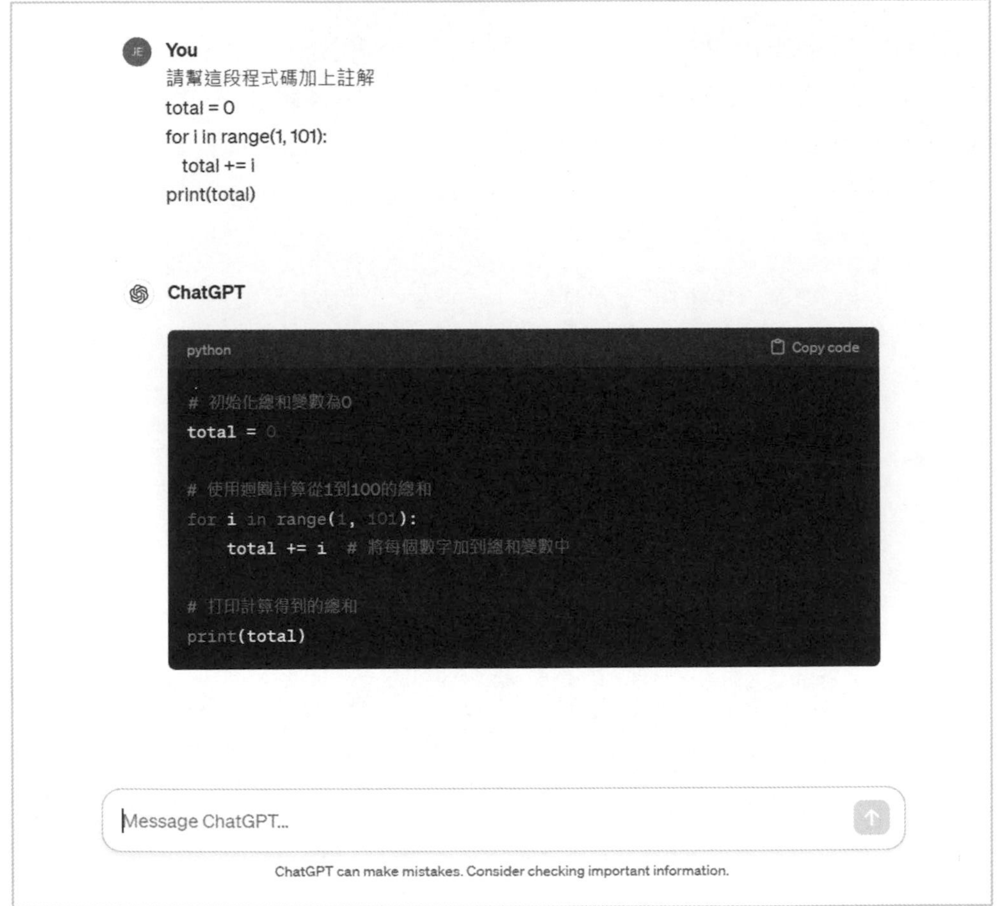

You
請幫這段程式碼加上註解
total = 0
for i in range(1, 101):
total += i
print(total)
ChatGPT
python
Copy code
# 初始化總和變數為0
total = 0
# 使用迴圈計算從1到100的總和
for i in range(1, 101):
total += i # 將每個數字加到總和變數中
# 打印計算得到的總和
print(total)
Message ChatGPT...
ChatGPT can make mistakes. Consider checking important information.

18-4 與其它程式語言互相轉換

ChatGPT 不僅能夠撰寫 Python 程式，還可以在 Python 和其它程式語言之間做轉換，就像它能夠順暢地在中文、英文、日文、韓文、德文、法文等多種語言之間做翻譯一樣。

18-4-1 將其它語言撰寫的程式轉換成 Python

我們可以透過 ChatGPT 將其它語言撰寫的程式轉換成 Python，以下面的對話為例，我們在 ChatGPT 輸入「**請將這段程式碼翻譯成 Python 語言**」，同時附上一段程式碼，ChatGPT 就會先判斷這是以 JavaScript 所撰寫，然後改寫成 Python。

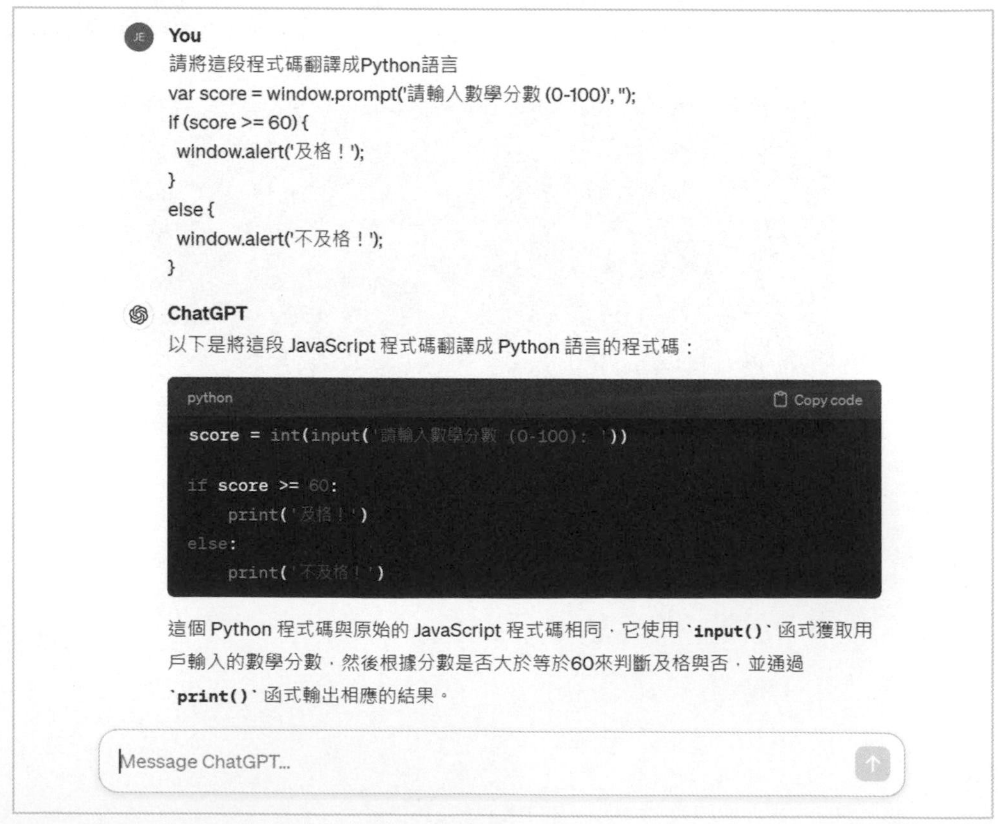

You
請將這段程式碼翻譯成Python語言
var score = window.prompt('請輸入數學分數 (0-100)', '');
if (score >= 60) {
window.alert('及格！');
}
else {
window.alert('不及格！');
}
ChatGPT
以下是將這段 JavaScript 程式碼翻譯成 Python 語言的程式碼：
python
Copy code
score = int(input('請輸入數學分數 (0-100): '))
if score >= 60:
print('及格！')
else:
print('不及格！')
這個 Python 程式碼與原始的 JavaScript 程式碼相同，它使用 `input()` 函式獲取用戶輸入的數學分數，然後根據分數是否大於等於60來判斷及格與否，並通過 `print()` 函式輸出相應的結果。
Message ChatGPT...

18-4-2　將 Python 程式轉換成其它程式語言

我們可以透過 ChatGPT 將 Python 程式轉換成其它程式語言，以下面的對話為例，我們在 ChatGPT 輸入「**請將這段程式碼翻譯成 C 語言**」，同時附上一段程式碼，ChatGPT 就會如實地轉換成 C 程式，還會加上註解與說明。

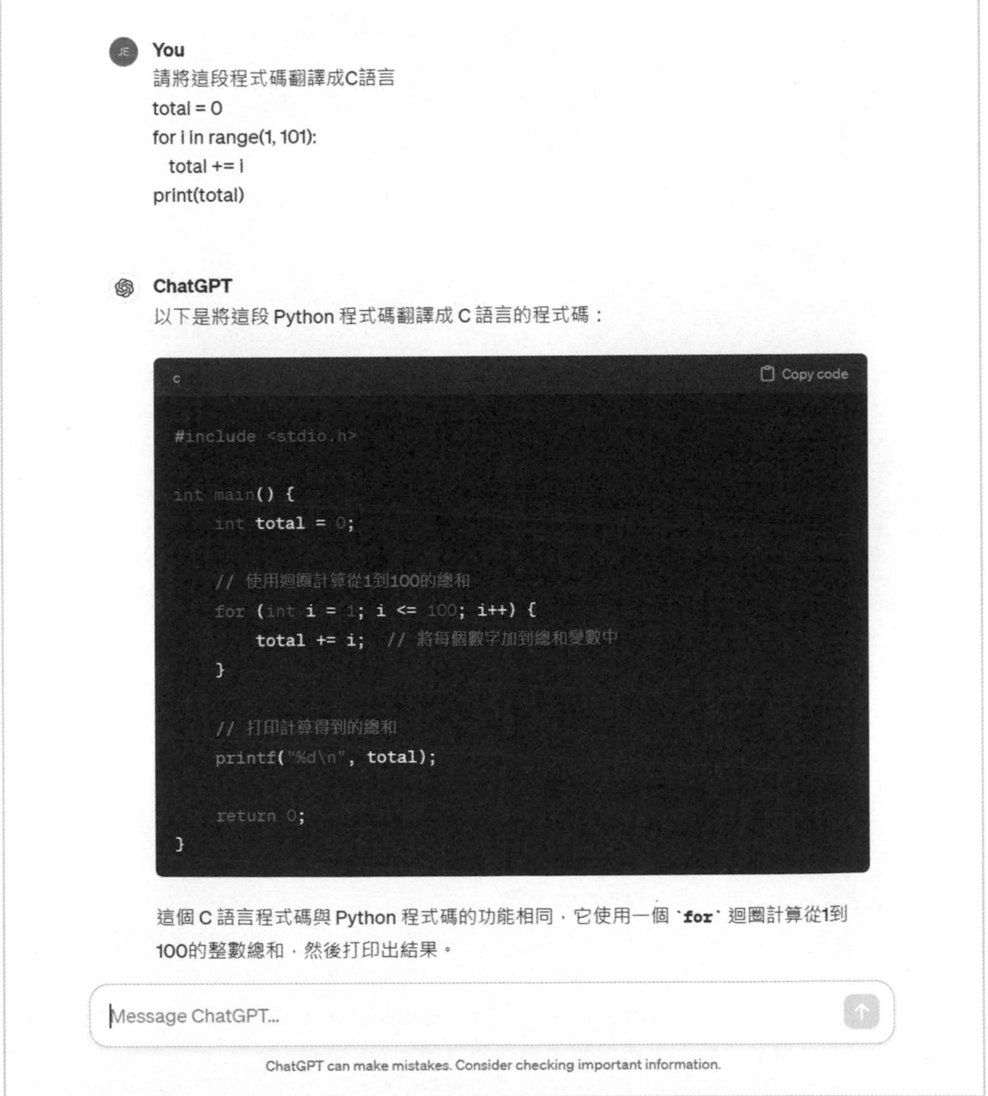

18-5 【實例演練】統一發票兌獎程式

在本章的最後，我們來示範如何引導 ChatGPT 寫出統一發票兌獎程式，由於它每次生成的對話不一定相同，因此，在您實際操作時可能會遇到不同的情況，但還是可以參考我們的做法，靈活應變。

1. **確認兌獎規則**：首先，在 ChatGPT 輸入「**請問統一發票的兌獎規則**」，得到如下回答：

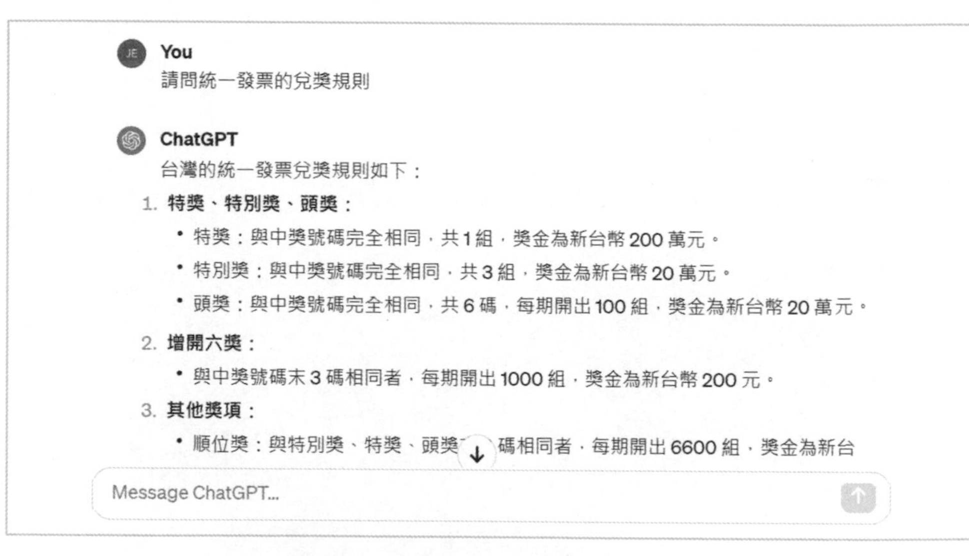

發現資料不對，於是將正確的兌獎規則輸入 ChatGPT，如下：

```
你的兌獎規則過時了，正確的規則如下：
特別獎：同期統一發票收執聯 8 位數號碼與特別獎號碼相同者獎金 1000 萬元
特獎：同期統一發票收執聯 8 位數號碼與特獎號碼相同者獎金 200 萬元
頭獎：同期統一發票收執聯 8 位數號碼與頭獎號碼相同者獎金 20 萬元
二獎：同期統一發票收執聯末 7 位數號碼與頭獎中獎號碼末 7 位相同者各得獎金 4 萬元
三獎：同期統一發票收執聯末 6 位數號碼與頭獎中獎號碼末 6 位相同者各得獎金 1 萬元
四獎：同期統一發票收執聯末 5 位數號碼與頭獎中獎號碼末 5 位相同者各得獎金 4 千元
五獎：同期統一發票收執聯末 4 位數號碼與頭獎中獎號碼末 4 位相同者各得獎金 1 千元
六獎：同期統一發票收執聯末 3 位數號碼與頭獎中獎號碼末 3 位相同者各得獎金 2 百元
```

2. **撰寫程式**：在 ChatGPT 輸入如下提示詞，裡面有特別獎、特獎和頭獎的中獎號碼，這是為了方便做測試：

> 已知特別獎為 16620962，特獎為 50008017，頭獎為 73705743、90315047 和 10604429，請用 Python 撰寫一個統一發票兌獎程式，讓使用者輸入發票號碼，然後印出對中的獎金或沒有中獎的訊息。

得到如下回答，一眼就看到程式有錯誤，因為特獎只有一組，ChatGPT 生成的程式碼卻有三組：

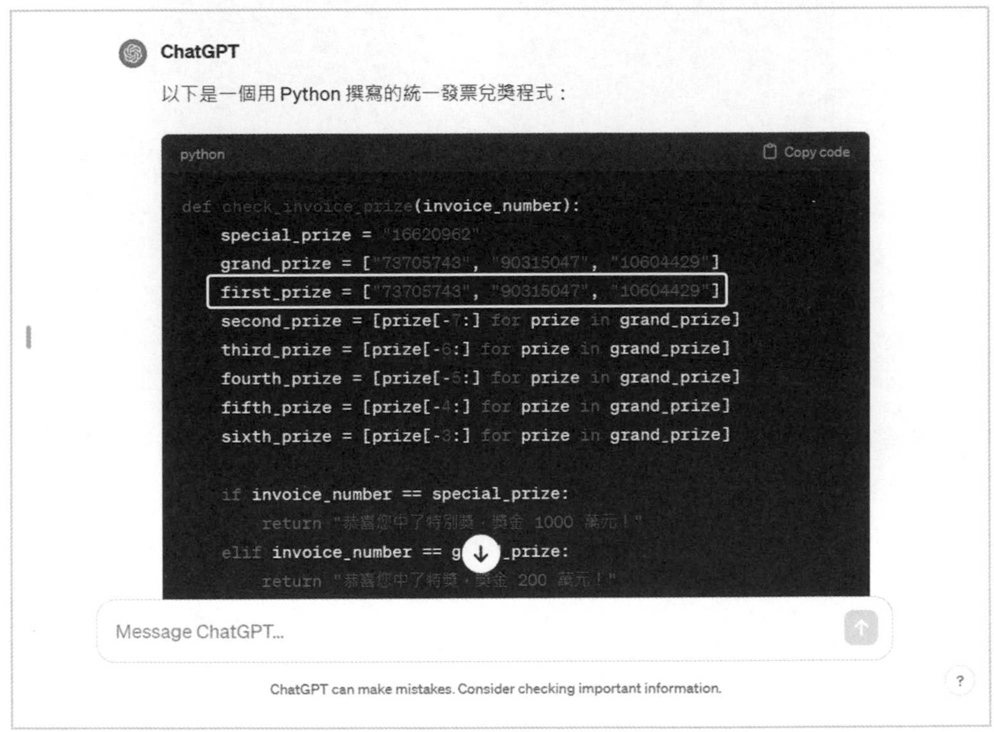

於是在 ChatGPT 輸入「**程式不對，grand_prize 只有一組 50008017，請重寫**」，得到如下回答，仔細看一下程式碼，沒有什麼明顯的錯誤了。若您有發現哪裡不對，可以盡量把問題描述清楚，要求 ChatGPT 繼續做修正。

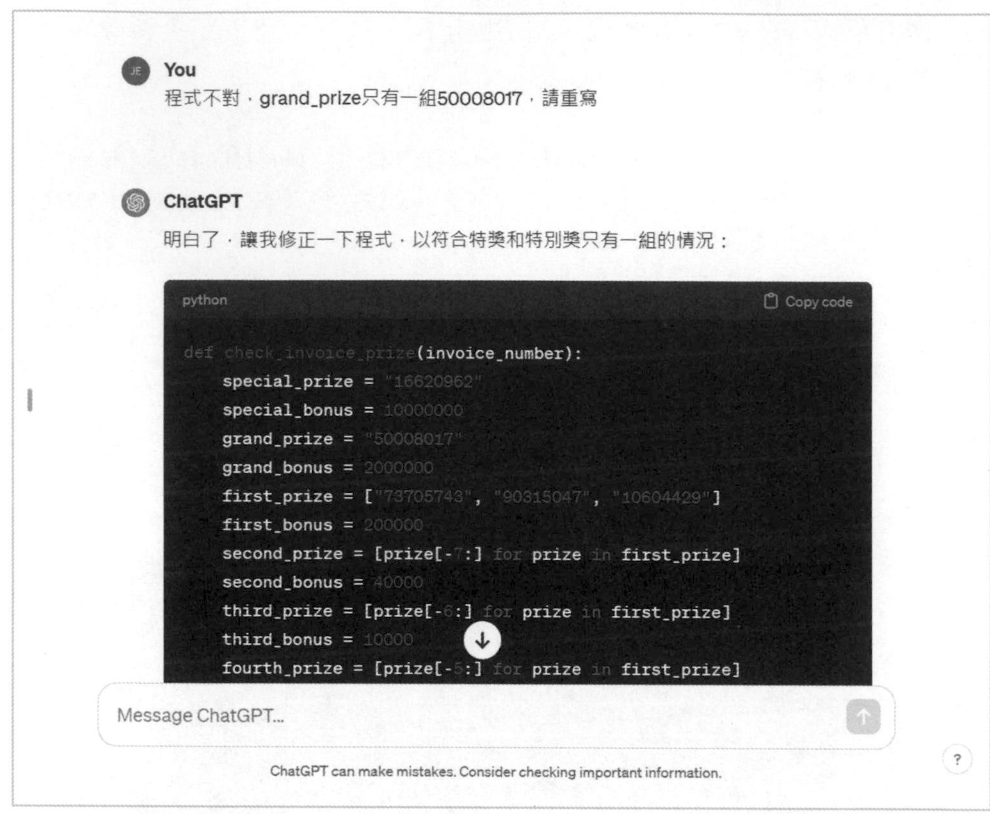

3. **測試與修改程式**：在 ChatGPT 生成的程式碼右上角有一個 Copy code，請點取此鈕，將程式碼複製到 Spyder 或 Colab 做測試，此例是複製到 Spyder 並存檔為 check1.py，經過多次測試，執行結果皆正確。若在執行或測試過程中發現錯誤，可以將錯誤訊息告訴 ChatGPT 做修正。

\Ch18\check1.py（下頁續 1/2）

```
def check_invoice_prize(invoice_number):
    special_prize = "16620962"
    special_bonus = 10000000
    grand_prize = "50008017"
    grand_bonus = 2000000
    first_prize = ["73705743", "90315047", "10604429"]
```

\Ch18\check1.py (接上頁 2/2)

```
    first_bonus = 200000
    second_prize = [prize[-7:] for prize in first_prize]
    second_bonus = 40000
    third_prize = [prize[-6:] for prize in first_prize]
    third_bonus = 10000
    fourth_prize = [prize[-5:] for prize in first_prize]
    fourth_bonus = 4000
    fifth_prize = [prize[-4:] for prize in first_prize]
    fifth_bonus = 1000
    sixth_prize = [prize[-3:] for prize in first_prize]
    sixth_bonus = 200

    if invoice_number == special_prize:
        return f"恭喜您中了特別獎，獎金 {special_bonus:,} 元！"
    elif invoice_number == grand_prize:
        return f"恭喜您中了特獎，獎金 {grand_bonus:,} 元！"
    elif invoice_number in first_prize:
        return f"恭喜您中了頭獎，獎金 {first_bonus:,} 元！"
    elif invoice_number[-7:] in second_prize:
        return f"恭喜您中了二獎，獎金 {second_bonus:,} 元！"
    elif invoice_number[-6:] in third_prize:
        return f"恭喜您中了三獎，獎金 {third_bonus:,} 元！"
    elif invoice_number[-5:] in fourth_prize:
        return f"恭喜您中了四獎，獎金 {fourth_bonus:,} 元！"
    elif invoice_number[-4:] in fifth_prize:
        return f"恭喜您中了五獎，獎金 {fifth_bonus:,} 元！"
    elif invoice_number[-3:] in sixth_prize:
        return f"恭喜您中了六獎，獎金 {sixth_bonus:,} 元！"
    else:
        return "很抱歉，您沒有中獎。"

invoice_number = input("請輸入您的發票號碼：")
print(check_invoice_prize(invoice_number))
```

4. **優化程式**：這個程式雖然沒錯，但是感覺很冗長，於是在 ChatGPT 輸入「**這個程式正確，但是可以簡化嗎？**」，得到如下回答：

同樣的，將程式碼複製到 Spyder 並存檔為 check2.py，經過多次測試，執行結果皆正確，而且程式碼變得優雅精簡了。

\Ch18\check2.py（下頁續 1/2）

```
def check_invoice_prize(invoice_number):
    special_prize = "16620962"
    grand_prize = "50008017"
    first_prizes = ["73705743", "90315047", "10604429"]
    second_prizes = [prize[1:] for prize in first_prizes]
```

\Ch18\check2.py（接上頁 2/2）

```
    third_prizes = [prize[2:] for prize in first_prizes]
    fourth_prizes = [prize[3:] for prize in first_prizes]
    fifth_prizes = [prize[4:] for prize in first_prizes]
    sixth_prizes = [prize[5:] for prize in first_prizes]

    if invoice_number == special_prize:
        return "恭喜您中了特別獎，獎金 1000 萬元！"
    elif invoice_number == grand_prize:
        return "恭喜您中了特獎，獎金 200 萬元！"
    elif invoice_number in first_prizes:
        return "恭喜您中了頭獎，獎金 20 萬元！"
    elif invoice_number[1:] in second_prizes:
        return "恭喜您中了二獎，獎金 4 萬元！"
    elif invoice_number[2:] in third_prizes:
        return "恭喜您中了三獎，獎金 1 萬元！"
    elif invoice_number[3:] in fourth_prizes:
        return "恭喜您中了四獎，獎金 4 千元！"
    elif invoice_number[4:] in fifth_prizes:
        return "恭喜您中了五獎，獎金 1 千元！"
    elif invoice_number[5:] in sixth_prizes:
        return "恭喜您中了六獎，獎金 2 百元！"
    else:
        return "很抱歉，您沒有中獎。"

invoice_number = input("請輸入您的發票號碼：")
print(check_invoice_prize(invoice_number))
```

看到這裡，相信您已經感受到 ChatGPT 強大的程式撰寫功力，尤其是一些經典的演算法，例如排序、搜尋、最短路徑等，更是 ChatGPT 的強項，因為這些演算法已經有很多優雅簡潔的程式碼做為訓練資料，至於一些需要解析網頁結構的網路爬蟲程式或是涉及最新資料的程式，ChatGPT 可能就無法正確完成任務，需要更多的指引與修正。

練習題

1. **[上網抓取中獎號碼進行兌獎]** 在第 18-5 節的範例中，為了方便做測試，我們是將特別獎、特獎和頭獎的中獎號碼寫進程式裡面，請改寫此範例，令程式上網抓取最近一期的統一發票中獎號碼，然後由使用者輸入發票號碼來進行兌獎（提示：您可以結合第 17 章的範例 \Ch17\invoice.py）。

2. **[插入排序]** 插入排序（insertion sort）有點像平常玩的撲克牌遊戲，很多人習慣在拿到一張新的撲克牌時，就將這張牌依照花色、點數大小插入手上現有的撲克牌中，如此一來，等撲克牌發放完畢，手上的撲克牌也已經依照花色、點數大小排序好了。

   同理，假設我們想將陣列中的資料由小到大排序，那麼可以將第一個資料視為第一張撲克牌，將第二個資料視為第二張撲克牌，若第二個資料比第一個資料大，順序就維持不變，否則將第一個資料往後移，然後將第一個資料空下來的位置讓給第二個資料，此時，第一、二個資料已經由小到大排序。

   繼續，將第三個資料視為第三張撲克牌，若第三個資料比第二個資料大，順序就維持不變，否則將第二個資料往後移，然後和第一個資料比大小，若第三個資料比第一個資料大，就將第二個資料空下來的位置讓給第三個資料，否則將第一個資料往後移，然後將第一個資料空下來的位置讓給第三個資料，此時，第一、二、三個資料已經由小到大排序，接下來的第四、五…等資料的排序方式依此類推。

   請根據前述原理，撰寫一個 Python 程式實作插入排序（提示：建議您先自己撰寫一個版本，然後再利用 ChatGPT 撰寫另一個版本，比較一下這兩個程式有何差別）。

一步到位！
Python
程式設計